Knut Smoczyk
Geometrie für das Lehramt

Knut Smoczyk

Geometrie für das Lehramt

Mit zahlreichen Abbildungen und Übungsaufgaben

Bibliografische Information der Deutschen Nationalbibliothek:

Die Deutsche Nationalbibliothek verzeichnet diese Publikation in der Deutschen Nationalbibliografie; detaillierte bibliografische Daten sind im Internet über http://dnb.d-nb.de abrufbar.

Mathematics Subject Classification (2010); 51-01, 51AXX, 51BXX, 51GXX, 51MXX

Herstellung und Verlag:

BoD – Books on Demand, Norderstedt

Satz: Reproduktionsfertige Vorlage vom Autor

Abbildungen: Erstellt vom Autor unter LaTeX mit PsTricks

Abbildung auf dem Buchcover: Veena Smoczyk

ISBN: 978-3-7481-6616-0

Für Anke, Tristan und Veena

Vorwort

Die Geometrie gehört zu den ältesten mathematischen Disziplinen überhaupt. Zahlreiche Wurzeln der Geometrie lassen sich bereits bei alten Hochkulturen finden. Insbesondere die Gelehrten Griechenlands in der Antike trugen früh zu einer ersten Blüte der Geometrie bei, allen voran sind hier sicherlich EUKLID, ARCHIMEDES, PLATON und APOLLONIUS zu nennen.

Intuitiv verstehen wir, was man mit Punkten, Geraden und Ebenen meint, jedoch wurde schon vor über zweitausend Jahren erkannt, dass selbst offensichtlich erscheinende Sachverhalte mathematisch exakt formuliert, postuliert und durch Beweise begründet werden müssen. So versuchte EUKLID in seinen *Elementen* durch Definitionen, Postulate und Axiome die Geometrie auf ein mathematisches, axiomatisch-deduktives Fundament zu stellen, und er leitete die damals bekannten geometrischen Lehrsätze aus diesen Postulaten und Annahmen her.

Etwa zur Zeit der Renaissance wurde es wieder selbstverständlich, an die antiken Lehren beim Einstieg in die geometrische Ausbildung anzuknüpfen, ein Umstand, der sich über viele Jahrhunderte halten sollte. Felix KLEIN (Kle09) beklagte im zweiten Band seiner Abhandlungen zur *Elementarmathematik vom höheren Standpunkte*:

„In der Tat krankt der geometrische Unterricht heute geradezu an der Last der Überlieferung, denn in ihn haben sich viele nicht mehr lebensfähige Bestandteile jetzt so fest eingenistet, daß sie schwer zu beseitigen sind und sogar das Herankommen neuer gesunder Gebiete auf jede Weise erschweren.“

Diese Anmerkung KLEINS ist sicherlich im Kontext der damaligen fundamentalen Umwälzungen beim Verständnis von Raum und Zeit und vor dem Hintergrund einer physikalischen Interpretation von Geometrie durch EINSTEIN zu betrachten.

Die Theorien RIEMANNSCHER und LORENTZSCHER Mannigfaltigkeiten sind natürliche Fortsetzungen nicht-euklidischer Geometrien. Deren Entdeckung wiederum war eng mit dem aus dem Altertum überlieferten Parallelenproblem des EUKLID verknüpft. Dass einige - zum Teil bereits zu KLEINS Zeiten schon nicht mehr gänzlich neue -, Entwicklungen innerhalb der Geometrie im Schulunterricht nicht angemessen abgebildet wurden, fand Klein beklagenswert. So schreibt er auch etwas später:

„Dazu nahm man noch die sonstigen Bestandteile der Geometrie der Alten, die man besaß, also in erster Linie die Berechnung von π durch ARCHIMEDES*, die Kegelschnitte des* APOLLONIUS*, endlich das Interesse an den Konstruktionen mit Zirkel und Lineal, das auf die* PLATONISCHE *Schule zurückgeht. Dieser geometrische*

Stoff ist natürlich äußerst einseitig gewählt; nicht nur die Pflege der Anwendungen, sondern auch die Ausbildung der Raumanschauung ist ganz zurückgedrängt und ausschließlich die abstrakt logische Seite geometrischer Deduktion berücksichtigt.“

Es ist an dieser Stelle zu betonen, dass KLEIN damit keinesfalls gemeint hat, euklidische Geometrie müsse aus dem Schulunterricht verbannt werden - ihm war der mathematische Unterricht an den Schulen jedoch an vielen Stellen zu einseitig, nicht mehr zeitgemäß ausgelegt und häufig mit veraltetem Material überfrachtet. Ein Umstand, der heutzutage leider noch immer in einigen Gebieten seine Gültigkeit findet - wenngleich wohl nicht mehr in dem Ausmaß und mit der Tragweite wie zu KLEINS Zeiten. Dennoch ist die euklidische Geometrie aus dem Schulunterricht nicht wegzudenken, aus heutiger Sicht genügen EUKLIDS Betrachtungen jedoch nicht mehr unserer strengen Auffassung mathematischer Präzision.

Die Geometrie bildet neben der Analysis und Algebra einen festen Grundpfeiler der Schulmathematik - und das aus gutem Grund. Die oben zitierte und von KLEIN für so wichtig erachtete Ausbildung räumlicher Anschauung wird ja insbesondere durch den Geometrieunterricht vermittelt. Viele Schüler, denen der Mathematikunterricht im Allgemeinen schwerfallen mag, atmen bei Themen zur Geometrie im Mathematikunterricht wieder auf - gerade weil sich viele der geometrischen Sachverhalte und Lehrsätze sehr anschaulich und einprägsam darstellen lassen. Es ist oft die Geometrie, in der zuerst Beweise eingeführt werden. Auch eher schwer zu fassende analytische Begriffe - wie etwa Konvergenz -, lassen sich leichter geometrisch veranschaulichen. Man denke zum Beispiel nur an das RIEMANN-Integral zur Berechnung des Flächeninhalts unter dem Graphen einer Funktion oder an den geometrischen Hintergrund bei der Definition von Ableitungen.

Das vorliegende Buch ist aus Geometrievorlesungen entstanden, welche ich an der LEIBNIZ Universität Hannover über mehrere Jahre hinweg wiederholt gehalten habe und es richtet sich ganz ausdrücklich sowohl vom inhaltlichen als auch vom strukturellen Aufbau her an Studierende in den Lehramtsstudiengängen. Dabei wurde hier großer Wert auf eine, mir für das bessere Verständnis geeignet erscheinende, inhaltliche Strukturierung gelegt.

Die ersten vier Kapitel bilden aus diesem Grund zunächst einen axiomatischen und deduktiven Aufbau der ebenen Geometrie, welcher in Teilen der synthetischen Geometrie zuzurechnen ist. Das war mir wichtig, denn die analytische Geometrie und der Zugang über affine Räume steht in der Unter- und Mittelstufe ja noch nicht zur Verfügung. Die Kongruenzsätze für Dreiecke kann man aber beispielsweise sehr einfach konstruktiv und lediglich unter Zuhilfenahme der Axiome und der Strecken- und Winkelkongruenzen beweisen. Die ersten vier Kapitel verfolgen zudem den Zweck, neben dem bereits erwähnten axiomatischen Zugang zur Geometrie auch noch die gleichzeitige Entwicklung geometrischer Lehrsätze für verwandte Geometrien zu liefern. Hierzu zählen insbesondere die HILBERTEBENEN und darunter ganz besonders die Geometrie in der hyperbolischen Halbebene. Dieses Modell einer ebenen Geometrie eignet sich hervorragend, um die Bedeutung des Parallelenaxioms zu verdeutlichen, welches eine sehr wichtige Rolle bei der Entwicklung der nicht-euklidischen Geometrie gespielt hat. Sich im Geometrieunterricht der Anschauung zu bedienen, ist von besonderer Bedeutung, weshalb man man in diesem Buch auch zahlreiche Abbildungen findet. Andererseits darf man der Anschauung aber auch nie zu sehr vertrauen, da der menschliche Verstand doch manchmal dazu neigt, spezielle Situationen zu rasch zu verallgemeinern.

Den Kern dieses Buches bildet das fünfte Kapitel über die euklidische Ebene. Dort lassen sich insbesondere sämtliche in der Schule behandelten Themen des Geometrieunterrichts finden, stets aber mit einem hohen fachlichen Anspruch und wesentlich ausführlicher behandelt, als das in der Schule später möglich wäre. Abgesehen vom Verständnis einzelner Definitionen und Lehrsätze aus den ersten vier Kapiteln lässt sich das fünfte Kapitel sogar unabhängig vom ersten Teil des Buches lesen.

Vergleicht man den inhaltlichen Aufbau aktueller Kerncurricula mit den Lehrplänen früherer Generationen, so fällt insbesondere auf, dass manche eher geometrische Themen jetzt nicht mehr im Curriculum verankert sind. Dies betrifft zum Beispiel die Kegelschnitte, die zumindest früher in den Leistungskursen der Oberstufe fester Bestandteil der mathematischen Ausbildung waren. Es mag daher vielleicht zunächst etwas verwundern, dass ich mich dennoch dazu entschlossen habe, den Kegelschnitten mit dem sechsten Kapitel in diesem Buch ein eigenes Kapitel zu widmen. Wer Vorlesungen für Lehramtsstudierende an einer Universität hält, sieht sich nicht selten der inhaltlichen Kritik ausgesetzt, Themen zu behandeln, die im Geometrieunterricht so in der Schule keine Relevanz mehr haben - warum also macht man es dann dennoch? Die Antwort hierauf findet, wer sich näher mit dem Titel der Lehrbuchreihe Felix Kleins zur *Elementarmathematik vom höheren Standpunkte* auseinandersetzt. Als Lehrender kann man nur dann Wissen erfolgreich vermitteln, wenn man zuvor den Stoff von einer höheren Ebene aus selbst verstanden hat. Erst so gelingt später das Herunterbrechen auf eine niedrigere Ebene. Die Kegelschnitte gehören zwar nicht mehr zum Schulunterricht, die Techniken und mathematischen Werkzeuge zur Behandlung dieser aber sehr wohl.

Im siebten Kapitel werden wir schließlich die Konstruktionen mit Zirkel und Lineal studieren. Anschließend beweisen wir den Satz von MOHR–MASCHERONI über die Möglichkeit, bei der Konstruktion auf das Lineal vollständig zu verzichten.

Beim Schreiben dieses Buches war es mein ausdrücklicher Wunsch, den Lesern einen möglichst anschaulichen und für den Schulunterricht praktisch geeigneten Rahmen für die euklidische Geometrie an die Hand zu geben. Dabei wurde ich unterstützt von Lutz Habermann, Tobias Marxen, Roland Pilous und Stefan Rosemann. Mein ganz besonderer Dank gebührt Yumi Takenaka, die mir bei der Durchsicht und Korrektur des Manuskripts eine aufmerksame und sehr wertvolle Hilfe war, vielen lieben Dank dafür!

Knut Smoczyk, Hannover, März 2019

Inhaltsverzeichnis

1. Inzidenzaxiome

Ziel dieses Kapitels wird es sein, den strengen axiomatischen Aufbau der ebenen euklidischen Geometrie einzuleiten. Hierbei folgen wir im Wesentlichen der axiomatischen Begründung, die durch HILBERT in (Hil99) gegeben wurde. Die Axiome der ebenen Geometrie gliedern sich in vier verschiedene Gruppen - in die Axiome der Inzidenz **(I)** einschließlich Parallelenaxiom **(P)**, in die Axiome der Anordnung **(A)**, sowie in die Axiome der Kongruenz **(K)** und der Vollständigkeit **(V)**. In den ersten Kapiteln werden wir diese verschiedenen Gruppen nacheinander vorstellen und ausführlich diskutieren. Wir beginnen zunächst mit den Axiomen der Inzidenz, also den Axiomen der Verknüpfung.

Abweichend von der durch HILBERT gegebenen axiomatischen Begründung werden wir in diesem Buch aber von Anfang an auf den allgemeinen Begriff der Inzidenz zwischen Punkten und Geraden verzichten und stattdessen die Inzidenzen durch Mengenrelationen ausdrücken. So werden wir zum Beispiel nicht sagen, dass *zwei verschiedene Punkte* $\mathbf{A}, \mathbf{B}$ *stets mit genau einer Geraden* $\mathbf{g}$ *inzidieren*, sondern dass *zu je zwei verschiedenen Punkten* $\mathbf{A}, \mathbf{B}$ *genau eine Gerade* $\mathbf{g}$ *mit* $\mathbf{A}, \mathbf{B} \in \mathbf{g}$ *existiert.*

Diese Vorgehensweise stellt hier im Grunde keine Einschränkung dar, da einerseits die bei Hilbert vorgestellte Axiomatisierung die euklidische Geometrie eindeutig beschreibt und weil es andererseits in der Praxis wesentlich anschaulicher ist, mit dem weniger abstrakten Modell der affinen euklidischen Ebene zu arbeiten und in diesem Modell die Inzidenzen durch Mengenrelationen ausgedrückt werden. Zudem bietet das affine Modell der euklidischen Ebene noch den Vorzug, dass sich viele geometrische Sachverhalte mithilfe der algebraischen und analytischen Strukturen des $\mathbb{R}^2$ nicht nur einfacher ausdrücken lassen, sondern auch vielfach eleganter bewiesen werden können.

Beim Aufbau unseres Axiomensystems werden wir jedoch, ähnlich wie bei der Einführung reeller Zahlen, zunächst mit abstrakten Mengen und mit auf und zwischen ihnen gegebenen Relationen arbeiten, um schließlich ein abstraktes Mengengebilde zu erhalten, welches wir euklidische Ebene nennen. Das affine Modell der euklidischen Ebene wird uns dann zeigen, dass das von uns angegebene Axiomensystem in sich widerspruchsfrei ist.

1.1. Inzidenzebenen

Unter einer *ebenen Geometrie* verstehen wir zunächst jedes Paar $(\mathcal{E}, \mathcal{G})$ bestehend aus einer Punktmenge $\mathcal{E}$ und einem System von Geraden $\mathcal{G}$, welche geeigneten Axiomen unterworfen sind. Dabei ist ein Geradensystem $\mathcal{G}$ auf $\mathcal{E}$ stets die Auswahl eines Systems von Teilmengen von $\mathcal{E}$, das heißt formal ist $\mathcal{G}$ eine Teilmenge der *Potenzmenge* $\mathcal{P}$ von $\mathcal{E}$. Wir wollen an dieser Stelle einige fundamentale Begriffe und Terminologien einführen.

1.1.1 Definition (Inzidenzebene)
Eine *Inzidenzebene* ist ein Paar $(\mathcal{E}, \mathcal{G})$, bestehend aus einer nicht leeren Menge $\mathcal{E}$ und einem nicht leeren System von Teilmengen

$$\mathcal{G} \subset \mathcal{P}(\mathcal{E}) := \{\mathcal{U} : \mathcal{U} \subset \mathcal{E}\}$$

von $\mathcal{E}$, welches folgenden Axiomen genügt:

(I1) Zu $\mathbf{A}, \mathbf{B} \subset \mathcal{E}$ mit $\mathbf{A} \neq \mathbf{B}$ existiert genau ein $\mathbf{g} \in \mathcal{G}$ mit $\mathbf{A}, \mathbf{B} \in \mathbf{g}$.

(I2) Zu jedem $\mathbf{g} \in \mathcal{G}$ existieren $\mathbf{A}, \mathbf{B} \in \mathbf{g}$ mit $\mathbf{A} \neq \mathbf{B}$.

(I3) Es gibt $\mathbf{A}, \mathbf{B}, \mathbf{C} \in \mathcal{E}$, sodass kein $\mathbf{g} \in \mathcal{G}$ mit $\mathbf{A}, \mathbf{B}, \mathbf{C} \in \mathbf{g}$ existiert.

In Zukunft bezeichnen wir $\mathcal{E}$ als *Punktmenge* oder auch als *Ebene*. Entsprechend nennen wir die Elemente $\mathbf{A}, \mathbf{B}, \mathbf{C} \in \mathcal{E}$ *Punkte*. Die Elemente $\mathbf{g} \in \mathcal{G}$ hingegen nennen wir *Geraden*. Ist ein Punkt Element einer Geraden, so sagen wir auch er *liegt* auf dieser Geraden. Liegen mehrere Punkte auf derselben Geraden, so bezeichnen wir sie als *kollinear*. Drei Punkte $\mathbf{A}, \mathbf{B}, \mathbf{C}$ befinden sich in *allgemeiner Lage*, wenn sie nicht kollinear sind, das heißt wenn es keine Gerade $\mathbf{g} \in \mathcal{G}$ gibt, die $\mathbf{A}, \mathbf{B}$ und $\mathbf{C}$ enthält. Zwei Geraden $\mathbf{g}, \mathbf{h}$ heißen *parallel*, wenn entweder $\mathbf{g} = \mathbf{h}$ oder wenn $\mathbf{g} \cap \mathbf{h} = \varnothing$. Sind $\mathbf{g}, \mathbf{h}$ parallel, so nennt man $\mathbf{h}$ eine *Parallele* von $\mathbf{g}$.

1.1.2 Bemerkung
Es soll an dieser Stelle nicht verschwiegen werden, dass unsere geometrische Terminologie zum jetzigen Zeitpunkt noch etwas befremdlich wirkt, da wir bisher keinerlei geometrische Eigenschaften für $\mathcal{E}$ und $\mathcal{G}$ gefordert haben. Inzidenzebenen $(\mathcal{E}, \mathcal{G})$ werden wir in den nächsten Kapiteln weiter spezifizieren, das heißt wir werden mehr Strukturen in Form von Axiomen hinzufügen, die erst dann rechtfertigen werden, von dem Paar $(\mathcal{E}, \mathcal{G})$ als Modell einer *ebenen Geometrie* zu sprechen.

Schreibweise: Sind $\mathbf{A}, \mathbf{B} \in \mathcal{E}$ zwei verschiedene Punkte einer Inzidenzebene, so bezeichnen wir die nach **(I1)** hierdurch eindeutig bestimmte Gerade mit $\mathbf{AB}$ oder mit $\mathbf{g_{AB}}$. Sind $\mathbf{g}, \mathbf{h} \in \mathcal{G}$ parallel, so schreiben wir $\mathbf{g}||\mathbf{h}$.

Damit besagen die oben angeführten Inzidenzaxiome, dass durch je zwei verschiedene Punkte genau eine Gerade verläuft **(I1)**, dass auf jeder Geraden wenigstens zwei voneinander verschiedene Punkte liegen **(I2)** und dass es drei Punkte in allgemeiner Lage gibt **(I3)**. Insbesondere bedeutet das letzte Axiom anschaulich, dass die durch die Inzidenzstruktur definierte Geometrie *wenigstens* zweidimensional ist. Der Begriff *Gerade* stammt ursprünglich aus der euklidischen Geometrie, das heißt er entspringt der Geometrie unserer Anschauung. Dabei kann in einer Inzidenzebene eine Gerade durchaus etwas ganz anderes sein. Die Inzidenzaxiome sind voneinander unabhängig – so sollte es auch bei einem vernünftigen Axiomensystem sein (siehe hierzu Aufgabe 1.2). Wir möchten noch kurz erläutern, woher die Bezeichnung *Inzidenzaxiom* stammt. In der ursprünglich von HILBERT (Hil99) gegebenen Axiomatik der euklidischen Geometrie waren die oben angeführten Axiome anders formuliert. Zum Beispiel wurde bei **(I1)** gefordert, dass zu je zwei verschiedenen Punkten $\mathbf{A}, \mathbf{B}$ stets eine Gerade $\mathbf{g}$ existiert, die mit jedem der beiden Punkte $\mathbf{A}, \mathbf{B}$ zusammengehört. Es wurde also nicht gefordert, dass die Punkte Elemente der Geraden sind, sondern dass sie in irgendeiner nicht näher beschriebenen Form mit dieser verknüpft sind, also mit dieser *inzidieren*. Mathematisch bedeutet dies, dass

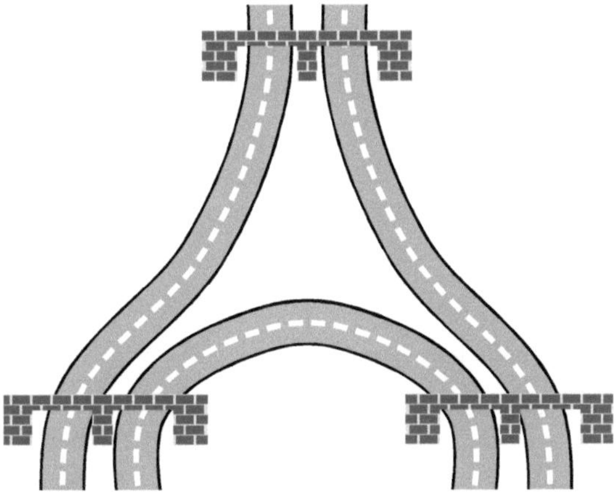

Abbildung 1.1.: Bei allgemeinen Inzidenzstrukturen müssen die Punkte nicht Elemente der Geraden sein (hier dargestellt durch Brücken bzw. Straßen).

eine zweistellige Relation $I \subset \mathcal{E} \times \mathcal{G}$ mit folgenden Eigenschaften gegeben ist:

(I1') Zu jedem Paar $\mathbf{A}, \mathbf{B} \in \mathcal{E}$ mit $\mathbf{A} \neq \mathbf{B}$ existiert genau ein $\mathbf{g} \in \mathcal{G}$ mit $(\mathbf{A}, \mathbf{g})$, $(\mathbf{B}, \mathbf{g}) \in I$.

(I2') Zu $\mathbf{g} \in \mathcal{G}$ gibt es $\mathbf{A}, \mathbf{B} \in \mathcal{E}$ mit $\mathbf{A} \neq \mathbf{B}$ und $(\mathbf{A}, \mathbf{g})$, $(\mathbf{B}, \mathbf{g}) \in I$.

(I3') Es gibt $\mathbf{A}, \mathbf{B}, \mathbf{C} \in \mathcal{E}$, sodass kein $\mathbf{g} \in \mathcal{G}$ mit $(\mathbf{A}, \mathbf{g})$, $(\mathbf{B}, \mathbf{g})$, $(\mathbf{C}, \mathbf{g}) \in I$ existiert.

Die Elemente aus $\mathcal{E}$ nennt man dann wieder Punkte und die Elemente aus $\mathcal{G}$ Geraden. Dabei ist es unwichtig, um welche Art von Mengen es sich handelt. Ist $(\mathbf{A}, \mathbf{g}) \in I$, so sagt man, dass der Punkt $\mathbf{A}$ mit der Geraden $\mathbf{g}$ inzidiert und drückt dies durch die Infixschreibweise $\mathbf{A} \prec \mathbf{g}$ aus. Sind zum Beispiel drei ver-

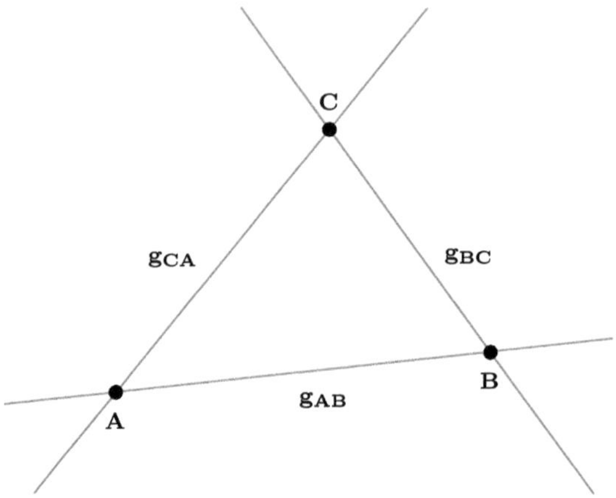

Abbildung 1.2.: So wie in dieser Darstellung stellt man sich im Allgemeinen die Geraden zwischen Punkten vor.

schiedene Straßen $\mathbf{g}_1, \mathbf{g}_2, \mathbf{g}_3$ und drei verschiedene Brücken $\mathbf{A}_1, \mathbf{A_2}, \mathbf{A}_3$ gegeben, von denen jeweils genau zwei eine der drei Straßen überspannen, so wird durch $\mathcal{E} = \{\mathbf{A}_1, \mathbf{A_2}, \mathbf{A}_3\}$ und $\mathcal{G} = \{\mathbf{g}_1, \mathbf{g}_2, \mathbf{g}_3\}$ mit der Inzidenz

$$\mathbf{A} \prec \mathbf{g} :\Leftrightarrow \mathbf{A} \text{ überspannt die Straße } \mathbf{g}$$

eine Inzidenzstruktur festgelegt (siehe Abb. 1.1).

Im Gegensatz zu der bei HILBERT gegebenen allgemeineren Fassung der Axiome **(I1)**-**(I3)** inzidiert bei uns in der durch Definition 1.1.1 beschriebenen Inzidenzstruktur ein Punkt **A** also genau dann mit einer Geraden **g**, wenn er Element dieser ist, das heißt $\mathbf{A} \prec \mathbf{g} \Leftrightarrow \mathbf{A} \in \mathbf{g}$. Da wir für die Schulgeometrie aber hauptsächlich an der Beschreibung der euklidischen Geometrie interessiert sind, ist dies letztendlich keine Einschränkung.

An dieser Stelle möchten wir die ersten Modelle für Inzidenzebenen einführen, welche wir im späteren Verlauf schrittweise weiterentwickeln werden. Von besonderem Interesse wird für uns natürlich das affine Modell der euklidischen Geometrie sein, denn die euklidische Geometrie ist die Geometrie unserer Anschauung. Sie ist der wesentliche Gegenstand der Schulgeometrie. Das affine Modell kann in der Schule dann durch die Tafel bzw. durch die Seiten im Schulheft veranschaulicht werden. Zusätzlich werden wir aber oft sowohl zum Vergleich als auch zum besseren Verständnis die Modelle der hyperbolischen Ebene heranziehen, welche wir ebenfalls an dieser Stelle bereits einführen möchten.

Wir weisen darauf hin, dass teilweise die nun folgenden Modelle zum jetzigen Zeitpunkt noch keine vollwertigen Modelle ebener Geometrien darstellen, da uns noch wichtige Konstruktionen in ihnen fehlen wie beispielsweise Strecken, Strahlen, Winkel und Kongruenzen. Diese Bestandteile werden wir in den nächsten Kapiteln nach und nach hinzufügen, wenn dies möglich ist.

1.1.3 Beispiele (Standardmodelle, 1. Teil)
Die folgenden Beispiele werden wir später wieder aufgreifen. Durch sukzessives Hinzufügen weiterer Axiome in den kommenden Kapiteln werden dann mehr und mehr der unten aufgeführten Modelle ausscheiden, da sie den von uns auferlegten erweiterten Anforderungen nicht mehr genügen werden.

1. $\mathbb{I}_n$ **(Inzidenzebene mit** n **Elementen).**
   Es sei $\mathcal{E}$ eine endliche Menge mit $n \geq 3$ Elementen und $\mathcal{G}$ sei das System der

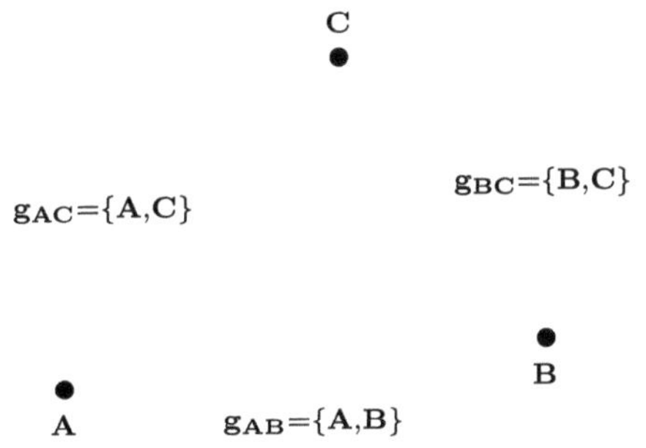

Abbildung 1.3.: Eine Inzidenzebene kann schon bereits aus Mengen $\mathcal{E}$ mit nur drei Elementen $\mathbf{A}, \mathbf{B}, \mathbf{C}$ bestehen.

   zweielementigen Teilmengen von $\mathcal{E}$. Dann wird das Paar $\mathbb{I}_n := (\mathcal{E}, \mathcal{G})$ hierdurch zu einer Inzidenzebene (siehe Abb. 1.3).

2. $\mathbb{E}^2$ **(Affines Modell der euklidischen Ebene).**
   Es sei $\mathcal{E} = \mathbb{R}^2$. Die Punktmenge $\mathcal{E}$ besitzt in natürlicher Weise die Struktur eines affinen Raumes $(\mathcal{E}, \mathbb{R}^2, \to)$ über dem Vektorraum $\mathbb{R}^2$ (siehe Anhang B.3). Für $\mathbf{A}, \mathbf{B} \in \mathbb{R}^2, \mathbf{A} \neq \mathbf{B}$ sei

$$\mathbf{g_{AB}} := \mathbf{AB} := \{\mathbf{P} \in \mathbb{R}^2 : \text{Es existiert } s \in \mathbb{R} \text{ mit } \mathbf{P} = \mathbf{A} + s \cdot \overrightarrow{\mathbf{AB}}\}.$$

   Wir setzen

$$\mathcal{G} := \{\mathbf{g} \subset \mathbb{R}^2 : \text{Es existieren } \mathbf{A}, \mathbf{B} \in \mathbb{R}^2, \mathbf{A} \neq \mathbf{B}, \text{ sodass } \mathbf{g} = \mathbf{AB}\}.$$

   Dann erfüllt $(\mathcal{E}, \mathcal{G})$ die Inzidenzaxiome. Wir bezeichnen dieses Modell $(\mathcal{E}, \mathcal{G})$ in Zukunft mit $\mathbb{E}^2$ und nennen es das *affine Modell der euklidischen Ebene*. Entsprechend nennen wir manchmal auch andere Objekte in $\mathbb{E}^2$ *euklidisch*, zum Beispiel bezeichnen wir die Geraden $\mathbf{g} \in \mathbb{E}^2$ zur besseren Unterscheidung von Geraden in anderen Modellen oft als *euklidische Geraden*. Wenn wir $\mathbf{P} \in \mathbb{E}^2$ schreiben, so meinen wir damit eigentlich $\mathbf{P} \in \mathcal{E} = \mathbb{R}^2$. Wenn nichts anderes vereinbart ist, so nennen wir den Punkt $\mathbf{0} := (0,0)$ den *Ursprung* von $\mathbb{E}^2$.

Schreibweise: Für jeden Punkt $\mathbf{S} \in \mathbb{E}^2$ und jeden von $\vec{\mathbf{0}} \in \mathbb{R}^2$ verschiedenen Vektor $\vec{\mathbf{u}}$ vereinbaren wir noch folgende Schreibweise für die affine Gerade durch $\mathbf{S}$ mit Richtung $\vec{\mathbf{u}}$:

$$\mathbf{g}_{\mathbf{S},\vec{\mathbf{u}}} := \{\mathbf{S} + t \cdot \vec{\mathbf{u}} : t \in \mathbb{R}\}.$$

3. $\mathbb{H}^2$ **(Poincarésches Halbebenenmodell).**
Es sei $\mathcal{E} = \{(x,y) \in \mathbb{R}^2 : y > 0\}$ die obere Halbebene des $\mathbb{R}^2$. Wir definieren

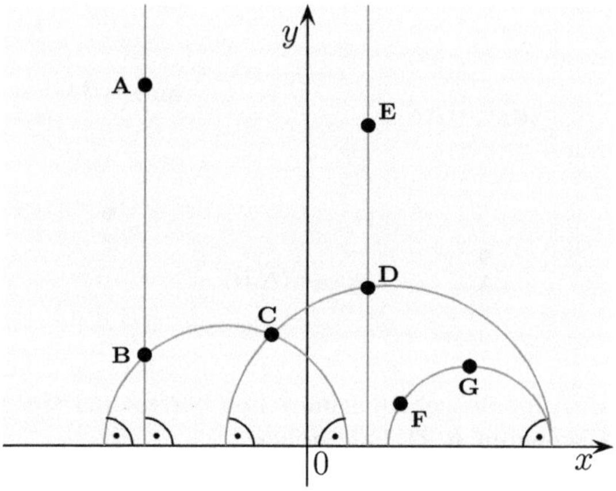

Abbildung 1.4.: Darstellung des POINCARÉSCHEN Halbebenenmodells $\mathbb{H}^2$ für die hyperbolische Ebene.

die Menge der Geraden $\mathcal{G}$ auf $\mathcal{E}$ wie folgt. Sind die Punkte $\mathbf{A}, \mathbf{B} \in \mathcal{E}$ verschieden und besitzen sie dieselbe x-Koordinate, so sei die Gerade $\mathbf{AB}$ der Schnitt der entsprechenden euklidischen Geraden durch $\mathbf{A}, \mathbf{B}$ mit der oberen Halbebene (siehe Abbildung 1.4). Sind bei zwei Punkten $\mathbf{B}, \mathbf{C} \in \mathcal{E}$ die x-Koordinaten hingegen verschieden, so verstehen wir unter der Geraden $\mathbf{BC}$ den eindeutig bestimmten Halbkreisbogen durch $\mathbf{B}, \mathbf{C}$, welcher die x-Achse orthogonal trifft. Diese Bögen nennen wir *Orthokreise*. Das Modell $\mathbb{H}^2 = (\mathcal{E}, \mathcal{G})$ heißt das POINCARÉSCHE *Halbebenenmodell der hyperbolischen Ebene*.

4. $\mathbb{D}^2$ **(Poincarésches Kreisscheibenmodell).**
Es sei $\mathcal{E} = \mathrm{D} := \{(x,y) \in \mathbb{R}^2 : x^2 + y^2 < 1\}$ die offene Einheitskreisscheibe. Wir definieren die Menge $\mathcal{G}$ der Geraden wie folgt:

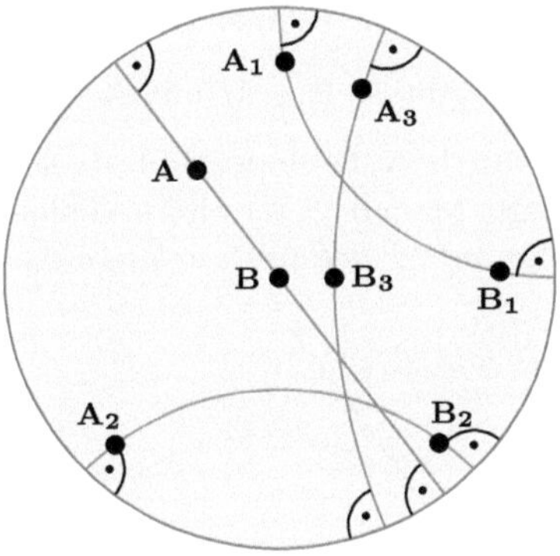

Abbildung 1.5.: Das POINCARÉSCHE Kreisscheibenmodell $\mathbb{D}^2$ für die hyperbolische Ebene.

Liegen zwei verschiedene Punkte $\mathbf{A}, \mathbf{B} \in \mathrm{D}$ auf einer euklidischen Geraden durch den Ursprung, so sei die Gerade $\mathbf{AB}$ der Teil dieser euklidischen Geraden, welcher ganz in D liegt, also der entsprechende offene Durchmesser.

Liegen die Punkte $\mathbf{A}, \mathbf{B}$ hingegen nicht beide auf derselben Ursprungsgeraden, so sei

$$\mathbf{AB} := \mathrm{D} \cap \mathrm{K}_{\mathbf{AB}},$$

wobei $\mathrm{K}_{\mathbf{AB}}$ der eindeutig bestimmte Kreis durch die Punkte $\mathbf{A}, \mathbf{B}$ ist, welcher den Rand der Kreisscheibe D senkrecht trifft (siehe Abb. 1.5). Wir nennen derartige Kreisbögen und auch die Durchmesser wieder *Orthokreise*. Die Menge D mit diesem Geradensystem $\mathcal{G}$ bildet das POINCARÉSCHE *Kreisscheibenmodell der hyperbolischen Ebene* und wird mit $\mathbb{D}^2$ bezeichnet.

Fassen wir sowohl $\mathbb{H}^2$ als auch $\mathbb{D}^2$ als Gebiete in $\mathbb{C}$ auf und benutzen komplexe Zahlen $z = x + iy$ (siehe Anhang C.1), so lassen sich das Halbebenenmodell und das Kreisscheibenmodell mittels der CAYLEY-*Abbildung*

$$\mathfrak{C} : \mathbb{H}^2 \to \mathbb{D}^2, \quad z \mapsto \frac{z-i}{z+i} \tag{1.1.1}$$

bijektiv ineinander überführen. $\mathfrak{C}$ bildet insbesondere $\mathbb{R} \cup \{\infty\}$ auf den Einheitskreis ab (vergleiche mit Beispiel 3.2.4). Diese Abbildung besitzt noch weitere wichtige Eigenschaften, die wir später näher studieren werden. Sie implizieren, dass $\mathbb{H}^2$ und $\mathbb{D}^2$ zwei Modelle für dieselbe Geometrie bilden, die *hyperbolische Ebene*. In beiden Modellen werden wir in Zukunft die Geraden zur besseren Unterscheidung von den Geraden in $\mathbb{E}^2$ auch *hyperbolische Geraden* nennen.

5. $\mathbb{E}^2|_M$ **(Relative euklidische Geometrie).**
Es sei $M \subset \mathbb{R}^2$ eine nicht leere Teilmenge. Wir setzen $\mathcal{E} := M$ und

$$\mathcal{G} := \{\mathbf{g} \subset M : \text{Es gibt } \mathbf{A}, \mathbf{B} \in M \text{ mit } \mathbf{A} \neq \mathbf{B} \text{ und } \mathbf{g} = \mathbf{g_{AB}} \cap M\},$$

wobei hier $\mathbf{g_{AB}}$ die durch $\mathbf{A}, \mathbf{B}$ eindeutig festgelegte euklidische Gerade ist. Das dadurch festgelegte Modell $(\mathcal{E}, \mathcal{G})$ wird im Folgenden mit $\mathbb{E}^2|_M$ bezeichnet. Wir nennen $\mathbb{E}^2|_M$ die *auf M definierte relative euklidische Geometrie.*

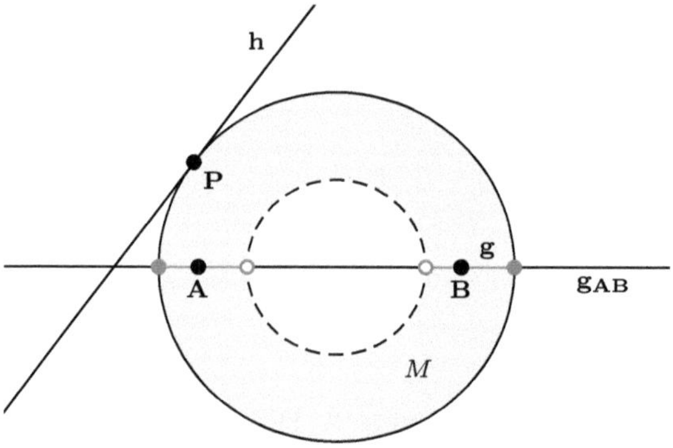

Abbildung 1.6.: Die Gerade $\mathbf{g}$ gehört zum Geradensystem $\mathcal{G}$ von $\mathbb{E}^2|_M$, da $\mathbf{g} = \mathbf{g_{AB}} \cap M$ mit zwei Punkten $\mathbf{A}, \mathbf{B} \in M$. Nach Konstruktion existieren in $\mathbb{E}^2|_M$ keine einpunktige Geraden, gleichgültig wie man M wählt. Daher ist $\{\mathbf{P}\}$ keine Gerade in $\mathbb{E}^2|_M$.

a) **(I1)**, **(I2)** sind immer erfüllt. Daher ist $\mathbb{E}^2|_M$ genau dann eine Inzidenzebene, wenn M wenigstens drei Punkte in allgemeiner Lage (bezüglich $\mathbb{E}^2$) enthält.

b) Für $M = \{\mathbf{P_1}, \ldots, \mathbf{P_n}\}$, $n \geq 3$, mit paarweise verschiedenen Punkten stimmt $\mathbb{E}^2|_M$ mit $\mathbb{I}_n$ überein, wenn sich je drei verschiedene Punkte in allgemeiner Lage (bezüglich $\mathbb{E}^2$) befinden, das heißt genau dann, wenn keine drei Punkte kollinear sind.

Durch geeignete Wahl der Menge M lassen sich hierdurch sehr viele interessante Modelle ebener Geometrien konstruieren, auf die wir im weiteren Verlauf des Buches noch näher eingehen werden.

6. $\mathbb{E}^2 \cap M$.
Ein etwas anderes Modell als das vorhergehende erhält man, wenn man für eine nicht leere Teilmenge $\mathcal{E} := M \subset \mathbb{R}^2$ die Menge der Geraden durch

$$\mathcal{G} := \{\mathbf{g} \subset M : \mathbf{g} = M \cap \mathbf{g}' \text{ mit einer euklidischen Geraden } \mathbf{g}' \subset \mathbb{R}^2\}$$

festlegt. Das dadurch definierte Modell $(\mathcal{E}, \mathcal{G})$ wird mit $\mathbb{E}^2 \cap M$ bezeichnet.

a) Das erste Inzidenzaxiom **(I1)** gilt für jede nicht leere Teilmenge M.

b) Die Gültigkeit von **(I2)** hängt von der Wahl von M ab.

i. Für jede offene Teilmenge $M \subset \mathbb{R}^2$ ist **(I2)** erfüllt.

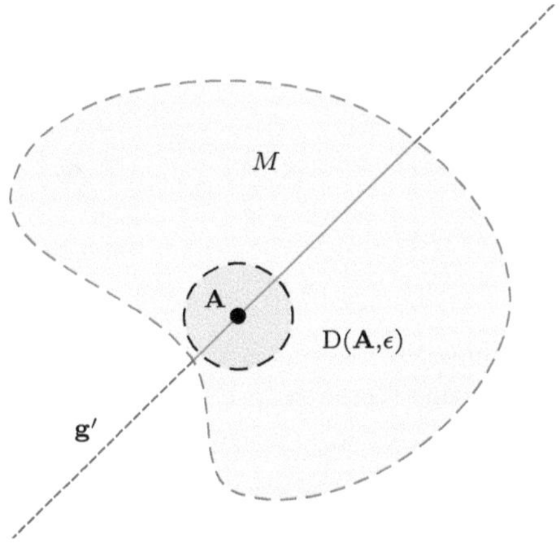

Abbildung 1.7.: Für offene Mengen (vergleiche mit Aufgabe 2.10) M ist **(I2)** in $\mathbb{E}^2 \cap M$ stets erfüllt.

***Beweis*:** Es sei $\mathbf{A} \in \mathbf{g} = M \cap \mathbf{g}'$ mit einer euklidischen Geraden $\mathbf{g}'$. Weil M offen ist, existiert ein $\epsilon > 0$, sodass

$$\mathrm{D}(\mathbf{A}, \epsilon) := \{\mathbf{P} \in \mathbb{R}^2 : ||\mathbf{P} - \mathbf{A}|| < \epsilon\} \subset M.$$

Damit ist aber auch

$$\mathrm{D}(\mathbf{A}, \epsilon) \cap \mathbf{g}' \subset M \cap \mathbf{g}' = \mathbf{g}$$

und $\mathbf{g}$ enthält sogar unendlich viele Punkte. □

ii. Für jede kompakte Teilmenge $M \subset \mathbb{R}^2$ ist **(I2)** verletzt.

***Beweis*:** Es sei $\mathbf{O} = \mathbf{0}$ der Ursprung. Ohne Einschränkung enthalte M mehr als einen Punkt. In diesem Fall existiert wegen der Kompaktheit von M ein Punkt $\mathbf{A} \in M$ mit

$$0 < ||\mathbf{A}|| = \max_{\mathbf{P} \in M} ||\mathbf{P}||.$$

Die durch diesen Punkt $\mathbf{A}$ laufende euklidische Gerade $\mathbf{g}'$, welche die euklidische Gerade $\mathbf{OA}$ senkrecht trifft, schneidet M dann nur

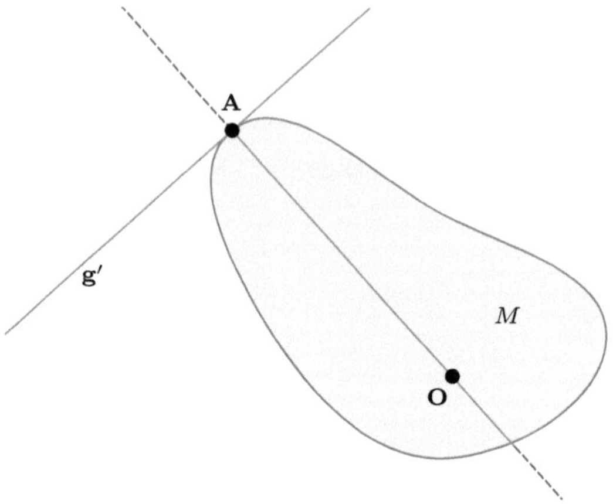

Abbildung 1.8.: Bei kompakten Mengen M ist **(I2)** in $\mathbb{E}^2 \cap M$ verletzt, da es dann einpunktige Geraden in $\mathbb{E}^2 \cap M$ gibt.

in diesem Punkt, sodass eine einpunktige Gerade $\mathbf{g} = M \cap \mathbf{g}' = \mathbf{A}$ in $\mathbb{E}^2 \cap M$ existiert. □

iii. Man überlegt sich leicht, dass **(I2)** auf dem halboffenen Annulus

$$M = \{(x, y) \in \mathbb{R}^2 : 1 \leq x^2 + y^2 < 2\}$$

erfüllt und auf dem halboffenen Annulus

$$M = \{(x, y) \in \mathbb{R}^2 : 1 < x^2 + y^2 \leq 2\}$$

verletzt ist, da es im letzten Fall einpunktige Geraden gibt.

iv. Axiom **(I2)** ist nicht erfüllt, wenn $M = \mathbb{Q}^2$ oder $M = \mathbb{A}^2$, wobei $\mathbb{Q}$ den Körper der *rationalen Zahlen* und $\mathbb{A}$ den Körper der *reell algebraischen Zahlen* (siehe Anhang C.2) bezeichnen.

***Beweis*:** Die Geometrien enthalten jeweils einpunktige Geraden. Zum Beispiel enthält wegen der Transzendenz der Zahl π die euklidische Gerade $\mathbf{OA}$ durch die beiden Punkte $\mathbf{O} = (0, 0)$ und $\mathbf{A} = (\sqrt{\pi}, 1/\sqrt{\pi})$ als einzigen Punkt in $\mathbb{A}^2$ den Ursprung $\mathbf{O}$, sodass die Geraden $\mathbf{g}_1 := \mathbf{OA} \cap \mathbb{A}^2$, $\mathbf{g}_2 := \mathbf{OA} \cap \mathbb{Q}^2$ jeweils nur diesen Punkt enthalten. □

c) Das letzte Inzidenzaxiom **(I3)** gilt genau dann für $\mathbb{E}^2 \cap M$, wenn M drei Punkte in allgemeiner Lage bezüglich $\mathbb{E}^2$ enthält.

Bemerkung: Im Allgemeinen ist jede Gerade $\mathbf{g}$ des Modells $\mathbb{E}^2|_M$ auch eine Gerade in $\mathbb{E}^2 \cap M$. Umgekehrt ist eine Gerade des Modells $\mathbb{E}^2 \cap M$ aber

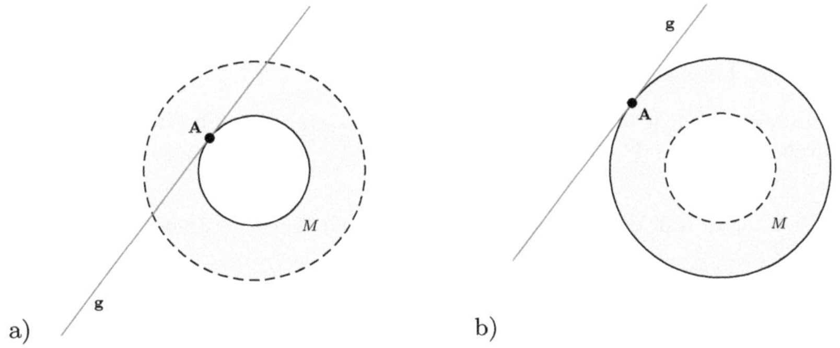

Abbildung 1.9.: a) Für diese Menge bildet $\mathbb{E}^2 \cap M$ eine Inzidenzebene. Es gibt keine Geraden, die nur einen Punkt enthalten. b) Weil die dargestellte Gerade **g** die Menge M in nur einem Punkt **A** schneidet, ist hier $\mathbb{E}^2 \cap M$ keine Inzidenzebene.

nur dann ebenfalls eine Gerade in $\mathbb{E}^2|_M$, wenn sie mindestens zwei Punkte enthält. Ist M allerdings offen, so existiert zu jedem Punkt $\mathbf{A} \in M$ und zu jedem Richtungsvektor $\vec{\mathbf{v}} \neq \vec{\mathbf{0}}$ auch ein weiterer Punkt $\mathbf{B} \in M$, welcher auf der Geraden $\mathbf{g}_{\mathbf{A},\vec{\mathbf{v}}}$ liegt. Daher ist für offenes M das Modell $\mathbb{E}^2 \cap M$ sogar mit dem Modell $\mathbb{E}^2|_M$ identisch. Allgemeiner gilt $\mathbb{E}^2|_M = \mathbb{E}^2 \cap M$ genau dann, wenn $\mathbb{E}^2 \cap M$ keine einpunktigen Geraden enthält, das heißt genau dann, wenn es keine euklidische Gerade gibt, welche die Menge M in nur einem Punkt schneidet. Man kann festhalten:

$$\mathcal{G}_{\mathbb{E}^2|_M} = \mathcal{G}_{\mathbb{E}^2 \cap M} \setminus \{\mathbf{g} \in \mathcal{G}_{\mathbb{E}^2 \cap M} : \mathbf{g} \text{ enthält nur einen Punkt}\}.$$

Daraus schließen wir noch, dass insbesondere $\mathbb{E}^2|_M = \mathbb{E}^2 \cap M$, falls $\mathbb{E}^2 \cap M$ eine Inzidenzebene ist. Enthält das Geradensystem $\mathcal{G}_{\mathbb{E}^2 \cap M}$ keine einpunktigen Geraden, so müssen Punkte in allgemeiner Lage existieren. Anderenfalls wäre nämlich $M \subset \mathbf{g}$ für eine euklidische Gerade und falls etwa $\mathbf{A} \in M \subset \mathbf{g}$, so würde die euklidische Gerade durch **A**, welche senkrecht auf **g** steht, die Menge M nur im Punkt **A** schneiden. $\mathbb{E}^2 \cap M$ ist somit genau dann eine Inzidenzebene, wenn keine euklidische Gerade die Menge M in nur einem Punkt schneidet.

1.2. Affine Ebenen

Sind in der euklidischen Ebene eine Gerade **g** und ein Punkt $\mathbf{P} \notin \mathbf{g}$ gegeben, so beobachtet man, dass es genau eine Gerade **h** durch den Punkt **P** gibt, die **g** nicht schneidet, das heißt es existiert genau eine Parallele zu **g** durch den Punkt **P**. Eine Inzidenzebene mit dieser Eigenschaft nennt man eine *affine Ebene*, deren Definition wir daher angeben möchten.

1.2.1 Definition (Affine Ebene)
Eine Inzidenzebene $(\mathcal{E}, \mathcal{G})$ heißt *affine Ebene*, wenn in ihr zusätzlich das *Parallelenaxiom* erfüllt ist. Dieses lautet:

(P) Zu jeder Geraden $\mathbf{g}$ und zu jedem Punkt $\mathbf{P}$ existiert genau eine Parallele zu $\mathbf{g}$ durch den Punkt $\mathbf{P}$.

Man kann sich leicht von der Gültigkeit der folgenden Aussage überzeugen.

1.2.2 Lemma
In einer affinen Ebene ist Parallelität eine Äquivalenzrelation.

In den POINCARÉSCHEN Modellen $\mathbb{D}^2, \mathbb{H}^2$ der hyperbolischen Ebene ist das Parallelenaxiom jeweils verletzt, weil es dort zu einer Geraden sogar unendlich viele Parallelen durch denselben Punkt gibt. In der endlichen Inzidenzebene $\mathbb{I}_n$ (es gilt $n \geq 3$) ist **(P)** für $n = 4$ erfüllt, für $n \neq 4$ jedoch nicht.

In der euklidischen Ebene $\mathbb{E}^2$ gilt das Parallelenaxiom. EUKLID hatte in seinen *Elementen* die Gültigkeit dieses Axioms in Form des *Parallelenpostulats* gefordert.

Parallelenpostulat. *Wenn eine gerade Linie* $\mathbf{g}$ *beim Schnitt mit zwei geraden Linien* $\mathbf{h_1}, \mathbf{h_2}$ *bewirkt, dass innen auf derselben Seite von* $\mathbf{g}$ *entstehende Winkel zusammen kleiner als zwei Rechte werden, dann treffen sich die zwei geraden Linien* $\mathbf{h_1}, \mathbf{h_2}$ *bei Verlängerung ins Unendliche auf der Seite von* $\mathbf{g}$, *auf der die Winkel liegen, die zusammen kleiner als zwei Rechte sind.*

Dieses Postulat grenzt sich durch seine komplizierte und längliche Formulierung deutlich von den anderen Postulaten bei EUKLID ab. Es wurde meist als Makel in EUKLIDS Theorie empfunden, sodass es immer wieder Versuche gab, das Parallelenpostulat aus den anderen Postulaten in Form eines Satzes herzuleiten. Diese Aufgabe war als das *Parallelenproblem* bekannt und blieb über zweitausend Jahre lang ungelöst. Erst durch die Entdeckung einer ebenen Geometrie, die das Parallelenaxiom verletzt, sonst aber alle für die euklidische Geometrie gültigen Axiome erfüllt, wurde diese Frage endgültig geklärt und heute wissen wir, dass das Parallenaxiom von den anderen Axiomen unabhängig ist und sich nicht aus diesen herleiten lässt.

Wir werden dies in den nächsten Kapiteln auch zeigen. Da das Parallelenaxiom formal zur Gruppe der Inzidenzaxiome gerechnet wird, haben wir es bereits an dieser Stelle angegeben, obwohl wir auf die Annahme dieses Axioms noch in den ersten Kapiteln verzichten werden. Der Vorteil hiervon besteht darin, dass wir – solange wir auf die Gültigkeit des Parallelenaxioms verzichten –, Aussagen erhalten, die gleichermaßen für alle bis dahin entwickelten ebenen Geometrien gelten, einschließlich der hyperbolischen Geometrie. Erst nachdem wir in den folgenden Kapiteln zusätzlich zu den Inzidenzaxiomen die für die euklidische Geometrie benötigten Axiome der Anordnung, Kongruenz und Vollständigkeit formuliert haben, werden wir zum Schluss auch das Parallelenaxiom hinzunehmen. Durch diese letzte Annahme lässt sich die euklidische Geometrie eindeutig charakterisieren und sie lässt sich auf diese Weise insbesondere von der hyperbolischen Geometrie abgrenzen.

1.3. Projektive Ebenen

Wir geben zunächst ein sehr einfaches Beispiel für eine ebene Geometrie an, welche sehr interessante Eigenschaften besitzt, jedoch keine Inzidenzebene mehr ist, weil in ihr das erste Axiom **(I1)** verletzt wird.

1.3.1 Beispiel (Einheitssphäre)

Wir betrachten die *Einheitssphäre*

$$\mathcal{E} = \mathrm{S}^2 = \{x \in \mathbb{R}^3 : ||x|| = 1\}.$$

Als System von Geraden $\mathcal{G}$ auf $\mathcal{E}$ wählen wir die *Großkreise*, das heißt die Schnitte von S^2 mit Ebenen des $\mathbb{R}^3$, welche durch den Ursprung verlaufen. Für $\mathbb{S}^2 := (\mathcal{E}, \mathcal{G})$ gelten dann **(I2)** und **(I3)**, nicht aber **(I1)**, da durch diametral gegenüberliegende Punkte stets unendlich viele Geraden verlaufen.

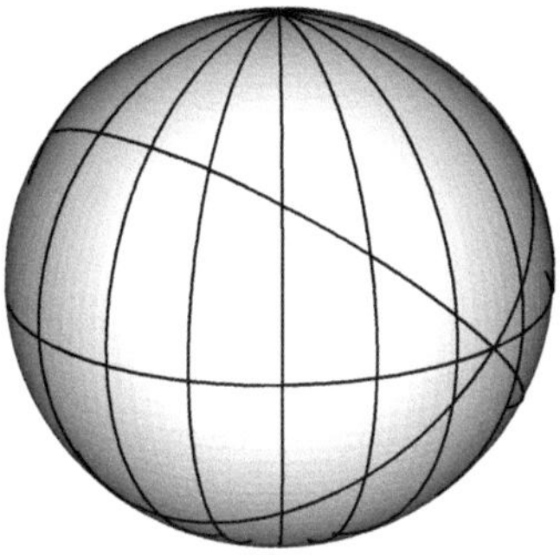

Abbildung 1.10.: Die Sphäre $\mathbb{S}^2$ mit den Großkreisen als Geraden bildet *keine* Inzidenzebene, da Axiom **(I1)** verletzt ist. Durch zwei diametral gegenüberliegende Punkte laufen jeweils unendlich viele verschiedene Großkreise.

1.3.2 Definition (Projektive Ebene)
Unter einer *projektiven Ebene* versteht man ein Paar $(\mathcal{E}, \mathcal{G})$, welches neben den Inzidenzaxiomen **(I1)** und **(I3)** auch noch den folgenden Inzidenzaxiomen genügt.

(I4) Je zwei verschiedene Geraden $\mathbf{g}, \mathbf{h} \in \mathcal{G}$ schneiden sich in genau einem Punkt.

(I5) Jede Gerade $\mathbf{g} \in \mathcal{G}$ enthält mindestens drei verschiedene Punkte.

1.3.3 Bemerkung
Da **(I5)** offensichtlich stärker als **(I2)** ist, sind projektive Ebenen immer auch Inzidenzebenen. Die Umkehrung gilt aber nicht, da zum Beispiel die Geraden in der Inzidenzebene $\mathbb{I}_n$ nur jeweils zwei Punkte enthalten und sich zwei Geraden auch nicht immer schneiden müssen, wenn $n > 3$. Da sich in projektiven Ebenen zwei Geraden stets schneiden, ist dort das Parallelenaxiom nie gültig, also sind projektive Ebenen niemals affine Ebenen.

1.3.4 Beispiele
Wir geben zwei Beispiele für projektive Ebenen an.

1. $\mathbb{P}^2(\mathbb{F}_2)$ **(Fano-Ebene).**
   $\mathbb{F}_2 = \{0, 1\}$ sei der Körper mit zwei Elementen. Das Minimalmodell einer projektiven Ebene ist die sogenannte FANO-*Ebene* $\mathbb{P}^2(\mathbb{F}_2) = \mathbb{F}_2^3 \setminus \{0\}$. In ihr sind sieben Punkte durch sieben Geraden miteinander so wie in Abbildung 1.11 verbunden. Jede Gerade enthält genau drei Punkte.

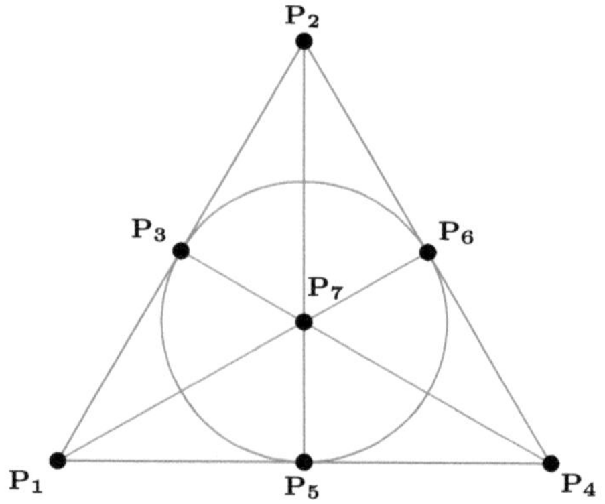

Abbildung 1.11.: Die Fano-Ebene ist das einfachste Beispiel einer projektiven Ebene. Auf jeder Geraden liegen genau drei Punkte. Der Kreis in der Mitte ist eine der sieben Geraden.

2. $\mathbb{RP}^2$ **(Reell projektive Ebene).**
   Wir betrachten noch einmal die Einheitssphäre $\mathbb{S}^2$ mit den Großkreisen als Geraden. Wie wir bereits gesehen haben, erfüllt $\mathbb{S}^2$ die Inzidenzaxiome **(I2)** und **(I3)**, nicht aber **(I1)**, da durch zwei diametral gegenüberliegende Punkte stets unendlich viele Geraden verlaufen. Zudem beobachten wir, dass sich zwei verschiedene Geraden in diesem Modell stets in zwei Punkten schneiden

und dass sich diese Schnittpunkte wiederum diametral gegenüberliegen. Wir modifizieren jetzt dieses Modell, indem wir diametrale Punkte miteinander identifizieren, das heißt wir führen auf $\mathbb{S}^2$ die Äquivalenzrelation

$$p \sim q \quad :\Leftrightarrow \quad p = \pm q$$

ein und erhalten eine Quotientenmenge $\mathbb{RP}^2 = \mathbb{S}^2/\mathbb{F}_2$, da jede Äquivalenzklasse genau zwei Punkte enthält. Anschaulich lässt sich $\mathbb{RP}^2$ zum Beispiel durch Auswahl einer halboffenen Hemisphäre von $\mathbb{S}^2$ beschreiben. Projeziert man etwa die obere halboffene Hemisphäre von $\mathbb{S}^2$ auf die (x, y)-Ebene, so erhält man die halboffene Einheitskreisscheibe

$$\widehat{\mathrm{D}} := \mathrm{D} \cup \{(x, y) \in \mathbb{R}^2 : x^2 + y^2 = 1 \text{ und } y > 0\} \cup \{(1, 0)\}.$$

Dabei ist D die offene Einheitskreisscheibe. Die reell projektive Ebene ent-

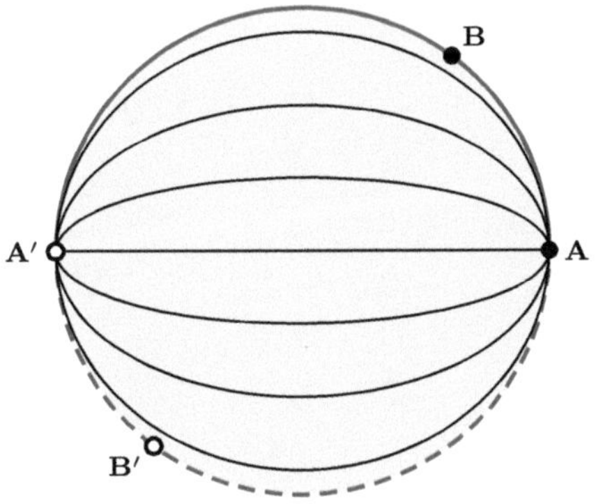

Abbildung 1.12.: Verklebt man den Rand der halboffenen Einheitskreisscheibe entlang diametral gegenüberliegender Punkte, so erhält man den reell projektiven Raum.

steht nun aus der halboffenen Einheitskreisscheibe, indem man den Rand mit sich verklebt und zwar jeden Punkt **A** des Randes mit dem ihm diametral gegenüberliegenden Punkt **A′** (siehe Abbildung 1.12). Jede Gerade durch einen Punkt $\mathbf{A} \in \widehat{\mathrm{D}}$ ist in dieser Darstellung durch einen Ellipsenbogen gegeben, welcher im gegenüberliegenden Punkt **A′** endet. Da sich aber die Punkte **A**, **A′** entsprechen, entstehen somit geschlossene Geraden, von denen sich jeweils zwei in genau einem Punkt schneiden, das heißt **(I4)** ist gültig. Außerdem sind die Axiome **(I1)**, **(I3)**, **(I5)** erfüllt, sodass $\mathbb{RP}^2$ eine projektive Ebene ist.

Aufgaben

Aufgabe 1.1
Man überprüfe bei den in Abbildung 1.13 dargestellten Modellen jeweils die Gültigkeit der Inzidenzaxiome.

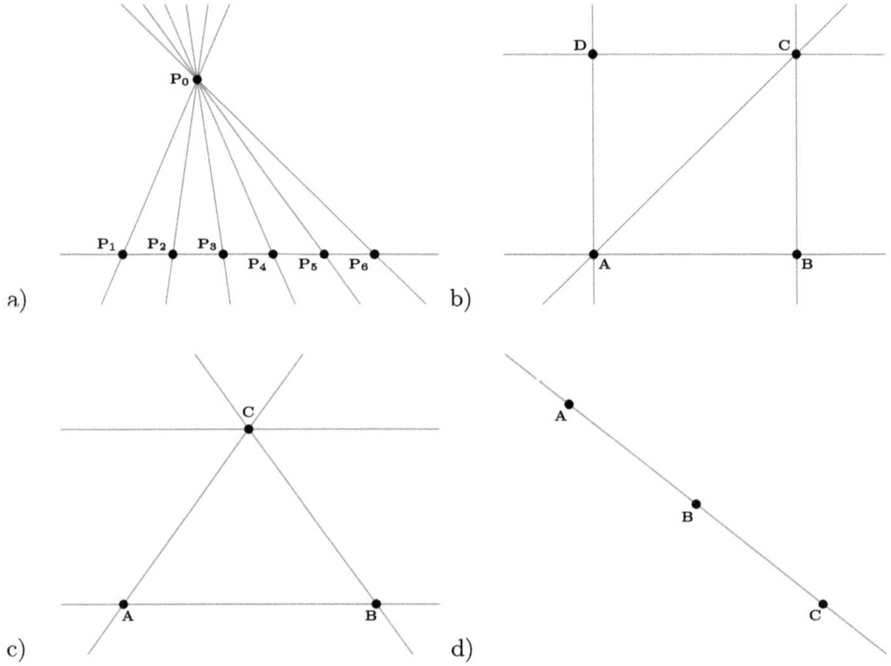

Abbildung 1.13.: Grafiken zu Aufgabe 1.1. Die Systeme erfüllen unterschiedliche Inzidenzaxiome.

Aufgabe 1.2
Man konstruiere sowohl Modelle $(\mathcal{E}, \mathcal{G})$ in denen jeweils genau eines der Inzidenzaxiome **(I1)** - **(I3)** erfüllt ist, als auch Modelle, in denen genau eines verletzt wird.

Aufgabe 1.3
Es sei $(\mathcal{E}, \mathcal{G})$ eine Inzidenzebene mit wenigstens vier Elementen. Man zeige, dass dann auch mindestens vier verschiedene Geraden existieren.

Aufgabe 1.4
Es sei $\mathcal{E}$ eine Menge mit $n \geq 3$ Elementen und $\mathcal{G}$ sei die Menge aller zweielementigen Teilmengen von $\mathcal{E}$. Zeige, dass das Paar $\mathbb{I}_n = (\mathcal{E}, \mathcal{G})$ die Inzidenzaxiome **(I1)** - **(I3)** erfüllt.

Aufgabe 1.5

a) Es sei $\mathcal{E} = \{1, 2, 3\}$. Man zeige, dass $\mathcal{E}$ auf genau eine Weise zu einer Inzidenzebene gemacht werden kann.

b) Sei jetzt $\mathcal{E} = \{1, 2, 3, 4\}$. Man bestimme alle Geradensysteme $\mathcal{G}$, sodass $(\mathcal{E}, \mathcal{G})$ zu einer Inzidenzebene wird.

c) Wir setzen $\mathcal{E} = \{1, 2, 3, 4, 5\}$. Für die folgenden Geradensystem untersuche man jeweils die Gültigkeit der Inzidenzaxiome.

   (i) $\mathcal{G} = \{\{1, 2, 3\}, \{3, 4\}, \{4, 5\}, \{1, 5\}\}$,

   (ii) $\mathcal{G}$ sei das System aller Teilmengen von $\mathcal{E}$ mit genau drei Elementen.

Aufgabe 1.6

Es sei $\mathcal{G}$ die Menge aller euklidischen Kreise und Geraden des $\mathbb{R}^2$, welche jeweils den Ursprung enthalten. Wir definieren $\mathcal{E}_0 := \mathbb{R}^2 \setminus \{0\}$ und

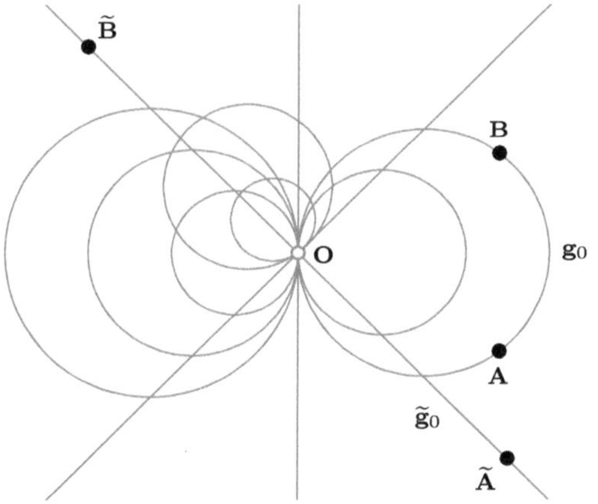

Abbildung 1.14.: Illustration zu Aufgabe 1.6. Eine Inzidenzebene, bei der es zu jeder Geraden unendlich viele Parallelen gibt.

$$\mathcal{G}_0 := \{\mathbf{g}_0 \subset \mathcal{E}_0 : \mathbf{g}_0 = \mathbf{g} \setminus \{0\} \text{ für ein } \mathbf{g} \in \mathcal{G}\}.$$

Man zeige, dass durch $(\mathcal{E}_0, \mathcal{G}_0)$ eine Inzidenzebene festgelegt wird, in der jede Gerade unendlich viele Parallelen besitzt. Wieviele Parallelen zu einer Geraden $\mathbf{g}$ laufen durch einen festen Punkt $\mathbf{P}$?

Aufgabe 1.7

Gegeben sei eine Inzidenzebene $(\mathcal{E}, \mathcal{G})$. Man beweise die folgenden Aussagen.

a) Durch jeden Punkt $\mathbf{P} \in \mathcal{E}$ gehen mindestens zwei verschiedene Geraden.

b) Zu je zwei verschiedenen Punkten $\mathbf{A}, \mathbf{B}$ existiert mindestens ein weiterer Punkt $\mathbf{C}$, sodass sich $\mathbf{A}, \mathbf{B}, \mathbf{C}$ in allgemeiner Lage befinden.

c) Zwei Geraden $\mathbf{g}, \mathbf{h}$ erfüllen jeweils genau eine der Aussagen:

(i) $\mathbf{g} = \mathbf{h}$,

(ii) $\mathbf{g} \cap \mathbf{h} = \varnothing$,

(iii) $\mathbf{g} \cap \mathbf{h}$ ist ein Punkt.

Aufgabe 1.8
Das Paar $(\mathcal{E}, \mathcal{G})$ erfülle die Inzidenzaxiome **(I1)** und **(I2)**. Dann ist die Gültigkeit von **(I3)** äquivalent dazu, dass $\mathcal{G}$ mindestens drei Elemente hat.

Aufgabe 1.9
Es sei $\mathcal{E}$ die Menge aller ein-dimensionalen Untervektorräume des $\mathbb{R}^3$ und $\mathcal{G}$ sei die Menge aller zweidimensionalen Untervektorräume des $\mathbb{R}^3$. Man überprüfe, ob $(\mathcal{E}, \mathcal{G})$ die Inzidenzaxiome erfüllt.

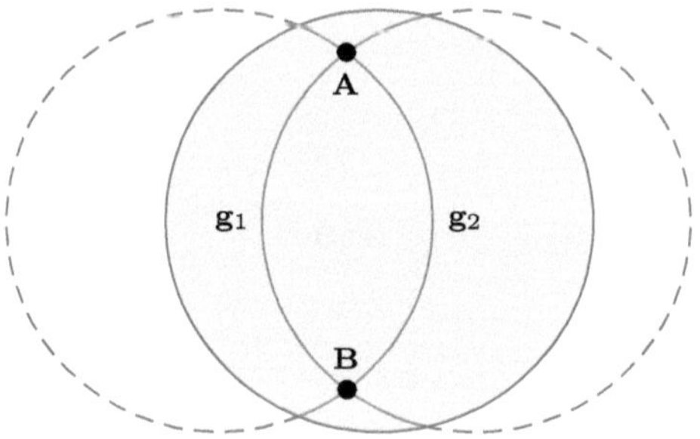

Abbildung 1.15.: Veranschaulichung von Aufgabe 1.10.

Aufgabe 1.10
Es sei $\mathcal{E} = \mathrm{D} = \{(x, y) \in \mathbb{R}^2 : x^2 + y^2 < 1\}$ die offene Einheitskreisscheibe. Wir definieren ein Geradensystem $\mathcal{G}$ auf $\mathcal{E}$ durch die Vorschrift

$$\mathbf{g} \in \mathcal{G} \quad :\Leftrightarrow \quad \mathbf{g} = \mathrm{D} \cap K \text{ mit einem Kreis } K \subset \mathbb{R}^2 \text{ vom Radius 1.}$$

Man zeige, dass durch $(\mathcal{E}, \mathcal{G})$ ein System gegeben ist, in dem die Axiome **(I2)** und **(I3)** erfüllt sind und in dem zusätzlich gilt, dass durch je zwei verschiedene Punkte genau zwei Geraden verlaufen. Was ändert sich, wenn man den Radius des Kreises K in der Definition von $\mathcal{G}$ verschieden von 1 wählt?

2. Anordnungsaxiome

Natürlich stellt man sich unter einer anspruchsvollen Geometrie anschaulich etwas anderes vor als drei Punkte, und Geraden sollten auch mehr als nur zwei Punkte enthalten. Zum Beispiel erwarten wir, dass bei zwei gegebenen Punkten $\mathbf{A}, \mathbf{C} \in \mathbf{g}$ auch alle Punkte $\mathbf{B}$ zur Geraden $\mathbf{g}$ gehören, die zwischen $\mathbf{A}$ und $\mathbf{C}$ liegen. Was aber heißt, $\mathbf{B}$ *liegt zwischen* $\mathbf{A}$ *und* $\mathbf{C}$*?* Mathematisch lässt sich das leicht durch eine weitere Relation (siehe Anhang A) in der Inzidenzebene ausdrücken. Dies führt uns zur zweiten Gruppe von Axiomen, den *Axiomen der Anordnung*, welche wir nun im folgenden Kapitel besprechen möchten.

2.1. Angeordnete Inzidenzebenen

2.1.1 Definition (Zwischenrelation)
Eine *Zwischenrelation* auf einer Inzidenzebene $(\mathcal{E}, \mathcal{G})$ ist eine dreistellige Relation $\mathcal{Z} \subset \mathcal{E} \times \mathcal{E} \times \mathcal{E}$, für welche die folgenden Anordnungsaxiome gelten:

(A1) Es ist $(\mathbf{A}, \mathbf{B}, \mathbf{C}) \in \mathcal{Z} \Leftrightarrow (\mathbf{C}, \mathbf{B}, \mathbf{A}) \in \mathcal{Z}$. Ferner folgt aus $(\mathbf{A}, \mathbf{B}, \mathbf{C}) \in \mathcal{Z}$, dass $\mathbf{A}, \mathbf{B}, \mathbf{C}$ paarweise verschieden sind und dass $\mathbf{B}$ Element der Geraden $\mathbf{AC}$ ist.

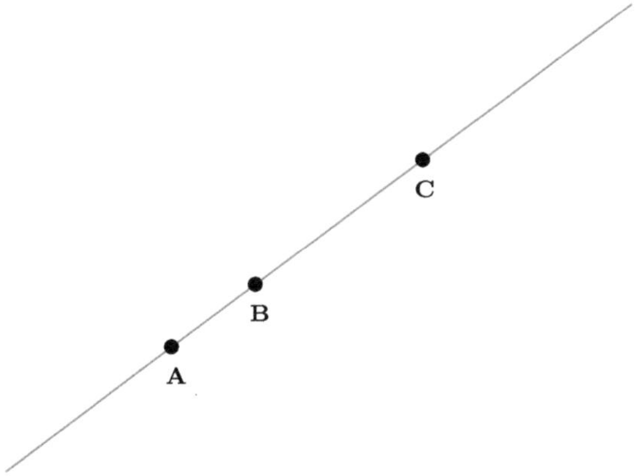

Abbildung 2.1.: Es gelten die Aussagen $(\mathbf{A}, \mathbf{B}, \mathbf{C}) \in \mathcal{Z} \Leftrightarrow (\mathbf{C}, \mathbf{B}, \mathbf{A}) \in \mathcal{Z}$ und $(\mathbf{A}, \mathbf{B}, \mathbf{C}) \in \mathcal{Z} \Rightarrow \mathbf{A} \neq \mathbf{C}$ und $\mathbf{B} \in \mathbf{AC}$.

(A2) Zu je zwei verschiedenen Punkten $\mathbf{A}, \mathbf{C}$ existieren jeweils Punkte $\mathbf{B}$, $\mathbf{D}$ mit $(\mathbf{A}, \mathbf{B}, \mathbf{C}) \in \mathcal{Z}$ und $(\mathbf{A}, \mathbf{C}, \mathbf{D}) \in \mathcal{Z}$.

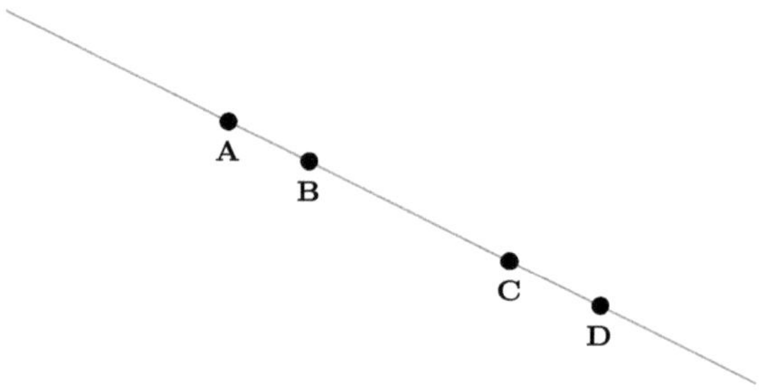

Abbildung 2.2.: Zwischen zwei verschiedenen Punkten $\mathbf{A}, \mathbf{C}$ einer Geraden liegt stets ein weiterer Punkt $\mathbf{B}$ und die Strecke $\overline{\mathbf{AC}}$ (siehe Definition 2.1.2) lässt sich zu einer Strecke $\overline{\mathbf{AD}}$ verlängern.

(A3) Sind $\mathbf{A}, \mathbf{B}, \mathbf{C} \in \mathbf{g}$ paarweise verschieden, so gilt genau eine der drei Aussagen

$$(\mathbf{A}, \mathbf{B}, \mathbf{C}) \in \mathcal{Z}, (\mathbf{B}, \mathbf{C}, \mathbf{A}) \in \mathcal{Z}, (\mathbf{C}, \mathbf{A}, \mathbf{B}) \in \mathcal{Z}.$$

Schreibweise: Statt $(\mathbf{A}, \mathbf{B}, \mathbf{C}) \in \mathcal{Z}$ schreiben wir in der Infixnotation $\mathbf{A}|\mathbf{B}|\mathbf{C}$ und sagen, *der Punkt* $\mathbf{B}$ *liegt zwischen den Punkten* $\mathbf{A}$ *und* $\mathbf{C}$.

2.1.2 Definition (Strecken und Dreiecke)
Gegeben sei eine Inzidenzebene $(\mathcal{E}, \mathcal{G})$ mit Zwischenrelation $\cdot|\cdot|\cdot$.

1. Unter der *Strecke* $\overline{\mathbf{AB}}$ zwischen verschiedenen Punkten $\mathbf{A}, \mathbf{B} \in \mathcal{E}$ verstehen wir die Menge
$$\overline{\mathbf{AB}} := \{\mathbf{A}, \mathbf{B}\} \cup \{\mathbf{S} \in \mathbf{AB} : \mathbf{A}|\mathbf{S}|\mathbf{B}\}.$$

2. Sind $\mathbf{A}, \mathbf{B}, \mathbf{C}$ drei nicht kollineare Punkte, so ist das *Dreieck* $\triangle_{\mathbf{ABC}}$ die Menge
$$\triangle_{\mathbf{ABC}} := \overline{\mathbf{AB}} \cup \overline{\mathbf{BC}} \cup \overline{\mathbf{CA}}.$$

   Die definierenden Punkte $\mathbf{A}, \mathbf{B}, \mathbf{C}$ eines Dreiecks $\triangle_{\mathbf{ABC}}$ nennen wir *Ecken* und die Strecken $\overline{\mathbf{AB}}, \overline{\mathbf{BC}}, \overline{\mathbf{CA}}$ heißen *Seiten* oder auch *Kanten* des Dreiecks $\triangle_{\mathbf{ABC}}$. Entsprechend heißen $\mathbf{AB}, \mathbf{BC}, \mathbf{CA}$ die *Seitenlinien* des Dreiecks.

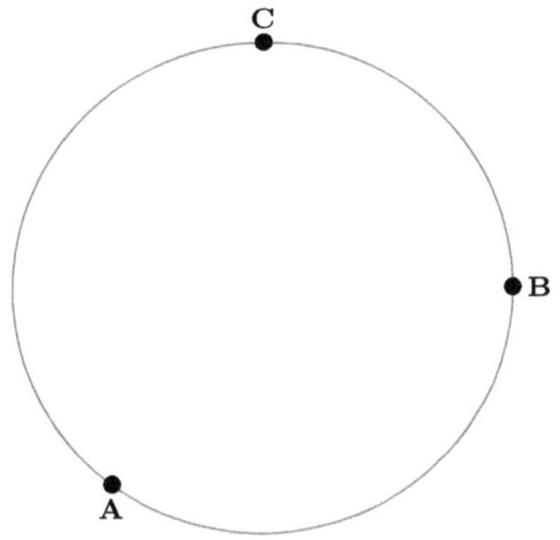

Abbildung 2.3.: Von drei verschiedenen Punkten auf einer Geraden liegt genau einer zwischen den beiden anderen. Daher sind geschlossene Geraden ausgeschlossen.

Schreibweise: Es ist üblich, die Ecken eines Dreiecks mit großen lateinischen Buchstaben zu bezeichnen, also beispielsweise **A**, **B**, **C**. Die gegenüberliegenden Kanten werden dann mit den entsprechenden kleinen Lettern gekennzeichnet. Man schreibt also in diesem Fall a, b, c für die jeweiligen Kanten $\overline{\mathbf{BC}}, \overline{\mathbf{CA}}, \overline{\mathbf{AB}}$.

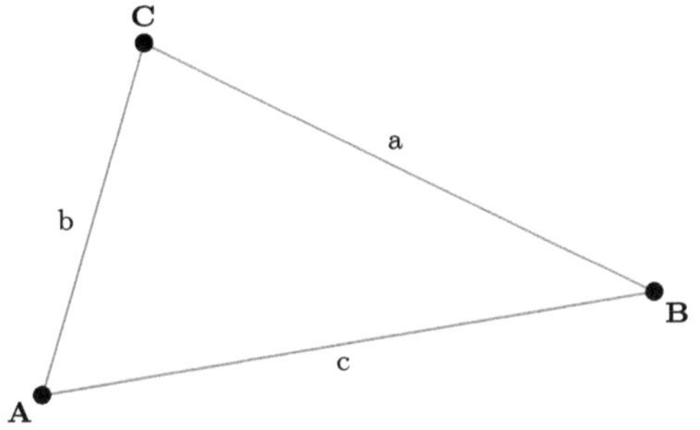

Abbildung 2.4.: Ein Dreieck $\triangle_{\mathbf{ABC}}$ ist die Vereinigung der Strecken zwischen den Eckpunkten $\mathbf{A}, \mathbf{B}, \mathbf{C}$. Die Bezeichnung der Kanten richtet sich meist nach der Bezeichnung der jeweils gegenüberliegenden Ecke.

2.1.3 Bemerkung

Da nach Axiom **(A1)** in einer Inzidenzebene mit Zwischenrelation die Äquivalenz $\mathbf{A}|\mathbf{S}|\mathbf{B} \Leftrightarrow \mathbf{B}|\mathbf{S}|\mathbf{A}$ erfüllt ist, gilt auch stets $\overline{\mathbf{AB}} = \overline{\mathbf{BA}}$.

Wir wollen nun ein sehr wichtiges Anordnungsaxiom vorstellen, nämlich das Axiom von PASCH.

2.1.4 Definition (Angeordnete Inzidenzebene)

Eine Inzidenzebene $(\mathcal{E}, \mathcal{G})$ mit Zwischenrelation $\cdot|\cdot|\cdot$ wird *angeordnete Inzidenzebene* genannt, falls zusätzlich das folgende *Axiom von* PASCH gilt.

(A4) Es seien $\mathbf{A}, \mathbf{B}, \mathbf{C}$ drei Punkte in allgemeiner Lage. Ferner sei $\mathbf{g} \in \mathcal{G}$ eine Gerade mit $\mathbf{g} \cap \{\mathbf{A}, \mathbf{B}, \mathbf{C}\} = \varnothing$. Falls dann $\mathbf{g} \cap \overline{\mathbf{AB}} \neq \varnothing$, so gilt wenigstens[1] eine der Aussagen $\mathbf{g} \cap \overline{\mathbf{BC}} \neq \varnothing$ oder $\mathbf{g} \cap \overline{\mathbf{AC}} \neq \varnothing$.

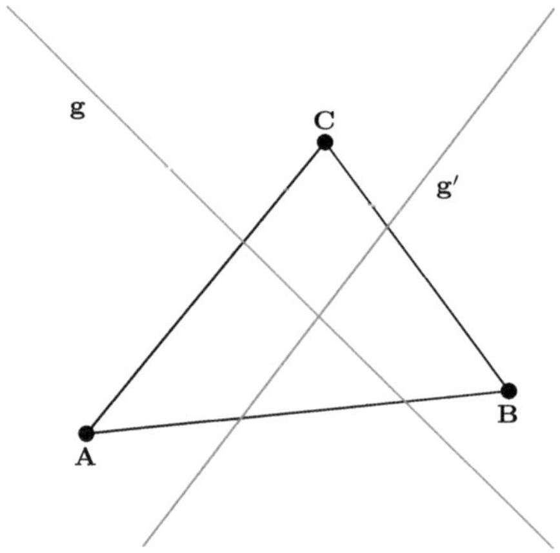

Abbildung 2.5.: Eine Gerade, die durch eine Seite ins Innere eines Dreiecks eintritt, muss auch wieder durch eine andere Seite des Dreiecks heraustreten.

2.1.5 Bemerkung

Anschaulich gesprochen bedeuten die Anordnungsaxiome das Folgende:

(A1) Ein Punkt **B** liegt genau dann zwischen den Punkten **A** und **C**, wenn er zwischen den Punkten **C** und **A** liegt. Liegt ein Punkt **B** zwischen den Punkten **A** und **C**, so sind $\mathbf{A}, \mathbf{B}, \mathbf{C}$ paarweise verschieden und sie liegen sämtlich auf einer gemeinsamen Geraden (siehe Abbildung 2.1).

(A2) Zu zwei verschiedenen Punkten $\mathbf{A}, \mathbf{C}$ existieren stets Punkte $\mathbf{B}, \mathbf{D}$, sodass **B**

---

[1] Wir werden weiter unten den Satz von PASCH beweisen, dass nämlich in diesem Fall sogar nur genau eine der Aussagen $\mathbf{g} \cap \overline{\mathbf{BC}} \neq \varnothing$, $\mathbf{g} \cap \overline{\mathbf{AC}} \neq \varnothing$ erfüllt ist.

zwischen **A** und **C** liegt und sodass der Punkt **C** zwischen **A** und **D** liegt (siehe Abbildung 2.2).

(A3) Von drei verschiedenen Punkten auf einer Geraden liegt genau einer zwischen den beiden anderen.

(A4) Eine Gerade, die durch eine Seite ins Dreiecks eintritt, tritt gewiss auch wieder durch eine Seite des Dreiecks heraus (siehe Abbildung 2.5).

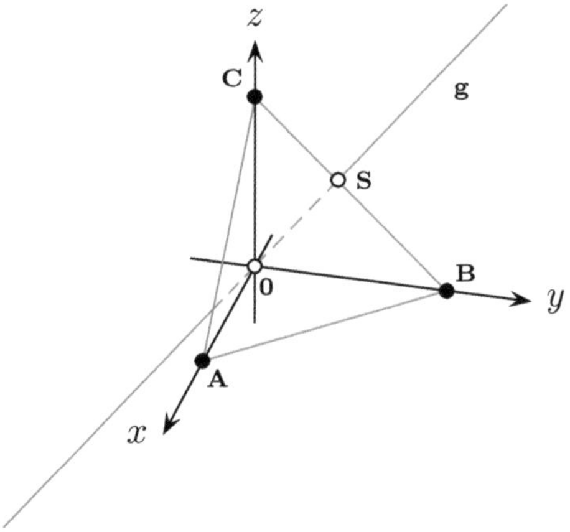

Abbildung 2.6.: Im dreidimensionalen euklidischen Raum ist es möglich, dass eine Gerade ein Dreieck nur in einer Seite schneidet.

Das Axiom von PASCH wurde von diesem 1882 in (Pas82) formuliert und hat eine besondere Bedeutung, da es in EUKLIDS Elementen noch nicht vorkam. Es stellte somit einen wichtigen Schritt auf dem Weg zur strengen Axiomatisierung der Geometrie dar. Es ist auch der Grund dafür, warum wir ab jetzt von $\mathcal{E}$ als einer *Ebene* sprechen können, denn wie wir später sehen werden, garantiert das Axiom von PASCH in gewisser Weise, dass $\mathcal{E}$ (nur) zweidimensional ist. Man überzeugt sich leicht davon, dass dieses Axiom im dreidimensionalen euklidischen Raum in dieser Form keine Gültigkeit mehr besitzt (vergleiche zum Beispiel mit Abbildung 2.6).

Wir knüpfen an dieser Stelle an unsere Standardbeispiele aus Beispiel 1.1.3 des letzten Kapitels an.

2.1.6 Beispiele (Standardmodelle, 2. Teil)
Wir untersuchen, ob man die in 1.1.3 angegebenen Beispiele von Inzidenzebenen mit einer Zwischenrelation versehen kann, um das jeweilige Modell in eine angeordnete Inzidenzebene zu überführen.

1. $\mathbb{I}_n$ **(Inzidenzebene mit** n **Elementen).**
   Da jede angeordnete Inzidenzebene unendlich viele Punkte enthalten muss

(siehe Satz 2.2.7), scheiden die endlichen Inzidenzebenen allesamt aus.

2. $\mathbb{E}^2$ **(Affines Modell der euklidischen Ebene).**
Für das affine Modell $\mathbb{E}^2$ der euklidischen Ebene aus Beispiel 1.1.3, Punkt 2, legen wir die Zwischenrelation wie folgt fest. Es sei $\langle\cdot,\cdot\rangle$ das Standardskalarprodukt des $\mathbb{R}^2$. Für drei Punkte $\mathbf{A}, \mathbf{B}, \mathbf{C}$ gelte nun

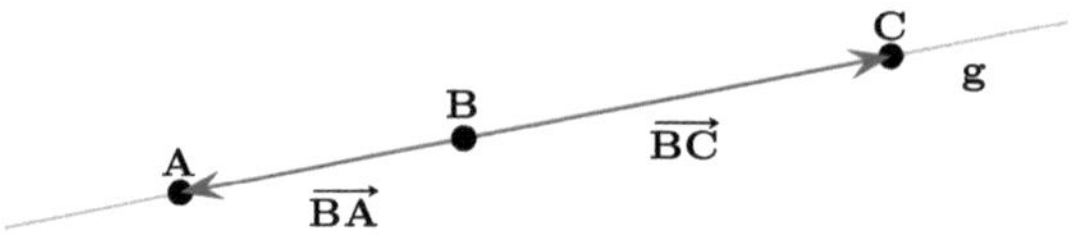

Abbildung 2.7.: Von drei verschiedenen kollinearen Punkten $\mathbf{A}, \mathbf{B}, \mathbf{C}$ liegt $\mathbf{B}$ genau dann zwischen $\mathbf{A}$ und $\mathbf{C}$, wenn das Skalarprodukt der Verbindungsvektoren von $\mathbf{B}$ zu $\mathbf{A}$ bzw. $\mathbf{C}$ negativ ist.

$$\mathbf{A}|\mathbf{B}|\mathbf{C} \quad :\Leftrightarrow \quad \mathbf{A}, \mathbf{B}, \mathbf{C} \text{ sind kollinear und } \langle\overrightarrow{\mathbf{BA}}, \overrightarrow{\mathbf{BC}}\rangle < 0.$$

Mit dieser Zwischenrelation wird $\mathbb{E}^2$ zu einer angeordneten Inzidenzebene. Wir überprüfen die Gültigkeit der Anordnungsaxiome.

(A1) Die Gültigkeit des ersten Axioms folgt direkt aus der Symmetrie des Ausdrucks $\langle\overrightarrow{\mathbf{BA}}, \overrightarrow{\mathbf{BC}}\rangle$ in $\mathbf{A}, \mathbf{C}$. Man beachte, dass $\langle\overrightarrow{\mathbf{BA}}, \overrightarrow{\mathbf{BC}}\rangle < 0$ impliziert, dass $\mathbf{A}$, $\mathbf{B}$, $\mathbf{C}$ paarweise verschieden sind.

(A2) Sind $\mathbf{A}, \mathbf{C}$ zwei verschiedene Punkte, so folgt **(A2)** zum Beispiel mit $\mathbf{B} := \mathbf{A} + \frac{1}{2}\overrightarrow{\mathbf{AC}}$ und $\mathbf{D} := \mathbf{C} + \frac{1}{2}\overrightarrow{\mathbf{AC}}$, denn damit wird

$$2\langle\overrightarrow{\mathbf{BA}}, \overrightarrow{\mathbf{BC}}\rangle = \langle\overrightarrow{\mathbf{CA}}, \overrightarrow{\mathbf{CD}}\rangle = -\frac{1}{2}||\overrightarrow{\mathbf{CA}}||^2 < 0$$

und die Punkte $\mathbf{A}, \mathbf{B}, \mathbf{C}, \mathbf{D}$ sind kollinear.

(A3) Wegen $\overrightarrow{\mathbf{BC}} = \overrightarrow{\mathbf{BA}} + \overrightarrow{\mathbf{AC}}$ und $\overrightarrow{\mathbf{BA}} = -\overrightarrow{\mathbf{AB}}$ ist

$$\begin{aligned}\langle\overrightarrow{\mathbf{BA}}, \overrightarrow{\mathbf{BC}}\rangle &= -\langle\overrightarrow{\mathbf{AB}}, \overrightarrow{\mathbf{AC}}\rangle + ||\overrightarrow{\mathbf{AB}}||^2 \\ &= -\langle\overrightarrow{\mathbf{CB}}, \overrightarrow{\mathbf{CA}}\rangle + ||\overrightarrow{\mathbf{CB}}||^2\end{aligned}$$

und es folgt aus $\langle \overrightarrow{\mathbf{BA}}, \overrightarrow{\mathbf{BC}} \rangle < 0$, dass auch die Ungleichungen

$$\langle \overrightarrow{\mathbf{AB}}, \overrightarrow{\mathbf{AC}} \rangle > 0, \quad \langle \overrightarrow{\mathbf{CB}}, \overrightarrow{\mathbf{CA}} \rangle > 0$$

erfüllt sind. Somit ist Axiom **(A3)** gültig.

(A4) Die Punkte $\mathbf{A}, \mathbf{B}, \mathbf{C}$ seien in allgemeiner Lage, $\mathbf{g}$ sei eine Gerade, die keinen der Eckpunkte $\mathbf{A}, \mathbf{B}, \mathbf{C}$ des entsprechenden Dreiecks enthalte und die ferner die Seite $\overline{\mathbf{AB}}$ in einem Punkt $\mathbf{S}$ schneide.

i. Insbesondere existiert eine reelle Zahl $s \in (0,1)$ mit

$$\mathbf{S} = \mathbf{A} + s \cdot \overrightarrow{\mathbf{AB}}.$$

Ferner gibt es zu $\mathbf{g}$ einen Vektor $\vec{\mathbf{u}} \in \mathbb{R}^2 \setminus \{0\}$ mit

$$\mathbf{g} = \mathbf{g}_{\mathbf{S}, \vec{\mathbf{u}}}.$$

ii. Die Vektoren $\vec{\mathbf{v}} = \overrightarrow{\mathbf{SB}}$ und $\vec{\mathbf{w}} = \overrightarrow{\mathbf{SC}}$ sind linear unabhängig, da sonst $\mathbf{C} \in \mathbf{AB}$.

iii. Da die Vektoren $\vec{\mathbf{v}}, \vec{\mathbf{w}}$ linear unabhängig sind, existieren Konstanten a, b mit $\vec{\mathbf{u}} = a\vec{\mathbf{v}} + b\vec{\mathbf{w}}$.

iv. Es sind $a, b \neq 0$, da ansonsten entweder $\mathbf{C} \in \mathbf{g}$ oder $\mathbf{B} \in \mathbf{g}$ wäre. Weil $\mathbf{g}_{\mathbf{S}, \vec{\mathbf{u}}} = \mathbf{g}_{\mathbf{S}, -\vec{\mathbf{u}}}$, kann man ohne Einschränkung annehmen, dass $b > 0$ (sonst ersetze $\vec{\mathbf{u}}$ durch $-\vec{\mathbf{u}}$).

v. Nun sind zwei Fälle möglich.

I. Sei $a > 0$: In diesem Fall setze $\sigma := \frac{1}{a+b}$. Da $a + b > 0$, ist σ wohldefiniert. Der Punkt $\mathbf{P} := \mathbf{S} + \sigma\vec{\mathbf{u}}$ ist dann Schnittpunkt von $\mathbf{g}$ und $\overline{\mathbf{BC}}$. In der Tat ist nach Definition $\mathbf{P} \in \mathbf{g}$ und es gilt

$$\begin{aligned}
\mathbf{P} &= \mathbf{S} + \frac{1}{a+b} \cdot \vec{\mathbf{u}} \\
&= \mathbf{S} + \frac{1}{a+b} (a \cdot \vec{\mathbf{v}} + b \cdot \vec{\mathbf{w}}) \\
&= \mathbf{S} + \frac{1}{a+b} \left(a \cdot \overrightarrow{\mathbf{SB}} + b \cdot \overrightarrow{\mathbf{SC}}\right) \\
&= \mathbf{S} + \frac{1}{a+b} \left(a \cdot \overrightarrow{\mathbf{SB}} + b \cdot \overrightarrow{\mathbf{SB}} + b \cdot \overrightarrow{\mathbf{BC}}\right) \\
&= \mathbf{S} + \overrightarrow{\mathbf{SB}} + \frac{b}{a+b} \cdot \overrightarrow{\mathbf{BC}} \\
&= \mathbf{B} + r \cdot \overrightarrow{\mathbf{BC}}
\end{aligned}$$

mit $r := \frac{b}{a+b} \in (0,1)$. Somit liegt $\mathbf{P}$ auch auf $\overline{\mathbf{BC}}$.

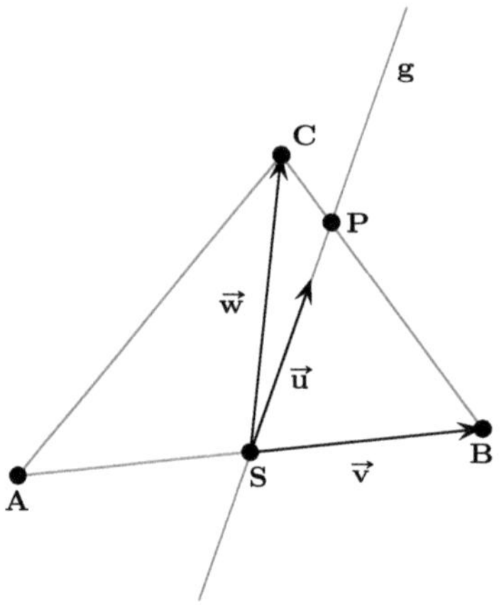

Abbildung 2.8.: Das Axiom von PASCH für den Schnitt einer Geraden mit einem Dreieck ist in der euklidischen Ebene erfüllt.

II. Es sei $a < 0$: Wegen $s \in (0,1), a < 0, b > 0$ ist $sb - (1-s)a > 0$. Wir setzen $\sigma := \frac{s}{sb-(1-s)a}$. Dann ist $\mathbf{P} := \mathbf{S} + \sigma \cdot \vec{\mathbf{u}} \in \mathbf{g} \cap \overline{\mathbf{AC}}$. Dies sieht man ähnlich wie im ersten Fall, denn jetzt gilt wegen

$$\overrightarrow{\mathbf{SB}} = -\frac{1-s}{s} \cdot \overrightarrow{\mathbf{SA}}$$

auch

$$\begin{aligned}
\mathbf{P} &= \mathbf{S} + \frac{s}{sb-(1-s)a} \cdot \vec{\mathbf{u}} \\
&= \mathbf{S} + \frac{s}{sb-(1-s)a} (a \cdot \vec{\mathbf{v}} + b \cdot \vec{\mathbf{w}}) \\
&= \mathbf{S} + \frac{s}{sb-(1-s)a} \left(a \cdot \overrightarrow{\mathbf{SB}} + b \cdot \overrightarrow{\mathbf{SC}}\right) \\
&= \mathbf{S} + \frac{s}{sb-(1-s)a} \Big(-\frac{(1-s)a}{s} \cdot \overrightarrow{\mathbf{SA}} \\
&\quad + b \cdot (\overrightarrow{\mathbf{SA}} + \overrightarrow{\mathbf{AC}})\Big) \\
&= \mathbf{S} + \overrightarrow{\mathbf{SA}} + \frac{sb}{sb-(1-s)a} \cdot \overrightarrow{\mathbf{AC}} \\
&= \mathbf{A} + r \cdot \overrightarrow{\mathbf{AC}}
\end{aligned}$$

mit $r := \frac{sb}{sb-(1-s)a} \in (0,1)$.

Folglich muss jede Gerade, die keinen der Punkte $\mathbf{A}, \mathbf{B}, \mathbf{C}$ enthält und welche die Seite $\overline{\mathbf{AB}}$ schneidet, auch eine der beiden anderen Seiten $\overline{\mathbf{AC}}, \overline{\mathbf{BC}}$ schneiden. Das Axiom von PASCH ist somit erfüllt und $\mathbb{E}^2$ ist eine angeordnete Inzidenzebene.

3. $\mathbb{H}^2$ **(Poincarésches Halbebenenmodell).**
Auch für das Halbebenenmodell $\mathbb{H}^2$ der hyperbolischen Ebene aus Beispiel 1.1.3, Teil 3, können wir eine sinnvolle Zwischenrelation festlegen. Wir fassen $\mathbb{H}^2$ wieder als Teilmenge der komplexen Zahlen auf. Für z_1, z_2, $z_3 \in \mathbb{H}^2$ gelte $z_1|z_2|z_3$ genau dann, wenn die beiden folgenden Aussagen erfüllt sind.

(a) z_1, z_2, z_2 liegen auf einer hyperbolischen Geraden.

(b) Es gilt entweder

$$\operatorname{Re} z_1 = \operatorname{Re} z_2 = \operatorname{Re} z_3 \quad \text{und} \quad \operatorname{Im}(z_2 - z_1) \cdot \operatorname{Im}(z_2 - z_3) < 0$$

oder

$$\operatorname{Re}(z_2 - z_1) \cdot \operatorname{Re}(z_2 - z_3) < 0.$$

Mit dieser Zwischenrelation wird $\mathbb{H}^2$ zu einer angeordneten Inzidenzebene.

Wir überprüfen auch hier die Gültigkeit der Anordnungsaxiome.

(A1) Dies ergibt sich unmittelbar aus der Symmetrie der Ausdrücke

$$\operatorname{Re}(z_2 - z_1) \cdot \operatorname{Re}(z_2 - z_3) \quad \text{bzw.} \quad \operatorname{Im}(z_2 - z_1) \cdot \operatorname{Im}(z_2 - z_3)$$

in z_1 und z_3.

(A2) Es seien $z_1, z_3 \in \mathbb{H}^2$ verschieden.

i. Falls $\operatorname{Re} z_1 = \operatorname{Re} z_3$, so existieren $x \in \mathbb{R}$, sowie $s, t > 0$ mit $s \neq t$, sodass

$$z_1 = x + is, \quad z_3 = x + it.$$

Wenn $s < t$, so liegen genau die Punkte $z_2 = x + iy$ mit $y \in (s, t)$ zwischen z_1 und z_3 und für genau die Punkte $z_4 = x + iy$ mit $y > t$ gilt $z_1|z_3|z_4$. Für den Fall, dass hingegen $t < s$, liegen genau die Punkte $z_2 = x + iy$ mit $y \in (t, s)$ zwischen z_1 und z_3 und für genau die Punkte $z_4 = x + iy$ mit $0 < y < t$ gilt $z_1|z_3|z_4$.

ii. Falls $\operatorname{Re} z_1 \neq \operatorname{Re} z_3$, so liegen die beiden Punkte auf einem Orthokreis mit Radius r und Mittelpunkt m auf der x-Achse, sodass

$$z_1 = m + re^{i\alpha}, \quad z_3 = m + re^{i\gamma}$$

mit zwei verschiedenen Winkeln $\alpha, \gamma \in (0, \pi)$. Wenn $\alpha < \gamma$, so liegen genau die Punkte $z_2 = m + re^{i\beta}$ mit $\beta \in (\alpha, \gamma)$ zwischen z_1 und z_3 und für genau die Punkte $z_4 = m + re^{i\delta}$ mit $\delta \in (\gamma, \pi)$ gilt $z_1|z_3|z_4$. Für den Fall, dass hingegen $\gamma < \alpha$, so liegen genau die Punkte $z_2 = m + re^{i\beta}$ mit $\beta \in (\gamma, \alpha)$ zwischen z_1 und z_3 und für genau die Punkte $z_4 = m + re^{i\delta}$ mit $\delta \in (0, \gamma)$ gilt $z_1|z_3|z_4$.

(A3) Dies kann man sich zum Beispiel wie folgt überlegen. Für drei paarweise verschiedene reelle Zahlen a, b, c ist

$$\begin{aligned}(b-a)(b-c) &= -(a-b)(a-c)+(b-a)^2 \\ &= -(c-b)(c-a)+(b-c)^2.\end{aligned}$$

Entsprechende Beziehungen gelten für die Produkte $(a-b)(a-c)$ und $(c-b)(c-a)$. Daher kann für solche Zahlen immer nur genau eine der drei Ungleichungen

$$(b-a)(b-c)<0, \quad (a-b)(a-c)<0, \quad (c-a)(c-b)<0$$

gelten.

(A4) Die Gültigkeit des Axioms von Pasch kann man auf verschiedene Weise nachprüfen. Eine Möglichkeit besteht darin, dass ein hyperbolisches Dreieck $\triangle_{\mathbf{ABC}}$ auch eine Jordankurve ist und daher den $\mathbb{R}^2$ in genau zwei Zusammenhangskomponenten zerlegt (das Innere $\mathrm{Int}(\triangle_{\mathbf{ABC}})$ und das Äußere $\mathrm{Ext}(\triangle_{\mathbf{ABC}})$ des Dreiecks), von denen wiederum genau eine beschränkt ist (das Innere). Schneidet $\mathbf{g}$ das Dreieck, und gilt etwa $\mathbf{g} = \{m+re^{i\phi} : \phi \in (0,\pi)\}$, so definieren wir eine Funktion $\delta : (0,\pi) \to \mathbb{R}$ mit

$$\delta(\phi) := \begin{cases} \min\limits_{z\in\triangle_{\mathbf{ABC}}} |m+re^{i\phi}-z|, & m+re^{i\phi} \in \mathrm{Int}(\triangle_{\mathbf{ABC}}), \\ -\min\limits_{z\in\triangle_{\mathbf{ABC}}} |m+re^{i\phi}-z|, & m+re^{i\phi} \in \mathrm{Ext}(\triangle_{\mathbf{ABC}}). \end{cases}$$

Diese Funktion ist stetig und nimmt genau dann den Wert Null an, wenn $m+re^{i\phi} \in \triangle_{\mathbf{ABC}}$. Außerdem ist für ϕ in der Nähe von Null oder π die Funktion δ jeweils negativ, denn das Dreieck liegt in der offenen oberen Halbebene, sodass die x-Achse sicherlich zum Äußeren des Dreiecks gehört. Weil der Orthokreisbogen $\mathbf{g}$ nach Voraussetzung aber das Dreieck in einem Punkt schneidet und zwar nicht in einer Ecke, nimmt δ auch positive Werte an. Aus dem Zwischenwertsatz folgt, dass es eine weitere Nullstelle von δ geben muss. Der hierdurch bestimmte Schnittpunkt mit dem Dreieck kann nicht auf derselben Seite des Dreiecks liegen wie der erste, da sonst die gesamte Seite des Dreiecks auf $\mathbf{g}$ läge. Analog kann man argumentieren, wenn $\mathbf{g}$ eine der hyperbolischen Geraden ist, die parallel (im euklidischen Sinn) zur y-Achse verlaufen.

Für spätere Zwecke wollen wir noch überlegen, wie wir zu zwei verschiedenen Punkten $z_1, z_2 \in \mathbb{H}^2$ die hyperbolische Gerade $\mathbf{g}_{z_1,z_2}$ bestimmen können. In dem Fall $\mathrm{Re}(z_1 - z_2) = 0$ ist nicht viel zu tun, da die Gerade dann aus den Punkten $\{z \in \mathbb{H}^2 : z = sz_1, s > 0\}$ besteht. Wir wollen daher nun annehmen, dass $\mathrm{Re}(z_1 - z_2) \neq 0$. Weil die beiden Punkte auf einem Orthokreis mit

Mittelpunkt auf der x-Achse liegen, müssen wir lediglich den Mittelpunkt des Kreises bestimmen, das heißt wir suchen $m \in \mathbb{R}$ mit

$$(\operatorname{Re} z_1 - m)^2 + (\operatorname{Im} z_1)^2 = (\operatorname{Re} z_2 - m)^2 + (\operatorname{Im} z_2)^2,$$

also

$$m = \frac{|z_1|^2 - |z_2|^2}{2\operatorname{Re}(z_1 - z_2)}. \tag{2.1.1}$$

Für den Radius r des Orthokreises gilt somit

$$\begin{aligned} r^2 &= |z_1 - m|^2 = |z_2 - m|^2 \qquad (2.1.2) \\ &= |z_1|^2 - 2m \operatorname{Re} z_1 + m^2 \\ &= |z_1|^2 - 2\operatorname{Re} z_1 \frac{|z_1|^2 - |z_2|^2}{2\operatorname{Re}(z_1 - z_2)} + \left(\frac{|z_1|^2 - |z_2|^2}{2\operatorname{Re}(z_1 - z_2)}\right)^2 \end{aligned}$$

4. $\mathbb{D}^2$ **(Poincarésches Kreisscheibenmodell).**
In der POINCARÉSCHEN Kreisscheibe ist es ebenfalls zweckmäßig, mit komplexen Zahlen $z = x + iy$ zu arbeiten. Sind $z_0 \in \mathbb{D}^2$, $\lambda \in [0, 2\pi)$ gegeben, so setzen wir

$$\mathrm{T}_{z_0,\lambda} : \mathbb{D}^2 \to \mathbb{D}^2, \quad \mathrm{T}_{z_0,\lambda}(z) := e^{i\lambda} \frac{z - z_0}{1 - \bar{z}_0 z}.$$

Die *Automorphismengruppe* von $\mathbb{D}^2$ ist die Menge

$$\operatorname{Aut}(\mathbb{D}^2) := \{\mathrm{T}_{z_0,\lambda} : \mathbb{D}^2 \to \mathbb{D}^2 : z_0 \in \mathbb{D}^2, \lambda \in [0, 2\pi)\}.$$

Man kann nun zeigen: Ist $\mathbf{g}$ ein Orthokreisbogen durch $z_0 \in \mathbb{D}^2$, so ist das Bild von $\mathbf{g}$ unter dem Automorphismus $\mathrm{T}_{z_0,\lambda}$, $\lambda \in [0, 2\pi)$, jeweils ein Durchmesser von $\mathbb{D}^2$ (der von λ abhängt). Wir definieren die Zwischenrelation dann wie folgt: Sind z_1, z_2, z_3 drei paarweise verschiedene Punkte auf einem Orthokreisbogen $\mathbf{g}$, so sei

$$z_1|z_2|z_3 \quad :\Leftrightarrow \quad \mathrm{T}_{z_2,0}(z_1)|0|\mathrm{T}_{z_2,0}(z_3),$$

wobei wir auf der rechten Seite die übliche euklidische Zwischenrelation für den Durchmesser $\mathrm{T}_{z_2,0}(\mathbf{g})$ benutzt haben. Man kann zeigen, dass dies tatsächlich wohldefiniert ist, das heißt dass genau eine der drei Relationen

$$\mathrm{T}_{z_3,0}(z_2)|0|\,\mathrm{T}_{z_3,0}(z_1),\ \mathrm{T}_{z_2,0}(z_1)|0|\,\mathrm{T}_{z_2,0}(z_3),\ \mathrm{T}_{z_1,0}(z_3)|0|\,\mathrm{T}_{z_1,0}(z_2)$$

erfüllt ist. Eine viel bessere Herangehensweise ist aber folgende: Die Cayley-Abbildung

$$\mathfrak{C} : \mathbb{H}^2 \to \mathbb{D}^2, \quad w \mapsto \frac{w - i}{w + i}$$

ist eine Bijektion, welche hyperbolische Geraden in $\mathbb{H}^2$ auf hyperbolische Geraden in $\mathbb{D}^2$ überführt. Umgekehrt sind dann auch Urbilder von Geraden in $\mathbb{D}^2$

wieder Geraden in $\mathbb{H}^2$. Daher kann man die beiden Geometrien miteinander identifizieren. Die Umkehrabbildung ist

$$\mathfrak{C}^{-1} : \mathbb{D}^2 \to \mathbb{H}^2, \quad z \mapsto i\frac{z-1}{z+1}.$$

Wir können jetzt vereinbaren, dass

$$z_1|z_2|z_3 \text{ in } \mathbb{D}^2 \quad :\Leftrightarrow \quad \mathfrak{C}^{-1}(z_1)|\mathfrak{C}^{-1}(z_2)|\mathfrak{C}^{-1}(z_3) \text{ in } \mathbb{H}^2.$$

Die so festgelegte Zwischenrelation auf $\mathbb{D}^2$ ist dieselbe, welche zuerst weiter oben mithilfe der Automorphismengruppe $\mathrm{Aut}(\mathbb{D}^2)$ definiert wurde. Wir überlassen dem Leser die Überprüfung der Anordnungsaxiome als Übungsaufgabe.

5. $\mathbb{E}^2|_M$ **(Relative euklidische Geometrie).**
   Weil wir bereits in Beispiel 1.1.3 unter Punkt 5. gesehen hatten, dass $\mathbb{E}^2|_M$ genau dann eine Inzidenzebene bildet, wenn M nicht komplett in einer Geraden enthalten ist, werden wir dass ab jetzt immer annehmen, um weiterhin mit diesem Modell sinnvoll arbeiten zu können.

   Auf $\mathbb{E}^2|_M$ legen wir die Zwischenrelation nun wie folgt fest. Für drei verschiedene Punkte $\mathbf{A}, \mathbf{B}, \mathbf{C} \in \mathbb{E}^2|_M$ gelte genau dann $\mathbf{A}|\mathbf{B}|\mathbf{C}$, wenn diese Aussage in $\mathbb{E}^2$ erfüllt ist. Durch diese Festlegung sind die Anordnungsaxiome **(A1)** und **(A3)** automatisch immer erfüllt. Die Gültigkeit der anderen Axiome hängt aber stark von der Auswahl der Menge M ab. Wir geben einige wichtige Beispiele an.

   a) $M := \overline{\mathrm{D}} = \{(x,y) \in \mathbb{R}^2 : x^2+y^2 \leq 1\}$, das heißt M sei die abgeschlossene Einheitskreisscheibe. **(A2)** ist verletzt, da die Randpunkte von $\overline{\mathrm{D}}$ nicht zwischen anderen Punkten liegen. **(A4)** ist hingegen noch erfüllt, da ein Dreieck $\triangle_{\mathbf{ABC}} \subset \mathbb{E}^2|_{\overline{\mathrm{D}}}$ ebenso ein euklidisches Dreieck ist und das Axiom von Pasch in $\mathbb{E}^2$ gilt. $\mathbb{E}^2|_{\overline{\mathrm{D}}}$ ist also keine angeordnete Inzidenzebene.

   b) $M := \mathrm{Ann} = \{(x,y) \in \mathbb{R}^2 : 1 < \sqrt{x^2+y^2} < 4\}$ sei ein offener Annulus (siehe Abbildung 2.9). Das Axiom **(A2)** ist erfüllt, da M eine offene Menge (vergleiche mit Aufgabe 2.10) ist. Das Axiom von Pasch ist aber hier verletzt, denn man wähle zum Beispiel das Dreieck $\triangle_{\mathbf{ABC}} \subset \mathbb{E}^2|_{\mathrm{Ann}}$ mit den Eckpunkten

   $$\mathbf{A} = (-2,-2), \quad \mathbf{B} = (2,-2), \quad \mathbf{C} = (2,2)$$

   und die Gerade $\mathbf{g} = \mathbf{EF} \subset \mathbb{E}^2|_{\mathrm{Ann}}$ mit $\mathbf{E} = (0,-2)$, $\mathbf{F} = (0,2)$. Diese Gerade schneidet das Dreieck $\triangle_{\mathbf{ABC}}$ im Punkt $\mathbf{E}$, aber kein weiteres Mal, weil der Schnittpunkt in $\mathbb{E}^2$ außerhalb der Menge M liegt. $\mathbb{E}^2|_{\mathrm{Ann}}$ ist somit keine angeordnete Inzidenzebene.

   c) $M := \mathrm{D} = \{(x,y) \in \mathbb{R}^2 : x^2+y^2 < 1\}$ sei nun die offene Einheitskreisscheibe. In diesem Fall sind beide Axiome **(A2)** und **(A4)** erfüllt. $\mathbb{E}^2|_{\mathrm{D}}$ ist eine angeordnete Inzidenzebene.

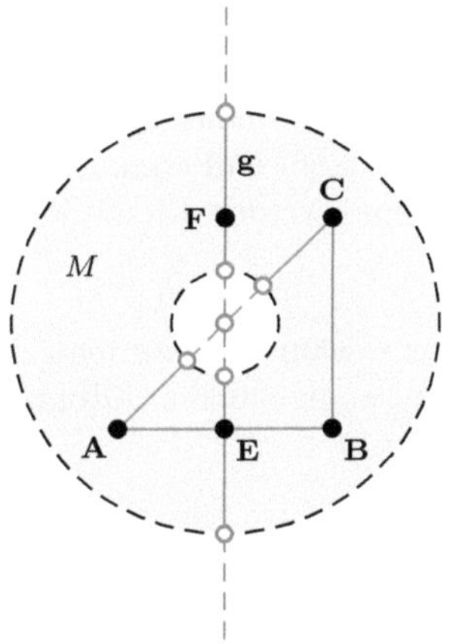

Abbildung 2.9.: Für den offenen Annulus gelten die Anordnungsaxiome **(A1)**, **(A2)** und **(A3)**, nicht aber das Axiom von Pasch.

Bemerkung. Allgemeiner ist $\mathbb{E}^2|_M$ sicherlich eine angeordnete Inzidenzebene, wenn M eine offene und konvexe Menge (siehe Definition 2.6.1) ist. Denn nach den vorstehenden Überlegungen gilt **(A2)** stets in offenen Mengen und **(A4)** immer in konvexen Mengen.

d) Es sei $M = \mathbb{Q}^2$ oder $M = \mathbb{A}^2$, wobei $\mathbb{Q}$ die rationalen Zahlen und $\mathbb{A}$ die algebraischen Zahlen sind. Eine euklidische Gerade $\mathbf{g} \subset \mathbb{E}^2$ nennen wir *rational*, wenn sie mindestens zwei (und dann unendlich viele) *rationale Punkte* enthält, das heißt wenn es $\mathbf{A}, \mathbf{B} \in \mathbf{g} \cap \mathbb{Q}^2$ gibt. Entsprechend heißt die Gerade *algebraisch*, wenn sie wenigstens zwei *algebraische Punkte* $\mathbf{A}, \mathbf{B} \in \mathbb{A}^2$ enthält. Da jede rationale Zahl ebenfalls algebraisch ist, sind rationale Geraden immer auch algebraische Geraden. Die Umkehrung gilt aber nicht immer. Zum Beispiel ist die Gerade $\mathbf{g} = \mathbf{AB}$ mit $\mathbf{A} = (0,0)$ und $\mathbf{B} = (1, \sqrt{2})$ algebraisch, jedoch nicht rational. Eine wichtige Beobachtung ist nun, dass die Schnittpunkte von rationalen Geraden immer rational und die Schnittpunkte von algebraischen Geraden stets algebraisch sein müssen. Dies folgt aus der algebraischen Abgeschlossenheit der Körper $\mathbb{Q}$ bzw. $\mathbb{A}$. Aus dieser Tatsache ergibt sich, dass eine rationale Gerade ein rationales Dreieck (eines bei dem die Ecken rationale Punkte sind) auch nur in rationalen Punkten schneidet; eine entsprechende Aussage gilt für die Schnitte von algebraischen Geraden mit algebraischen Dreiecken. Weil das Axiom von Pasch in $\mathbb{E}^2$ erfüllt ist, überträgt es sich somit auf die Modelle $\mathbb{E}^2|_{\mathbb{Q}^2}$ und $\mathbb{E}^2|_{\mathbb{A}^2}$, weshalb diese Modelle angeordnete Inzidenzebenen darstellen.

6. $\mathbb{E}^2 \cap M$.
   Wie wir in Beispiel 1.1.3, Teil 6, festgestellt haben, ist $\mathbb{E}^2 \cap M$ genau dann eine Inzidenzebene, wenn keine euklidische Gerade die Menge M in nur einem Punkt schneidet, und in diesem Fall stimmen die Modelle $\mathbb{E}^2 \cap M$ und $\mathbb{E}^2|_M$ überein. Aus diesem Grund werden wir ab jetzt nur noch das Modell $\mathbb{E}^2|_M$ betrachten.

An dieser Stelle möchten wir erwähnen, dass man die Anordnungsaxiome **(A2)**, **(A3)** leicht abschwächen kann, wenn man die Gültigkeit der anderen beiden Axiome **(A1)** und **(A4)** voraussetzt.

2.1.7 Satz
Es sei $(\mathcal{E}, \mathcal{G})$ eine Inzidenzebene und $\mathcal{Z} \subset \mathcal{E} \times \mathcal{E} \times \mathcal{E}$ sei eine dreistellige Relation, für welche die Anordnungsaxiome **(A1)** *und* **(A4)** *gelten. Dann ist $(\mathcal{E}, \mathcal{G}, \mathcal{Z})$ genau dann eine angeordnete Inzidenzebene, wenn zusätzlich die beiden folgenden abgeschwächten Varianten der Anordnungsaxiome* **(A2)**, **(A3)** *erfüllt sind, das heißt wenn gilt:*

(A2') *Sind $\mathbf{A}, \mathbf{C}$ zwei verschiedene Punkte, so existiert $\mathbf{D}$ mit $(\mathbf{A}, \mathbf{C}, \mathbf{D}) \in \mathcal{Z}$.*

(A3') *Sind $\mathbf{A}, \mathbf{B}, \mathbf{C} \in \mathbf{g}$, so gilt höchstens eine der drei Aussagen*

$$(\mathbf{A}, \mathbf{B}, \mathbf{C}) \in \mathcal{Z}, (\mathbf{B}, \mathbf{C}, \mathbf{A}) \in \mathcal{Z}, (\mathbf{C}, \mathbf{A}, \mathbf{B}) \in \mathcal{Z}.$$

***Beweis*:** Es ist klar, dass **(A2)** und **(A3)** stärker als **(A2')** bzw. **(A3')** sind. Wir setzen daher jetzt voraus, dass **(A1)**, **(A2')**, **(A3')** und **(A4)** gelten und wollen **(A2)**, **(A3)** nachweisen.

1. Wir zeigen die Gültigkeit von **(A2)**. Hierzu brauchen wir nur noch nachzuweisen, dass es zu zwei verschiedenen Punkten $\mathbf{A}, \mathbf{C}$ einen Punkt $\mathbf{B}$ mit $(\mathbf{A}, \mathbf{B}, \mathbf{C}) \in \mathcal{Z}$ gibt (vergleiche im Folgenden mit Abbildung 2.10).
   a) Nach **(I3)** existiert ein Punkt $\mathbf{S}$, sodass sich $\mathbf{A}, \mathbf{C}, \mathbf{S}$ in allgemeiner Lage befinden. Insbesondere sind sie paarweise verschieden.
   b) Aus Axiom **(A2')** schließen wir die Existenz eines Punktes $\mathbf{T}$ mit der Anordnung $(\mathbf{A}, \mathbf{S}, \mathbf{T}) \in \mathcal{Z}$ und wegen **(A1)** sind die drei Punkte $\mathbf{A}, \mathbf{S}, \mathbf{T}$ paarweise verschieden und kollinear.
   c) Da $\mathbf{S} \in \mathbf{AT}$ und $\mathbf{S} \notin \mathbf{AC}$, ist $\mathbf{T} \neq \mathbf{C}$.
   d) Wegen **(A2')** existiert ein weiterer Punkt $\mathbf{U}$ mit $(\mathbf{T}, \mathbf{C}, \mathbf{U}) \in \mathcal{Z}$.
   e) Es gilt $\mathbf{A} \in \mathbf{ST}$ und $\mathbf{C} \in \mathbf{UT}$. Daher muss $\mathbf{U} \neq \mathbf{S}$ gelten, da sonst die Punkte $\mathbf{A}, \mathbf{C}, \mathbf{S}$ kollinear wären. Somit existiert insbesondere die Gerade $\mathbf{g} := \mathbf{SU}$.
   f) Die Punkte $\mathbf{A}, \mathbf{C}, \mathbf{T}$ befinden sich in allgemeiner Lage. Da nämlich nach Konstruktion $\mathbf{T} \in \mathbf{AS}$, würde aus $\mathbf{T} \in \mathbf{AC}$ auch $\mathbf{T} \in \mathbf{AS} \cap \mathbf{AC} = \{\mathbf{A}\}$ folgen, denn $\mathbf{A}, \mathbf{C}, \mathbf{S}$ sind nicht kollinear. Wegen $(\mathbf{A}, \mathbf{S}, \mathbf{T}) \in \mathcal{Z}$ ist aber

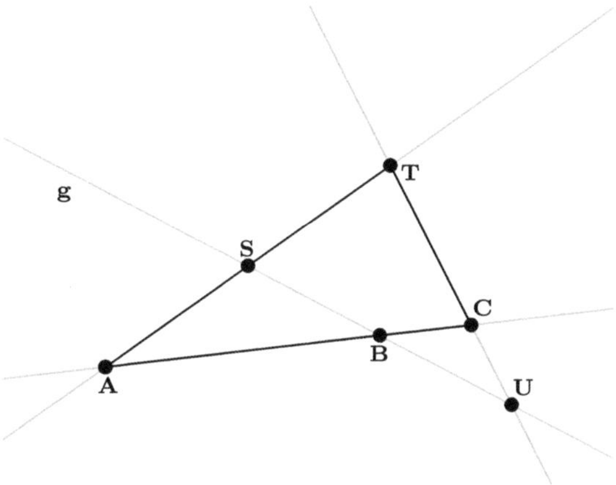

Abbildung 2.10.: Eine etwas verzwickte Konstruktion eines Punktes **B** zwischen **A** und **C**.

insbesondere $\mathbf{T} \neq \mathbf{A}$. Dieser Widerspruch beweist, dass sich $\mathbf{A}, \mathbf{C}, \mathbf{T}$ in allgemeiner Lage befinden.

g) Die Idee ist nun, das Axiom von PASCH **(A4)** auf das Dreieck $\triangle_{\mathbf{ACT}}$ und die Gerade $\mathbf{g} = \mathbf{SU}$ anzuwenden. Wir behaupten, keiner der Eckpunkte des Dreiecks $\triangle_{\mathbf{ACT}}$ liegt auf **g**.

***Beweis*:** Weil $(\mathbf{A}, \mathbf{S}, \mathbf{T}) \in \mathcal{Z}$, sind $\mathbf{A}, \mathbf{S}, \mathbf{T}$ paarweise verschieden und kollinear, sodass

$$\mathbf{AS} = \mathbf{ST} = \mathbf{AT}.$$

Läge nun einer der Punkte **A** oder **T** auch auf **SU**, so wäre $\mathbf{SU} = \mathbf{AT}$ und dann auch $\mathbf{TU} = \mathbf{AT}$. Da wegen $(\mathbf{T}, \mathbf{C}, \mathbf{U}) \in \mathcal{Z}$ noch $\mathbf{TU} = \mathbf{CT}$, würde jetzt $\mathbf{CT} = \mathbf{AT}$ und damit die Kollinearität der Punkte $\mathbf{A}, \mathbf{C}, \mathbf{T}$ folgen, die wir bereits weiter oben ausgeschlossen hatten. Dieser Widerspruch zeigt, dass weder **A** noch **T** auf $\mathbf{g} = \mathbf{SU}$ liegen.

Wir müssen jetzt nur noch $\mathbf{C} \in \mathbf{SU}$ ausschließen. Falls jedoch $\mathbf{C} \in \mathbf{SU}$, so ergäbe sich $\mathbf{SU} = \mathbf{TU} = \mathbf{CU}$ und damit auch $\mathbf{C} \in \mathbf{ST}$. Dies kann aber nicht sein, da wegen $\mathbf{A} \in \mathbf{ST}$ nun die drei Punkte $\mathbf{A}, \mathbf{C}, \mathbf{T}$ wieder kollinear wären. Insgesamt haben wir gezeigt, dass keiner der Punkte $\mathbf{A}, \mathbf{C}, \mathbf{T}$ auf **g** liegt. ⊛

h) Die Gerade **g** trifft keine der Ecken des Dreiecks $\triangle_{\mathbf{ACT}}$ und sie schneidet die Seite $\overline{\mathbf{AT}}$ im Punkt **S**. Aus dem Axiom **(A4)** von PASCH folgt, dass es noch einen weiteren Schnittpunkt **B** von **g** mit dem Dreieck geben muss, der entweder auf der Strecke $\overline{\mathbf{AC}}$ oder auf der Strecke $\overline{\mathbf{CT}}$ liegt.

i) Wir zeigen, dass $\mathbf{B} \notin \overline{\mathbf{CT}}$. Da $\mathbf{B}$ keine der Ecken $\mathbf{A}, \mathbf{C}, \mathbf{T}$ ist, würde sich aus $\mathbf{B} \in \overline{\mathbf{CT}}$ zunächst die Relation $(\mathbf{T}, \mathbf{B}, \mathbf{C}) \in \mathcal{Z}$ ergeben, also auch insbesondere

$$\mathbf{BC} = \mathbf{BT} = \mathbf{CT}.$$

$\mathbf{B} = \mathbf{U}$ kann nicht sein, da sonst $(\mathbf{T}, \mathbf{U}, \mathbf{C}) = (\mathbf{T}, \mathbf{B}, \mathbf{C}) \in \mathcal{Z}$ und dann ergäbe sich aus $(\mathbf{T}, \mathbf{C}, \mathbf{U}) \in \mathcal{Z}$ unter Verwendung von **(A1)** ein Widerspruch mit Axiom **(A3')**.

Da die beiden verschiedenen Punkte $\mathbf{B}, \mathbf{U}$ nun beide auf $\mathbf{CT}$ lägen, wäre $\mathbf{g} = \mathbf{SU} = \mathbf{BU} = \mathbf{CT}$, sodass sich jetzt durch $\mathbf{C} \in \mathbf{g}$ ein Widerspruch ergäbe. Daher kann $\mathbf{B}$ nicht auf der Strecke $\overline{\mathbf{CT}}$ liegen und befindet sich somit auf $\overline{\mathbf{AC}}$. Weil $\mathbf{B}$ weder mit $\mathbf{A}$ noch mit $\mathbf{C}$ übereinstimmt, folgt schließlich $(\mathbf{A}, \mathbf{B}, \mathbf{C}) \in \mathcal{Z}$. Das wollten wir zeigen.

2. Wir zeigen die Gültigkeit von **(A3)**. $\mathbf{A}, \mathbf{B}, \mathbf{C}$ seien drei verschiedene kollineare Punkte. Wir nehmen an, dass weder $(\mathbf{B}, \mathbf{C}, \mathbf{A}) \in \mathcal{Z}$ noch $(\mathbf{C}, \mathbf{A}, \mathbf{B}) \in \mathcal{Z}$ gelte und müssen dann $(\mathbf{A}, \mathbf{B}, \mathbf{C}) \in \mathcal{Z}$ nachweisen. Im Folgenden vergleiche man mit Abbildung 2.11.

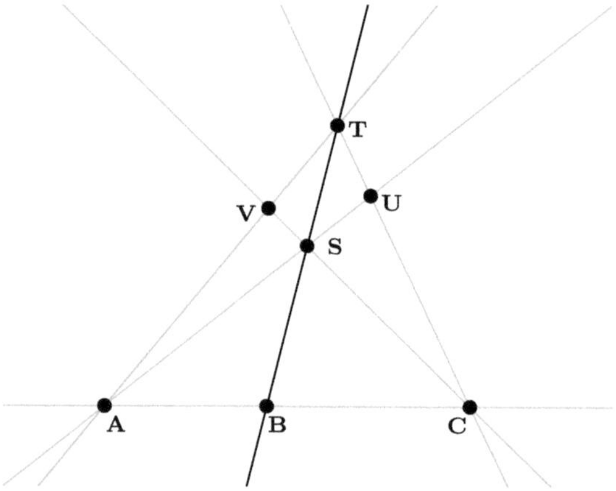

Abbildung 2.11.: Von drei verschiedenen kollinearen Punkten $\mathbf{A}, \mathbf{B}, \mathbf{C}$ muss auch immer einer zwischen den anderen liegen, wenn bloß die Axiome **(A1)**, **(A2')**,**(A3')** und **(A4)** gefordert werden.

a) Sei $\mathbf{S}$ ein beliebiger Punkt, welcher nicht auf der Geraden $\mathbf{AC}$ liegt. Die Existenz eines solchen Punkts ist durch das Inzidenzaxiom **(I3)** garantiert. Zu diesem Punkt existiert nach **(A2')** ein Punkt $\mathbf{T}$ mit $(\mathbf{B}, \mathbf{S}, \mathbf{T}) \in \mathcal{Z}$. Die Tripel $(\mathbf{B}, \mathbf{C}, \mathbf{T})$, $(\mathbf{A}, \mathbf{B}, \mathbf{T})$ und $(\mathbf{A}, \mathbf{C}, \mathbf{T})$ befinden sich jeweils in allgemeiner Lage.

b) Die Gerade $\mathbf{AS}$ schneidet die Seite $\overline{\mathbf{BT}}$ des Dreiecks $\triangle_{\mathbf{BCT}}$ im Punkt

S, trifft aber keine der Ecken von $\triangle_{\mathbf{BCT}}$, sodass nach dem Axiom **(A4)** von PASCH die Gerade eine der Strecken $\overline{\mathbf{CT}}$ oder $\overline{\mathbf{BC}}$ treffen muss. Das kann aber nicht die Strecke $\overline{\mathbf{BC}}$ sein, weil sonst $\mathbf{AS} = \mathbf{AC}$ wäre. Folglich schneidet **AS** die Strecke $\overline{\mathbf{CT}}$ in einem Punkt **U**.

c) Analog verifiziert man, dass die Gerade **CS** die Strecke $\overline{\mathbf{AT}}$ in einem Punkt **V** schneidet.

d) Wir wenden das Axiom von PASCH erneut auf das Dreieck $\triangle_{\mathbf{AUT}}$ und die Gerade **CS** an. Es folgt, dass **S** der Schnittpunkt von **CS** mit der Strecke $\overline{\mathbf{AU}}$ ist (und nicht bloß mit der Geraden **AU**), sodass sich insbesondere $(\mathbf{A}, \mathbf{S}, \mathbf{U}) \in \mathcal{Z}$ ergibt.

e) Zum Schluss wenden wir **(A4)** ein letztes Mal auf das Dreieck $\triangle_{\mathbf{ACU}}$ und die Gerade **BS** an und erkennen, dass **BS** die Strecke $\overline{\mathbf{AC}}$ schneidet, sodass $(\mathbf{A}, \mathbf{B}, \mathbf{C}) \in \mathcal{Z}$. Dies war zu zeigen.

□

2.1.8 Bemerkung
Der vorstehende Satz hat gezeigt, dass für eine Inzidenzebene das Axiomensystem **(A1)-(A4)** zum Axiomensystem **(A1)**,**(A2')**,**(A3')**,**(A4)** äquivalent ist.

2.2. Die Seiten einer Geraden

Die beiden wichtigsten Konsequenzen aus den Anordungsaxiomen sind erstens die Tatsache, dass Geraden ein Dreieck nicht in allen drei Seiten schneiden können, wenn sie nicht auch durch eine der Ecken gehen (siehe Satz von PASCH weiter unten) und zweitens, dass eine Gerade die Inzidenzebene stets in zwei Halbebenen zerteilt. Um diese beiden wichtigen Sätze beweisen zu können, benötigen wir zunächst einige Vorbereitungen.

2.2.1 Definition (Seiten einer Geraden)
$(\mathcal{E}, \mathcal{G}, \cdot|\cdot|\cdot)$ sei eine angeordnete Inzidenzebene und $\mathbf{g} \in \mathcal{G}$ sei eine gegebene Gerade. Wir sagen *zwei Punkte* $\mathbf{A}, \mathbf{B}$ *liegen auf derselben Seite von* $\mathbf{g}$, geschrieben $(\mathbf{A}, \mathbf{B})|_{\mathbf{g}}$, wenn eine der beiden folgenden Aussagen gilt:

1. $\mathbf{A} = \mathbf{B}$ und $\mathbf{A} \notin \mathbf{g}$.
2. $\mathbf{A} \neq \mathbf{B}$ und $\overline{\mathbf{AB}} \cap \mathbf{g} = \varnothing$.

2.2.2 Satz
Die Relation $(\mathbf{A}, \mathbf{B})|_{\mathbf{g}}$ *ist eine Äquivalenzrelation auf der nach Axiom* **(I3)** *nicht leeren Menge* $\mathcal{E} \setminus \mathbf{g}$.

***Beweis*:** Offensichtlich ist die Relation wegen $(\mathbf{A}, \mathbf{A})|_{\mathbf{g}}$ reflexiv und wegen $\overline{\mathbf{AB}} = \overline{\mathbf{BA}}$ auch symmetrisch. Um die Transitivität nachzuweisen, gehen wir in zwei Schritten vor. Es seien hierzu $(\mathbf{A}, \mathbf{B})|_{\mathbf{g}}$ und $(\mathbf{B}, \mathbf{C})|_{\mathbf{g}}$ mit paarweise verschiedenen Punkten $\mathbf{A}, \mathbf{B}, \mathbf{C}$.

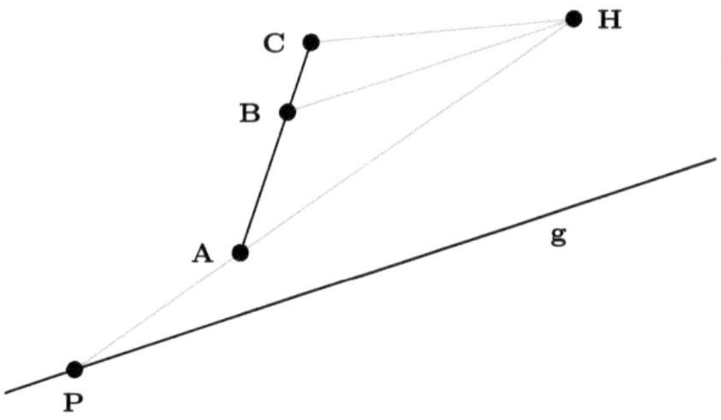

Abbildung 2.12.: Zu drei kollinearen Punkten $\mathbf{A}, \mathbf{B}, \mathbf{C}$ auf derselben Seite einer Geraden $\mathbf{g}$ findet man stets einen weiteren Punkt $\mathbf{H}$, der nicht auf der durch $\mathbf{A}, \mathbf{B}, \mathbf{C}$ bestimmten Geraden, aber auf derselben Seite von $\mathbf{g}$ liegt.

1. Annahme: $\mathbf{A}, \mathbf{B}, \mathbf{C}$ sind nicht kollinear, und bilden somit ein Dreieck $\triangle_{\mathbf{ABC}}$. In diesem Fall folgt die Transitivität aus dem Axiom von PASCH. Die Gerade $\mathbf{g}$ kann nämlich die Strecke $\overline{\mathbf{AC}}$ nicht schneiden, denn sonst müsste diese Gerade nach dem Axiom von PASCH auch eine der beiden anderen Strecken $\overline{\mathbf{AB}}$, $\overline{\mathbf{BC}}$ schneiden, was aber nicht der Fall ist. Also folgt aus $(\mathbf{A}, \mathbf{B})|_{\mathbf{g}}$, $(\mathbf{B}, \mathbf{C})|_{\mathbf{g}}$ auch $(\mathbf{A}, \mathbf{C})|_{\mathbf{g}}$.
2. Annahme: $\mathbf{A}, \mathbf{B}, \mathbf{C}$ sind kollinear.
   Dies ist der schwierigere Teil des Beweises, weil wir wegen der Kollinearität das Axiom von PASCH nicht direkt anwenden können (vergleiche mit Abbildung 2.12). Die Idee ist nun, einen Hilfspunkt $\mathbf{H}$ so zu konstruieren, dass wir Teil II des Beweises auf Teil I zurückführen können.
   a) Da die Gerade $\mathbf{g}$ von der Geraden $\mathbf{AC}$ verschieden ist, existiert ein Punkt $\mathbf{P} \in \mathbf{g}$ mit $\mathbf{P} \notin \mathbf{AC}$. Inbesondere sind die Punkte $\mathbf{A}, \mathbf{P}$ verschieden.
   b) Wegen Axiom **(A2)** existiert ein Punkt $\mathbf{H}$ auf der Geraden $\mathbf{PA}$ mit $\mathbf{P}|\mathbf{A}|\mathbf{H}$.
   c) Die Gerade $\mathbf{AH}$ schneidet $\mathbf{g}$ nur in dem Punkt $\mathbf{P}$. Gäbe es nämlich noch einen weiteren Schnittpunkt, so wäre $\mathbf{g} = \mathbf{AH}$ und damit $\mathbf{A} \in \mathbf{g}$. Also ist $\mathbf{AH} \cap \mathbf{g} = \{\mathbf{P}\}$.
   d) Es ist $\overline{\mathbf{AH}} \cap \mathbf{g} = \varnothing$. Gäbe es nämlich einen Schnittpunkt $\mathbf{S} \in \overline{\mathbf{AH}} \cap \mathbf{g}$, so wäre wegen $\overline{\mathbf{AH}} \cap \mathbf{g} \subset \mathbf{AH} \cap \mathbf{g} = \{\mathbf{P}\}$ insbesondere $\mathbf{S} = \mathbf{P}$ und dies würde auf Grund von $\mathbf{P} = \mathbf{S} \in \overline{\mathbf{AH}}$ dann $\mathbf{A}|\mathbf{P}|\mathbf{H}$ bedeuten. Das

ist natürlich nach Axiom **(A3)** unmöglich, denn $\mathbf{P}|\mathbf{A}|\mathbf{H}$. Folglich ist tatsächlich $\overline{\mathbf{AH}} \cap \mathbf{g} = \varnothing$, das heißt $(\mathbf{A},\mathbf{H})|_{\mathbf{g}}$.

e) $\mathbf{H}$ liegt nicht auf $\mathbf{AC}$, denn sonst wäre $\mathbf{AH} = \mathbf{AC}$ und insbesondere $\mathbf{P} \in \mathbf{AC}$. Dies widerspricht der Wahl von $\mathbf{P}$.

f) Da $\mathbf{A},\mathbf{B},\mathbf{H}$ paarweise verschieden und nicht kollinear sind, folgt aus Teil I des Beweises und aus $(\mathbf{A},\mathbf{B})|_{\mathbf{g}}$, $(\mathbf{A},\mathbf{H})|_{\mathbf{g}}$ zunächst $(\mathbf{B},\mathbf{H})|_{\mathbf{g}}$.

g) Weil die Punkte $\mathbf{B},\mathbf{C},\mathbf{H}$ paarweise verschieden und nicht kollinear sind, ergibt sich aus Teil I und aus $(\mathbf{B},\mathbf{C})|_{\mathbf{g}},(\mathbf{B},\mathbf{H})|_{\mathbf{g}}$, dass $(\mathbf{C},\mathbf{H})|_{\mathbf{g}}$.

h) Schließlich führen wir dasselbe Argument im Dreieck $\triangle_{\mathbf{AHC}}$ durch und erhalten aus $(\mathbf{A},\mathbf{H})|_{\mathbf{g}},(\mathbf{H},\mathbf{C})|_{\mathbf{g}}$ die behauptete Relation $(\mathbf{A},\mathbf{C})|_{\mathbf{g}}$.

□

Man beachte, dass die Lage der Punkte $\mathbf{A},\mathbf{B},\mathbf{C}$ von der in Abbildung 2.12 gezeigten abweichen kann, dies aber zu keiner Änderung im Beweis führt.

Schreibweise: Die Menge $\mathcal{E} \setminus \mathbf{g}$ zerfällt also in Äquivalenzklassen

$$[\mathbf{A}]_{\mathbf{g}} := \{\mathbf{P} \in \mathcal{E} \setminus \mathbf{g} : (\mathbf{A},\mathbf{P})|_{\mathbf{g}}\}.$$

Jede dieser Äquivalenzklassen nennen wir eine *Seite* von $\mathbf{g}$. Wir sagen auch $[\mathbf{A}]_{\mathbf{g}}$ ist die Seite von $\mathbf{g}$, auf der $\mathbf{A}$ liegt. Die vorstehenden Überlegungen zeigen dass

$$(\mathbf{A},\mathbf{B})|_{\mathbf{g}} \Leftrightarrow [\mathbf{A}]_{\mathbf{g}} = [\mathbf{B}]_{\mathbf{g}}.$$

2.2.3 Bemerkung

An dieser Stelle möchten wir betonen, dass wir bisher nicht wissen, wieviele verschiedene Seiten eine Gerade besitzt. Dass es genau zwei sind, ist keinesfalls klar und folgt erst aus dem weiter unten bewiesenen Satz von PASCH.

Wir benötigen den folgenden Hilfssatz.

2.2.4 Lemma

Es sei $(\mathcal{E},\mathcal{G},\cdot|\cdot|\cdot)$ *eine angeordnete Inzidenzebene und* $\mathbf{A},\mathbf{B},\mathbf{C}$ *seien beliebige Punkte auf einer Geraden* $\mathbf{g}$ *mit* $\mathbf{A}|\mathbf{B}|\mathbf{C}$. *Ferner seien* $\mathbf{a},\mathbf{b},\mathbf{c}$ *Geraden mit* $\mathbf{a} \cap \mathbf{g} = \{\mathbf{A}\}$, $\mathbf{b} \cap \mathbf{g} = \{\mathbf{B}\}$, $\mathbf{c} \cap \mathbf{g} = \{\mathbf{C}\}$. *Dann gilt (vergleiche mit Abbildung 2.13):*

$$[\mathbf{B}]_{\mathbf{a}} = [\mathbf{C}]_{\mathbf{a}}, \quad [\mathbf{A}]_{\mathbf{b}} \neq [\mathbf{C}]_{\mathbf{b}}, \quad [\mathbf{A}]_{\mathbf{c}} = [\mathbf{B}]_{\mathbf{c}}.$$

***Beweis*:** Da $\mathbf{A}|\mathbf{B}|\mathbf{C}$, ist $\mathbf{B} \neq \mathbf{C}$. Für die Strecke $\overline{\mathbf{BC}}$ gilt $\overline{\mathbf{BC}} \cap \mathbf{a} \subset \mathbf{g} \cap \mathbf{a} = \{\mathbf{A}\}$. Allerdings kann nicht $\mathbf{A} \in \overline{\mathbf{BC}}$ gelten, denn wegen $\mathbf{A} \neq \mathbf{B}$ und $\mathbf{A} \neq \mathbf{C}$ würde das $\mathbf{B}|\mathbf{A}|\mathbf{C}$ bedeuten. Dies ist aber wegen $\mathbf{A}|\mathbf{B}|\mathbf{C}$ und Axiom **(A3)** unmöglich.

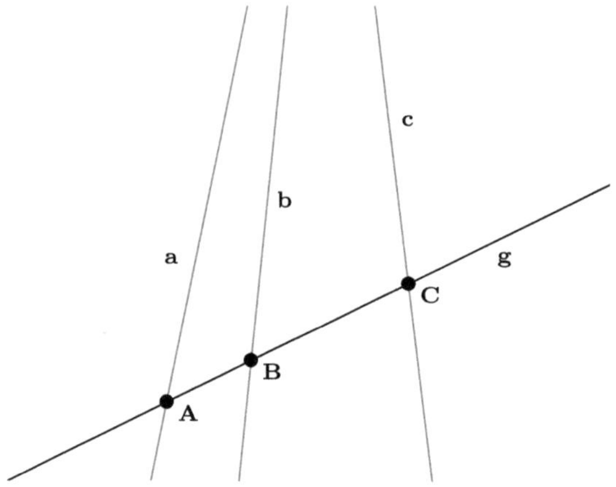

Abbildung 2.13.: Aus der Zwischenrelation $\mathbf{A}|\mathbf{B}|\mathbf{C}$ folgen ebenfalls noch die Aussagen $(\mathbf{B},\mathbf{C})|_{\mathbf{a}}$, $(\mathbf{A},\mathbf{C})\not|_{\mathbf{b}}$ und $(\mathbf{A},\mathbf{B})|_{\mathbf{c}}$.

Daher ist $\overline{\mathbf{BC}} \cap \mathbf{a} = \varnothing$ und $(\mathbf{B},\mathbf{C})|_{\mathbf{a}}$. Analog folgt $(\mathbf{A},\mathbf{B})|_{\mathbf{c}}$. Letztlich folgt aus $\overline{\mathbf{AC}} \cap \mathbf{b} = \{\mathbf{B}\}$, dass $[\mathbf{A}]_{\mathbf{b}} \neq [\mathbf{C}]_{\mathbf{b}}$. □

2.2.5 Satz (Viererrelationen)
$(\mathcal{E},\mathcal{G},\cdot|\cdot|\cdot)$ sei eine angeordnete Inzidenzebene und gegeben seien vier beliebige Punkte $\mathbf{A},\mathbf{B},\mathbf{C},\mathbf{D}$. Dann gelten die folgenden Aussagen.

1. $\mathbf{A}|\mathbf{B}|\mathbf{C}$ *und* $\mathbf{A}|\mathbf{C}|\mathbf{D}$ $\Rightarrow$ $\mathbf{A}|\mathbf{B}|\mathbf{D}$ *und* $\mathbf{B}|\mathbf{C}|\mathbf{D}$.
2. $\mathbf{A}|\mathbf{B}|\mathbf{C}$ *und* $\mathbf{B}|\mathbf{C}|\mathbf{D}$ $\Rightarrow$ $\mathbf{A}|\mathbf{B}|\mathbf{D}$ *und* $\mathbf{A}|\mathbf{C}|\mathbf{D}$.

Beweis: Die Aussagen lassen sich leicht mit Lemma 2.2.4 nachweisen. Zunächst folgt jeweils aus den Aussagen auf der linken Seite, dass die vier Punkte $\mathbf{A},\mathbf{B},\mathbf{C},\mathbf{D}$ verschieden sind und auf einer gemeinsamen Geraden $\mathbf{g}$ liegen.

1. a) Wir zeigen $\mathbf{B}|\mathbf{C}|\mathbf{D}$.
   Dazu wende man Lemma 2.2.4 auf eine Gerade $\mathbf{c}$ mit $\mathbf{c} \cap \mathbf{g} = \mathbf{C}$ an und schließe
   $$[\mathbf{A}]_{\mathbf{c}} = [\mathbf{B}]_{\mathbf{c}} \neq [\mathbf{D}]_{\mathbf{c}}.$$
   Daher kann (wiederum nach Lemma 2.2.4) von den drei Relationen
   $$\mathbf{B}|\mathbf{C}|\mathbf{D}, \mathbf{C}|\mathbf{D}|\mathbf{B}, \mathbf{D}|\mathbf{B}|\mathbf{C}$$
   nur die erste gelten.

   b) Wir zeigen $\mathbf{A}|\mathbf{B}|\mathbf{D}$.
   Jetzt wende man Lemma 2.2.4 auf eine Gerade $\mathbf{b}$ mit $\mathbf{b} \cap \mathbf{g} = \mathbf{B}$ an und

schließe unter Berücksichtigung von $\mathbf{B}|\mathbf{C}|\mathbf{D}$

$$[\mathbf{A}]_\mathbf{b} \neq [\mathbf{C}]_\mathbf{b} = [\mathbf{D}]_\mathbf{b}.$$

Somit kann von den drei Relationen

$$\mathbf{A}|\mathbf{B}|\mathbf{D}, \mathbf{B}|\mathbf{D}|\mathbf{A}, \mathbf{D}|\mathbf{A}|\mathbf{B}$$

auch hier bloß die erste erfüllt sein.

2. a) Wir zeigen $\mathbf{A}|\mathbf{B}|\mathbf{D}$.
Mit Lemma 2.2.4 folgt für eine Gerade $\mathbf{b}$ mit $\mathbf{b} \cap \mathbf{g} = \mathbf{B}$ die Aussage

$$[\mathbf{A}]_\mathbf{b} \neq [\mathbf{C}]_\mathbf{b} = [\mathbf{D}]_\mathbf{b}.$$

Von den drei Relationen

$$\mathbf{A}|\mathbf{B}|\mathbf{D}, \mathbf{B}|\mathbf{D}|\mathbf{A}, \mathbf{D}|\mathbf{A}|\mathbf{B}$$

kann nur die erste richtig sein.

b) Wir zeigen $\mathbf{A}|\mathbf{C}|\mathbf{D}$.
Analog zu oben wende man das Lemma auf eine Gerade $\mathbf{c}$ mit $\mathbf{c} \cap \mathbf{g} = \mathbf{C}$ an. Dann folgt

$$[\mathbf{A}]_\mathbf{c} = [\mathbf{B}]_\mathbf{c} \neq [\mathbf{D}]_\mathbf{c}.$$

Somit kann von den drei Relationen

$$\mathbf{A}|\mathbf{C}|\mathbf{D}, \mathbf{C}|\mathbf{D}|\mathbf{A}, \mathbf{D}|\mathbf{A}|\mathbf{C}$$

erneut nur die erste gelten.

□

2.2.6 Korollar (Streckenadditivität)
Für Punkte $\mathbf{A}, \mathbf{B}, \mathbf{C}$ *in einer angeordneten Inzidenzebene* $(\mathcal{E}, \mathcal{G}, \cdot|\cdot|\cdot)$ *gelte* $\mathbf{A}|\mathbf{B}|\mathbf{C}$. *Dann folgt*

$$\overline{\mathbf{AB}} \cap \overline{\mathbf{BC}} = \{\mathbf{B}\}, \quad \overline{\mathbf{AC}} = \overline{\mathbf{AB}} \cup \overline{\mathbf{BC}}.$$

***Beweis*:** Es sei $\mathbf{g}$ die gemeinsame Gerade der Punkte $\mathbf{A}, \mathbf{B}, \mathbf{C}$.

1. Zunächst beweisen wir $\overline{\mathbf{AB}} \cap \overline{\mathbf{BC}} = \{\mathbf{B}\}$.
Wir nehmen an, es existiert ein Punkt $\mathbf{S} \in (\overline{\mathbf{AB}} \cap \overline{\mathbf{BC}}) \setminus \{\mathbf{B}\}$. Wäre $\mathbf{S} = \mathbf{A}$, so würde wegen $\mathbf{A} = \mathbf{S} \in \overline{\mathbf{BC}}$ und $\mathbf{A} \neq \mathbf{B}$, $\mathbf{A} \neq \mathbf{C}$ folgen, dass $\mathbf{B}|\mathbf{A}|\mathbf{C}$, was aber wegen $\mathbf{A}|\mathbf{B}|\mathbf{C}$ und Axiom **(A3)** unmöglich ist. Ebenso kann nicht $\mathbf{S} = \mathbf{C}$ gelten. Für $\mathbf{S}$ sind somit gleichzeitig $\mathbf{A}|\mathbf{S}|\mathbf{B}$ und $\mathbf{C}|\mathbf{S}|\mathbf{B}$ erfüllt. Wir legen eine Gerade $\mathbf{b}$ durch den Punkt $\mathbf{B}$ mit $\mathbf{b} \cap \mathbf{g} = \{B\}$. Mit Lemma 2.2.4 ergibt sich

$$[\mathbf{A}]_\mathbf{b} = [\mathbf{S}]_\mathbf{b} = [\mathbf{C}]_\mathbf{b},$$

was sich aber nach demselben Lemma nicht mit $\mathbf{A}|\mathbf{B}|\mathbf{C}$ verträgt. Dieser Widerspruch beweist, dass die Menge $(\overline{\mathbf{AB}} \cap \overline{\mathbf{BC}}) \setminus \{\mathbf{B}\}$ leer ist. Dass $\mathbf{B}$ zur Schnittmenge der Strecken gehört, ist klar.

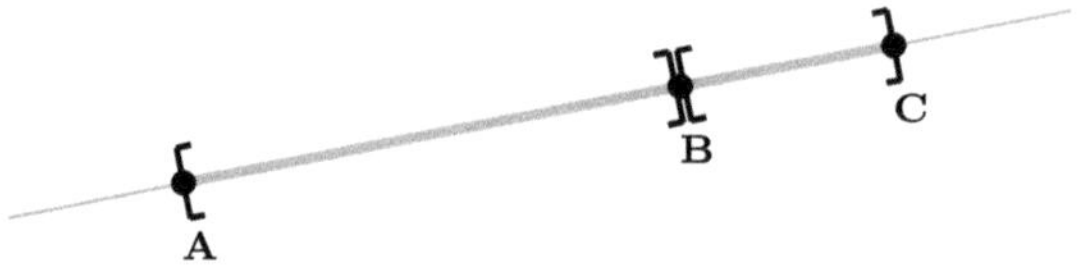

Abbildung 2.14.: Liegt **B** zwischen **A** und **C**, so gilt $\overline{\mathbf{AC}} = \overline{\mathbf{AB}} \cup \overline{\mathbf{BC}}$ und $\overline{\mathbf{AB}} \cap \overline{\mathbf{BC}} = \{\mathbf{B}\}$.

2. Jetzt wenden wir uns der zweiten Aussage zu. Als erstes zeigen wir $\overline{\mathbf{AB}} \subset \overline{\mathbf{AC}}$. Sei hierzu $\mathbf{S} \in \overline{\mathbf{AB}}$. Falls $\mathbf{S} = \mathbf{A}$ oder $\mathbf{S} = \mathbf{B}$, so folgt wegen $\mathbf{A}|\mathbf{B}|\mathbf{C}$ in jedem Fall $\mathbf{S} \in \overline{\mathbf{AC}}$. Es sei daher ohne Einschränkung $\mathbf{A}|\mathbf{S}|\mathbf{B}$. Mit der ersten Viererrelation in Satz 2.2.5 ergibt sich aus $\mathbf{A}|\mathbf{S}|\mathbf{B}$ und $\mathbf{A}|\mathbf{B}|\mathbf{C}$ auch $\mathbf{A}|\mathbf{S}|\mathbf{C}$, das heißt $\mathbf{S} \in \overline{\mathbf{AC}}$. Analog beweist man $\overline{\mathbf{BC}} \subset \overline{\mathbf{AC}}$. Insgesamt erhalten wir die Inklusion
$$\overline{\mathbf{AB}} \cup \overline{\mathbf{BC}} \subset \overline{\mathbf{AC}}.$$
Als zweites beweisen wir die umgekehrte Inklusion $\overline{\mathbf{AC}} \subset \overline{\mathbf{AB}} \cup \overline{\mathbf{BC}}$. Hierzu sei $\mathbf{S} \in \overline{\mathbf{AC}} \setminus \overline{\mathbf{BC}}$ und ohne Einschränkung sei auch $\mathbf{S} \neq \mathbf{A}$. Wir wollen zeigen, dass $\mathbf{S} \in \overline{\mathbf{AB}}$ und wählen dazu eine Gerade $\mathbf{s}$ mit $\mathbf{s} \cap \mathbf{AC} = \{\mathbf{S}\}$. Weil nicht $\mathbf{B}|\mathbf{S}|\mathbf{C}$ gilt, folgern wir aus Lemma 2.2.4
$$[\mathbf{A}]_{\mathbf{s}} \neq [\mathbf{B}]_{\mathbf{s}} = [\mathbf{C}]_{\mathbf{s}}. \tag{2.2.1}$$
Die drei Punkte $\mathbf{A}, \mathbf{B}, \mathbf{S}$ sind paarweise verschieden und kollinear, nach Axiom **(A3)** muss genau eine der drei Aussagen
$$\mathbf{A}|\mathbf{B}|\mathbf{S}, \quad \mathbf{S}|\mathbf{A}|\mathbf{B}, \quad \mathbf{A}|\mathbf{S}|\mathbf{B}$$
gelten und davon verträgt sich nur die letzte mit (2.2.1). Also ist $\mathbf{S} \subset \overline{\mathbf{AB}} \subset \overline{\mathbf{AB}} \cup \overline{\mathbf{BC}}$. Die Aussage $\mathbf{S} \in \overline{\mathbf{AC}} \setminus \overline{\mathbf{AB}} \Rightarrow \mathbf{S} \in \overline{\mathbf{BC}}$ beweist man analog.

□

2.2.7 Satz

In einer angeordneten Inzidenzebene besteht jede Gerade aus unendlich vielen Punkten.

***Beweis*:** Es seien $\mathbf{A_1}, \mathbf{A_2}, \mathbf{A_3}$ drei kollineare Punkte auf einer Geraden $\mathbf{g}$ und es gelte $\mathbf{A_1}|\mathbf{A_2}|\mathbf{A_3}$. Wir nutzen Axiom **(A2)** aus und konstruieren einen Punkt $\mathbf{A_4} \in \mathbf{g}$ mit $\mathbf{A_2}|\mathbf{A_3}|\mathbf{A_4}$. Aus der Viererrelation in Satz 2.2.5 ergibt sich

$$\mathbf{A_i}|\mathbf{A_j}|\mathbf{A_k}, \quad \text{für jede Wahl von Indizes } i,j,k \text{ mit } 1 \leq i < j < k \leq 4.$$

Daher muss sich $\mathbf{A_4}$ von $\mathbf{A_1}, \mathbf{A_2}, \mathbf{A_3}$ unterscheiden, weil wir sonst mit Axiom **(A3)** einen Widerspruch erhielten. Induktiv lassen sich nun zu jedem $n \geq 4$ auf der Geraden n verschiedene Punkte $\mathbf{A_1}, \ldots, \mathbf{A_n}$ mit

$$\mathbf{A_i}|\mathbf{A_j}|\mathbf{A_k}, \quad \text{für jede Wahl von Indizes } i,j,k \text{ mit } 1 \leq i < j < k \leq n \tag{2.2.2}$$

konstruieren, indem man einen n-ten Punkt $\mathbf{A_n}$ mit $\mathbf{A_{n-2}}|\mathbf{A_{n-1}}|\mathbf{A_n}$ zu den bereits vorher konstruierten Punkten $\mathbf{A_1}, \ldots, \mathbf{A_{n-1}}$ hinzufügt und mit der Viererrelation die Gültigkeit von (2.2.2) nachprüft. Es folgt, dass jede Gerade $\mathbf{g}$ unendlich viele Punkte enthalten muss. □

2.2.8 Satz (Satz von Pasch)
Es sei $\mathbf{g}$ eine Gerade in einer angeordneten Inzidenzebene und $\mathbf{A}, \mathbf{B}, \mathbf{C}$ seien paarweise verschiedene Punkte von denen keiner auf $\mathbf{g}$ liege. Dann schneidet $\mathbf{g}$ entweder keine der drei Strecken $\overline{\mathbf{AB}}, \overline{\mathbf{BC}}, \overline{\mathbf{CA}}$ oder genau zwei von ihnen.

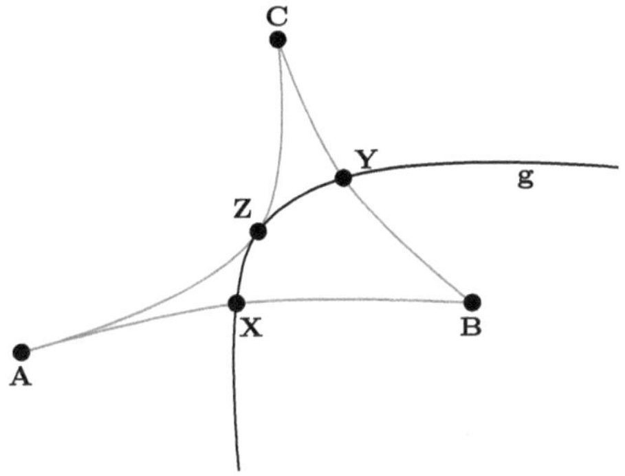

Abbildung 2.15.: In einer angeordneten Inzidenzebene können Geraden Dreiecke nicht in allen Seiten schneiden, wenn - wie hier in der Abbildung -, die Schnittpunkte auf den Seiten und nicht in den Ecken liegen.

***Beweis*:** Wir unterscheiden zwei Fälle.

1. Annahme: Die Punkte $\mathbf{A}, \mathbf{B}, \mathbf{C}$ sind kollinear.
   In diesem Fall gelte ohne Einschränkung $\mathbf{A}|\mathbf{B}|\mathbf{C}$. Die Gerade $\mathbf{g}$ kann keine der

Strecken in mehr als einem Punkt schneiden, da die Punkte $\mathbf{A}, \mathbf{B}, \mathbf{C}$ kollinear sind und sonst $\mathbf{g} = \mathbf{AC}$ gelten würde, was wegen $\mathbf{A} \notin \mathbf{g}$ nicht möglich ist. Falls $\mathbf{g} \cap \overline{\mathbf{AB}} \neq \varnothing$, dann folgt aus Satz 2.2.6 auch $\mathbf{g} \cap \overline{\mathbf{AC}} \neq \varnothing$ und wegen $\mathbf{B} \notin \mathbf{g}$ gilt zusätzlich $\mathbf{g} \cap \overline{\mathbf{BC}} = \varnothing$. Ebenso folgt aus $\mathbf{g} \cap \overline{\mathbf{BC}} \neq \varnothing$ auch $\mathbf{g} \cap \overline{\mathbf{AC}} \neq \varnothing$, $\mathbf{g} \cap \overline{\mathbf{AB}} = \varnothing$. Aus $\mathbf{g} \cap \overline{\mathbf{AC}} \neq \varnothing$ und $\mathbf{B} \notin \mathbf{g}$ ergibt sich schließlich mit Lemma 2.2.6 und der Streckenadditivität $\overline{\mathbf{AC}} = \overline{\mathbf{AB}} \cup \overline{\mathbf{BC}}$, dass $\mathbf{g}$ genau eine der Strecken $\overline{\mathbf{AB}}, \overline{\mathbf{BC}}$ schneidet. In keinem Fall schneidet $\mathbf{g}$ alle drei Strecken.

2. Annahme: Die Punkte $\mathbf{A}, \mathbf{B}, \mathbf{C}$ sind nicht kollinear.
   Nach dem Axiom von Pasch schneidet $\mathbf{g}$ wenigstens zwei der Seiten des Dreiecks $\triangle_{\mathbf{ABC}}$, wenn sie das Dreieck überhaupt schneidet. Angenommen, $\mathbf{g}$ schneidet sogar alle drei Seiten. Es seien

$$\mathbf{X} = \mathbf{g} \cap \overline{\mathbf{AB}}, \quad \mathbf{Y} = \mathbf{g} \cap \overline{\mathbf{BC}}, \quad \mathbf{Z} = \mathbf{g} \cap \overline{\mathbf{CA}}$$

   die drei Schnittpunkte, also insbesondere

$$\mathbf{A}|\mathbf{X}|\mathbf{B}, \quad \mathbf{B}|\mathbf{Y}|\mathbf{C}, \quad \mathbf{C}|\mathbf{Z}|\mathbf{A}.$$

   Nach Axiom **(A2)** müsste nun für die drei paarweise verschiedenen und kollinearen Punkte $\mathbf{X}, \mathbf{Y}, \mathbf{Z}$ genau eine der drei Relationen

$$\mathbf{X}|\mathbf{Y}|\mathbf{Z}, \quad \mathbf{Y}|\mathbf{Z}|\mathbf{X}, \quad \mathbf{Z}|\mathbf{X}|\mathbf{Y}$$

   gelten. Wir werden zeigen, dass keine dieser Relationen gültig sein kann, was dann den gewünschten Widerspruch liefert.

   a) Angenommen, es gilt $\mathbf{Y}|\mathbf{Z}|\mathbf{X}$.

      i. Zunächst beobachten wir, dass die drei Punkte $\mathbf{X}, \mathbf{B}, \mathbf{Y}$ nicht kollinear sind und folglich ein Dreieck bilden, denn sonst würde die Gerade $\mathbf{g}$ sowohl mit der Geraden $\mathbf{AB}$ als auch mit der Geraden $\mathbf{BC}$ übereinstimmen.

      ii. Es ist $\mathbf{AC} \cap \overline{\mathbf{XB}} = \varnothing$, denn wegen $\mathbf{AC} \cap \overline{\mathbf{XB}} \subset \mathbf{AC} \cap \mathbf{AB} = \{\mathbf{A}\}$ könnte höchstens $\mathbf{AC} \cap \overline{\mathbf{XB}} = \{\mathbf{A}\}$ gelten. Dies zöge allerdings die Relation $\mathbf{X}|\mathbf{A}|\mathbf{B}$ nach sich. Dies kann wegen $\mathbf{A}|\mathbf{X}|\mathbf{B}$ nicht sein.

      iii. Es ist $\mathbf{AC} \cap \overline{\mathbf{BY}} = \varnothing$, denn wegen $\mathbf{AC} \cap \overline{\mathbf{BY}} \subset \mathbf{AC} \cap \mathbf{BC} = \{\mathbf{C}\}$ könnte höchstens $\mathbf{AC} \cap \overline{\mathbf{BY}} = \{\mathbf{C}\}$ gelten. Dies zöge allerdings die Relation $\mathbf{B}|\mathbf{C}|\mathbf{Y}$ nach sich. Dies kann wegen $\mathbf{B}|\mathbf{Y}|\mathbf{C}$ nicht sein.

      iv. Wäre $\mathbf{Y}|\mathbf{Z}|\mathbf{X}$, so schnitte $\mathbf{AC}$ die Strecke $\overline{\mathbf{YX}}$ im Punkt $\mathbf{Z}$. Nach dem Axiom von Pasch müsste $\mathbf{AC}$ somit auch eine der beiden anderen Dreiecksseiten $\overline{\mathbf{XB}}, \overline{\mathbf{BY}}$ des Dreiecks $\triangle_{\mathbf{XBY}}$ schneiden. Wir haben aber eben gezeigt, dass dies nicht geht.

   b) Die beiden anderen Fälle $\mathbf{X}|\mathbf{Y}|\mathbf{Z}, \mathbf{Z}|\mathbf{X}|\mathbf{Y}$ schließt man ähnlich aus, zum Beispiel durch zyklisches Vertauschen von $\mathbf{A}, \mathbf{B}, \mathbf{C}$ und $\mathbf{X}, \mathbf{Y}, \mathbf{Z}$.

Insgesamt ist damit der Satz von PASCH bewiesen. □

2.2.9 Bemerkung

Der Satz von PASCH bedeutet nicht, dass eine Gerade $\mathbf{g}$ ein Dreieck $\triangle_{\mathbf{ABC}}$ nicht auch in allen Seiten schneiden kann, sondern er besagt, dass dies nur dann möglich ist, wenn wenigstens eine der Ecken $\mathbf{A}, \mathbf{B}, \mathbf{C}$ auf $\mathbf{g}$ liegt. Man vergleiche dies mit den beiden in Abbildung 2.16 dargestellten Möglichkeiten.

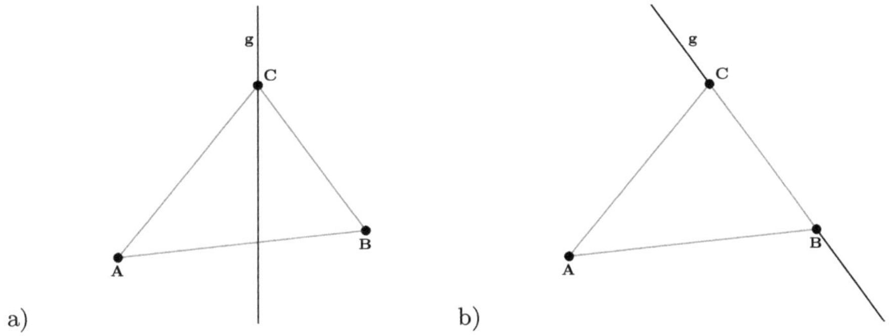

Abbildung 2.16.: Eine Gerade kann ein Dreieck nur dann in allen Seiten schneiden, wenn sie mindestens einen der Eckpunkte enthält.

2.2.10 Satz (Zwei-Seiten-Satz)

In einer angeordneten Inzidenzebene $(\mathcal{E}, \mathcal{G}, \cdot|\cdot|\cdot)$ *zerlegt jede Gerade* $\mathbf{g}$ *die Menge* $\mathcal{E} \setminus \mathbf{g}$ *in genau zwei Seiten.*

Beweis: Da es nach Axiom **(I3)** wenigstens einen Punkt $\mathbf{A} \notin \mathbf{g}$ gibt, existiert die Seite $[\mathbf{A}]_{\mathbf{g}}$. Es sei $\mathbf{S} \in \mathbf{g}$ beliebig. Nach Axiom **(A2)** existiert ein weiterer Punkt $\mathbf{B}$ mit $\mathbf{A}|\mathbf{S}|\mathbf{B}$. $\mathbf{B}$ kann nicht auf $\mathbf{g}$ liegen, da $\mathbf{S}$ es bereits tut und damit nach Axiom **(I1)** $\mathbf{g} = \mathbf{SB} = \mathbf{AB}$ folgen würde, was aber im Widerspruch zu $\mathbf{A} \notin \mathbf{g}$ steht. Also liegen $\mathbf{A}, \mathbf{B}$ beide nicht auf $\mathbf{g}$. Da aber die Strecke $\overline{\mathbf{AB}}$ die Gerade $\mathbf{g}$ im Punkt $\mathbf{S}$ schneidet, liegen $\mathbf{A}$ und $\mathbf{B}$ auf verschiedenen Seiten von $\mathbf{g}$, das heißt es existieren wenigstens die zwei verschiedenen Seiten $[\mathbf{A}]_{\mathbf{g}}, [\mathbf{B}]_{\mathbf{g}}$. Angenommen, es gäbe eine weitere Seite $[\mathbf{C}]_{\mathbf{g}}$. Die drei Punkte $\mathbf{A}, \mathbf{B}, \mathbf{C}$ lägen damit sämtlich nicht auf $\mathbf{g}$ und da sie paarweise auf verschiedenen Seiten der Geraden $\mathbf{g}$ lägen, würden die Strecken $\overline{\mathbf{AB}}, \overline{\mathbf{BC}}, \overline{\mathbf{CA}}$ auch jeweils $\mathbf{g}$ schneiden. Dies ist nach dem Satz von PASCH unmöglich. Folglich existieren nur die beiden Seiten $[\mathbf{A}]_{\mathbf{g}}, [\mathbf{B}]_{\mathbf{g}}$ von $\mathbf{g}$.

□

2.2.11 Definition (Halbebene)

Es seien $\mathbf{g}$ eine Gerade und $\mathbf{A} \notin \mathbf{g}$ ein Punkt in einer angeordneten Inzidenzebene $(\mathcal{E}, \mathcal{G}, \cdot|\cdot|\cdot)$. Die *Halbebene* $\mathscr{H}_{\mathbf{g},\mathbf{A}}$ ist die Menge

$$\mathscr{H}_{\mathbf{g},\mathbf{A}} := \mathbf{g} \cup [\mathbf{A}]_{\mathbf{g}}.$$

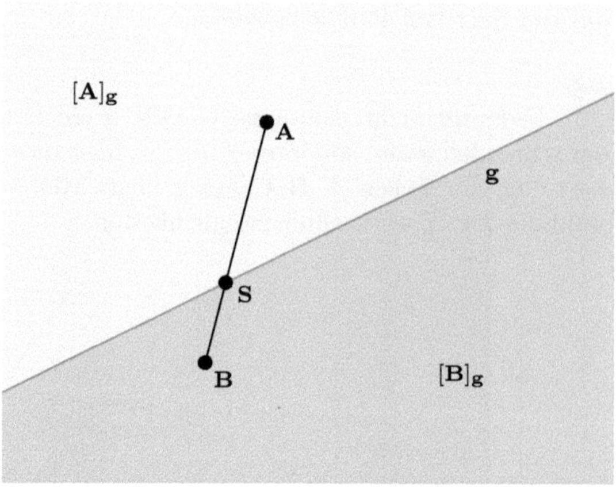

Abbildung 2.17.: Jede Gerade **g** zerlegt eine angeordnete Inzidenzebene in genau zwei Seiten.

Da jede Gerade **g** genau zwei Seiten besitzt, existieren folglich auch genau zwei verschiedene Halbebenen $\mathscr{H}_{\mathbf{g},\mathbf{A}}$, $\mathscr{H}_{\mathbf{g},\mathbf{B}}$ zu **g** und es ist

$$\mathbf{g} = \mathscr{H}_{\mathbf{g},\mathbf{A}} \cap \mathscr{H}_{\mathbf{g},\mathbf{B}}, \quad \mathcal{E} = \mathscr{H}_{\mathbf{g},\mathbf{A}} \cup \mathscr{H}_{\mathbf{g},\mathbf{B}}, \quad \overline{\mathbf{AB}} \cap \mathbf{g} \neq \varnothing.$$

Wir nennen $\mathscr{H}_{\mathbf{g},\mathbf{A}}$ *die Halbebene zu* **g** *in der* **A** *liegt.*

2.3. Strahlen

Ähnlich wie eine Gerade **g** eine angeordnete Inzidenebene $\mathcal{E}$ in zwei Halbebenen zerlegt, zerteilt ein Punkt $\mathbf{O} \in \mathbf{AB}$ in einer solchen Ebene die Gerade **AB** in zwei Halbgeraden. Außerdem lassen sich Punkte auf einer Geraden anordnen, weshalb man auch von Anordnungsaxiomen spricht. Um diese Sachverhalte näher zu erläutern, möchten wir zunächst einen neuen Begriff vorstellen.

2.3.1 Definition (Strahl)
Gegeben seien zwei verschiedene Punkt **A**, **B** in einer angeordneten Inzidenzebene $\mathcal{E}$. Unter dem *Strahl* $\vec{\mathrm{S}}(\mathbf{A}, \mathbf{B})$ von **A** durch **B** versteht man die Menge

$$\vec{\mathrm{S}}(\mathbf{A}, \mathbf{B}) := \overline{\mathbf{AB}} \cup \{\mathbf{P} \in \mathcal{E} : \mathbf{A}|\mathbf{B}|\mathbf{P}\}.$$

Man nennt $\vec{\mathrm{S}}(\mathbf{A}, \mathbf{B})$ auch die *Halbgerade* von **A** durch **B**.

2.3.2 Lemma
Wir haben stets

$$\vec{\mathrm{S}}(\mathbf{A}, \mathbf{B}) \cap \vec{\mathrm{S}}(\mathbf{B}, \mathbf{A}) = \overline{\mathbf{AB}}, \quad \vec{\mathrm{S}}(\mathbf{A}, \mathbf{B}) \cup \vec{\mathrm{S}}(\mathbf{B}, \mathbf{A}) = \mathbf{AB}.$$

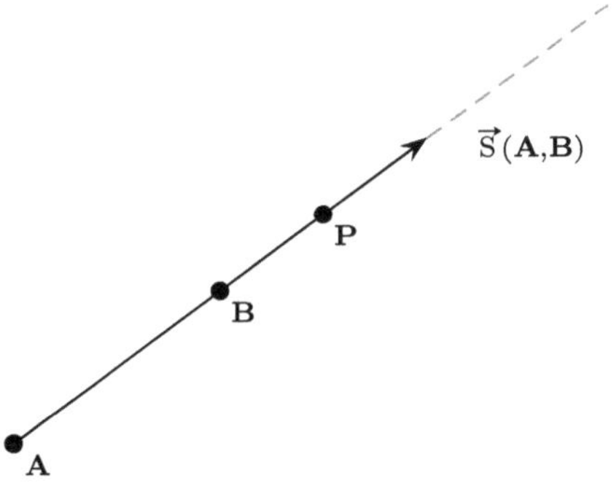

Abbildung 2.18.: Ein Strahl von **A** durch **B** enthält neben der Strecke $\overline{\mathbf{AB}}$ auch jeden Punkt **P**, für den **B** zwischen **A** und **P** liegt.

***Beweis*:** Offensichtlich. □

2.3.3 Satz

Aus $\mathbf{A}|\mathbf{O}|\mathbf{B}$ *folgt*

$$\mathbf{AB} = \overrightarrow{S}(\mathbf{O},\mathbf{A}) \cup \overrightarrow{S}(\mathbf{O},\mathbf{B}) \quad \textit{und} \quad \overrightarrow{S}(\mathbf{O},\mathbf{A}) \cap \overrightarrow{S}(\mathbf{O},\mathbf{B}) = \{\mathbf{O}\}.$$

***Beweis*:** Es sei $\mathbf{T} \in \mathcal{E} \setminus \mathbf{AB}$ ein beliebiger Punkt. Da $\mathbf{A}|\mathbf{O}|\mathbf{B}$, gilt insbesondere $\mathbf{O} \in \mathbf{AB}$ und damit $\{\mathbf{O}\} = \mathbf{AB} \cap \mathbf{OT}$. Außerdem folgt $(\mathbf{A},\mathbf{B})\not|_{\mathbf{OT}}$.

1. Wir zeigen zunächst $\mathbf{AB} = \overrightarrow{S}(\mathbf{O},\mathbf{A}) \cup \overrightarrow{S}(\mathbf{O},\mathbf{B})$. Da $\overrightarrow{S}(\mathbf{O},\mathbf{A})$ und $\overrightarrow{S}(\mathbf{O},\mathbf{B})$ Teilmengen von **AB** sind, ist nur noch die Inklusion $\mathbf{AB} \subset \overrightarrow{S}(\mathbf{O},\mathbf{A}) \cup \overrightarrow{S}(\mathbf{O},\mathbf{B})$ nachzuweisen. Sei hierzu $\mathbf{C} \in \mathbf{AB}$ ein beliebiger Punkt mit $\mathbf{C} \notin \overrightarrow{S}(\mathbf{O},\mathbf{A})$. Die Punkte $\mathbf{O},\mathbf{C},\mathbf{A}$ sind folglich paarweise verschieden und es gilt weder $\mathbf{O}|\mathbf{C}|\mathbf{A}$ noch $\mathbf{O}|\mathbf{A}|\mathbf{C}$. Daher muss $\mathbf{A}|\mathbf{O}|\mathbf{C}$ gelten. Dies wiederum bedeutet $(\mathbf{A},\mathbf{C})\not|_{\mathbf{OT}}$. Da auch $(\mathbf{A},\mathbf{B})\not|_{\mathbf{OT}}$, impliziert dies nun $(\mathbf{B},\mathbf{C})|_{\mathbf{OT}}$. Damit ist aber entweder $\mathbf{B} = \mathbf{C}$ oder es gilt $\mathbf{O}|\mathbf{B}|\mathbf{C}$ oder $\mathbf{O}|\mathbf{C}|\mathbf{B}$. In jedem Fall folgt $\mathbf{C} \in \overrightarrow{S}(\mathbf{O},\mathbf{B})$.
2. Sei $\mathbf{C} \in \overrightarrow{S}(\mathbf{O},\mathbf{A}) \cap \overrightarrow{S}(\mathbf{O},\mathbf{B})$. Dann ist entweder $\mathbf{C} = \mathbf{O}$, oder der Punkt **C** liegt auf beiden Seiten der Geraden **OT**. Letzteres ist aber unmöglich.

□

2.3.4 Satz

Gegeben sei die Halbgerade $\overrightarrow{S}(\mathbf{A},\mathbf{B})$. *Dann ist für* $\mathbf{B}' \in \overrightarrow{S}(\mathbf{A},\mathbf{B})$ *mit* $\mathbf{B}' \neq \mathbf{A}$ *auch* $\overrightarrow{S}(\mathbf{A},\mathbf{B}') = \overrightarrow{S}(\mathbf{A},\mathbf{B})$.

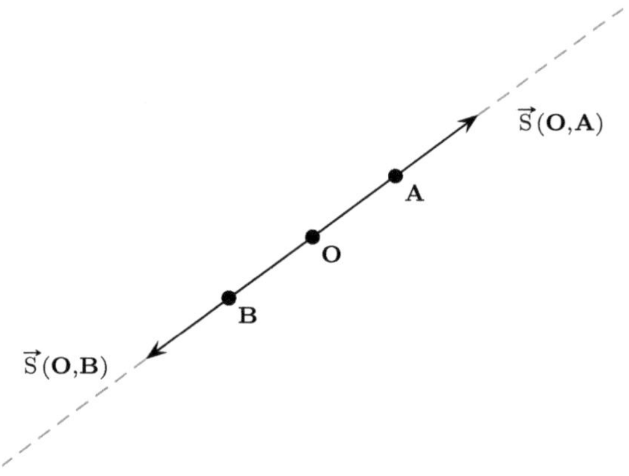

Abbildung 2.19.: Veranschaulichung von Satz 2.3.3. Eine Gerade wird durch einen Punkt auf ihr in zwei Halbstrahlen zerlegt.

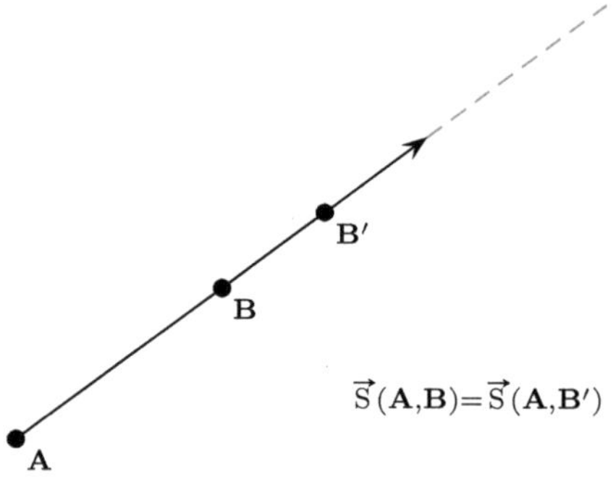

Abbildung 2.20.: Veranschaulichung der Aussage von Satz 2.3.4. Die Strahlen von **A** durch **B** bzw. durch **B′** sind identisch.

***Beweis*:** Wir können zunächst ohne Einschränkung annehmen, dass $\mathbf{A}$, $\mathbf{B}$, $\mathbf{B}'$ paarweise verschieden sind. Es gilt entweder $\mathbf{A}|\mathbf{B}|\mathbf{B}'$ oder $\mathbf{A}|\mathbf{B}'|\mathbf{B}$. Sei $\mathbf{C} \in \vec{S}(\mathbf{A},\mathbf{B})$. Wir wollen zeigen, dass auch $\mathbf{C} \in \vec{S}(\mathbf{A},\mathbf{B}')$ erfüllt ist. Für $\mathbf{C} = \mathbf{A}$ oder $\mathbf{C} = \mathbf{B}'$ ist dies klar. Anderenfalls sind die Punkte $\mathbf{C}, \mathbf{A}, \mathbf{B}'$ auch paarweise verschieden und es muss genau eine der drei Relationen $\mathbf{A}|\mathbf{B}'|\mathbf{C}$, $\mathbf{A}|\mathbf{C}|\mathbf{B}'$, $\mathbf{C}|\mathbf{A}|\mathbf{B}'$ gelten. Aus den ersten beiden Relationen folgt jeweils $\mathbf{C} \in \vec{S}(\mathbf{A},\mathbf{B}')$, daher müssen wir die letzte der drei Relationen ausschließen. Wäre $\mathbf{C}|\mathbf{A}|\mathbf{B}'$, so lägen $\mathbf{C}, \mathbf{B}'$ auf verschiedenen

Seiten von $\mathbf{A}$. Da wegen $\mathbf{B}', \mathbf{C} \in \overrightarrow{\mathrm{S}}(\mathbf{A},\mathbf{B})$ aber die drei Punkte $\mathbf{B}', \mathbf{C}, \mathbf{B}$ auf derselben Seite von $\mathbf{A}$ liegen, ist dies unmöglich. Somit haben wir $\overrightarrow{\mathrm{S}}(\mathbf{A},\mathbf{B}) \subset \overrightarrow{\mathrm{S}}(\mathbf{A},\mathbf{B}')$ gezeigt. Analog beweist man die Inklusion $\overrightarrow{\mathrm{S}}(\mathbf{A},\mathbf{B}') \subset \overrightarrow{\mathrm{S}}(\mathbf{A},\mathbf{B})$. □

Wir hatten weiter oben die Seiten $[\mathbf{A}]_{\mathbf{g}}$ einer Geraden $\mathbf{g}$ in einer angeordneten Inzidenzebene definiert. Ganz analog hierzu kann man nun innerhalb einer Geraden $\mathbf{g}$ die Seiten eines Punktes $\mathbf{O} \in \mathbf{g}$ erklären.

2.3.5 Definition (Seiten eines Punktes innerhalb einer Geraden)
Gegeben seien eine Gerade $\mathbf{g}$ und ein Punkt $\mathbf{O} \in \mathbf{g}$ in einer angeordneten Inzidenzebene $(\mathcal{E}, \mathcal{G}, \cdot|\cdot|\cdot)$. Wir sagen *die Punkte* $\mathbf{A},\mathbf{B} \in \mathbf{g}$ *liegen in* $\mathbf{g}$ *auf derselben Seite von* $\mathbf{O}$, geschrieben $(\mathbf{A},\mathbf{B})|_{\mathbf{O}}$, wenn eine der beiden folgenden Aussagen gilt:

1. $\mathbf{A} = \mathbf{B}$ und $\mathbf{A} \neq \mathbf{O}$.
2. $\mathbf{A} \neq \mathbf{B}$ und $\mathbf{O} \notin \overline{\mathbf{AB}}$.

2.3.6 Lemma
Gegeben seien eine Gerade $\mathbf{g}$ *und ein Punkt* $\mathbf{O} \in \mathbf{g}$ *in einer angeordneten Inzidenzebene. Ferner sei* $\mathbf{h}$ *eine beliebige Gerade mit* $\mathbf{g} \cap \mathbf{h} = \{\mathbf{O}\}$. *Dann gilt für je zwei Punkte* $\mathbf{A},\mathbf{B} \in \mathbf{g}$ *die Äquivalenz*

$$(\mathbf{A},\mathbf{B})|_{\mathbf{O}} \quad \Leftrightarrow \quad [\mathbf{A}]_{\mathbf{h}} = [\mathbf{B}]_{\mathbf{h}}.$$

***Beweis*:** Für $\mathbf{A} = \mathbf{B}$ ist die Behauptung klar. Für $\mathbf{A} \neq \mathbf{B}$ gilt

$$(\mathbf{A},\mathbf{B})|_{\mathbf{O}} \;\Leftrightarrow\; \mathbf{O} \notin \overline{\mathbf{AB}} \;\Leftrightarrow\; \overline{\mathbf{AB}} \cap \mathbf{h} = \varnothing \;\Leftrightarrow\; (\mathbf{A},\mathbf{B})|_{\mathbf{h}} \;\Leftrightarrow\; [\mathbf{A}]_{\mathbf{h}} = [\mathbf{B}]_{\mathbf{h}}.$$

□

2.3.7 Satz
Die Relation $(\mathbf{A},\mathbf{B})|_{\mathbf{O}}$ *ist eine Äquivalenzrelation auf* $\mathbf{g} \setminus \{\mathbf{O}\}$.

***Beweis*:** Dies ergibt sich unmittelbar aus Lemma 2.3.6 und Satz 2.2.2. □

2.3.8 Bemerkung
So wie eine Gerade $\mathbf{g}$ eine Ebene $\mathcal{E}$ in zwei Halbebenen zerlegt, zerteilt ein Punkt $\mathbf{O} \in \mathbf{AB}$ mit $\mathbf{A}|\mathbf{O}|\mathbf{B}$ die Gerade $\mathbf{AB}$ in die zwei Halbgeraden $\overrightarrow{\mathrm{S}}(\mathbf{O},\mathbf{A})$ und $\overrightarrow{\mathrm{S}}(\mathbf{O},\mathbf{B})$. Wir möchten an dieser Stelle noch anmerken, dass man die Zwischenrelation dazu benutzen kann, die Punkte auf einer Geraden anzuordnen. Es seien hierzu eine Gerade $\mathbf{g}$ und zwei verschiedene Punkte $\mathbf{O},\mathbf{E} \in \mathbf{g}$ gegeben. Wir verstehen $\mathbf{O}$ als *Ursprung* und $\mathbf{E}$ als *Richtung* und definieren auf $\mathbf{g} \times \mathbf{g}$ eine zweistellige Relation $\mathbf{A} \prec \mathbf{B}$ (sprich: $\mathbf{A}$ *liegt links von* $\mathbf{B}$) durch die Vorschrift:

$$\begin{aligned} \mathbf{A} \prec \mathbf{B} \quad :\Leftrightarrow \quad & \mathbf{A} \neq \mathbf{B} \text{ und} \\ & \text{entweder } \overrightarrow{\mathrm{S}}(\mathbf{A},\mathbf{B}) \subset \overrightarrow{\mathrm{S}}(\mathbf{O},\mathbf{E}) \text{ oder } \overrightarrow{\mathrm{S}}(\mathbf{O},\mathbf{E}) \subset \overrightarrow{\mathrm{S}}(\mathbf{A},\mathbf{B}). \end{aligned}$$

Man kann sich davon überzeugen, dass für zwei verschiedene Punkte $\mathbf{A},\mathbf{B}$ genau eine der Relationen $\mathbf{A} \prec \mathbf{B}$, $\mathbf{B} \prec \mathbf{A}$ erfüllt ist und dass aus $\mathbf{A} \prec \mathbf{B}$, $\mathbf{B} \prec \mathbf{C}$ auch $\mathbf{A} \prec \mathbf{C}$ folgt (vergleiche mit Aufgabe 2.7).

2.4. Winkel

2.4.1 Definition (Winkel)
Es seien $\mathbf{S}, \mathbf{A}, \mathbf{B}$ drei Punkte in allgemeiner Lage in einer angeordneten Inzidenzebene $\mathcal{E}$. Unter dem *Winkel* $\angle_{\mathbf{ASB}}$ verstehen wir die Menge

$$\angle_{\mathbf{ASB}} := \vec{\mathrm{S}}(\mathbf{S}, \mathbf{A}) \cup \vec{\mathrm{S}}(\mathbf{S}, \mathbf{B}).$$

Den Punkt $\mathbf{S}$ nennt man *Scheitel*, und die Strahlen $\vec{\mathrm{S}}(\mathbf{S}, \mathbf{A})$, $\vec{\mathrm{S}}(\mathbf{S}, \mathbf{B})$ sind die *Schenkel* des Winkels. Unter dem *Inneren* des Winkels $\angle_{\mathbf{ASB}}$ versteht man die Menge

$$\mathrm{Int}(\angle_{\mathbf{ASB}}) := [\mathbf{A}]_{\mathbf{SB}} \cap [\mathbf{B}]_{\mathbf{SA}}.$$

Das *Äußere* des Winkels ist die Menge

$$\mathrm{Ext}(\angle_{\mathbf{ASB}}) := \mathcal{E} \setminus (\mathrm{Int}(\angle_{\mathbf{ASB}}) \cup \angle_{\mathbf{ASB}}).$$

Der *Innenwinkel* zum Winkel $\angle_{\mathbf{ASB}}$ ist die Menge

$$\sigma := \angle_{\mathbf{ASB}} \cup \mathrm{Int}(\angle_{\mathbf{ASB}}).$$

Entsprechend ist der *Außenwinkel* zum Winkel $\angle_{\mathbf{ASB}}$ die Menge

$$\bar{\sigma} := \angle_{\mathbf{ASB}} \cup \mathrm{Ext}(\angle_{\mathbf{ASB}}).$$

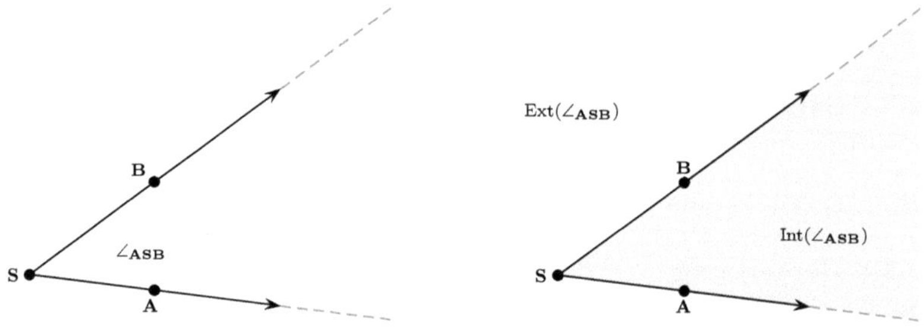

a) b)

Abbildung 2.21.: a) Ein Winkel $\angle_{\mathbf{ASB}}$ besteht aus zwei Schenkeln, ausgehend vom Scheitel $\mathbf{S}$ durch die Punkte $\mathbf{A}$ bzw. $\mathbf{B}$. Es kommt hierbei nicht auf die Reihenfolge der Punkte $\mathbf{A}, \mathbf{B}$ an, das heißt es ist $\angle_{\mathbf{ASB}} = \angle_{\mathbf{BSA}}$. b) Das Innere und Äußere eines Winkels.

2.4.2 Bemerkung
Es kommt bei der Definition des Winkels $\angle_{\mathbf{ASB}}$ nicht auf die Reihenfolge der Punkte $\mathbf{A}, \mathbf{B}$ an, das heißt es ist stets $\angle_{\mathbf{ASB}} = \angle_{\mathbf{BSA}}$. Außerdem kann man bei der Definition des Winkels die Punkte $\mathbf{A}, \mathbf{B}$ nach Satz 2.3.4 auch durch beliebige von $\mathbf{S}$ verschiedene Punkte der jeweiligen Schenkel $\vec{\mathrm{S}}(\mathbf{S}, \mathbf{A})$ bzw. $\vec{\mathrm{S}}(\mathbf{S}, \mathbf{B})$ ersetzen.

2.4.3 Definition

$\mathbf{A}, \mathbf{B}, \mathbf{C}$ seien drei nicht kollineare Punkte in einer angeordneten Inzidenzebene $\mathcal{E}$. Unter den *Winkeln des Dreiecks* $\triangle_{\mathbf{ABC}}$ verstehen wir die Winkel

$$\angle_{\mathbf{BAC}}, \quad \angle_{\mathbf{CBA}}, \quad \angle_{\mathbf{ACB}}.$$

Die Menge

$$\mathrm{Int}(\triangle_{\mathbf{ABC}}) = \mathrm{Int}(\angle_{\mathbf{BAC}}) \cap \mathrm{Int}(\angle_{\mathbf{CBA}}) \cap \mathrm{Int}(\angle_{\mathbf{ACB}})$$

heißt das *Innere des Dreiecks* $\triangle_{\mathbf{ABC}}$. Entsprechend nennen wir die Menge

$$\mathrm{Ext}(\triangle_{\mathbf{ABC}}) := \mathcal{E} \setminus (\mathrm{Int}(\triangle_{\mathbf{ABC}}) \cup \triangle_{\mathbf{ABC}})$$

das *Äußere des Dreiecks*.

Schreibweise: Es ist üblich, die Scheitelpunkte der Winkel mit großen lateinischen Buchstaben und die zugehörigen *Innenwinkel* mit entsprechenden griechischen Buchstaben zu bezeichnen. Zum Beispiel schreibt man α, β, γ für die Innenwinkel von $\angle_{\mathbf{BAC}}, \angle_{\mathbf{ABC}}, \angle_{\mathbf{BCA}}$. Auf ähnliche Weise verfährt man mit den Außenwinkeln, jedoch wird zusätzlich noch ein Balken über den Buchstaben gesetzt, also ist zum Beispiel $\bar{\alpha}$ der Außenwinkel von $\angle_{\mathbf{BAC}}$

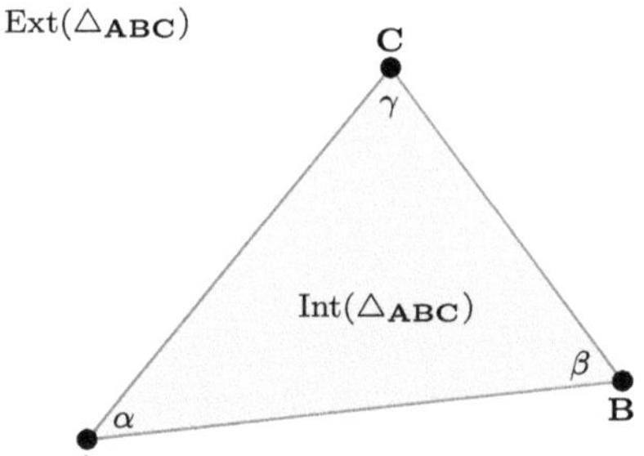

Abbildung 2.22.: Die Innenwinkel eines Dreiecks werden mit griechischen Entsprechungen der jeweiligen Ecke bezeichnet.

2.4.4 Satz

Gegeben sei ein Winkel $\angle_{\mathbf{BAC}}$. *Dann haben wir:*

$$\mathbf{P} \in \mathrm{Int}(\angle_{\mathbf{BAC}}) \cap \mathbf{BC} \quad \Leftrightarrow \quad \mathbf{B}|\mathbf{P}|\mathbf{C}.$$

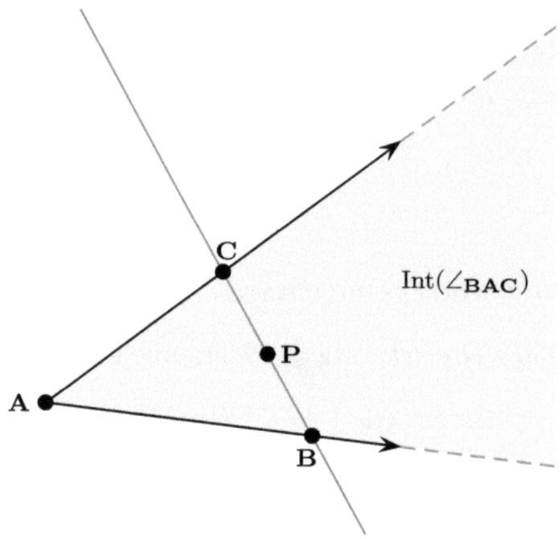

Abbildung 2.23.: Veranschaulichung der Aussage von Satz 2.4.4. Liegen **B**, **C** jeweils auf den beiden Schenkeln eines Winkels, so liegt die Strecke $\overline{\mathbf{BC}}$ (bis auf die beiden Punkte **B** und **C**) im Inneren des Winkels.

***Beweis*:** Es ist

$$\begin{aligned} & \mathbf{P} \in \operatorname{Int}(\angle_{\mathbf{BAC}}) \cap \mathbf{BC} \\ \Leftrightarrow\quad & \mathbf{P} \in [\mathbf{C}]_{\mathbf{AB}} \cap [\mathbf{B}]_{\mathbf{AC}} \cap \mathbf{BC} \\ \Leftrightarrow\quad & (\mathbf{P},\mathbf{C})|_{\mathbf{AB}} \quad \text{und} \quad (\mathbf{P},\mathbf{B})|_{\mathbf{AC}} \quad \text{und} \quad \mathbf{P} \in \mathbf{BC} \\ \Leftrightarrow\quad & \Big(\mathbf{P}|\mathbf{C}|\mathbf{B} \text{ oder } \mathbf{C}|\mathbf{P}|\mathbf{B}\Big) \quad \text{und} \quad \Big(\mathbf{P}|\mathbf{B}|\mathbf{C} \text{ oder } \mathbf{B}|\mathbf{P}|\mathbf{C}\Big) \\ \Leftrightarrow\quad & \mathbf{B}|\mathbf{P}|\mathbf{C}. \end{aligned}$$

□

2.4.5 Satz

Für jeden Winkel $\angle_{\mathbf{BAC}}$ gelten die beiden Aussagen

1. $\mathbf{P} \in \operatorname{Int}(\angle_{\mathbf{BAC}}) \quad \Rightarrow \quad \vec{\mathrm{S}}(\mathbf{A},\mathbf{P}) \setminus \{\mathbf{A}\} \subset \operatorname{Int}(\angle_{\mathbf{BAC}})$.
2. $\mathbf{P} \in \operatorname{Ext}(\angle_{\mathbf{BAC}}) \quad \Rightarrow \quad \vec{\mathrm{S}}(\mathbf{A},\mathbf{P}) \setminus \{\mathbf{A}\} \subset \operatorname{Ext}(\angle_{\mathbf{BAC}})$.

***Beweis*:** Es seien $\mathbf{P} \in \operatorname{Int}(\angle_{\mathbf{BAC}})$ und $\mathbf{Q} \in \vec{\mathrm{S}}(\mathbf{A},\mathbf{P}) \setminus \{\mathbf{A},\mathbf{P}\}$. Dann muss entweder $\mathbf{A}|\mathbf{P}|\mathbf{Q}$ oder $\mathbf{A}|\mathbf{Q}|\mathbf{P}$ gelten. Da jedoch **P** auf keiner der Geraden **AB**, **AC** liegt, bedeutet dies gerade, dass sowohl $(\mathbf{P},\mathbf{Q})|_{\mathbf{AB}}$ als auch $(\mathbf{P},\mathbf{Q})|_{\mathbf{AC}}$ erfüllt sind. Somit ist $\mathbf{Q} \in \operatorname{Int}(\angle_{\mathbf{BAC}})$ und weil nach Satz 2.3.4 $\vec{\mathrm{S}}(\mathbf{A},\mathbf{P}) = \vec{\mathrm{S}}(\mathbf{A},\mathbf{Q})$ für alle $\mathbf{Q} \in \vec{\mathrm{S}}(\mathbf{A},\mathbf{P}) \setminus \{\mathbf{A},\mathbf{P}\}$, folgt mit einem Widerspruchsargument aus $\mathbf{P} \in \operatorname{Ext}(\angle_{\mathbf{BAC}})$ auch $\mathbf{Q} \in \operatorname{Ext}(\angle_{\mathbf{BAC}})$. □

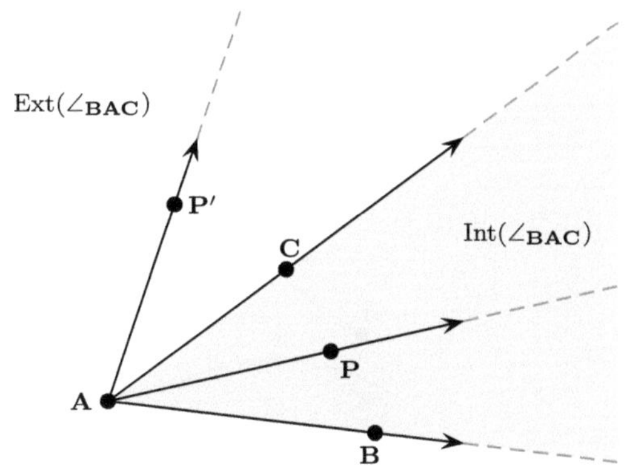

Abbildung 2.24.: Ein Punkt **P** liegt genau dann im Inneren (bzw. Äußeren) eines Winkels $\angle_{\mathbf{BAC}}$, wenn auch der Strahl durch den Punkt **P** ohne den Scheitel im Punkt **A** im Inneren (bzw. Äußeren) liegt.

2.4.6 Bemerkung

Mit den Axiomen angeordneter Inzidenzebenen kann man nicht schließen, dass umgekehrt zu jedem inneren Punkt **P** eines Winkels $\angle_{\mathbf{BAC}}$ auch zwei Punkte $\mathbf{B}' \in \vec{S}(\mathbf{A},\mathbf{B}), \mathbf{C}' \in \vec{S}(\mathbf{A},\mathbf{C})$ mit $\mathbf{B}'|\mathbf{P}|\mathbf{C}'$ existieren. Dies ist zum Beispiel nicht immer richtig, wenn wir die hyperbolische Ebene betrachten, da es hier Punkte **P** im Inneren eines Winkels gibt, bei denen keine Gerade durch **P**, die einen der Schenkel schneidet, auch den jeweils anderen schneidet. Es existieren sogar Geraden **g**, die komplett im Inneren eines Winkels verlaufen (siehe Abbildung 2.25).

2.4.7 Satz

Gegeben seien ein Dreieck $\triangle_{\mathbf{ABC}}$ *und ein Punkt* $\mathbf{P} \in \mathrm{Int}(\triangle_{\mathbf{ABC}})$. *Dann schneidet die Gerade* **AP** *die dem Punkt* **A** *gegenüberliegende Strecke* $\overline{\mathbf{BC}}$ *in einem Punkt* $\mathbf{X} \notin \{\mathbf{B},\mathbf{C}\}$.

***Beweis*:** Es sei $\mathbf{g} := \mathbf{AP}$. Die Gerade **g** kann weder **B** noch **C** enthalten, da sonst der Punkt **P** auch auf den Dreiecksseiten, also nicht im Inneren von $\triangle_{\mathbf{ABC}}$ läge. Wir wählen einen beliebigen Punkt **S** auf der Geraden **AB** mit $\mathbf{S}|\mathbf{A}|\mathbf{B}$. Solch ein Punkt existiert nach Axiom **(A2)**. Der Punkt **A** liegt auf der Strecke $\overline{\mathbf{SB}}$ und somit auf dem Dreieck $\triangle_{\mathbf{SBC}}$. Ferner schneidet die Gerade **g** das Dreieck $\triangle_{\mathbf{SBC}}$ im Punkt **A**, aber in keiner der drei Ecken $\mathbf{S},\mathbf{B},\mathbf{C}$, denn wir haben schon gesehen, dass **g** keinen der Punkte $\mathbf{B},\mathbf{C}$ enthalten kann und der Punkt **S** liegt nicht auf **g** weil sonst $\mathbf{g} = \mathbf{AB}$ wäre, was wiederum wegen $\mathbf{P} \in \mathrm{Int}(\triangle_{\mathbf{ABC}})$ nicht möglich ist. Nach dem Axiom von Pasch muss die Gerade **g** folglich das Dreieck $\triangle_{\mathbf{SBC}}$ noch in einer der beiden Seiten $\overline{\mathbf{BC}}$, $\overline{\mathbf{SC}}$ schneiden. Wir behaupten nun, dass dies nicht die Seite $\overline{\mathbf{SC}}$ sein kann. Angenommen **g** schneidet $\overline{\mathbf{SC}}$ in einem Punkt **Z** mit $\mathbf{S}|\mathbf{Z}|\mathbf{C}$.

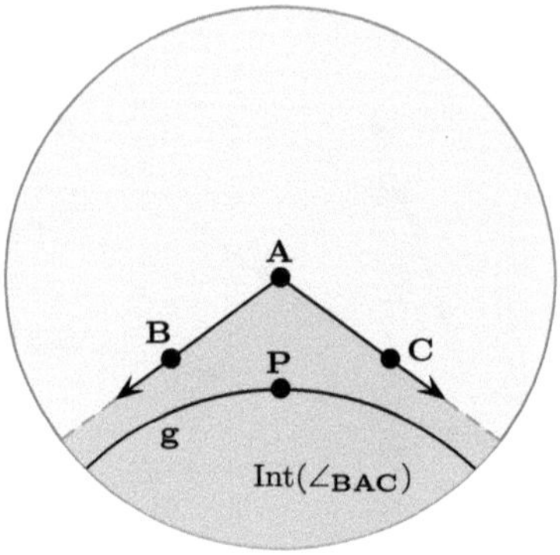

Abbildung 2.25.: In der hyperbolischen Ebene existieren Geraden $\mathbf{g}$ die ganz im Inneren eines Winkels $\angle_{\mathbf{BAC}}$ verlaufen.

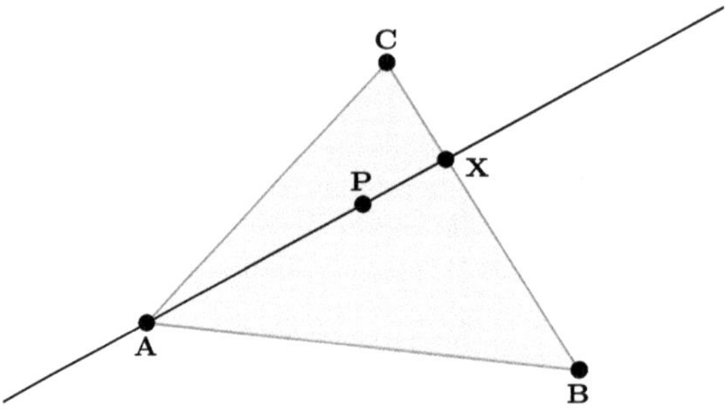

Abbildung 2.26.: Eine Gerade, die durch einen inneren Punkt $\mathbf{P}$ und durch eine der Ecken verläuft, muss auch die der Ecke gegenüberliegende Seite in einem Punkt $\mathbf{X}$ schneiden.

Die Punkte $\mathbf{Z}, \mathbf{S}$ liegen beide auf derselben Seite von $\mathbf{AC}$, denn die Geraden $\mathbf{SC}$ und $\mathbf{AC}$ schneiden sich nur im Punkt $\mathbf{C}$. Da der Punkt $\mathbf{S}$ im Äußeren des Dreiecks $\triangle_{\mathbf{ABC}}$ liegt, ist dies folglich auch für den Punkt $\mathbf{Z}$ richtig. Andererseits liegt der Punkt $\mathbf{P}$ im Inneren des Dreiecks $\triangle_{\mathbf{ABC}}$, also insbesondere nicht auf derselben Seite von $\mathbf{AC}$ wie $\mathbf{Z}$ und $\mathbf{S}$. Somit existiert ein Punkt $\mathbf{Y} \in \mathbf{AC}$ mit $\mathbf{Z}|\mathbf{Y}|\mathbf{P}$. Da $\mathbf{Z}$ und $\mathbf{P}$ beide auf $\mathbf{g}$ liegen, ist dann auch $\mathbf{Y} \in \mathbf{g}$. Hieraus ergibt sich sofort $\mathbf{g} = \mathbf{AY} = \mathbf{AC}$

und dies ist ein Widerspruch, welcher zeigt, dass $\mathbf{g}$ doch die Seite $\overline{\mathbf{BC}}$ schneiden muss. □

2.4.8 Definition (Neben- und Scheitelwinkel)
Gegeben seien ein Winkel $\angle_{\mathbf{ASB}}$ und zwei Punkte $\mathbf{C}, \mathbf{D}$ in einer angeordneten Inzidenzebene $(\mathcal{E}, \mathcal{G}, \cdot|\cdot|\cdot)$, sodass $\mathbf{A}|\mathbf{S}|\mathbf{C}$ und $\mathbf{B}|\mathbf{S}|\mathbf{D}$. Dann heißen die Winkel $\angle_{\mathbf{ASD}}$

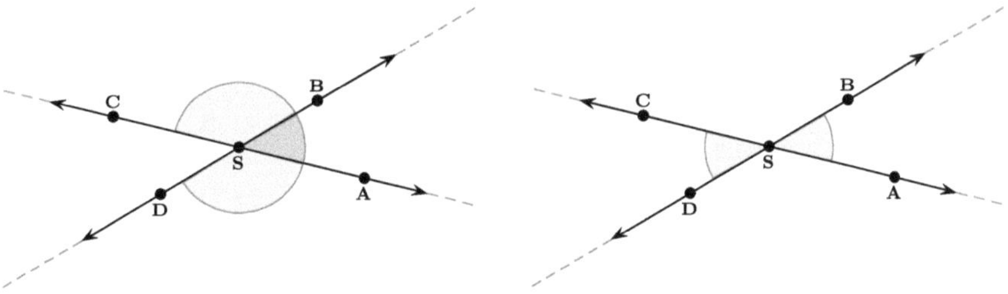

Abbildung 2.27.: a) Der Winkel $\angle_{\mathbf{ASB}}$ besitzt die beiden Nebenwinkel $\angle_{\mathbf{BSC}}$ und $\angle_{\mathbf{DSA}}$. b) Der Winkel $\angle_{\mathbf{ASB}}$ besitzt den Gegenwinkel (Scheitelwinkel) $\angle_{\mathbf{CSD}}$.

und $\angle_{\mathbf{BSC}}$ *Nebenwinkel* zum Winkel $\angle_{\mathbf{ASB}}$. Der Winkel $\angle_{\mathbf{CSD}}$ heißt *Gegen-* oder auch *Scheitelwinkel* zum Winkel $\angle_{\mathbf{ASB}}$.

2.5. Streckenzüge und n-Ecke

In einer angeordneten Inzidenzebene können neben den bereits definierten Strecken auch Streckenzüge und n-Ecke eingeführt werden.

2.5.1 Definition (Streckenzug)
Es sei $n > 1$ eine natürliche Zahl und $\mathbf{P}_1, \ldots, \mathbf{P}_n$ seien Punkte in einer angeordneten Inzidenzebene mit $\mathbf{P}_k \neq \mathbf{P}_{k+1}$ für $1 \leq k \leq n-1$.

1. Unter dem *Streckenzug* oder auch *Polygonzug* $\overline{\mathbf{P}_1 \cdots \mathbf{P}_n}$ verstehen wir die Menge

$$\overline{\mathbf{P}_1 \cdots \mathbf{P}_n} := \bigcup_{1 \leq k \leq n-1} \overline{\mathbf{P}_k \mathbf{P}_{k+1}}.$$

   a) Ein Streckenzug $\overline{\mathbf{P}_1 \cdots \mathbf{P}_n}$ heißt *geschlossen*, wenn $\mathbf{P}_1 = \mathbf{P}_n$, ansonsten nennen wir ihn *offen*.

   b) Ein geschlossener Streckenzug $\overline{\mathbf{P}_1 \cdots \mathbf{P}_n}$ heißt *einfach geschlossen*, falls die folgenden beiden Bedingungen erfüllt sind:

i. $\overline{\mathbf{P}_1 \cdots \mathbf{P}_{k-1}} \cap \overline{\mathbf{P}_{k-1}\mathbf{P}_k} = \{\mathbf{P}_{k-1}\}$, für $k \in \{3, \ldots, n-1\}$,

ii. $\overline{\mathbf{P}_1 \cdots \mathbf{P}_{n-1}} \cap \overline{\mathbf{P}_{n-1}\mathbf{P}_n} = \{\mathbf{P}_{n-1}, \mathbf{P}_1\}$.

Anderenfalls nennen wir den Streckenzug *überschlagen.*

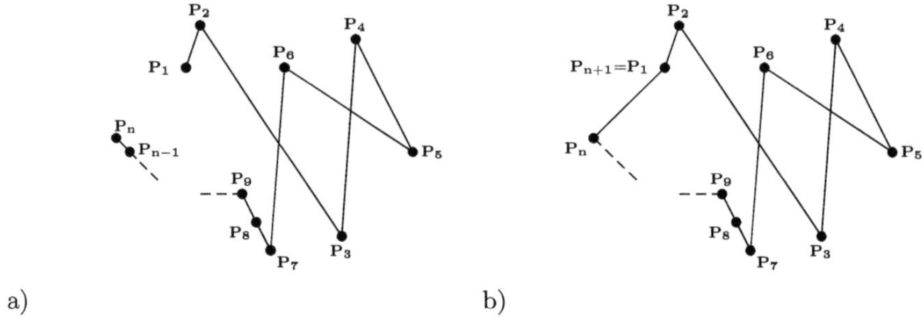

Abbildung 2.28.: a) Offener Streckenzug. b) Der geschlossene Streckenzug ist kein n-Eck, da die Punkte $\mathbf{P}_7, \mathbf{P}_8, \mathbf{P}_9$ kollinear sind.

2. Ist $\overline{\mathbf{P}_1 \cdots \mathbf{P}_{n+1}}$, $n \geq 3$, ein geschlossener Streckenzug bei dem sich zusätzlich jedes der Tripel $(\mathbf{P}_n, \mathbf{P}_1, \mathbf{P}_2)$ und $(\mathbf{P}_{k-1}, \mathbf{P}_k, \mathbf{P}_{k+1})$, $2 \leq k \leq n$, in allgemeiner Lage befindet, so nennen wir

$$\square(\mathbf{P}_1, \ldots, \mathbf{P}_n) := \overline{\mathbf{P}_1 \cdots \mathbf{P}_{n+1}}$$

ein *n-Eck* mit *Ecken* $\mathbf{P}_1, \ldots, \mathbf{P}_n$. Die Strecken

$$\overline{\mathbf{P}_1\mathbf{P}_2}, \ldots, \overline{\mathbf{P}_{n-1}\mathbf{P}_n}, \overline{\mathbf{P}_n\mathbf{P}_1}$$

heißen *Seiten* oder auch *Kanten* des n-Ecks. Ist der Streckenzug $\overline{\mathbf{P}_1 \cdots \mathbf{P}_{n+1}}$ sogar einfach geschlossen, so nennen wir das n-Eck *einfach*, ansonsten nennen wir es *überschlagen.*

Die Forderung, dass sich bei einem n-Eck jeweils drei konsekutive Punkte in allgemeiner Lage befinden müssen, bedeutet anschaulich, dass bei jedem der Punkte auch wirklich eine Ecke liegt. Erst diese Bedingung rechtfertigt die anschauliche Bezeichnung n-Eck. Bei einem überschlagenen n-Eck ist nicht ausgeschlossen, dass einige der Kanten komplett in anderen enthalten sind, sodass man dem n-Eck als Menge nicht ansieht, dass insgesamt n Ecken vorhanden sind. Ist zum Beispiel $\triangle_{\mathbf{ABC}}$ ein Dreieck, so ist $\overline{\mathbf{ABCABCA}}$ ein überschlagenes 6-Eck, welches als Menge deckungsgleich mit $\triangle_{\mathbf{ABC}}$ ist. Überschlagene n-Ecke spielen in der Schulgeometrie keine besondere Rolle und daher werden wir sie ab jetzt nicht weiter verfolgen. n-Ecke werden wir in Zukunft in der Regel als einfach geschlossen voraussetzen.

Schreibweise: Für ein Viereck $\square(\mathbf{A}, \mathbf{B}, \mathbf{C}, \mathbf{D})$ schreiben wir der Einfachheit halber nur $\square_{\mathbf{ABCD}}$.

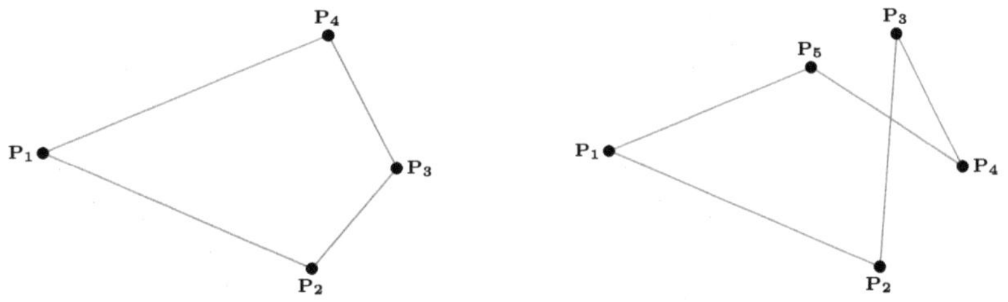

a) b)

Abbildung 2.29.: a) Beispiel für ein einfaches 4-Eck. Die Seiten des 4-Ecks schneiden sich nur in den Ecken. b) Ein überschlagenes 5-Eck.

2.6. Konvexe Mengen

2.6.1 Definition (Konvexe Mengen)
Eine Teilmenge $\mathcal{C} \subset \mathcal{E}$ einer angeordneten Inzidenzebene heißt *konvex*, wenn für alle $\mathbf{A}, \mathbf{B} \in \mathcal{C}$ mit $\mathbf{A} \neq \mathbf{B}$ auch stets $\overline{\mathbf{AB}} \subset \mathcal{C}$.

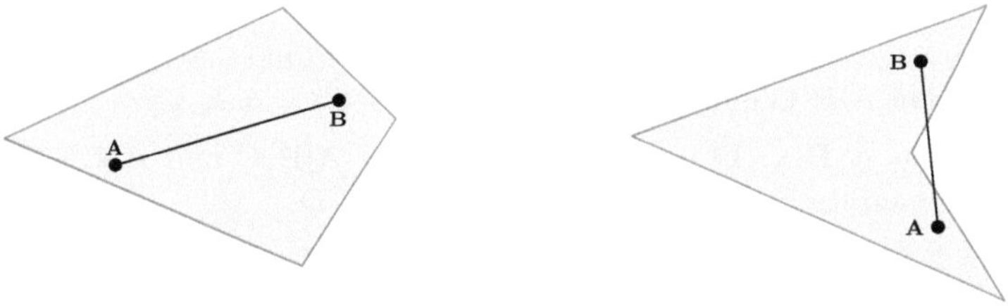

a) b)

Abbildung 2.30.: a) Bei einer konvexen Menge sind Verbindungsstrecken von Punkten der Menge stets ganz in der Menge enthalten. b) Die dargestellte Menge ist nicht konvex, da es Verbindungsstrecken von Punkten der Menge gibt, die wiederum nicht ganz in der Menge enthalten sind.

2.6.2 Satz
$(\mathcal{E}, \mathcal{G}, \cdot|\cdot|\cdot)$ sei eine angeordnete Inzidenzebene, $\mathbf{g} \in \mathcal{G}$ sei eine beliebige Gerade und $\mathbf{P} \in \mathcal{E}$ ein beliebiger Punkt mit $\mathbf{P} \notin \mathbf{g}$. Dann sind $[\mathbf{P}]_{\mathbf{g}}$ und $\mathscr{H}_{\mathbf{g},\mathbf{P}}$ konvex.

Beweis: Zunächst bemerken wir, dass für einen beliebigen Punkt $\mathbf{C} \in \mathcal{E}$ die Aussage $\mathbf{C} \in [\mathbf{P}]_\mathbf{g} \Leftrightarrow [\mathbf{C}]_\mathbf{g} = [\mathbf{P}]_\mathbf{g}$ gilt. Für zwei verschiedene Punkte $\mathbf{A}, \mathbf{B} \in [\mathbf{P}]_\mathbf{g}$ gilt es zu zeigen, dass auch $\overline{\mathbf{AB}} \subset [\mathbf{P}]_\mathbf{g}$, das heißt wir müssen zeigen, dass für alle Punkte $\mathbf{C} \in \overline{\mathbf{AB}}$ auch $[\mathbf{C}]_\mathbf{g} = [\mathbf{P}]_\mathbf{g}$. Da $[\mathbf{A}]_\mathbf{g} = [\mathbf{B}]_\mathbf{g} = [\mathbf{P}]_\mathbf{g}$, liegen $\mathbf{A}, \mathbf{B}$ auf derselben Seite von $\mathbf{g}$, das heißt $\overline{\mathbf{AB}} \cap \mathbf{g} = \varnothing$. Aus $\mathbf{C} \in \overline{\mathbf{AB}}$ folgt aber $\overline{\mathbf{AC}} \subset \overline{\mathbf{AB}}$ (zum Beispiel mit Korollar 2.2.6) und daher ist ebenfalls $\overline{\mathbf{AC}} \cap \mathbf{g} = \varnothing$, das heißt $[\mathbf{A}]_\mathbf{g} = [\mathbf{C}]_\mathbf{g}$. Insgesamt ergibt sich $[\mathbf{C}]_\mathbf{g} = [\mathbf{P}]_\mathbf{g}$. Dies zeigt, dass $[\mathbf{P}]_\mathbf{g}$ konvex ist. Durch eine leichte Modifikation des Beweises lässt sich ebenso die Konvexität der Halbebene $\mathscr{H}_{\mathbf{g},\mathbf{P}}$ zeigen. □

2.6.3 Korollar
Sowohl das Innere eines Dreiecks $\triangle_{\mathbf{ABC}}$ als auch das Innere eines Winkels $\angle_{\mathbf{ABC}}$ sind konvex, da sie sich als Schnitte konvexer Mengen darstellen lassen.

2.6.4 Beispiele
Wir geben einige weitere Beispiele an.

1. Die leere Menge und einpunktige Mengen sind konvex.
2. Der Schnitt von zwei konvexen Mengen ist wieder konvex.
3. Strecken, Geraden und Halbgeraden sind konvex.

Aufgaben

Aufgabe 2.1
Es sei $\mathrm{d}(\mathbf{A}, \mathbf{B}) := ||\overrightarrow{\mathbf{AB}}||$ die Abstandsmetrik in $\mathbb{E}^2$.

a) Man zeige, dass für paarweise verschiedene Punkte $\mathbf{A}, \mathbf{B}, \mathbf{C}$ genau dann die Relation $\mathbf{A}|\mathbf{B}|\mathbf{C}$ gilt, wenn $\mathrm{d}(\mathbf{A}, \mathbf{B}) + \mathrm{d}(\mathbf{B}, \mathbf{C}) = \mathrm{d}(\mathbf{A}, \mathbf{C})$.

b) Es seien $\mathbf{A}, \mathbf{B}, \mathbf{C}, \mathbf{D} \in \mathbb{E}^2$ vier Punkte mit $\mathbf{A}|\mathbf{B}|\mathbf{C}$ und $\mathbf{A}|\mathbf{C}|\mathbf{D}$. Mit Teil a) weise man nach, dass auch $\mathbf{A}|\mathbf{B}|\mathbf{D}$ und $\mathbf{B}|\mathbf{C}|\mathbf{D}$.

Aufgabe 2.2
Es seien $\mathbf{A}, \mathbf{S}, \mathbf{B}$ Punkte in allgemeiner Lage in einer angeordneten Inzidenzebene und $\mathbf{P}$, $\mathbf{Q}$ seien zwei verschiedene Punkte im Äußeren $\mathrm{Ext}(\angle_{\mathbf{ASB}})$ des Winkels $\angle_{\mathbf{ASB}}$. Man beweise, dass es einen Punkt $\mathbf{R}$ mit $\overline{\mathbf{PR}} \cup \overline{\mathbf{RQ}} \subset \mathrm{Ext}(\angle_{\mathbf{ASB}})$ gibt.

Aufgabe 2.3

a) Gegeben sei ein Winkel $\angle_{\mathbf{ASB}}$ in $\mathbb{E}^2$. Man zeige, dass jede Gerade $\mathbf{g}$, die das Innere $\mathrm{Int}(\angle_{\mathbf{ASB}})$ des Winkels schneidet, auch den Winkel selbst schneidet.

b) Gegeben sei ein Winkel $\angle_{\mathbf{ASB}}$ in $\mathbb{H}^2$. Man finde eine Gerade $\mathbf{g}$, die zwar das Innere $\mathrm{Int}(\angle_{\mathbf{ASB}})$ des Winkels, aber nicht den Winkel selbst schneidet.

Aufgabe 2.4
$\angle_{\mathbf{AOB}}$ sei ein Winkel in einer angeordneten Inzidenzebene. Ferner seien ein Punkt $\mathbf{A}' \in \vec{\mathrm{S}}(\mathbf{O}, \mathbf{A})$ mit $\mathbf{O}|\mathbf{A}|\mathbf{A}'$ und ein Punkt $\mathbf{B}' \in \vec{\mathrm{S}}(\mathbf{O}, \mathbf{B})$ gegeben. Man zeige,

dass $\mathbf{O}|\mathbf{B}'|\mathbf{B}$ genau dann gilt, wenn sich die Geraden $\mathbf{AB}$ und $\mathbf{A}'\mathbf{B}'$ im Inneren $\mathrm{Int}(\angle_{\mathbf{AOB}})$ des Winkels schneiden.

Aufgabe 2.5
Man zeige, dass in einer angeordneten Inzidenzebene unendlich viele Geraden existieren.

Aufgabe 2.6
Es sei $(\mathcal{E}, \mathcal{G}, \cdot|\cdot|\cdot)$ eine angeordnete Inzidenzebene und $\mathbf{P} \in \mathcal{E}$ sei beliebig. Wir setzen

$$\mathcal{E}_0 := \mathcal{E} \setminus \{\mathbf{P}\}, \quad \mathcal{G}_0 := \{\mathbf{g}_0 \subset \mathcal{E}_0 : \mathbf{g}_0 = \mathbf{g} \setminus \{\mathbf{P}\} \text{ für ein } \mathbf{g} \in \mathcal{G}\}$$

und die Zwischenrelation schränken wir auf Punkte in $\mathcal{E}_0$ ein. Ist $(\mathcal{E}_0, \mathcal{G}_0, \cdot|\cdot|\cdot)$ noch immer eine angeordnete Inzidenzebene?

Aufgabe 2.7
Man zeige, dass die in Bemerkung 2.3.8 festgelegte Relation $\prec$ auf einer Geraden $\mathbf{g}$ eine strenge Totalordnung festlegt, das heißt die Relation ist transitiv und für je zwei Punkte $\mathbf{A}, \mathbf{B} \in \mathbf{g}$ gilt genau eine der Relationen $\mathbf{A} = \mathbf{B}$, $\mathbf{A} \prec \mathbf{B}$, $\mathbf{B} \prec \mathbf{A}$.

Aufgabe 2.8
Eine Teilmenge $\mathcal{S} \subset \mathcal{E}$ einer angeordneten Inzidenzebene heißt *sternförmig* bezüglich $\mathbf{P}$, wenn für alle $\mathbf{A} \in \mathcal{S}$ mit $\mathbf{A} \neq \mathbf{P}$ auch stets $\overline{\mathbf{PA}} \subset \mathcal{S}$.

a) Ist $\mathcal{S}$ nicht leer und sternförmig bezüglich $\mathbf{P}$, so ist $\mathbf{P} \in \mathcal{S}$.
b) Ist $\mathcal{C}$ konvex, dann ist $\mathcal{C}$ auch bezüglich $\mathbf{P} \in \mathcal{C}$ sternförmig.
c) Sind $\mathcal{S}_1, \mathcal{S}_2$ beide bezüglich $\mathbf{P}$ sternförmig, so auch $\mathcal{S}_1 \cap \mathcal{S}_2$.
d) Es sei $\mathcal{S}_0 := \{\mathbf{P} \in \mathcal{S} : \mathcal{S} \text{ ist bezüglich } \mathbf{P} \text{ sternförmig}\}$. Ist $\mathcal{S}_0$ konvex? $\mathcal{S}_0$ heißt das *Zentrum* von $\mathcal{S}$.

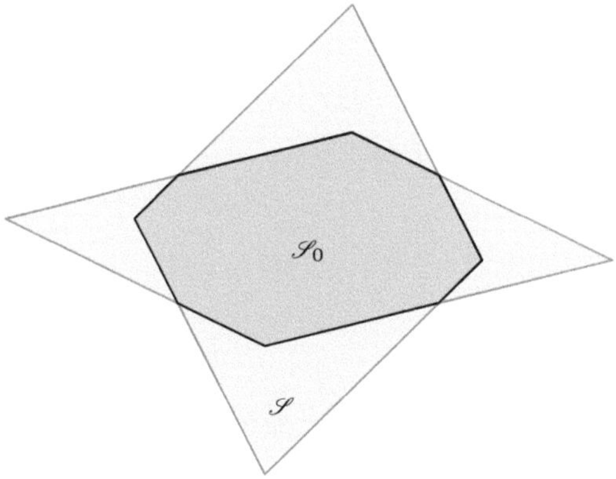

Abbildung 2.31.: Eine sternförmige Menge $\mathcal{S}$ mit ihrem Zentrum $\mathcal{S}_0$.

Aufgabe 2.9
Sei $\angle_{\mathbf{AOB}}$ ein Winkel in einer angeordneten Inzidenzebene. Zusätzlich seien auf dem Strahl $\vec{\mathrm{S}}(\mathbf{O}, \mathbf{A})$ ein Punkt $\mathbf{C} \neq \mathbf{O}, \mathbf{A}$ und auf $\vec{\mathrm{S}}(\mathbf{O}, \mathbf{B})$ ein Punkt $\mathbf{D} \neq \mathbf{O}, \mathbf{B}$ gegeben.

a) Man zeige: Das Viereck $\square_{\mathbf{ABCD}}$ ist überschlagen.

b) Mit Teil a) schließe man: Ist ein einfaches Viereck $\square_{\mathbf{ABCD}}$ gegeben und liegen die Punkte **A**, **C** auf der gleichen Seite der Geraden **BD**, so liegen die Punkte $\mathbf{B}, \mathbf{D}$ auf verschiedenen Seiten der Geraden **AC**.

Aufgabe 2.10
Ein *topologischer Raum* ist eine Menge M zusammen mit einem System von Teilmengen $\mathcal{O} \subset \mathcal{P}(M)$, welches den folgenden Axiomen genügt:

- $\varnothing, M \in \mathcal{O}$.
- $U_1, U_2 \in \mathcal{O} \Rightarrow U_1 \cap U_2 \in \mathcal{O}$.
- Ist I eine beliebige Menge und ist für jedes $\alpha \in I$ ein $U_\alpha \in \mathcal{O}$ gegeben, so ist ebenfalls $\bigcup_{\alpha \in I} U_\alpha \in \mathcal{O}$.

Die Mengen $U \in \mathcal{O}$ nennt man *offene* Mengen.

Es sei nun $(\mathcal{E}, \mathcal{G}, \cdot|\cdot|\cdot)$ eine angeordnete Inzidenzebene. $U \subset \mathcal{E}$ heiße $\triangle$*-offen*, wenn es zu jedem $\mathbf{P} \in U$ ein Dreieck $\triangle_{\mathbf{ABC}}$ mit $\mathbf{P} \in \mathrm{Int}(\triangle_{\mathbf{ABC}}) \subset U$ gibt. Man untersuche, ob das System $\triangle$-offener Teilmengen eine Topologie auf $\mathcal{E}$ erzeugt.

3. Kongruenzaxiome

Wir kommen nun zu einer weiteren wichtigen Gruppe von Axiomen. Bisher ist es uns nicht möglich, verschiedene Strecken oder Winkel miteinander zu vergleichen. Insbesondere möchten wir Längen von Strecken und Weiten von Winkeln miteinander vergleichen. Um dies zu bewerkstelligen, müssten wir die Begriffe *Streckenlänge* bzw. *Winkelweite* allerdings erst einmal einführen.

Im täglichen Leben, das heißt in der Geometrie unserer Anschauung (also letztendlich in der euklidischen Geometrie) sagen wir, dass zwei Strecken gleich lang sind, wenn wir durch Anlegen der einen Strecke an die andere zwei deckungsgleiche Strecken erhalten. Dies ist also ein Messvorgang. Zum Beispiel machen wir genau das, wenn wir ein Lineal anlegen und damit eine vorher festgelegte *genormte* Strecke mit einer anderen vergleichen. Ähnlich verhält es sich bei Winkeln. Wenn wir durch eine Bewegung den ersten Winkel so an den zweiten anlegen können, dass dabei die Schenkel des ersten Winkels mit den Schenkeln des zweiten Winkels übereinstimmen, so könnten wir sagen, dass sie gleich weit (oder gleich groß) sind. Allerdings haben wir erstens noch nicht definiert, was wir unter einer *Bewegung* verstehen wollen und zweitens ist durch einen puren Gestaltsvergleich noch kein Maß, sondern eher eine Ordnung erklärt.

Statt *gleich lang* bzw. *gleich weit* werden wir lieber sagen, dass zwei Strecken bzw. zwei Winkel zueinander *kongruent* sind. Auf die Definition einer Bewegung werden wir dabei vorerst verzichten und stattdessen fordern, dass für eine nicht näher beschriebene Auswahl einer Kongruenz zwischen Strecken bzw. zwischen Winkeln bestimmte Eigenschaften in Form von Axiomen erfüllt sein mögen.

3.1. Kongruenzrelationen

In diesem Abschnitt werden wir das Konzept von Kongruenzen vorstellen. Wir beginnen mit Kongruenzen zwischen Strecken und Winkeln. Hierzu benötigen wir ein paar neue Bezeichnungen.

Schreibweise: Sei $(\mathcal{E}, \mathcal{G}, \cdot|\cdot|\cdot)$ eine angeordnete Inzidenzebene. $\mathcal{S}$ bezeichne die Menge der Strecken und $\mathcal{W}$ die Menge der Winkel in $\mathcal{E}$, das heißt

$$\begin{aligned} \mathcal{S} &:= \{\overline{\mathbf{AB}} : \mathbf{A}, \mathbf{B} \in \mathcal{E}, \mathbf{A} \neq \mathbf{B}\}, \\ \mathcal{W} &:= \{\angle_{\mathbf{BAC}} : \mathbf{A}, \mathbf{B}, \mathbf{C} \in \mathcal{E}, \mathbf{A}, \mathbf{B}, \mathbf{C} \text{ sind in allgemeiner Lage.}\}. \end{aligned}$$

3.1.1 Definition (Kongruenzrelationen)

$(\mathcal{E}, \mathcal{G}, \cdot|\cdot|\cdot)$ sei eine angeordnete Inzidenzebene.

1. Eine zweistellige Relation $\equiv$ auf der Menge $\mathcal{S}$ der Strecken in $\mathcal{E}$ heißt *Kongruenzrelation auf $\mathcal{S}$* oder *Streckenkongruenz*, wenn folgende Axiome erfüllt sind.

   (K1) Jede Strecke $\overline{\mathbf{AB}}$ lässt sich an jedem Strahl $\vec{\mathrm{S}}(\mathbf{A}', \mathbf{P})$ *kongruent abtragen*, das heißt zu $\overline{\mathbf{AB}}$ existiert $\mathbf{B}' \in \vec{\mathrm{S}}(\mathbf{A}', \mathbf{P})$ mit $\overline{\mathbf{AB}} \equiv \overline{\mathbf{A'B'}}$.

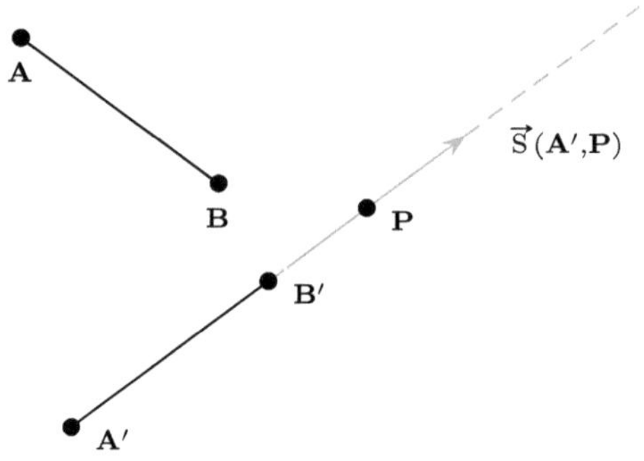

Abbildung 3.1.: Veranschaulichung des Kongruenzaxioms **(K1)**. Strecken lassen sich an beliebigen Strahlen kongruent abtragen.

   (K2) Die Relation ist *drittengleich*, das heißt

$$\overline{\mathbf{A'B'}} \equiv \overline{\mathbf{AB}} \quad \text{und} \quad \overline{\mathbf{A''B''}} \equiv \overline{\mathbf{AB}} \quad \Rightarrow \quad \overline{\mathbf{A'B'}} \equiv \overline{\mathbf{A''B''}}.$$

   (K3) Die Relation ist *verträglich mit der Streckenaddition*, das heißt: Gelten $\mathbf{A}|\mathbf{B}|\mathbf{C}$ und $\mathbf{A}'|\mathbf{B}'|\mathbf{C}'$, so folgt aus $\overline{\mathbf{AB}} \equiv \overline{\mathbf{A'B'}}$ und $\overline{\mathbf{BC}} \equiv \overline{\mathbf{B'C'}}$ auch stets $\overline{\mathbf{AC}} \equiv \overline{\mathbf{A'C'}}$.

   Ist $\overline{\mathbf{AB}} \equiv \overline{\mathbf{A'B'}}$, so nennen wir die Strecken $\overline{\mathbf{AB}}$ und $\overline{\mathbf{A'B'}}$ *kongruent*.

2. Eine zweistellige Relation $\equiv$ auf der Menge $\mathcal{W}$ der Winkel in $\mathcal{E}$ heißt *Kongruenzrelation auf $\mathcal{W}$* oder *Winkelkongruenz*, wenn folgende Axiome erfüllt sind.

   (K4) Jeder Winkel lässt sich an jedem Strahl zu jeder Seite eindeutig *kongruent abtragen*, das heißt: Zu jedem Winkel $\angle \in \mathcal{W}$ und zu je drei Punkten $\mathbf{A}, \mathbf{S}, \mathbf{B}$ in allgemeiner Lage existiert genau ein Winkel $\angle_{\mathbf{ASB}'} \equiv \angle$ mit $(\mathbf{B}, \mathbf{B}')|_{\mathbf{SA}}$.

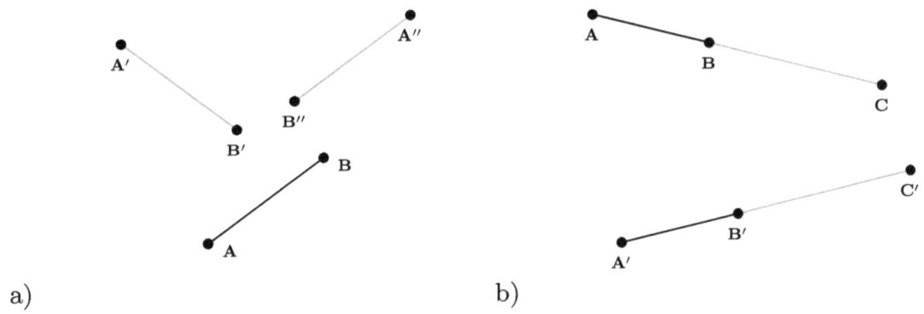

Abbildung 3.2.: a) Die Streckenkongruenz ist eine drittengleiche Relation. b) Die Kongruenz von Strecken ist mit der Streckenaddition verträglich.

(K5) Die Relation ist *drittengleich*, das heißt aus $\angle' \equiv \angle$ und $\angle'' \equiv \angle$ folgt auch $\angle' \equiv \angle''$, für alle $\angle, \angle', \angle'' \in \mathcal{W}$.

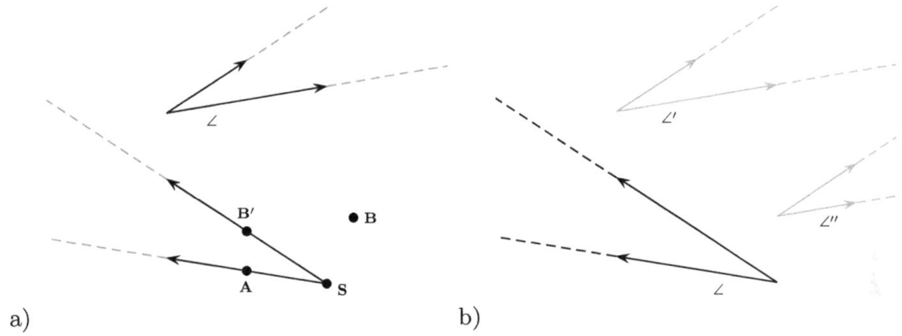

Abbildung 3.3.: a) Ein Winkel $\angle$ lässt sich eindeutig so in einem Punkt **S** kongruent abtragen, dass ein Schenkel des Winkels durch den Strahl von **S** durch **A** gegeben ist und der zweite Schenkel auf einer der beiden vorher festgelegten Seiten der Geraden **SA** zu liegen kommt. b) Auch die Winkelkongruenz ist eine drittengleiche Relation.

Wir nennen Winkel $\angle, \angle' \in \mathcal{W}$ *kongruent*, wenn $\angle \equiv \angle'$.

3.1.2 Lemma
Streckenkongruenzen und Winkelkongruenzen sind Äquivalenzrelationen.

***Beweis*:** Dies folgt aus Lemma A.1.7, da die Relationen nach Definition drittengleich und wegen **(K1)** bzw. **(K4)** auch jeweils linkstotal sind.

□

3.2. Hilbertebenen

Wenn auf einer Menge verschiedene mathematische Strukturen gegeben sind, so wird man in der Regel zwischen ihnen eine Art Verträglichkeit in Form gekoppelter Gesetzmäßigkeiten erzwingen. In unserem Fall bedeutet dies, dass wir Strecken- und Winkelkongruenzen miteinander verknüpfen müssen, um sinnvoll weiterarbeiten zu können. Genau dies wird durch die Definition von HILBERTEBENEN erreicht.

3.2.1 Definition (Hilbertebene)
Es sei $\equiv$ eine Strecken- und Winkelkongruenz auf einer angeordneten Inzidenzebene $(\mathcal{E}, \mathcal{G}, \cdot|\cdot|\cdot)$. Dann nennen wir $(\mathcal{E}, \mathcal{G}, \cdot|\cdot|\cdot, \equiv)$ eine HILBERTEBENE, falls zusätzlich die folgende Verträglichkeit zwischen den Strecken- und Winkelkongruenzen gegeben ist.

(K6) Wenn für zwei Dreiecke $\triangle_{\mathbf{ABC}}, \triangle_{\mathbf{A'B'C'}}$ die Kongruenzen

$$\overline{\mathbf{AC}} \equiv \overline{\mathbf{A'C'}}, \quad \angle_{\mathbf{BAC}} \equiv \angle_{\mathbf{B'A'C'}}, \quad \overline{\mathbf{AB}} \equiv \overline{\mathbf{A'B'}}$$

erfüllt sind, so gilt auch stets die Kongruenz $\angle_{\mathbf{ACB}} \equiv \angle_{\mathbf{A'C'B'}}$.

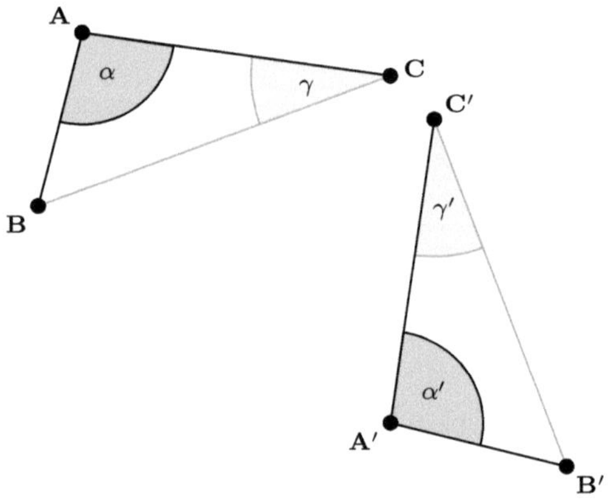

Abbildung 3.4.: Das letzte Kongruenzaxiom **(K6)** ist gleichwertig mit der Gültigkeit des Kongruenzsatzes *Seite-Winkel-Seite* für Dreiecke, vergleiche mit Satz 3.3.2.

3.2.2 Satz
In einer HILBERTEBENE *ist der in Axiom* ***(K1)*** *zu einer Strecke* $\overline{\mathbf{AB}}$ *und einem Strahl* $\vec{\mathrm{S}}(\mathbf{A'}, \mathbf{P})$ *geforderte Punkt* $\mathbf{B'} \in \vec{\mathrm{S}}(\mathbf{A'}, \mathbf{P})$ *mit* $\overline{\mathbf{AB}} \equiv \overline{\mathbf{A'B'}}$ *eindeutig bestimmt.*

***Beweis*:** Dies kann man wie folgt sehen. Es seien $\mathbf{B'}, \mathbf{B''} \in \vec{\mathrm{S}}(\mathbf{A'}, \mathbf{P})$ zwei der-

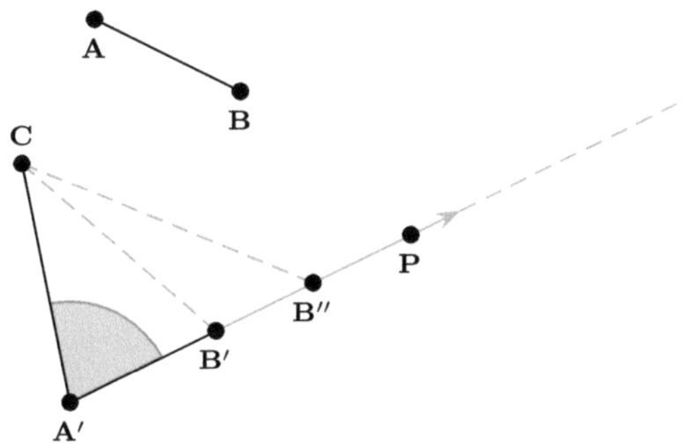

Abbildung 3.5.: In einer HILBERTEBENE lässt sich eine Strecke $\overline{\mathbf{AB}}$ eindeutig an einem Strahl von $\mathbf{A}'$ durch $\mathbf{P}$ kongruent abtragen, das heißt es existieren keine zwei verschiedenen Punkte $\mathbf{B}', \mathbf{B}''$ auf dem Strahl mit $\overline{\mathbf{AB}} \equiv \overline{\mathbf{A'B'}}, \overline{\mathbf{AB}} \equiv \overline{\mathbf{A'B''}}$.

artige Punkte. Man wähle einen weiteren Punkt $\mathbf{C}$ außerhalb der Geraden $\mathbf{A'P}$. Die beiden Dreiecke $\triangle_{\mathbf{A'B'C}}$ und $\triangle_{\mathbf{A'B''C}}$ (vergleiche mit Abbildung 3.5) erfüllen die Voraussetzungen in Axiom **(K6)**. Folglich sind die beiden Winkel $\angle_{\mathbf{A'CB'}}$ und $\angle_{\mathbf{A'CB''}}$ kongruent. Da aber $\mathbf{B}', \mathbf{B}''$ auf derselben Seite der Geraden $\mathbf{CA'}$ liegen, müssen die beiden Schenkel $\vec{\mathrm{S}}(\mathbf{C}, \mathbf{B}')$, $\vec{\mathrm{S}}(\mathbf{C}, \mathbf{B}'')$ nach Axiom **(K4)** übereinstimmen, das heißt die Punkte $\mathbf{B}', \mathbf{B}''$ liegen beide sowohl auf der Geraden $\mathbf{CB'}$ als auch auf der Geraden $\mathbf{A'P}$. Da diese Geraden nach Wahl des Punktes $\mathbf{C}$ aber verschieden sind, kann es nur einen gemeinsamen Punkt geben und es folgt $\mathbf{B}' = \mathbf{B}''$. □

3.2.3 Korollar (Streckensubtraktion)

In einer HILBERTEBENE *seien drei kollineare Punkte* $\mathbf{A}, \mathbf{B}, \mathbf{C}$ *mit* $\mathbf{A}|\mathbf{B}|\mathbf{C}$ *sowie drei weitere kollineare Punkte* $\mathbf{A}', \mathbf{B}', \mathbf{C}'$ *mit* $\mathbf{A}'|\mathbf{B}'|\mathbf{C}'$ *gegeben, sodass* $\overline{\mathbf{AC}} \equiv \overline{\mathbf{A'C'}}$ *und* $\overline{\mathbf{AB}} \equiv \overline{\mathbf{A'B'}}$. *Dann gilt ebenfalls* $\overline{\mathbf{BC}} \equiv \overline{\mathbf{B'C'}}$.

***Beweis*:** Wir tragen die Strecke $\overline{\mathbf{BC}}$ im Punkt $\mathbf{B}'$ kongruent in Richtung des Strahls $\vec{\mathrm{S}}(\mathbf{B}', \mathbf{C}')$ ab und erhalten einen Endpunkt $\mathbf{C}''$ auf diesem Strahl. Nach Axiom **(K3)** ist die Strecke $\overline{\mathbf{A'C''}}$ zur Strecke $\overline{\mathbf{AC}}$ kongruent. Da nach Voraussetzung ebenfalls $\overline{\mathbf{A'C'}} \equiv \overline{\mathbf{AC}}$ und die Punkte $\mathbf{C}', \mathbf{C}''$ auf demselben Halbstrahl $\vec{\mathrm{S}}(\mathbf{B}', \mathbf{C}')$ liegen, folgt aus Satz 3.2.2, dass $\mathbf{C}' = \mathbf{C}''$ und daher auch $\overline{\mathbf{B'C'}} = \overline{\mathbf{B'C''}} \equiv \overline{\mathbf{BC}}$. □

3.2.4 Beispiele (Standardmodelle, 3. Teil)

Wir untersuchen, ob man die in Beispiel 2.1.6 angegebenen Modelle von angeordneten Inzidenzebenen ebenfalls mit der Struktur einer HILBERTEBENE versehen kann.

In einigen Modellen werden wir die Kongruenzen mithilfe von Streckenlängen und Winkelweiten definieren (siehe weiter unten). In diesen Fällen vereinbaren wir die folgende Schreibweise.

Schreibweise: Sind in einer HILBERTEBENE Streckenlängen und Winkelweiten definiert und sind Strecken bzw. Winkel genau dann kongruent, wenn sie dieselben Längen bzw. dieselben Weiten besitzen, so vereinbaren wir, sowohl die Innenwinkel als auch deren Winkelweiten mit demselben griechischen Buchstaben zu bezeichnen. Entsprechendes gilt bei Strecken und ihren Längen. α ist also sowohl der Innenwinkel zum Winkel $\angle_{\mathbf{BAC}}$ als auch dessen Winkelweite und bei einem Dreieck $\triangle_{\mathbf{ABC}}$ wird sowohl die Strecke $\overline{\mathbf{BC}}$ als auch deren Länge mit „a" bezeichnet. Dies ist unproblematisch, weil sich Strecken bzw. Winkel in diesen HILBERTEBENE bis auf Kongruenz schon eindeutig durch ihre Längen bzw. Weiten festlegen lassen. Insbesondere haben sich diese Bezeichnungen im Schulunterricht bewährt.

1. $\mathbb{E}^2$ **(Affines Modell der euklidischen Ebene).**
   In $\mathbb{E}^2$ legt man die Streckenkongruenz wie folgt fest. Zunächst definieren wir die *Streckenlänge* $|\overline{\mathbf{AB}}|$ der Strecke $\overline{\mathbf{AB}}$ durch

$$|\overline{\mathbf{AB}}| := ||\overrightarrow{\mathbf{AB}}||$$

   und wir vereinbaren, dass zwei Strecken genau dann kongruent heißen sollen, wenn sie die gleiche Länge besitzen. Analog definieren wir für einen Winkel $\angle_{\mathbf{ASB}}$ erst die *Winkelweite* $\sphericalangle_{\mathbf{ASB}}$ als die eindeutig bestimmte Zahl in dem Intervall $[0, \pi]$[1] mit

$$\sphericalangle_{\mathbf{ASB}} := \arccos\left(\frac{\langle\overrightarrow{\mathbf{SA}}, \overrightarrow{\mathbf{SB}}\rangle}{|\overline{\mathbf{SA}}| \cdot |\overline{\mathbf{SB}}|}\right)$$

   und nennen anschließend Winkel genau dann kongruent, wenn sie dieselben Winkelweiten besitzen. Man überzeugt sich leicht davon, dass dies wohldefiniert ist, also nicht von der Wahl der Punkte **A**, **B** auf den Schenkeln des Winkels abhängt. Die Abbildung $\angle \mapsto \sphericalangle$ nennen wir *Bogenmaß*. Die Bezeichnung *Bogenmaß*[2] ist insofern gerechtfertigt, da hierdurch gleichzeitig

---

[1] Für einen Winkel $\angle_{\mathbf{ASB}}$ sind die Vektoren $\overrightarrow{\mathbf{SA}}, \overrightarrow{\mathbf{SB}}$ linear unabhängig, denn die Punkte sind nicht kollinear. Daher liegt $\sphericalangle_{\mathbf{ASB}}$ sogar immer in dem offenen Intervall $(0, \pi)$, wenn es sich um keinen entarteten Winkel handelt.

[2] Im Schulunterricht wird stattdessen eher das *Gradmaß* verwendet, welches durch Multiplikation des Bogenmaßes mit $180/\pi$ entsteht. Auch werden Winkel im Schulunterricht meist als *orientierte Winkel* eingeführt, sodass zwischen $\angle_{\mathbf{ASB}}$ und $\angle_{\mathbf{BSA}}$ unterschieden wird. Der *orientierte Winkel* $\angle_{\mathbf{ASB}}$ ist dabei der Teil der euklidischen Ebene, welcher überstrichen wird, wenn man den Schenkel $\overrightarrow{\mathrm{S}}(\mathbf{S}, \mathbf{A})$ gegen den Uhrzeigersinn bis zum Schenkel $\overrightarrow{\mathrm{S}}(\mathbf{S}, \mathbf{B})$ dreht. Das Gradmaß wird nun als Abbildung auf das Intervall $[0, 360]$ verstanden. Damit werden auch entartete Winkel mit Weiten von $0, 180$ bzw. 360 Grad möglich, wobei 360 Grad einem *Vollwinkel* entspricht.

die Länge des Kreisbogens angegeben wird, welcher sich als Schnitt des Einheitskreises um den Scheitelpunkt mit dem Innenwinkel ergibt. Wir werden jetzt die Gültigkeit der Kongruenzaxiome überprüfen.

(K1) Es sei $\overline{\mathbf{AB}}$ eine beliebige Strecke und $\mathbf{A}', \mathbf{P}$ seien zwei beliebige Punkte mit $\mathbf{A}' \neq \mathbf{P}$. Wir setzen

$$\mathbf{B}' := \mathbf{A}' + |\overline{\mathbf{AB}}| \cdot \frac{\overrightarrow{\mathbf{A'P}}}{|\overline{\mathbf{A'P}}|}.$$

Dann ist $\mathbf{B}' \in \overrightarrow{\mathrm{S}}(\mathbf{A}', \mathbf{P})$ und $|\overline{\mathbf{A'B'}}| = |\overline{\mathbf{AB}}|$.

(K2) Trivial.

(K3) Dies folgt aus der Additivität des Längenmaßes. Gilt $\mathbf{A}|\mathbf{B}|\mathbf{C}$, so existiert eine positive Zahl λ mit $\overrightarrow{\mathbf{AB}} = \lambda \cdot \overrightarrow{\mathbf{BC}}$ und deshalb ist erstens $\overrightarrow{\mathbf{AC}} = (\lambda + 1)\overrightarrow{\mathbf{BC}}$ und zweitens

$$|\overline{\mathbf{AC}}| = ||(\lambda+1)\overrightarrow{\mathbf{BC}}|| = (\lambda+1)||\overrightarrow{\mathbf{BC}}|| = |\overline{\mathbf{AB}}| + |\overline{\mathbf{BC}}|.$$

(K4) Es seien drei Punkte $\mathbf{A}$, $\mathbf{S}$, $\mathbf{B}$ in allgemeiner Lage sowie ein Winkel $\angle \in \mathcal{W}$ mit Winkelweite σ gegeben. Es sei $\vec{n}$ der eindeutig bestimmte Einheitsnormalenvektor der Geraden $\mathbf{SA}$, sodass der Punkt $\mathbf{E} := \mathbf{S} + \vec{n}$ auf derselben Seite von $\mathbf{SA}$ liegt wie $\mathbf{B}$. Ein Punkt $\mathbf{B}'$ liegt genau dann auf derselben Seite von $\mathbf{SA}$ wie $\mathbf{B}$, wenn $\overrightarrow{\mathbf{SB}'} = \mathrm{a} \cdot \overrightarrow{\mathbf{SA}} + \mathrm{b} \cdot \vec{n}$ mit einer Konstanten $\mathrm{b} > 0$. Wir setzen

$$\mathbf{B}' := \mathbf{S} + \cos\sigma \cdot \frac{\overrightarrow{\mathbf{SA}}}{|\overline{\mathbf{SA}}|} + \sin\sigma \cdot \vec{n}.$$

Dann liegt $\mathbf{B}'$ auf derselben Seite wie $\mathbf{B}$ und es ist wegen $|\overline{\mathbf{SB}'}| = 1$

$$\begin{aligned}\cos(\sphericalangle_{\mathbf{ASB}'}) &= \frac{\langle \overrightarrow{\mathbf{SA}}, \overrightarrow{\mathbf{SB}'} \rangle}{|\overline{\mathbf{SA}}| \cdot |\overline{\mathbf{SB}'}|} \\ &= \left\langle \frac{\overrightarrow{\mathbf{SA}}}{|\overline{\mathbf{SA}}|}, \cos\sigma \cdot \frac{\overrightarrow{\mathbf{SA}}}{|\overline{\mathbf{SA}}|} + \sin\sigma \cdot \vec{n} \right\rangle = \cos\sigma,\end{aligned}$$

also auch $\sphericalangle_{\mathbf{ASB}'} = \sigma$. Dies zeigt die Existenz des Winkels mit der gewünschten Eigenschaft. Um die Eindeutigkeit nachzuweisen, müssen wir überprüfen, dass jeder andere Punkt $\mathbf{B}''$ auf dieser Seite der Geraden $\mathbf{SA}$, für den $\sphericalangle_{\mathbf{ASB}''} = \sigma$ ist, auf dem Strahl $\overrightarrow{\mathrm{S}}(\mathbf{S}, \mathbf{B}')$ liegt, das heißt dass $\overrightarrow{\mathbf{SB}''} = x \cdot \overrightarrow{\mathbf{SB}'}$ mit einer positiven Zahl x. Wir machen daher den Ansatz

$$\mathbf{B}'' = \mathbf{S} + c \cdot \frac{\overrightarrow{\mathbf{SA}}}{|\overline{\mathbf{SA}}|} + s \cdot \vec{n}$$

mit $s > 0$ und setzen $x := \sqrt{c^2 + s^2}$. Dann wird $|\overrightarrow{\mathbf{SB}''}| = x > 0$ und

$$\begin{aligned}\cos(\sphericalangle_{\mathbf{ASB}''}) &= \frac{\langle \overrightarrow{\mathbf{SA}}, \overrightarrow{\mathbf{SB}''} \rangle}{|\overrightarrow{\mathbf{SA}}| \cdot |\overrightarrow{\mathbf{SB}''}|} \\ &= \left\langle \frac{\overrightarrow{\mathbf{SA}}}{|\overrightarrow{\mathbf{SA}}|}, \frac{c}{x} \cdot \frac{\overrightarrow{\mathbf{SA}}}{|\overrightarrow{\mathbf{SA}}|} + \frac{s}{x} \cdot \vec{n} \right\rangle = \frac{c}{x},\end{aligned}$$

sodass $c = x \cdot \cos\sigma$. Aus $x^2 = c^2 + s^2$ und $s > 0$ ergibt sich dann aber noch $s = x \cdot \sin\sigma$, sodass in der Tat $\overrightarrow{\mathbf{SB}''} = x \cdot \overrightarrow{\mathbf{SB}'}$.

(K5) Trivial.

(K6) Da im affinen Modell der euklidischen Ebene die Kongruenzen durch Gleichheiten der Streckenlängen bzw. Winkelweiten gekennzeichnet sind, gilt es nachzuweisen, dass sich für ein Dreieck $\triangle_{\mathbf{ABC}}$ die Winkelweite $\gamma := \sphericalangle_{\mathbf{ACB}}$ eindeutig aus den Streckenlängen $\mathrm{b} := |\overrightarrow{\mathbf{AC}}|$, $\mathrm{c} := |\overrightarrow{\mathbf{AB}}|$ und der Winkelweite $\alpha := \sphericalangle_{\mathbf{BAC}}$ bestimmen lässt. Wegen $\overrightarrow{\mathbf{BC}} = \overrightarrow{\mathbf{BA}} + \overrightarrow{\mathbf{AC}}$ gilt zunächst für die Streckenlänge $\mathrm{a} := |\overrightarrow{\mathbf{BC}}|$

$$\begin{aligned}\mathrm{a}^2 = |\overrightarrow{\mathbf{BC}}|^2 = ||\overrightarrow{\mathbf{BC}}||^2 &= ||\overrightarrow{\mathbf{BA}}||^2 + ||\overrightarrow{\mathbf{AC}}||^2 + 2\langle \overrightarrow{\mathbf{BA}}, \overrightarrow{\mathbf{AC}} \rangle \\ &= \mathrm{b}^2 + \mathrm{c}^2 - 2\,\mathrm{b}\,\mathrm{c} \cdot \cos\alpha\end{aligned}$$

und dann auch

$$\cos\gamma = \frac{\langle \overrightarrow{\mathbf{AC}}, \overrightarrow{\mathbf{BC}} \rangle}{|\overrightarrow{\mathbf{AC}}| \cdot |\overrightarrow{\mathbf{BC}}|} = \frac{\langle \overrightarrow{\mathbf{AC}}, \overrightarrow{\mathbf{BA}} + \overrightarrow{\mathbf{AC}} \rangle}{|\overrightarrow{\mathbf{AC}}| \cdot |\overrightarrow{\mathbf{BC}}|} = \frac{\mathrm{b} - \mathrm{c} \cdot \cos\alpha}{\mathrm{a}}.$$

Substituiert man in der letzen Gleichung a, so ergibt sich insgesamt

$$\begin{aligned}\cos\gamma &= \frac{\mathrm{b} - \mathrm{c} \cdot \cos\alpha}{\sqrt{\mathrm{b}^2 + \mathrm{c}^2 - 2\,\mathrm{b}\,\mathrm{c} \cdot \cos\alpha}} \\ &= \frac{\mathrm{b} - \mathrm{c} \cdot \cos\alpha}{\sqrt{\mathrm{c}^2 \cdot \sin^2\alpha + (\mathrm{b} - \mathrm{c} \cdot \cos\alpha)^2}}.\end{aligned}$$

und wir sehen, dass man γ aus $\alpha, \mathrm{b}, \mathrm{c}$ berechnen kann.

Weil die Axiome **(K1)-(K6)** gültig sind, ist $\mathbb{E}^2$ somit eine HILBERTEBENE.

2. $\mathbb{H}^2$ **(Poincarésches Halbebenenmodell).**
Auch in der hyperbolischen Ebene legen wir die Kongruenzen durch Gleichheit von Streckenlängen bzw. Winkelweiten fest, jedoch wird das Streckenmaß etwas anders eingeführt. Sind zwei Punkte $z_1, z_2 \in \mathbb{H}^2$ gegeben, so legen wir die *hyperbolische Metrik* $\mathrm{d}_{\mathbb{H}^2}(z_1, z_2)$ der oberen Halbebene wie folgt fest:

$$\mathrm{d}_{\mathbb{H}^2}(z_1, z_2) := \log \frac{|z_1 - \bar{z}_2| + |z_1 - z_2|}{|z_1 - \bar{z}_2| - |z_1 - z_2|}.$$

Man beachte hierbei, dass wegen $\operatorname{Im} z_1, \operatorname{Im} z_2 > 0$ auch $|z_1 - \bar{z}_2| - |z_1 - z_2| > 0$. Als Winkelweite zweier sich schneidender hyperbolischer Strahlen definieren wir die euklidische Winkelweite der enstprechenden tangentialen euklidischen Halbstrahlen im Schnittpunkt. Man kann nachweisen, dass $d_{\mathbb{H}^2}$ eine *Metrik* auf $\mathbb{H}^2$ definiert und dass $\mathbb{H}^2$ durch die so festgelegten Kongruenzrelationen zu einer HILBERTEBENE wird.

3. $\mathbb{D}^2$ **(Poincarésches Kreisscheibenmodell).**
   Im Kreisscheibenmodell wählen wir eine andere Abstandsfunktion. Sind zwei Punkte $z_1, z_2 \in \mathbb{D}^2$ gegeben, so legen wir die *hyperbolische Metrik* im Kreisscheibenmodell durch die Funktion

$$d_{\mathbb{D}^2}(z_1, z_2) := \log \frac{1 + s(z_1, z_2)}{1 - s(z_1, z_2)}$$

mit

$$s(z_1, z_2) := |\mathrm{T}_{z_1,0}(z_2)| = \left| \frac{z_2 - z_1}{1 - \bar{z}_1 z_2} \right|$$

fest. Dabei ist wie schon in Beispiel 2.1.6 die Abbildung $\mathrm{T}_{z_1,0} : \mathbb{D}^2 \to \mathbb{D}^2$ ein Automorphismus, zur Erinnerung:

$$\mathrm{T}_{z_0,\lambda} : \mathbb{D}^2 \to \mathbb{D}^2, \quad \mathrm{T}_{z_0,\lambda}(z) := e^{i\lambda} \frac{z - z_0}{1 - \bar{z}_0 z}.$$

Wie man sofort sieht, ist $d_{\mathbb{D}^2}(z_1, z_2) = d_{\mathbb{D}^2}(z_2, z_1)$, $d_{\mathbb{D}^2}(z, z) = 0$, für alle $z \in \mathbb{D}^2$ und $d_{\mathbb{D}^2}(z_1, z_2) > 0$, für alle $z_1, z_2 \in \mathbb{D}^2, z_1 \neq z_2$. Mit ein wenig mehr Aufwand lässt sich auch die Dreiecksungleichung überprüfen, sodass $d_{\mathbb{D}^2}$ eine *Metrik* auf $\mathbb{D}^2$ bestimmt. Außerdem gilt zwischen $d_{\mathbb{D}^2}$, $d_{\mathbb{H}^2}$ und der CAYLEY-Abbildung $\mathfrak{C}$ (siehe (1.1.1)) die Beziehung

$$d_{\mathbb{H}^2}(z_1, z_2) = d_{\mathbb{D}^2}(\mathfrak{C}(z_1), \mathfrak{C}(z_2)), \tag{3.2.1}$$

das heißt die CAYLEY-Abbildung $\mathfrak{C} : \mathbb{H}^2 \to \mathbb{D}^2$ liefert eine Isometrie zwischen den metrischen Räumen $(\mathbb{H}^2, d_{\mathbb{H}^2})$ und $(\mathbb{D}^2, d_{\mathbb{D}^2})$. Sind $z_1, z_2 \in \mathbb{D}^2$ beliebig und ist $\mathrm{T}_{z_0,\lambda}$ ein Automorphismus auf $\mathbb{D}^2$ (siehe Beispiel 2.1.6), so behaupten wir

$$d_{\mathbb{D}^2}(z_1, z_2) = d_{\mathbb{D}^2}\big(\mathrm{T}_{z_0,\lambda}(z_1), \mathrm{T}_{z_0,\lambda}(z_2)\big). \tag{3.2.2}$$

Mit anderen Worten, die Automorphismen der Einheitskreisscheibe sind Isometrien bezüglich der hyperbolischen Metrik. Um (3.2.2) nachzuweisen, werden wir zeigen, dass

$$s(z_1, z_2) = s\big(\mathrm{T}_{z_0,\lambda}(z_1), \mathrm{T}_{z_0,\lambda}(z_2)\big).$$

$$\begin{aligned}
&s\big(\mathrm{T}_{z_0,\lambda}(z_1), \mathrm{T}_{z_0,\lambda}(z_2)\big)\\
&= \left| \frac{e^{i\lambda}\frac{z_1-z_0}{1-\bar{z}_0 z_1} - e^{i\lambda}\frac{z_2-z_0}{1-\bar{z}_0 z_2}}{1 - e^{-i\lambda}\frac{\bar{z}_1-\bar{z}_0}{1-z_0\bar{z}_1}\cdot e^{i\lambda}\frac{z_2-z_0}{1-\bar{z}_0 z_2}} \right|\\
&= \left| \frac{\frac{z_1-z_0}{1-\bar{z}_0 z_1} - \frac{z_2-z_0}{1-\bar{z}_0 z_2}}{1 - \frac{\bar{z}_1-\bar{z}_0}{1-z_0\bar{z}_1}\cdot \frac{z_2-z_0}{1-\bar{z}_0 z_2}} \right|\\
&= \left| \frac{(z_2-z_0)(1-\bar{z}_0 z_1) - (z_1-z_0)(1-\bar{z}_0 z_2)}{(1-z_0\bar{z}_1)(1-\bar{z}_0 z_2) - (\bar{z}_1-\bar{z}_0)(z_2-z_0)} \cdot \frac{1-z_0\bar{z}_1}{1-\bar{z}_0 z_1} \right|\\
&= \left| \frac{z_2-z_1}{1-\bar{z}_1 z_2} \cdot \frac{1-z_0\bar{z}_1}{1-\bar{z}_0 z_1} \right| = \left| \frac{z_2-z_1}{1-\bar{z}_1 z_2} \right| = |\mathrm{T}_{z_1,0}(z_2)| = s(z_1,z_2).
\end{aligned}$$

Die *hyperbolische Länge* einer Strecke $\overline{\mathbf{AB}}$, $\mathbf{A},\mathbf{B} \in \mathbb{D}^2$ (man verwechsle an dieser Stelle den Balken nicht mit der komplexen Konjugation) ist dann

$$|\overline{\mathbf{AB}}| := \mathrm{d}_{\mathbb{D}^2}(\mathbf{A},\mathbf{B})$$

und zwei Strecken $\overline{\mathbf{AB}}$, $\overline{\mathbf{CD}}$ nennen wir wieder genau dann kongruent, wenn $|\overline{\mathbf{AB}}| = |\overline{\mathbf{CD}}|$. Ist hingegen $\angle_{\mathbf{ASB}}$ ein Winkel in $\mathbb{D}^2$, so sei das Winkelmaß gegeben durch

$$\sphericalangle_{\mathbf{ASB}} := \sphericalangle_{\mathbf{A'0B'}},$$

mit $\mathbf{A}' := \mathrm{T}_{\mathbf{S},0}(\mathbf{A})$, $\mathbf{B}' := \mathrm{T}_{\mathbf{S},0}(\mathbf{B})$, wobei wir auf der rechten Seite der Gleichung das *euklidische Winkelmaß* verwenden. Wir bilden also den Winkel $\angle_{\mathbf{ASB}}$ zunächst durch den Automorphismus $\mathrm{T}_{\mathbf{S},0}$ innerhalb von $\mathbb{D}^2$ ab, sodass der Scheitelpunkt $\mathbf{S}$ auf den Ursprung $\mathbf{0}$ fällt und die Schenkel von $\angle_{\mathbf{ASB}}$ zu euklidischen Winkelschenkeln werden, die ihren Scheitel im Ursprung besitzen. Man kann sich nun davon überzeugen, dass das so erhaltene Winkelmaß[3)] wohldefiniert ist, das heißt nicht von der Auswahl der Schenkelpunkte $\mathbf{A},\mathbf{B}$ abhängt. Auf diese Weise lassen sich nun wiederum die Winkelkongruenzen wie gehabt definieren, das heißt wir nennen zwei Winkel kongruent, wenn ihre Winkelweiten übereinstimmen. Die Überprüfung der Kongruenzaxiome überlassen wir dem Leser als Übung.

4. **$\mathbb{E}^2|_M$ (Relative euklidische Geometrie).**
Wir hatten in Beispiel 2.1.6 gesehen, dass Teilmengen $M \subset \mathbb{R}^2$ existieren, für die $\mathbb{E}^2|_M$ zu einer angeordneten Inzidenzebene wird. Wir wollen jetzt annehmen, dass M eine solche Menge ist und wir untersuchen, ob diese Modelle in natürlicher Weise zu HILBERTEBENEN erweitert werden können.

Hierzu legen wir fest, dass zwei Strecken bzw. zwei Winkel in $\mathbb{E}^2|_M$ jeweils dann zueinander kongruent sein sollen, wenn die durch dieselben Punkte gebildeten euklidischen Strecken bzw. Winkel im euklidischen Sinne zueinander

[3)] Da $\mathrm{T}_{\mathbf{S},0}$ eine konforme und somit winkeltreue Abbildung ist, stimmt die Winkelweite $\sphericalangle_{\mathbf{A'0B'}}$ mit der Winkelweite überein, den die beiden Orthokreise des hyperbolischen Winkels in ihrem Scheitel $\mathbf{S}$ besitzen.

kongruent sind, das heißt also, wenn ihre entsprechenden euklidischen Längen bzw. Winkelweiten übereinstimmen. Es gilt demnach wie zuvor

$$\overline{\mathbf{AB}} \equiv \overline{\mathbf{CD}} \quad \Leftrightarrow \quad |\overline{\mathbf{AB}}| = |\overline{\mathbf{CD}}|$$

und

$$\angle_{\mathbf{A_1S_1B_1}} \equiv \angle_{\mathbf{A_2S_2B_2}} \quad \Leftrightarrow \quad \frac{\langle \overrightarrow{\mathbf{S_1A_1}}, \overrightarrow{\mathbf{S_1B_1}} \rangle}{|\overline{\mathbf{S_1A_1}}| \cdot |\overline{\mathbf{S_1B_1}}|} = \frac{\langle \overrightarrow{\mathbf{S_2A_2}}, \overrightarrow{\mathbf{S_2B_2}} \rangle}{|\overline{\mathbf{S_2A_2}}| \cdot |\overline{\mathbf{S_2B_2}}|}.$$

Durch diese Konstruktion sind in trivialer Weise die Kongruenzaxiome **(K2)**, **(K3)**, **(K5)** sowie **(K6)** erfüllt. Die Gültigkeit der beiden Axiome **(K1)**, **(K4)** hängt aber stark von der Beschaffenheit von M ab, da diese Axiome ein konstruktives Element enthalten, welches sich zwar in $\mathbb{E}^2$ aber eventuell nicht mehr in M erfüllen lässt.

a) Da sich Strecken immer wieder in dieselbe Richtung abtragen lassen, sofern **(K1)** erfüllt ist, kann dieses Axiom sicherlich nicht mehr gelten, wenn M beschränkt ist. Insbesondere die angeordnete Inzidenzebene $\mathbb{E}^2|_{\mathrm{D}}$ mit der offenen Einheitskreisscheibe D scheidet daher aus.

b) Von den anderen angeordneten Inzidenzebenen $\mathbb{E}^2|_M$ aus Beispiel 2.1.6 bleiben daher höchstens noch die Modelle mit $M = \mathbb{Q}^2$ oder $M = \mathbb{A}^2$ übrig. Allerdings ist $\mathbb{E}^2|_{\mathbb{Q}^2}$ keine Hilbertebene, denn **(K1)** ist verletzt. Betrachtet man etwa die Strecke, welche durch die Punkte $\mathbf{A} = (0,0)$ und $\mathbf{B} = (1,1)$ definiert wird, so lässt sich diese nicht kongruent am Strahl $\vec{\mathrm{S}}(\mathbf{A},\mathbf{C})$ mit $\mathbf{C} = (1,0)$ abtragen, denn die Länge der Strecke $\overline{\mathbf{AB}}$ beträgt $\sqrt{2}$ und der Punkt $(\sqrt{2},0)$ liegt nicht in $\mathbb{Q}^2$. Sind hingegen $\mathbf{A},\mathbf{B} \in \mathbb{A}^2$, so ist auch $|\overline{\mathbf{AB}}|$ algebraisch und damit liegt für jedes $\mathbf{C} \in \mathbb{A}^2$ ebenfalls der Punkt

$$\mathbf{D} := \mathbf{A} + \frac{|\overline{\mathbf{AB}}|}{|\overline{\mathbf{AC}}|} \cdot \overrightarrow{\mathbf{AC}}$$

wieder in $\mathbb{A}^2$. Dies bedeutet, dass sich Strecken in $\mathbb{A}^2$ kongruent abtragen lassen. Ähnlich sieht man, dass sich Winkel kongruent abtragen lassen, sodass $\mathbb{E}^2|_{\mathbb{A}^2}$ zu einer Hilbertebene wird.

3.3. Kongruenzsätze

Die Kongruenzaxiome erlauben es, in vielen Fällen aus vorhandenen Kongruenzen auf weitere Kongruenzen zu schließen. Wir werden in diesem Abschnitt die wichtigsten Sätze hierzu vorstellen.

3.3.a. Erster Kongruenzsatz: Seite-Winkel-Seite

Zunächst erweitern wir noch den Begriff der Kongruenz auf Dreiecke.

3.3.1 Definition
$(\mathcal{E}, \mathcal{G}, \cdot|\cdot|\cdot, \equiv)$ sei eine HILBERTEBENE. Zwei Dreiecke $\triangle_{\mathbf{A_1B_1C_1}}$, $\triangle_{\mathbf{A_2B_2C_2}}$ heißen *kongruent*, geschrieben $\triangle_{\mathbf{A_1B_1C_1}} \equiv \triangle_{\mathbf{A_2B_2C_2}}$, wenn nach eventueller Umbenennung der Eckpunkte $\mathbf{A_1}, \mathbf{B_1}, \mathbf{C_1}$ gleichzeitig die folgenden Kongruenzen erfüllt sind:

$$\overline{\mathbf{A_1B_1}} \equiv \overline{\mathbf{A_2B_2}}, \quad \overline{\mathbf{B_1C_1}} \equiv \overline{\mathbf{B_2C_2}}, \quad \overline{\mathbf{C_1A_1}} \equiv \overline{\mathbf{C_2A_2}},$$

$$\angle_{\mathbf{B_1A_1C_1}} \equiv \angle_{\mathbf{B_2A_2C_2}}, \ \angle_{\mathbf{C_1B_1A_1}} \equiv \angle_{\mathbf{C_2B_2A_2}}, \ \angle_{\mathbf{A_1C_1B_1}} \equiv \angle_{\mathbf{A_2C_2B_2}}.$$

Offensichtlich ist die Kongruenz von Dreiecken wieder eine Äquivalenzrelation. Wir werden nun eine Reihe von Kongruenzsätzen für Dreiecke beweisen, die in gewisser Weise aussagen, dass man Dreiecke schon dann eindeutig konstruieren kann, wenn nur jeweils drei geeignete von den insgesamt sechs möglichen Winkel- und Streckenkongruenzen vorgegeben sind. Wie zum Beispiel der Beweis des nächsten Satzes zeigt, garantiert das Kongruenzaxiom **(K6)** die Gültigkeit des Kongruenzsatzes *Seite-Winkel-Seite (SWS)* für Dreiecke.

3.3.2 Satz (1. Kongruenzsatz, Seite-Winkel-Seite (SWS))
Gegeben seien zwei Dreiecke $\triangle_{\mathbf{A_1B_1C_1}}$, $\triangle_{\mathbf{A_2B_2C_2}}$ *in einer* HILBERTEBENE *mit*

$$\overline{\mathbf{A_1C_1}} \equiv \overline{\mathbf{A_2C_2}}, \quad \angle_{\mathbf{B_1A_1C_1}} \equiv \angle_{\mathbf{B_2A_2C_2}}, \quad \overline{\mathbf{A_1B_1}} \equiv \overline{\mathbf{A_2B_2}}.$$

Dann folgt $\angle_{\mathbf{C_1B_1A_1}} \equiv \angle_{\mathbf{C_2B_2A_2}}$, $\angle_{\mathbf{A_1C_1B_1}} \equiv \angle_{\mathbf{A_2C_2B_2}}$ *und* $\overline{\mathbf{B_1C_1}} \equiv \overline{\mathbf{B_2C_2}}$, *sodass beide Dreiecke kongruent sind.*

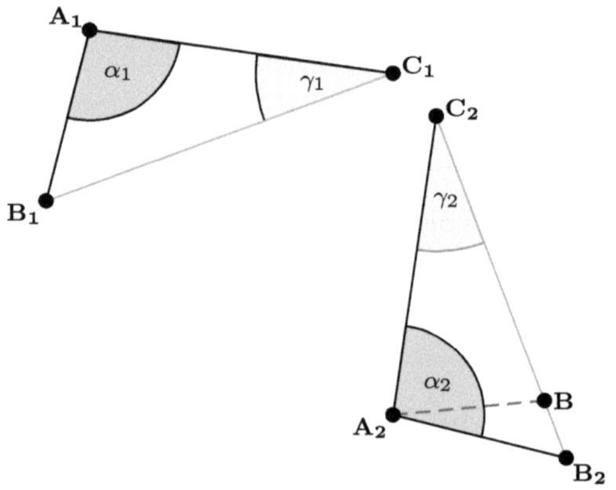

Abbildung 3.6.: Zwei Dreiecke $\triangle_{\mathbf{A_1B_1C_1}}$, $\triangle_{\mathbf{A_2B_2C_2}}$ sind schon dann kongruent, wenn ein Winkel des ersten Dreiecks zusammen mit seinen angrenzenden Seiten kongruent zu einem Winkel des zweiten Dreiecks mit dessen angrenzenden Seiten ist.

Beweis: Die Kongruenz $\angle_{A_1C_1B_1} \equiv \angle_{A_2C_2B_2}$ ergibt sich sofort aus Axiom **(K6)**. Dies gilt auch für die andere Winkelkongruenz $\angle_{C_1B_1A_1} \equiv \angle_{C_2B_2A_2}$ durch einfaches Vertauschen der Bezeichnungen von $\mathbf{B_1}, \mathbf{C_1}$ bzw. von $\mathbf{B_2}$ und $\mathbf{C_2}$. Es bleibt also nur noch zu zeigen, dass $\overline{\mathbf{B_1C_1}} \equiv \overline{\mathbf{B_2C_2}}$. Nach Axiom **(K1)** existiert auf dem Strahl $\vec{S}(\mathbf{C_2}, \mathbf{B_2})$ ein Punkt $\mathbf{B}$ mit $\overline{\mathbf{C_2B}} \equiv \overline{\mathbf{C_1B_1}}$ (siehe Abbildung 3.6). Wir betrachten die beiden Dreiecke $\triangle_{A_1B_1C_1}$, $\triangle_{A_2BC_2}$. Nach Konstruktion und dem bereits Bewiesenen gilt

$$\overline{\mathbf{C_2B}} \equiv \overline{\mathbf{C_1B_1}}, \quad \overline{\mathbf{C_2A_2}} \equiv \overline{\mathbf{C_1A_1}}, \quad \angle_{A_2C_2B} = \angle_{A_2C_2B_2} \equiv \angle_{A_1C_1B_1}.$$

Daher ist nach Axiom **(K6)** nun ebenfalls $\angle_{BA_2C_2} \equiv \angle_{B_1A_1C_1}$. Da wir bereits wissen, dass $\angle_{B_1A_1C_1} \equiv \angle_{B_2A_2C_2}$ und die Kongruenzrelation transitiv ist, folgt noch $\angle_{BA_2C_2} \equiv \angle_{B_2A_2C_2}$. Die beiden kongruenten Winkel $\angle_{BA_2C_2}, \angle_{B_2A_2C_2}$ haben jedoch sowohl den Scheitel $\mathbf{A_2}$ als auch den Schenkel $\vec{S}(\mathbf{A_2}, \mathbf{C_2})$ gemeinsam und die Punkte $\mathbf{B}, \mathbf{B_2}$ liegen zudem auf derselben Seite der Geraden $\mathbf{A_2C_2}$. Nach Axiom **(K4)** sind die Winkel $\angle_{BA_2C_2}$, $\angle_{B_2A_2C_2}$ somit sogar identisch. Insbesondere liegen $\mathbf{B}$ und $\mathbf{B_2}$ jeweils beide auf den Geraden $\mathbf{A_2B_2}, \mathbf{C_2B_2}$. Da dies verschiedene Geraden sind, kann das aber nur dann gelten, wenn $\mathbf{B} = \mathbf{B_2}$. Damit ist $\overline{\mathbf{C_1B_1}} \equiv \overline{\mathbf{C_2B}} = \overline{\mathbf{C_2B_2}}$. Dies war zu zeigen. □

3.3.b. Zweiter Kongruenzsatz: Winkel-Seite-Winkel

Ähnlich folgt der nächste Satz, der Kongruenzsatz *Winkel-Seite-Winkel*.

3.3.3 Satz (2. Kongruenzsatz, Winkel-Seite-Winkel (WSW))
Für zwei Dreiecke $\triangle_{A_1B_1C_1}$, $\triangle_{A_2B_2C_2}$ *in einer* HILBERTEBENE *gelte*

$$\angle_{B_1A_1C_1} \equiv \angle_{B_2A_2C_2}, \quad \overline{\mathbf{A_1B_1}} \equiv \overline{\mathbf{A_2B_2}}, \quad \angle_{C_1B_1A_1} \equiv \angle_{C_2B_2A_2}.$$

Dann sind die Dreiecke kongruent, das heißt es folgt

$$\overline{\mathbf{B_1C_1}} \equiv \overline{\mathbf{B_2C_2}}, \quad \overline{\mathbf{A_1C_1}} \equiv \overline{\mathbf{A_2C_2}}, \quad \angle_{A_1C_1B_1} \equiv \angle_{A_2C_2B_2}.$$

Beweis: Wir wählen einen Punkt $\mathbf{C} \in \vec{S}(\mathbf{B_2}, \mathbf{C_2})$ mit $\overline{\mathbf{B_2C}} \equiv \overline{\mathbf{B_1C_1}}$ (siehe Abbildung 3.7). Die beiden Dreiecke $\triangle_{A_1B_1C_1}$, $\triangle_{A_2B_2C}$ erfüllen die Voraussetzungen für den Kongruenzsatz Seite-Winkel-Seite und sind somit kongruent. Insbesondere ist $\angle_{B_1A_1C_1} \equiv \angle_{B_2A_2C}$ und dann auch

$$\angle_{B_2A_2C_2} \equiv \angle_{B_2A_2C}.$$

Da die beiden genannten Winkel den Scheitel $\mathbf{A_2}$ und den Schenkel $\vec{S}(\mathbf{A_2}, \mathbf{B_2})$ gemeinsam haben und außerdem die Punkte $\mathbf{C}, \mathbf{C_2}$ auf derselben Seite der Geraden $\mathbf{A_2B_2}$ liegen, folgt mit Axiom **(K4)**, dass die Winkel $\angle_{B_2A_2C_2}$, $\angle_{B_2A_2C}$ identisch sind. $\mathbf{C}, \mathbf{C_2}$ liegen somit beide auf den Geraden $\mathbf{A_2C_2}, \mathbf{B_2C_2}$ und müssen daher wegen $\mathbf{A_2C_2} \neq \mathbf{B_2C_2}$ miteinander übereinstimmen. Dies war zu zeigen. □

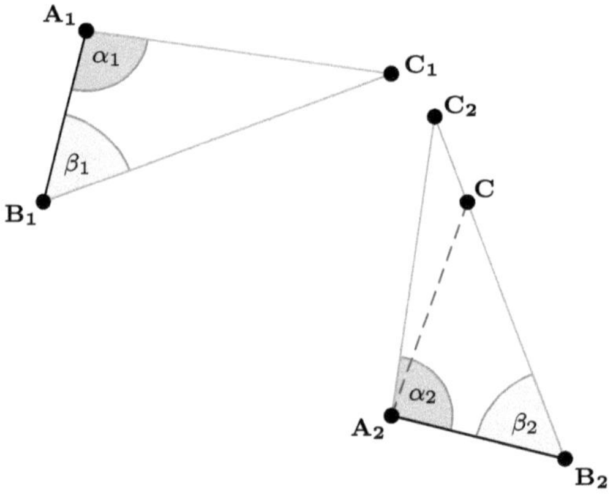

Abbildung 3.7.: Zwei Dreiecke $\triangle_{\mathbf{A_1B_1C_1}}$, $\triangle_{\mathbf{A_2B_2C_2}}$ sind bereits kongruent, wenn eine Seite des ersten Dreiecks zusammen mit ihren angrenzenden Winkeln kongruent zu einer Seite des zweiten Dreiecks mit deren angrenzenden Winkeln ist.

3.3.c. Kongruenzsätze für Winkel

Bevor wir den dritten Kongruenzsatz für Dreiecke beweisen können, benötigen wir noch einige Aussagen über Winkelkongruenzen.

3.3.4 Satz (Nebenwinkelsatz)
$(\mathcal{E}, \mathcal{G}, \cdot|\cdot|\cdot, \equiv)$ *sei eine* Hilbertebene. *Sind zwei Winkel kongruent, so sind auch deren Nebenwinkel kongruent. Insbesondere sind die beiden Nebenwinkel eines Winkels zueinander kongruent.*

Beweis: Es seien $\angle_{\mathbf{A_1S_1B_1}}$, $\angle_{\mathbf{A_2S_2B_2}}$ zwei kongruente Winkel. $\angle_{\mathbf{B_1S_1C_1}}$ sei ein Nebenwinkel von $\angle_{\mathbf{A_1S_1B_1}}$ und $\angle_{\mathbf{B_2S_2C_2}}$ sei ein Nebenwinkel von $\angle_{\mathbf{A_2S_2B_2}}$. Nach eventuellem Bezeichnungswechsel können wir ohne Einschränkung annehmen, dass $\mathbf{A_1}|\mathbf{S_1}|\mathbf{C_1}$ und $\mathbf{A_2}|\mathbf{S_2}|\mathbf{C_2}$. Da die Punkte auf den Strahlen geeignet gewählt werden dürfen, können wir ferner ohne Einschränkung annehmen, dass die Punkte $\mathbf{A_2}, \mathbf{B_2}, \mathbf{C_2}$ so bestimmt sind, dass

$$\overline{\mathbf{S_1A_1}} \equiv \overline{\mathbf{S_2A_2}}, \quad \overline{\mathbf{S_1B_1}} \equiv \overline{\mathbf{S_2B_2}}, \quad \overline{\mathbf{S_1C_1}} \equiv \overline{\mathbf{S_2C_2}}.$$

Wir können nun den Kongruenzsatz (SWS) auf die Dreiecke $\triangle_{\mathbf{A_1S_1B_1}}$, $\triangle_{\mathbf{A_2S_2B_2}}$ anwenden und folgern insbesondere

$$\angle_{\mathbf{B_1A_1S_1}} \equiv \angle_{\mathbf{B_2A_2S_2}}, \quad \overline{\mathbf{A_1B_1}} \equiv \overline{\mathbf{A_2B_2}}.$$

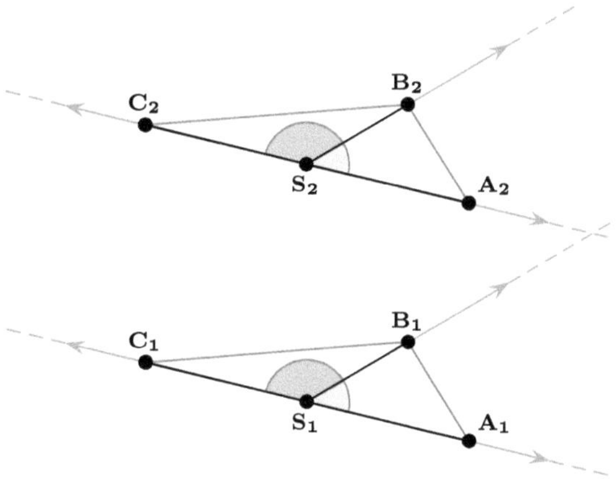

Abbildung 3.8.: Skizze zum Beweis von Satz 3.3.4.

Im nächsten Schritt wenden wir Axiom **(K3)** auf die Strecken $\overline{\mathbf{S_1A_1}}$, $\overline{\mathbf{S_1C_1}}$, $\overline{\mathbf{S_2A_2}}$, $\overline{\mathbf{S_2C_2}}$ an und erhalten die Kongruenz

$$\overline{\mathbf{A_1C_1}} \equiv \overline{\mathbf{A_2C_2}}.$$

Damit können wir den Kongruenzsatz (SWS) noch einmal anwenden, diesmal auf die Dreiecke $\triangle_{\mathbf{A_1B_1C_1}}$, $\triangle_{\mathbf{A_2B_2C_2}}$. Das ergibt

$$\angle_{\mathbf{A_1C_1B_1}} \equiv \angle_{\mathbf{A_2C_2B_2}}, \quad \overline{\mathbf{B_1C_1}} \equiv \overline{\mathbf{B_2C_2}}.$$

Da allerdings $\angle_{\mathbf{A_1C_1B_1}} = \angle_{\mathbf{S_1C_1B_1}}$, $\angle_{\mathbf{A_2C_2B_2}} = \angle_{\mathbf{S_2C_2B_2}}$, ergibt erneutes Anwenden des Kongruenzsatzes (SWS) auf die Dreiecke $\triangle_{\mathbf{C_1S_1B_1}}$, $\triangle_{\mathbf{C_2S_2B_2}}$ die Winkelkongruenz

$$\angle_{\mathbf{B_1S_1C_1}} \equiv \angle_{\mathbf{B_2S_2C_2}}.$$

Dies war gerade die erste Behauptung des Satzes. Die zweite ergibt sich direkt aus dieser. □

3.3.5 Satz (Gegenwinkelsatz)
In einer HILBERTEBENE *ist jeder Winkel zu seinem Gegenwinkel kongruent.*

***Beweis*:** Gegeben seien Punkte $\mathbf{S}, \mathbf{A}, \mathbf{B}, \mathbf{C}, \mathbf{D}$, die wie in Definition 2.4.8 angeordnet seien. Zu zeigen ist, dass die beiden Scheitelwinkel $\angle_{\mathbf{ASB}}$, $\angle_{\mathbf{CSD}}$ kongruent sind. Da diese Winkel aber beide Nebenwinkel des Winkels $\angle_{\mathbf{BSC}}$ (und auch des Winkels $\angle_{\mathbf{DSA}}$) sind, folgt diese Behauptung direkt aus dem Nebenwinkelsatz 3.3.4. □

3.3.6 Definition (Rechter Winkel)
Ein Winkel in einer HILBERTEBENE heißt *rechter Winkel*, wenn er zu einem seiner Nebenwinkel kongruent ist.

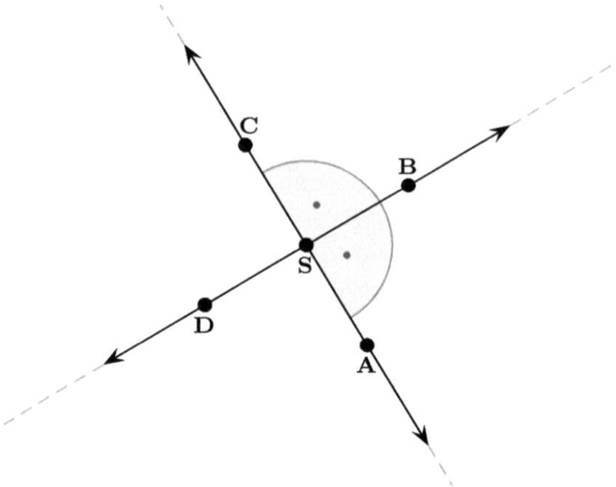

Abbildung 3.9.: Ein rechter Winkel ist zu seinen Nebenwinkeln kongruent.

3.3.7 Bemerkung

Es folgt aus Satz 3.3.4 und Satz 3.3.5, dass ein rechter Winkel zu beiden Nebenwinkeln und auch zu seinem Gegenwinkel kongruent ist.

Schreibweise: Winkel werden in Zeichnungen oft durch Kreisbögen veranschaulicht (siehe Abbildung 2.27). Bei rechten Winkeln wird zusätzlich ein Punkt in das Kreissegment gesetzt, zum Beispiel wie in Abbildung 3.9. Schneiden sich zwei Geraden $\mathbf{g}, \mathbf{h}$ in einem Punkt $\mathbf{S}$, so entstehen hierdurch vier Winkel mit Scheitel $\mathbf{S}$ von denen jeweils gegenüberliegende Winkel zueinander kongruent sind. Einer der vier Winkel ist ein rechter Winkel genau dann, wenn sämtliche Winkel rechte Winkel sind. In diesem Fall sagen wir, dass sich die Geraden *senkrecht* oder auch *orthogonal* schneiden und schreiben $\mathbf{g} \perp \mathbf{h}$.

3.3.8 Definition

Gegeben sei ein Dreieck $\triangle_{\mathbf{ABC}}$ in einer HILBERTEBENE.

1. $\triangle_{\mathbf{ABC}}$ heißt *gleichschenklig*, wenn wenigstens zwei Dreiecksseiten zueinander kongruent sind. Diese Seiten heißen *Schenkel* und die dritte Seite die *Basis* des Dreiecks. Die an die Basis angrenzenden Winkel heißen *Basiswinkel* und die Ecke, welche der Basis gegenüberliegt, nennt man die *Spitze* des Dreiecks.
2. $\triangle_{\mathbf{ABC}}$ heißt *gleichseitig*, wenn alle Dreiecksseiten zueinander kongruent sind.
3. $\triangle_{\mathbf{ABC}}$ heißt *rechtwinklig*, wenn wenigstens einer seiner Winkel ein rechter Winkel ist. Eine Dreiecksseite, die einem rechten Winkel gegenüberliegt, heißt *Hypotenuse*. Die beiden anderen Dreiecksseiten nennt man die hierzu gehörenden *Katheten*.

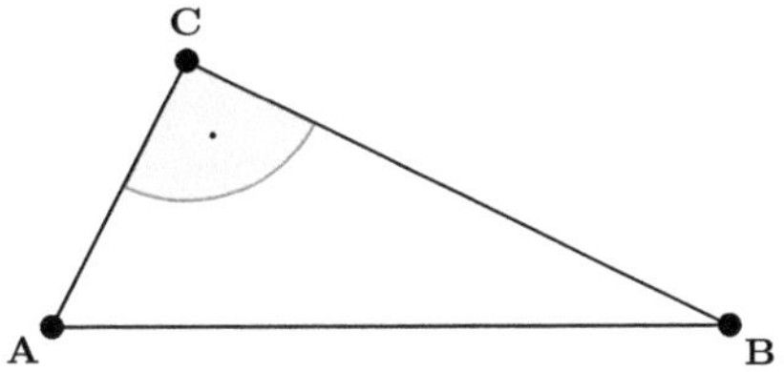

Abbildung 3.10.: Ein rechtwinkliges Dreieck mit Hypotenuse $\overline{\mathbf{AB}}$ und den beiden Katheten $\overline{\mathbf{AC}}, \overline{\mathbf{BC}}$.

3.3.9 Bemerkung
A priori ist nicht klar, ob es überhaupt rechte Winkel gibt und ob es Dreiecke mit mehr als einem rechten Winkel geben kann. Auf der Sphäre mit der üblichen sphärischen Geometrie existieren jedenfalls Dreiecke, bei denen sämtliche Winkel rechte Winkel sind (siehe Abbildung 3.11). Allerdings gelten in der sphärischen Geometrie

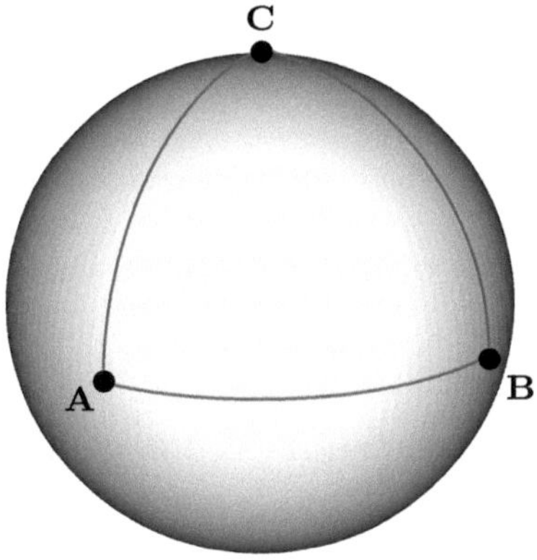

Abbildung 3.11.: Auf der Sphäre existieren Dreiecke mit drei rechten Winkeln.

auch andere Axiome. Wir werden weiter unten feststellen, dass es in einer HILBERT-EBENE stets rechte Winkel gibt (Existenz des senkrechten Lots, Satz 3.5.4) und dass

Dreiecke in HILBERTEBENEN höchstens einen rechten Winkel besitzen können (siehe Korollar 3.5.3).

3.3.10 Satz (Basiswinkelsatz)
Die Basiswinkel eines gleichschenkligen Dreiecks $\triangle_{\mathbf{ABC}}$ *sind zueinander kongruent.*

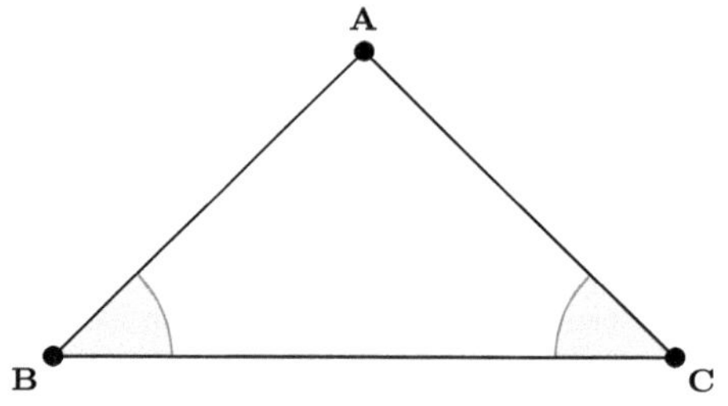

Abbildung 3.12.: Die Basiswinkel eines gleichschenkligen Dreiecks sind kongruent.

***Beweis*:** Ohne Einschränkung gelte $\overline{\mathbf{AB}} \equiv \overline{\mathbf{AC}}$. Wir müssen zeigen, dass $\angle_{\mathbf{CBA}} \equiv \angle_{\mathbf{ACB}}$. Wir setzen

$$\mathbf{A_1} := \mathbf{A_2} := \mathbf{A}, \quad \mathbf{B_1} := \mathbf{C_2} := \mathbf{B}, \quad \mathbf{C_1} := \mathbf{B_2} := \mathbf{C}$$

und können Axiom **(K6)** auf die beiden Dreiecke $\triangle_{\mathbf{A_1B_1C_1}}$, $\triangle_{\mathbf{A_2B_2C_2}}$ anwenden. Es folgt

$$\angle_{\mathbf{ACB}} = \angle_{\mathbf{A_1C_1B_1}} \equiv \angle_{\mathbf{A_2C_2B_2}} = \angle_{\mathbf{ABC}} = \angle_{\mathbf{CBA}}.$$

□

3.3.11 Korollar
Die Winkel eines gleichseitigen Dreiecks sind sämtlich zueinander kongruent.

***Beweis*:** Gleichseitige Dreiecke sind insbesondere gleichschenklig und jede Dreiecksseite ist Basis. Man wende daher Satz 3.3.10 mehrfach an.

□

3.3.12 Satz (Addition von Winkeln)
Gegeben seien zwei Winkel $\angle_{\mathbf{A_1S_1C_1}}$, $\angle_{\mathbf{A_2S_2C_2}}$, *sowie zwei Punkte*

$$\mathbf{B_1} \in \mathrm{Int}(\angle_{\mathbf{A_1S_1C_1}}), \quad \mathbf{B_2} \in \mathrm{Int}(\angle_{\mathbf{A_2S_2C_2}})$$

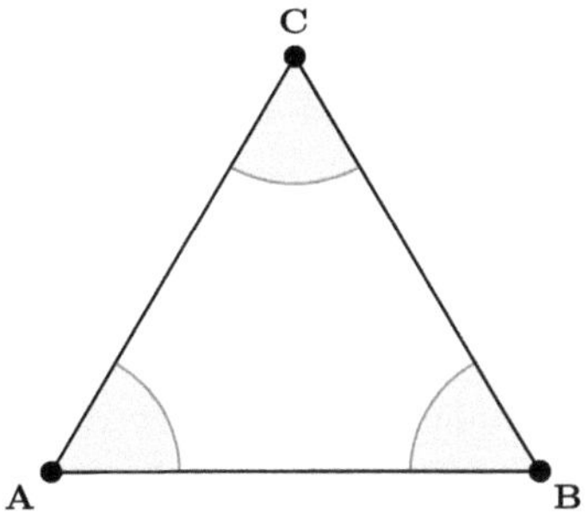

Abbildung 3.13.: Die Winkel eines gleichseitigen Dreiecks sind sämtlich kongruent.

in einer HILBERTEBENE. *Gilt dann* $\angle_{\mathbf{A_1S_1B_1}} \equiv \angle_{\mathbf{A_2S_2B_2}}$ *und* $\angle_{\mathbf{B_1S_1C_1}} \equiv \angle_{\mathbf{B_2S_2C_2}}$, *so folgt* $\angle_{\mathbf{A_1S_1C_1}} \equiv \angle_{\mathbf{A_2S_2C_2}}$.

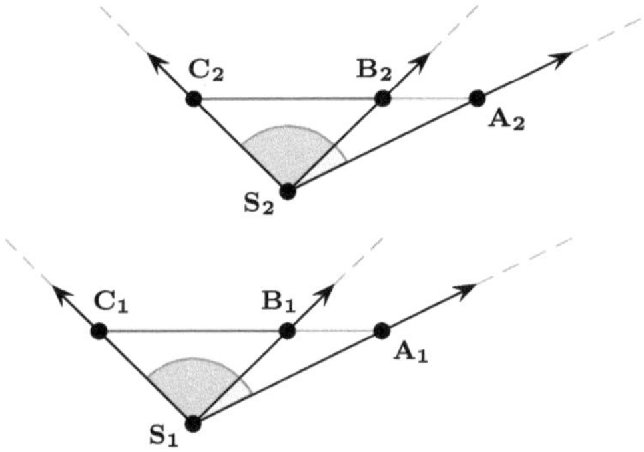

Abbildung 3.14.: Die Winkeladdition ist mit der Winkelkongruenz verträglich.

***Beweis*:** Da der Strahl $\vec{S}(\mathbf{S_1}, \mathbf{B_1})$ bis auf den Punkt $\mathbf{S_1}$ im Inneren des Winkels $\angle_{\mathbf{A_1S_1C_1}}$ verläuft, liegen die Punkte $\mathbf{A_1}, \mathbf{C_1}$ auf verschiedenen Seiten der Geraden $\mathbf{S_1B_1}$. Daher schneidet die Gerade $\mathbf{A_1C_1}$ die Gerade $\mathbf{S_1B_1}$ in einem Punkt $\mathbf{B}$. Dieser muss nach Satz 2.4.4 im Inneren des Winkels, also auch auf dem Strahl $\vec{S}(\mathbf{S_1}, \mathbf{B_1})$ liegen. Man ersetze $\mathbf{B_1}$ durch $\mathbf{B}$, das heißt ohne Einschränkung nehme man an, dass $\mathbf{B_1} \in \mathbf{A_1C_1}$. Weiterhin können wir nach Axiom **(K1)** ohne Einschränkung annehmen, dass die Punkte $\mathbf{A_2}, \mathbf{B_2}, \mathbf{C_2}$ so gewählt sind, dass zusätzlich die Streckenkongruenzen $\overline{\mathbf{S_2A_2}} \equiv \overline{\mathbf{S_1A_1}}$, $\overline{\mathbf{S_2B_2}} \equiv \overline{\mathbf{S_1B_1}}$, $\overline{\mathbf{S_2C_2}} \equiv \overline{\mathbf{S_1C_1}}$ erfüllt sind (siehe Abbildung 3.14). Wir behaupten, dass dann auch $\mathbf{B_2} \in \overline{\mathbf{A_2C_2}}$. Dies sieht man wie folgt. Zunächst sind nach dem Kongruenzsatz (SWS) sowohl die Dreiecke $\triangle_{\mathbf{S_1A_1B_1}}, \triangle_{\mathbf{S_2A_2B_2}}$ als auch die Dreiecke $\triangle_{\mathbf{S_1B_1C_1}}, \triangle_{\mathbf{S_2B_2C_2}}$ zueinander kongruent. Insbesondere folgt

$$\angle_{\mathbf{C_1B_1S_1}} \equiv \angle_{\mathbf{C_2B_2S_2}}, \quad \angle_{\mathbf{S_1B_1A_1}} \equiv \angle_{\mathbf{S_2B_2A_2}}.$$

Da $\mathbf{A_1}, \mathbf{B_1}, \mathbf{C_1}$ auf einer Geraden liegen, ist der Winkel $\angle_{\mathbf{S_1B_1A_1}}$ ein Nebenwinkel von $\angle_{\mathbf{C_1B_1S_1}}$. Nach Satz 3.3.4 sind die Nebenwinkel von $\angle_{\mathbf{C_2B_2S_2}}$ auch kongruent zu den Nebenwinkeln von $\angle_{\mathbf{C_1B_1S_1}}$, also auch zu $\angle_{\mathbf{S_1B_1A_1}}$. Da auch der Winkel $\angle_{\mathbf{S_2B_2A_2}}$ zu $\angle_{\mathbf{S_1B_1A_1}}$ kongruent ist und der Winkel $\angle_{\mathbf{S_2B_2A_2}}$ mit einem der Nebenwinkel von $\angle_{\mathbf{C_2B_2S_2}}$ den Strahl $\vec{\mathrm{S}}(\mathbf{B_2}, \mathbf{S_2})$ gemeinsam hat, folgt aus der Eindeutigkeit der Winkelabtragung **(K4)**, dass $\angle_{\mathbf{S_2B_2A_2}}$ tatsächlich ein Nebenwinkel von $\angle_{\mathbf{C_2B_2S_2}}$ sein muss und dass die Punkte $\mathbf{A_2}, \mathbf{B_2}, \mathbf{C_2}$ kollinear sind. Wir wenden als nächstes das Kongruenzaxiom **(K3)** auf die Streckenpaare $\overline{\mathbf{A_1B_1}}, \overline{\mathbf{A_2B_2}}$ und $\overline{\mathbf{B_1C_1}}$, $\overline{\mathbf{B_2C_2}}$ an und erhalten $\overline{\mathbf{A_1C_1}} \equiv \overline{\mathbf{A_2C_2}}$. Nochmaliges Anwenden des Satzes (SWS), diesmal auf die Dreiecke $\triangle_{\mathbf{S_1A_1C_1}}, \triangle_{\mathbf{S_2A_2C_2}}$, ergibt schließlich $\angle_{\mathbf{A_1S_1C_1}} \equiv \angle_{\mathbf{A_2S_2C_2}}$. □

3.3.13 Satz (Winkelteilung und -subtraktion)

In einer HILBERTEBENE *seien zwei kongruente Winkel* $\angle_{\mathbf{A_1S_1C_1}}, \angle_{\mathbf{A_2S_2C_2}}$ *sowie ein Punkt* $\mathbf{B_1}$ *im Inneren des Winkels* $\angle_{\mathbf{A_1S_1C_1}}$ *gegeben. Dann existiert genau ein Strahl* $\vec{\mathrm{S}}(\mathbf{S_2}, \mathbf{B_2})$ *mit* $\mathbf{B_2} \in \mathrm{Int}(\angle_{\mathbf{A_2S_2C_2}})$, *sodass* $\angle_{\mathbf{A_1S_1B_1}} \equiv \angle_{\mathbf{A_2S_2B_2}}$. *Für diesen Strahl gilt dann ebenfalls* $\angle_{\mathbf{B_1S_1C_1}} \equiv \angle_{\mathbf{B_2S_2C_2}}$.

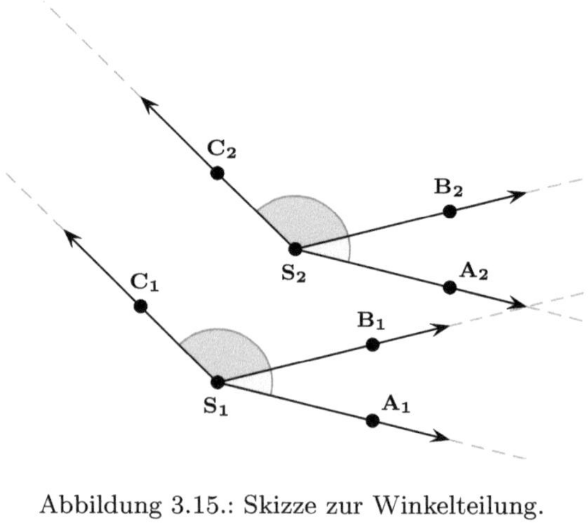

Abbildung 3.15.: Skizze zur Winkelteilung.

***Beweis*:** Dies beweist man durch eine ähnliche Konstruktion wie im Beweis von Satz 3.3.12. □

Wie der folgende Satz zeigt, ist eine Konsequenz hieraus, dass alle rechten Winkel zueinander kongruent sind.

3.3.14 Satz
In einer HILBERTEBENE *seien zwei Winkel* $\angle_{\mathbf{ASB}}$, $\angle_{\mathbf{A'S'B'}}$ *gegeben, davon sei* $\angle_{\mathbf{ASB}}$ *ein rechter. Dann sind* $\angle_{\mathbf{A'S'B'}}$ *und* $\angle_{\mathbf{ASB}}$ *genau dann kongruent, wenn* $\angle_{\mathbf{A'S'B'}}$ *ebenfalls ein rechter Winkel ist.*

***Beweis*:** Für den Beweis verwenden wir Satz 3.3.4.

1. Es gelte $\angle_{\mathbf{ASB}} \equiv \angle_{\mathbf{A'S'B'}}$. Nach Satz 3.3.4 ist dann der Nebenwinkel von $\angle_{\mathbf{A'S'B'}}$ auch zum Nebenwinkel von $\angle_{\mathbf{ASB}}$ kongruent und damit zu $\angle_{\mathbf{ASB}}$ selbst, denn letzterer ist ein rechter Winkel. Also ist der Nebenwinkel von $\angle_{\mathbf{A'S'B'}}$ auch zu $\angle_{\mathbf{A'S'B'}}$ kongruent und somit ist $\angle_{\mathbf{A'S'B'}}$ ein rechter Winkel.
2. Wir nehmen an, dass $\angle_{\mathbf{ASB}}, \angle_{\mathbf{A'S'B'}}$ rechte Winkel sind. Es sei $\mathbf{C} \in \mathbf{SA}$ so gewählt, dass $\mathbf{C}|\mathbf{S}|\mathbf{A}$. Nach Axiom **(K4)** existiert ein eindeutig bestimmter Winkel $\angle_{\mathbf{ASD}}$ mit $\angle_{\mathbf{ASD}} \equiv \angle_{\mathbf{A'S'B'}}$ und $[\mathbf{B}]_{\mathbf{SA}} = [\mathbf{D}]_{\mathbf{SA}}$ (vergleiche mit Abbildung 3.16).

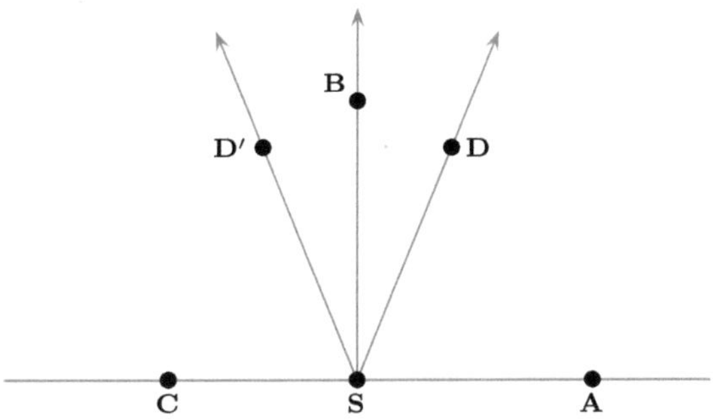

Abbildung 3.16.: Skizze zu Satz 3.3.14.

a) Nach Punkt 1. ist der Winkel $\angle_{\mathbf{ASD}}$ ein rechter Winkel.

b) Der Punkt **D** kann nicht im Inneren des Winkels $\angle_{\mathbf{ASB}}$ liegen.

***Beweis*:** Wir führen die Annahme $\mathbf{D} \in \mathrm{Int}(\angle_{\mathbf{ASB}})$ zum Widerspruch. Nach **(K1)**, **(K4)**, Satz 3.2.2 und Satz 3.3.13 existiert genau ein Punkt

$\mathbf{D}' \in \mathrm{Int}(\angle_{\mathbf{BSC}})$ mit $\overline{\mathbf{SD}} \equiv \overline{\mathbf{SD}'}$ und $\angle_{\mathbf{D'SC}} \equiv \angle_{\mathbf{ASD}}$. Damit ist insbesondere $\angle_{\mathbf{D'SC}} \equiv \angle_{\mathbf{DSC}}$ und weil diese beiden Winkel den Schenkel $\vec{\mathrm{S}}(\mathbf{S}, \mathbf{C})$ gemeinsam haben und $\mathbf{D}, \mathbf{D}'$ auf derselben Seite der Geraden $\mathbf{SC}$ liegen, folgt nach Axiom **(K4)**, dass die Strahlen $\vec{\mathrm{S}}(\mathbf{S}, \mathbf{D})$ und $\vec{\mathrm{S}}(\mathbf{S}, \mathbf{D}')$ übereinstimmen. Dies steht im Widerspruch zu $\mathbf{D} \in \mathrm{Int}(\angle_{\mathbf{ASB}})$ und $\mathbf{D}' \in \mathrm{Int}(\angle_{\mathbf{BSC}}) \subset \mathrm{Ext}(\angle_{\mathbf{ASB}})$. ⊛

c) Analog zeigt man, dass $\mathbf{D}$ nicht im Inneren des Winkels $\angle_{\mathbf{BSC}}$ liegen kann. Somit liegt $\mathbf{D}$ auf dem Strahl $\vec{\mathrm{S}}(\mathbf{S}, \mathbf{B})$ und $\vec{\mathrm{S}}(\mathbf{S}, \mathbf{B}) = \vec{\mathrm{S}}(\mathbf{S}, \mathbf{D})$. Dies bedeutet aber auch $\angle_{\mathbf{ASB}} = \angle_{\mathbf{ASD}} \equiv \angle_{\mathbf{A'S'B'}}$. Das war zu zeigen.

□

3.3.15 Satz (Drachenwinkelsatz)
Gegeben seien vier paarweise verschiedene Punkte $\mathbf{A}, \mathbf{B}, \mathbf{C_1}, \mathbf{C_2}$ *in einer* HILBERT-EBENE, *sodass* $\mathbf{C_1}, \mathbf{C_2}$ *auf verschiedenen Seiten der Geraden* $\mathbf{AB}$ *liegen. Falls dann* $\overline{\mathbf{AC_1}} \equiv \overline{\mathbf{AC_2}}$ *und* $\overline{\mathbf{BC_1}} \equiv \overline{\mathbf{BC_2}}$, *so folgt auch* $\angle_{\mathbf{ABC_1}} \equiv \angle_{\mathbf{ABC_2}}$.

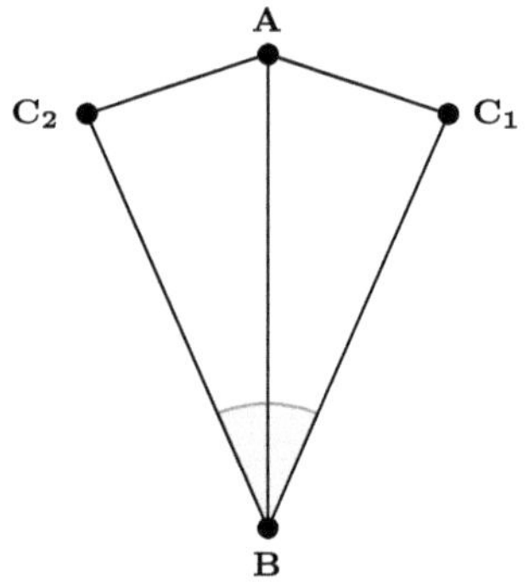

Abbildung 3.17.: Skizze zu Satz 3.3.15.

***Beweis*:** Wir unterscheiden drei Fälle.

1. Keiner der Punkte $\mathbf{A}, \mathbf{B}$ liege auf $\mathbf{C_1 C_2}$.
In diesem Fall sind $\triangle_{\mathbf{AC_1C_2}}$ sowie $\triangle_{\mathbf{BC_1C_2}}$ zwei gleichschenklige Dreiecke und aus dem Satz über die Gleichheit von Basiswinkeln (Satz 3.3.10) ergeben sich sofort die folgenden Winkelkongruenzen:

$$\angle_{\mathbf{C_2C_1A}} \equiv \angle_{\mathbf{C_1C_2A}}, \quad \angle_{\mathbf{C_2C_1B}} \equiv \angle_{\mathbf{C_1C_2B}}.$$

Der Satz über die Winkeladdition impliziert daher

$$\angle_{\mathbf{AC_1B}} \equiv \angle_{\mathbf{AC_2B}}.$$

Die Behauptung ist jetzt eine unmittelbare Folgerung aus dem Kongruenzsatz (SWS) für die Dreiecke $\triangle_{\mathbf{ABC_1}}, \triangle_{\mathbf{ABC_2}}$.

2. $\mathbf{A}$ liege auf $\mathbf{C_1C_2}$.
   Es folgt, dass $\mathbf{B}$ nicht auf der Geraden $\mathbf{C_1C_2}$ liegt. Weil nach Voraussetzung $(\mathbf{C_1}, \mathbf{C_2})\not/_{\mathbf{AB}}$, gilt $\mathbf{C_1}|\mathbf{A}|\mathbf{C_2}$. Wie oben folgt $\angle_{\mathbf{C_2C_1B}} \equiv \angle_{\mathbf{C_1C_2B}}$. Da in diesem Fall $\angle_{\mathbf{C_2C_1B}} = \angle_{\mathbf{AC_1B}}$ und $\angle_{\mathbf{C_1C_2B}} = \angle_{\mathbf{AC_2B}}$, kann man nun den Satz (SWS) auf $\triangle_{\mathbf{ABC_1}}$, $\triangle_{\mathbf{ABC_2}}$ anwenden. Dies ergibt das Gewünschte.

3. $\mathbf{B}$ liege auf $\mathbf{C_1C_2}$.
   Dies kann analog zum letzten Fall behandelt werden.

□

3.3.d. Dritter Kongruenzsatz: Seite-Seite-Seite

3.3.16 Satz (3. Kongruenzsatz, Seite-Seite-Seite (SSS))
Gegeben seien zwei Dreiecke $\triangle_{\mathbf{A_1B_1C_1}}$, $\triangle_{\mathbf{A_2B_2C_2}}$ in einer HILBERTEBENE *mit*

$$\overline{\mathbf{A_1B_1}} \equiv \overline{\mathbf{A_2B_2}}, \quad \overline{\mathbf{B_1C_1}} \equiv \overline{\mathbf{B_2C_2}}, \quad \overline{\mathbf{C_1A_1}} \equiv \overline{\mathbf{C_2A_2}}.$$

Dann gilt zusätzlich

$$\angle_{\mathbf{B_1A_1C_1}} \equiv \angle_{\mathbf{B_2A_2C_2}}, \angle_{\mathbf{C_1B_1A_1}} \equiv \angle_{\mathbf{C_2B_2A_2}}, \angle_{\mathbf{A_1C_1B_1}} \equiv \angle_{\mathbf{A_2C_2B_2}}.$$

***Beweis*:** Wir tragen den Winkel $\angle_{\mathbf{B_2A_2C_2}}$ am Strahl $\vec{\mathrm{S}}(\mathbf{A_1}, \mathbf{B_1})$ im Scheitel $\mathbf{A_1}$ so ab, dass der zweite Schenkel auf der dem Punkt $\mathbf{C_1}$ gegenüberliegenden Seite der Geraden $\mathbf{A_1B_1}$ zu liegen kommt. Auf diesem Strahl wählen wir nun den eindeutig bestimmten Punkt $\mathbf{C_2'}$ mit $\overline{\mathbf{A_1C_2'}} \equiv \overline{\mathbf{A_2C_2}}$. Wir können den Kongruenzsatz (SWS) auf die Dreiecke $\triangle_{\mathbf{A_1B_1C_2'}}, \triangle_{\mathbf{A_2B_2C_2}}$ anwenden und erhalten insbesondere die Kongruenz $\overline{\mathbf{B_1C_2'}} \equiv \overline{\mathbf{B_2C_2}}$. Da die Kongruenzrelation transitiv ist, folgt jetzt

$$\overline{\mathbf{A_1C_2'}} \equiv \overline{\mathbf{A_1C_1}}, \quad \overline{\mathbf{B_1C_2'}} \equiv \overline{\mathbf{B_1C_1}}.$$

Damit sind die Voraussetzungen von Satz 3.3.15 erfüllt und wir haben gezeigt, dass

$$\angle_{\mathbf{C_2'A_1B_1}} \equiv \angle_{\mathbf{C_1A_1B_1}}, \quad \angle_{\mathbf{C_2'B_1A_1}} \equiv \angle_{\mathbf{C_1B_1A_1}}.$$

Zum Schluss wenden wir nun den Kongruenzsatz (WSW) auf die Dreiecke $\triangle_{\mathbf{A_1B_1C_1}}$ und $\triangle_{\mathbf{A_2B_2C_2}}$ an, um das Gewünschte zu zeigen. □

Wir werden in Kapitel 5 noch einen vierten Kongruenzsatz für euklidische Dreiecke beweisen, nämlich den Kongruenzsatz Seite-Seite-Winkel (SsW). Dieser unterscheidet sich von den vorhergehenden Sätzen dadurch, dass man zusätzlich noch einen Größenvergleich für die Dreiecksseiten benötigt.

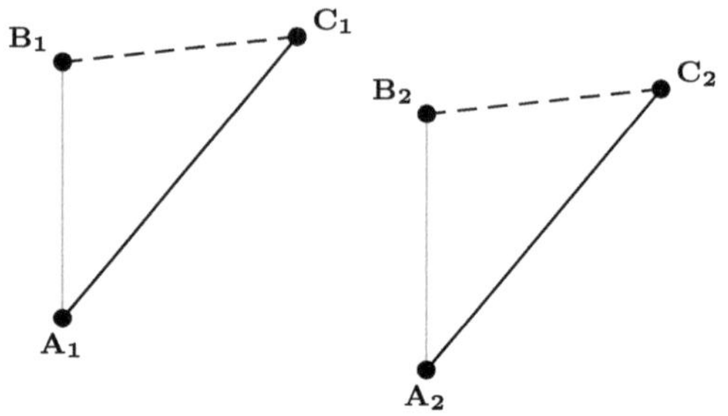

Abbildung 3.18.: Veranschaulichung des Kongruenzsatzes Seite-Seite-Seite (SSS).

3.4. Größenvergleiche bei Strecken und Winkeln

Eine besonders interessante Eigenschaft von HILBERTEBENEN besteht in der Möglichkeit, einen Größenvergleich bei Strecken und auch bei Winkeln einzuführen ohne dabei ein Maß zur Verfügung zu haben. Die Möglichkeit hierzu wird durch die axiomatische Forderung nach der kongruenten Abtragbarkeit von Strecken und Winkeln geschaffen. Wir wollen diesen Sachverhalt hier etwas näher erläutern.

Sind zwei Strecken $\overline{\mathbf{AB}}, \overline{\mathbf{A'B'}}$ in einer HILBERTEBENE gegeben, so kann man nach Axiom **(K1)** die Strecke $\overline{\mathbf{AB}}$ im Punkt $\mathbf{A}'$ in Richtung des Strahls $\overrightarrow{\mathrm{S}}(\mathbf{A}', \mathbf{B}')$ kongruent abtragen. Auf diese Weise erhalten wir einen Punkt $\mathbf{B}'' \in \overrightarrow{\mathrm{S}}(\mathbf{A}', \mathbf{B}')$ mit $\overline{\mathbf{AB}} \equiv \overline{\mathbf{A'B''}}$. Sind $\overline{\mathbf{AB}}, \overline{\mathbf{A'B'}}$ nicht kongruent, so gilt für $\mathbf{B}''$ entweder $\mathbf{A}'|\mathbf{B}'|\mathbf{B}''$ oder $\mathbf{A}'|\mathbf{B}''|\mathbf{B}'$. Wir definieren nun Relationen durch

$$\overline{\mathbf{AB}} \prec \overline{\mathbf{A'B'}}, \text{ wenn } \mathbf{A}'|\mathbf{B}''|\mathbf{B}' \quad \text{und} \quad \overline{\mathbf{AB}} \succ \overline{\mathbf{A'B'}}, \text{ wenn } \mathbf{A}'|\mathbf{B}'|\mathbf{B}''.$$

3.4.1 Lemma
Es seien zwei Strecken $\overline{\mathbf{AB}}, \overline{\mathbf{A'B'}}$ *in einer* HILBERTEBENE *gegeben. Dann gilt*

$$\overline{\mathbf{AB}} \prec \overline{\mathbf{A'B'}} \quad \Leftrightarrow \quad \overline{\mathbf{A'B'}} \succ \overline{\mathbf{AB}}.$$

***Beweis*:** Dies folgt aus den Axiomen **(K1)**, **(K3)** und aus Satz 3.2.2 sowie Korollar 3.2.3. □

Nach dem letzten Lemma sind die Relationen $\succ$ und $\prec$ invers zueinander.

3.4.2 Lemma
Gegeben seien drei Strecken $\overline{\mathbf{AB}}, \overline{\mathbf{A'B'}}, \overline{\mathbf{CD}}$ *mit* $\overline{\mathbf{AB}} \equiv \overline{\mathbf{A'B'}}$. *Dann gelten*

$$\overline{\mathbf{AB}} \prec \overline{\mathbf{CD}} \quad \Leftrightarrow \quad \overline{\mathbf{A'B'}} \prec \overline{\mathbf{CD}}$$

und

$$\overline{\mathbf{AB}} \succ \overline{\mathbf{CD}} \quad \Leftrightarrow \quad \overline{\mathbf{A'B'}} \succ \overline{\mathbf{CD}}.$$

***Beweis*:** Das ergibt sich direkt aus Satz 3.2.2. □

Ebenso einfach lässt sich beweisen, dass die Relationen $\prec$ und $\succ$ transitiv sind.

3.4.3 Lemma
Gegeben seien drei Strecken $\overline{\mathbf{AB}}, \overline{\mathbf{A'B'}}$ *und* $\overline{\mathbf{A''B''}}$. *Dann gelten die Aussagen*

$$\overline{\mathbf{AB}} \prec \overline{\mathbf{A'B'}} \textit{ und } \overline{\mathbf{A'B'}} \prec \overline{\mathbf{A''B''}} \quad \Rightarrow \quad \overline{\mathbf{AB}} \prec \overline{\mathbf{A''B''}}$$

und

$$\overline{\mathbf{AB}} \succ \overline{\mathbf{A'B'}} \textit{ und } \overline{\mathbf{A'B'}} \succ \overline{\mathbf{A''B''}} \quad \Rightarrow \quad \overline{\mathbf{AB}} \succ \overline{\mathbf{A''B''}}.$$

Schreibweise: Wir nennen die Strecke $\overline{\mathbf{AB}}$ *kleiner* als die Strecke $\overline{\mathbf{A'B'}}$, wenn $\overline{\mathbf{AB}} \prec \overline{\mathbf{A'B'}}$ und wir nennen sie *größer*, wenn $\overline{\mathbf{AB}} \succ \overline{\mathbf{A'B'}}$.

Mit den Hilfssätzen 3.4.1–3.4.3 schließen wir, dass sich die Kleiner- und Größer-Relationen $\prec$, $\succ$ auf die Kongruenzklassen

$$[\overline{\mathbf{AB}}] := \{\overline{\mathbf{A'B'}} : \overline{\mathbf{A'B'}} \equiv \overline{\mathbf{AB}}\}$$

übertragen lassen, das heißt wir können $[\overline{\mathbf{AB}}] \prec [\overline{\mathbf{CD}}]$ schreiben, wenn diese Relation für jeweils einen (und dann alle) Repräsentanten der Kongruenzklassen gilt. Man nennt eine Kongruenzklasse $[\overline{\mathbf{AB}}]$ auch manchmal eine *Länge*, man darf das dann aber nicht mit der Streckenlänge verwechseln, die durch ein eventuell vorhandenes Längenmaß auf der Menge der Kongruenzklassen eingeführt werden kann. Ein Längenmaß ordnet jeder Kongruenzklasse eine positive reelle Zahl zu, sodass diese Funktion zusätzlich mit der Streckenaddition verträglich ist, das heißt die Streckenlänge von $[\overline{\mathbf{AC}}]$ muss die Summe der Streckenlängen von $[\overline{\mathbf{AB}}]$ und $[\overline{\mathbf{BC}}]$ sein, wenn $\mathbf{A}|\mathbf{B}|\mathbf{C}$.

Für Winkel können wir auf ganz ähnliche Weise eine Ordnungsrelation einführen. Sind zwei Winkel $\angle_{\mathbf{ASB}}$, $\angle_{\mathbf{A'S'B'}}$ gegeben, so kann man nach Axiom **(K4)** den Winkel $\angle_{\mathbf{ASB}}$ im Punkt $\mathbf{S'}$ kongruent so abtragen, dass einer der Schenkel auf den Schenkel $\vec{\mathrm{S}}(\mathbf{S'}, \mathbf{A'})$ fällt und der andere Schenkel bis auf den Scheitelpunkt $\mathbf{S'}$ komplett auf derselben Seite der Geraden $\mathbf{S'A'}$ liegt wie $\mathbf{B'}$. Auf diesem zweiten Schenkel wählen wir einen beliebigen von $\mathbf{S'}$ verschiedenen Punkt $\mathbf{B''}$. Genau dann gilt $\vec{\mathrm{S}}(\mathbf{S'}, \mathbf{B'}) = \vec{\mathrm{S}}(\mathbf{S'}, \mathbf{B''})$, wenn $\angle_{\mathbf{ASB}} \equiv \angle_{\mathbf{A'S'B'}}$. Geht man nun davon aus, dass die Winkel nicht kongruent sind, so liegt der *offene Strahl* $\vec{\mathbf{S}}_0(\mathbf{S'}, \mathbf{B''}) := \vec{\mathrm{S}}(\mathbf{S'}, \mathbf{B''}) \setminus$

$\{\mathbf{S}'\}$ entweder komplett im Inneren, oder im Äußeren des Winkels $\angle_{\mathbf{A}'\mathbf{S}'\mathbf{B}'}$. Wir definieren nun Relationen durch

$$\begin{aligned}\angle_{\mathbf{ASB}} \prec \angle_{\mathbf{A}'\mathbf{S}'\mathbf{B}'}, &\text{ wenn } \vec{\mathbf{S}}_0(\mathbf{S}', \mathbf{B}'') \subset \mathrm{Int}(\angle_{\mathbf{A}'\mathbf{S}'\mathbf{B}'}) \quad \text{und} \\ \angle_{\mathbf{ASB}} \succ \angle_{\mathbf{A}'\mathbf{S}'\mathbf{B}'}, &\text{ wenn } \vec{\mathbf{S}}_0(\mathbf{S}', \mathbf{B}'') \subset \mathrm{Ext}(\angle_{\mathbf{A}'\mathbf{S}'\mathbf{B}'}).\end{aligned}$$

Wir nennen einen Winkel $\angle$ *kleiner* als einen Winkel $\angle'$, wenn $\angle \prec \angle'$ und entsprechend sagen wir im Fall $\angle \succ \angle'$, dass der Winkel $\angle$ *größer* als der Winkel $\angle'$ ist. Analog zu den entsprechenden Aussagen für den Größenvergleich von Strecken können die unten aufgelisteten Eigenschaften für die Größenrelationen zwischen Winkeln nachgewiesen werden. Man benötigt hierzu lediglich die Eindeutigkeit der Winkelabtragung sowie den Satz über die Winkelsubtraktion.

3.4.4 Lemma
Gegeben seien drei Winkel $\angle$, $\angle'$ und $\angle''$.

1. *Die Relationen $\prec$ und $\succ$ zwischen Winkeln sind invers zueinander, das heißt*

$$\angle \prec \angle' \quad \Leftrightarrow \quad \angle' \succ \angle.$$

2. *Die Relationen $\prec$, $\succ$ sind mit der Winkelkongruenz verträglich, also sind im Falle $\angle \equiv \angle'$ die beiden folgenden Aussagen gültig.*

$$\angle \prec \angle'' \quad \Leftrightarrow \quad \angle' \prec \angle'', \qquad \angle \succ \angle'' \quad \Leftrightarrow \quad \angle' \succ \angle''.$$

3. *Die Relationen $\prec, \succ$ sind transitiv, also gelten*

$$\begin{aligned}\angle \prec \angle' \text{ und } \angle' \prec \angle'' \quad &\Rightarrow \quad \angle \prec \angle'', \\ \angle \succ \angle' \text{ und } \angle' \succ \angle'' \quad &\Rightarrow \quad \angle \succ \angle''.\end{aligned}$$

Man kann daher ebenfalls die Größenrelationen wieder auf die Kongruenzklassen $[\angle]$ übertragen, das heißt wir können $[\angle] \prec [\angle']$ schreiben, wenn diese Relation für jeweils einen und dann alle Repräsentanten der beiden Kongruenzklassen gilt. In Analogie zu den Kongruenzklassen von Strecken nennt man eine Kongruenzklasse $[\angle]$ von Winkeln auch manchmal eine *Winkelweite*. Für spätere Zwecke notieren wir noch die folgende Definition.

3.4.5 Definition
Ein Winkel $\angle$ heißt *spitz*, wenn er kleiner als ein rechter Winkel ist und er heißt *stumpf*, wenn er größer als ein rechter Winkel ist. Wir nennen ein Dreieck $\triangle_{\mathbf{ABC}}$ *spitzwinklig*, wenn sämtliche Dreieckswinkel spitze Winkel sind. Ein Dreieck, dass weder rechtwinklig noch spitzwinklig ist heißt *stumpfwinklig*.

3.5. Lot und Parallele

3.5.a. Das senkrechte Lot

3.5.1 Definition (Lot)
Gegeben seien eine Gerade $\mathbf{g}$ in einer HILBERTEBENE sowie ein Punkt $\mathbf{P} \notin \mathbf{g}$. Eine Gerade $\mathbf{l}$ durch $\mathbf{P}$ mit $\mathbf{g} \perp \mathbf{l}$ heißt *senkrechtes Lot* auf $\mathbf{g}$ durch $\mathbf{P}$. Der Schnittpunkt $\mathbf{L}$ mit $\{\mathbf{L}\} = \mathbf{g} \cap \mathbf{l}$ heißt *Lotfußpunkt* von $\mathbf{P}$.

Wir möchten zeigen, dass es zu jeder Geraden $\mathbf{g}$ und zu jedem Punkt $\mathbf{P} \notin \mathbf{g}$ genau ein senkrechtes Lot gibt. Hierzu müssen wir zunächst der Frage nachgehen, ob ein Dreieck in einer HILBERTEBENE mehr als einen rechten Winkel besitzen kann. Dafür benötigen wir den folgenden wichtigen Satz.

3.5.2 Satz
In einer HILBERTEBENE *ist kein Winkel eines Dreiecks* $\triangle_{\mathbf{ABC}}$ *zu einem Nebenwinkel eines seiner anderen Winkel kongruent.*

***Beweis*:** Wir führen den Beweis durch Widerspruch. Wir nehmen dazu ohne Einschränkung an, dass der Winkel $\angle_{\mathbf{ACB}}$ zum Nebenwinkel von $\angle_{\mathbf{CBA}}$ kongruent sei. Wir tragen die Strecke $\overline{\mathbf{AB}}$ im Punkt $\mathbf{C}$ in Richtung des Strahls $\vec{\mathrm{S}}(\mathbf{A},\mathbf{C})$ ab, das

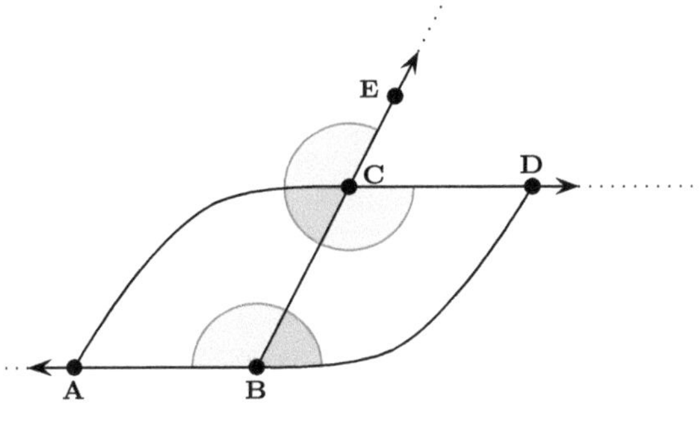

Abbildung 3.19.: Skizze zum Beweis von Satz 3.5.2.

heißt so, dass der Endpunkt $\mathbf{D}$ dieser neuen Strecke auf der dem Punkt $\mathbf{A}$ gegenüberliegenden Seite der Gerade $\mathbf{BC}$ zu liegen kommt. Wähle zusätzlich noch einen beliebigen Punkt $\mathbf{E}$ auf dem Strahl $\vec{\mathrm{S}}(\mathbf{B},\mathbf{C})$, sodass $\mathbf{B}|\mathbf{C}|\mathbf{E}$. Die Winkel $\angle_{\mathbf{CBA}}$, $\angle_{\mathbf{ECA}}$ und $\angle_{\mathbf{BCD}}$ sind dann kongruent. Wir können den Kongruenzsatz (SWS) auf die Dreiecke $\triangle_{\mathbf{DCB}}$ und $\triangle_{\mathbf{ABC}}$ anwenden und erhalten $\angle_{\mathbf{ACB}} \equiv \angle_{\mathbf{DBC}}$. Nun ist $\angle_{\mathbf{ACB}}$ Nebenwinkel von $\angle_{\mathbf{ECA}}$. Daher muss wegen der Eindeutigkeit der Winkelabtragung $\angle_{\mathbf{DBC}}$ auch Nebenwinkel vom Winkel $\angle_{\mathbf{CBA}}$ sein. Damit liegt aber **D** auf der Geraden **AB** und dann auch **C**. Dies ist ein Widerspruch. □

3.5.3 Korollar

Von einem Dreieck $\triangle_{\mathbf{ABC}}$ *in einer* HILBERTEBENE *ist höchstens einer der Winkel ein rechter.*

***Beweis*:** Nach Definition eines rechten Winkels ist dieser zu seinen Nebenwinkeln kongruent. Falls es also zwei rechte Winkel gäbe, so wären diese nach Satz 3.3.14 zueinander und dann der eine insbesondere zum Nebenwinkel des anderen kongruent. Dies widerspricht Satz 3.5.2. □

3.5.4 Satz (Existenz und Eindeutigkeit des Lots)

In einer HILBERTEBENE *sei zu einer Geraden* **g** *ein Punkt* $\mathbf{P} \notin \mathbf{g}$ *gegeben. Dann existiert genau ein Punkt* **L** *auf* **g**, *so dass sich die Geraden* $\mathbf{l} := \mathbf{PL}$ *und* **g** *im Punkt* **L** *senkrecht schneiden.*

***Beweis*:** Wir zeigen erst die Existenz und danach die Eindeutigkeit.

1. **Existenz.**
   Man wähle zwei verschiedene Punkte **A**, **B** auf **g** und einen beliebigen Punkt

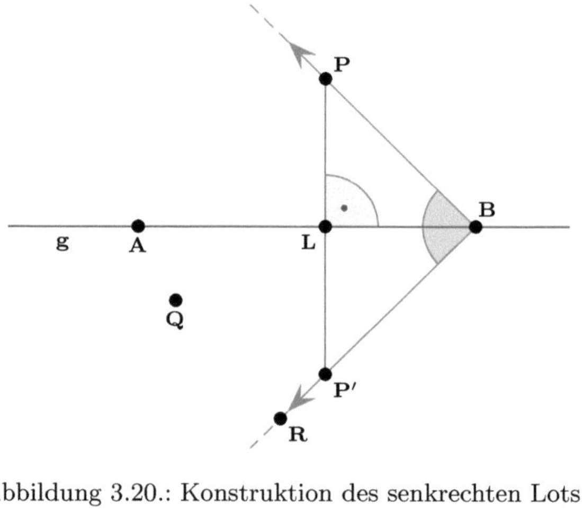

Abbildung 3.20.: Konstruktion des senkrechten Lots.

   Q auf der von $[\mathbf{P}]_{\mathbf{g}}$ abgewandten Seite von **g** (vergl. mit Abbildung 3.20). Mit Axiom **(K4)** schließt man, dass es genau einen Winkel $\angle_{\mathbf{ABR}}$ mit $\angle_{\mathbf{ABR}} \equiv \angle_{\mathbf{ABP}}$ und $[\mathbf{R}]_{\mathbf{g}} = [\mathbf{Q}]_{\mathbf{g}}$ gibt. Als nächstes trage man die Strecke $\overline{\mathbf{BP}}$ am Strahl $\vec{S}(\mathbf{B},\mathbf{R})$ kongruent ab. Auf diese Weise erhält man einen Punkt $\mathbf{P}'$

auf $\vec{S}(\mathbf{B}, \mathbf{R})$ mit

$$\overline{\mathbf{BP'}} \equiv \overline{\mathbf{BP}}, \quad \angle_{\mathbf{ABP'}} \equiv \angle_{\mathbf{ABP}}.$$

Da $\mathbf{P}$ und $\mathbf{P'}$ auf verschiedenen Seiten von $\mathbf{g}$ liegen, existiert ein Schnittpunkt $\mathbf{L} \in \overline{\mathbf{PP'}} \cap \mathbf{g}$. Wir können den Kongruenzsatz (SWS) auf die beiden Dreiecke $\triangle_{\mathbf{BLP}}$, $\triangle_{\mathbf{BLP'}}$ anwenden, denn

$$\angle_{\mathbf{LBP'}} = \angle_{\mathbf{ABP'}} \equiv \angle_{\mathbf{ABP}} = \angle_{\mathbf{LBP}}.$$

Es folgt, dass auch

$$\angle_{\mathbf{BLP'}} \equiv \angle_{\mathbf{BLP}}.$$

Da aber die Punkte $\mathbf{P}$, $\mathbf{L}$, $\mathbf{P'}$ kollinear sind, bedeutet das gerade, dass $\angle_{\mathbf{BLP'}}$ ein Nebenwinkel von $\angle_{\mathbf{BLP}}$ ist. Somit ist dieser ein rechter Winkel. Das zeigt die Existenz des Punktes $\mathbf{L}$ mit den gesuchten Eigenschaften.

2. **Eindeutigkeit.**
Wir nehmen an, $\mathbf{L}$, $\mathbf{L'}$ sind zwei verschiedene Punkte mit dieser Eigenschaft. Dann besitzt das Dreieck $\triangle_{\mathbf{PLL'}}$ zwei rechte Winkel und das ist nach Korollar 3.5.3 ausgeschlossen. Daher kann es nur einen solchen Punkt geben.

□

3.5.5 Korollar
Zu jedem Punkt $\mathbf{A}$ *einer Geraden* $\mathbf{g}$ *existiert genau eine Gerade* $\mathbf{h}$ *mit* $\mathbf{g} \perp \mathbf{h}$ *und* $\mathbf{g} \cap \mathbf{h} = \{\mathbf{A}\}$.

***Beweis*:** Da es rechte Winkel gibt, kann man einen rechten Winkel im Punkt $\mathbf{A}$ so kongruent abtragen, dass der eine Schenkel auf $\mathbf{g}$ zu liegen kommt. Der andere Schenkel steht dann senkrecht auf $\mathbf{g}$ und lässt sich zu einer Geraden $\mathbf{h}$ fortsetzen. Die Eindeutigkeit folgt aus der Kongruenz aller rechten Winkel. □

3.5.6 Definition (Senkrechte)
Die Gerade $\mathbf{h}$ aus Korollar 3.5.5 nennt man die *Senkrechte* von $\mathbf{g}$ durch $\mathbf{A}$.

3.5.7 Definition (Spiegelpunkt)
Es seien eine Gerade $\mathbf{g}$ und ein Punkt $\mathbf{P} \notin \mathbf{g}$ gegeben. Sei $\mathbf{l}$ das senkrechte Lot auf $\mathbf{g}$ durch $\mathbf{P}$ und $\mathbf{L}$ sei der Lotfußpunkt, das heißt $\{\mathbf{L}\} = \mathbf{l} \cap \mathbf{g}$. Der nach Axiom **(K1)** und Satz 3.2.2 eindeutig bestimmte Punkt $\mathbf{P'}$ auf $\mathbf{l}$ mit $\overline{\mathbf{LP'}} \equiv \overline{\mathbf{LP}}$ und $\mathbf{P}|\mathbf{L}|\mathbf{P'}$ heißt der *Spiegelpunkt* von $\mathbf{P}$ an $\mathbf{g}$.

3.5.8 Lemma
Der Spiegelpunkt $\mathbf{P'}$ *von* $\mathbf{P}$ *an* $\mathbf{g}$ *erfüllt* $\overline{\mathbf{AP'}} \equiv \overline{\mathbf{AP}}$ *für alle* $\mathbf{A} \in \mathbf{g}$.

***Beweis*:** Sei $\mathbf{L}$ der Lotfußpunkt von $\mathbf{P}$ auf $\mathbf{g}$. Ist $\mathbf{A} \in \mathbf{g}$, so gilt entweder $\mathbf{A} = \mathbf{L}$ und dann nach Konstruktion von $\mathbf{P'}$ auch $\overline{\mathbf{AP'}} \equiv \overline{\mathbf{AP}}$, oder es ist $\mathbf{A} \neq \mathbf{L}$. In diesem Fall wenden wir den Kongruenzsatz (SWS) auf die beiden rechtwinkligen Dreiecke

$\triangle_{\mathbf{ALP}}$ und $\triangle_{\mathbf{ALP'}}$ an (für $\overline{\mathbf{AL}}$, $\angle_{\mathbf{ALP}}$, $\overline{\mathbf{LP}}$). Daraus folgt insbesondere $\overline{\mathbf{AP'}} \equiv \overline{\mathbf{AP}}$.

□

3.5.9 Satz

Gegeben seien paarweise verschiedene Punkte $\mathbf{A}, \mathbf{B}, \mathbf{P}, \mathbf{P}'$ *mit* $\overline{\mathbf{AP}} \equiv \overline{\mathbf{AP'}}$ *und* $\overline{\mathbf{BP}} \equiv \overline{\mathbf{BP'}}$. *Dann liegt keiner der Punkte* $\mathbf{P}, \mathbf{P}'$ *auf der Geraden* $\mathbf{g} := \mathbf{AB}$ *und* $\mathbf{P}'$ *ist der Spiegelpunkt von* $\mathbf{P}$ *an* $\mathbf{g}$.

Beweis: Wir unterscheiden drei Fälle.

1. Angenommen, $\mathbf{P}, \mathbf{P}' \in \mathbf{g}$. Wir unterscheiden zwei Möglichkeiten und führen beide zum Widerspruch.

   a) Keiner der Punkte $\mathbf{P}, \mathbf{P}'$ kann zwischen $\mathbf{A}$ und $\mathbf{B}$ liegen. Falls etwa $\mathbf{A}|\mathbf{P}|\mathbf{B}$ (also auch $\mathbf{P} \in \vec{\mathrm{S}}(\mathbf{A}, \mathbf{B})$), so folgt aus der eindeutigen kongruenten Abtragbarkeit der Strecke $\overline{\mathbf{AP}}$, dass sich der zweite Punkt $\mathbf{P}'$ auf dem anderen Halbstrahl ausgehend von $\mathbf{A}$ befinden muss, das heißt es muss $\mathbf{P}'|\mathbf{A}|\mathbf{B}$ gelten. Analog folgert man mit dem Punkt $\mathbf{B}$, dass auch $\mathbf{A}|\mathbf{B}|\mathbf{P}'$ gelten muss. Beide Zwischenrelationen sind aber nicht gleichzeitig möglich.

   b) Da keiner der Punkte $\mathbf{P}, \mathbf{P}'$ zwischen $\mathbf{A}, \mathbf{B}$ liegt, gilt entweder $\mathbf{P}|\mathbf{A}|\mathbf{B}$, $\mathbf{A}|\mathbf{B}|\mathbf{P}'$ oder $\mathbf{P}'|\mathbf{A}|\mathbf{B}$, $\mathbf{A}|\mathbf{B}|\mathbf{P}$. Ohne Einschränkung sei der erste Fall erfüllt (vergleiche mit Abbildung 3.21). Trägt man die Strecke $\overline{\mathbf{AP'}}$ kongruent im Punkt $\mathbf{A}$ in Richtung des Strahls $\vec{\mathrm{S}}(\mathbf{A}, \mathbf{P})$ ab, so erhält man als Endpunkt den Punkt $\mathbf{P}$. Wir konstruieren einen Widerspruch zu Axiom **(K3)**. Da $\overline{\mathbf{AP'}} = \overline{\mathbf{AB}} \cup \overline{\mathbf{BP'}}$, erhalten wir denselben Punkt, wenn wir stattdessen in $\mathbf{A}$ erst die Strecke $\overline{\mathbf{BP'}}$ und danach die Strecke $\overline{\mathbf{AB}}$ abtragen. Weil andererseits $\overline{\mathbf{BP'}} \equiv \overline{\mathbf{BP}}$, können wir auch alternativ erst $\overline{\mathbf{BP}}$ und danach $\overline{\mathbf{AB}}$ abtragen. Nun ist aber auch $\overline{\mathbf{BP}} = \overline{\mathbf{AB}} \cup \overline{\mathbf{AP}}$, sodass wir nach Axiom **(K3)** auch beim Punkt $\mathbf{P}$ enden müssten, wenn wir nacheinander im Punkt $\mathbf{A}$ in Richtung des Strahls $\vec{\mathrm{S}}(\mathbf{A}, \mathbf{P})$ erst die Strecke $\overline{\mathbf{AP}}$ und danach zweimal die Strecke $\overline{\mathbf{AB}}$ kongruent abtragen. Das ist aber ein Widerspruch, da wir bereits nach Abtragen der Strecke $\overline{\mathbf{AP}}$ beim Punkt $\mathbf{P}$ ankommen.

2. Angenommen, $\mathbf{P} \notin \mathbf{g}$, $\mathbf{P}' \in \mathbf{g}$. Wir führen diese Annahme ebenfalls zum Widerspruch. Die beiden Dreiecke $\triangle_{\mathbf{P'AP}}, \triangle_{\mathbf{P'BP}}$ sind jeweils gleichschenklig und aus dem Basiswinkelsatz 3.3.10 folgt $\angle_{\mathbf{AP'P}} \equiv \angle_{\mathbf{APP'}}$ und $\angle_{\mathbf{BP'P}} \equiv \angle_{\mathbf{BPP'}}$. Wir unterscheiden zwei Fälle.

   a) Es liege $\mathbf{P}'$ zwischen $\mathbf{A}$ und $\mathbf{B}$ (siehe Abbildung 3.22). Weil $\mathbf{A}, \mathbf{P}', \mathbf{B}$ kollinear sind, ist der Winkel $\angle_{\mathbf{BP'P}}$ allerdings der Nebenwinkel zu $\angle_{\mathbf{AP'P}}$ und aus Satz 3.3.4 über die Kongruenz von Nebenwinkeln ergibt sich, dass $\angle_{\mathbf{BP'P}}$ auch zum Nebenwinkel von $\angle_{\mathbf{APP'}}$ kongruent sein muss. Aus der eindeutigen Abtragbarkeit von Winkeln (Axiom **(K4)**) folgt nun, dass der Winkel $\angle_{\mathbf{BPP'}}$ Nebenwinkel von $\angle_{\mathbf{APP'}}$ ist und folglich

Abbildung 3.21.: Die Punkte $\mathbf{P}, \mathbf{A}, \mathbf{B}, \mathbf{P}'$ können nicht so angeordnet sein, wenn $\overline{\mathbf{AP}} \equiv \overline{\mathbf{AP'}}$ und $\overline{\mathbf{BP}} \equiv \overline{\mathbf{BP'}}$.

liegen die Punkte $\mathbf{A}, \mathbf{P}, \mathbf{B}$ ebenfalls kollinear. Dies ist ein Widerspruch zur Annahme, dass $\mathbf{P} \notin \mathbf{g}$.

b) Der Punkt $\mathbf{P}'$ liege außerhalb der Strecke $\overline{\mathbf{AB}}$, ohne Einschränkung behandeln wir nur den Fall $\mathbf{P}'|\mathbf{A}|\mathbf{B}$, den Fall $\mathbf{A}|\mathbf{B}|\mathbf{P}'$ kann man analog zum Widerspruch führen. In diesem Fall ist $\angle_{\mathbf{BP'P}} = \angle_{\mathbf{AP'P}}$ und damit auch $\angle_{\mathbf{BPP'}} \equiv \angle_{\mathbf{APP'}}$. Daraus folgt aber wegen Axiom **(K4)**, dass die zwei Strahlen $\vec{\mathrm{S}}(\mathbf{P}, \mathbf{A})$, $\vec{\mathrm{S}}(\mathbf{P}, \mathbf{B})$ übereinstimmen, was nicht möglich ist, da sich $\mathbf{P}, \mathbf{A}, \mathbf{B}$ in allgemeiner Lage befinden.

3. Angenommen, $\mathbf{P}, \mathbf{P}' \notin \mathbf{g}$. Es sei $\mathbf{S}$ der Spiegelpunkt von $\mathbf{P}$ an der Geraden $\mathbf{g} = \mathbf{AB}$, vergleiche mit Abbildung 3.23. Wir müssen zeigen, dass $\mathbf{P}' = \mathbf{S}$. Da keiner der Punkte $\mathbf{P}, \mathbf{P}', \mathbf{S}$ auf $\mathbf{g}$ liegt und $\mathbf{P}$, $\mathbf{S}$ auf verschiedenen Seiten von $\mathbf{g}$ liegen, gilt entweder $[\mathbf{S}]_{\mathbf{g}} = [\mathbf{P}']_{\mathbf{g}}$ oder $[\mathbf{P}]_{\mathbf{g}} = [\mathbf{P}']_{\mathbf{g}}$. Ohne Einschränkung nehmen wir die erste Gleichung an, da sich die zweite analog behandeln lässt. Wir wenden den Drachenwinkelsatz 3.3.15 zweimal an und erhalten, dass die Winkel $\angle_{\mathbf{ABP'}}, \angle_{\mathbf{ABS}}$ jeweils zu $\angle_{\mathbf{ABP}}$ und die Winkel $\angle_{\mathbf{BAP'}}, \angle_{\mathbf{BAS}}$ jeweils zu $\angle_{\mathbf{BAP}}$ kongruent sind. Insbesondere gilt $\angle_{\mathbf{ABP'}} \equiv \angle_{\mathbf{ABS}}$ und auch $\angle_{\mathbf{BAP'}} \equiv \angle_{\mathbf{BAS}}$. Wegen Axiom **(K4)** folgt dann aber, dass die Strahlen $\vec{\mathrm{S}}(\mathbf{A}, \mathbf{P}')$, $\vec{\mathrm{S}}(\mathbf{A}, \mathbf{S})$ bzw. $\vec{\mathrm{S}}(\mathbf{B}, \mathbf{P}')$, $\vec{\mathrm{S}}(\mathbf{B}, \mathbf{S})$ jeweils übereinstimmen müssen, woraus sich unmittelbar $\mathbf{P}' = \mathbf{S}$ ergibt.

$\square$

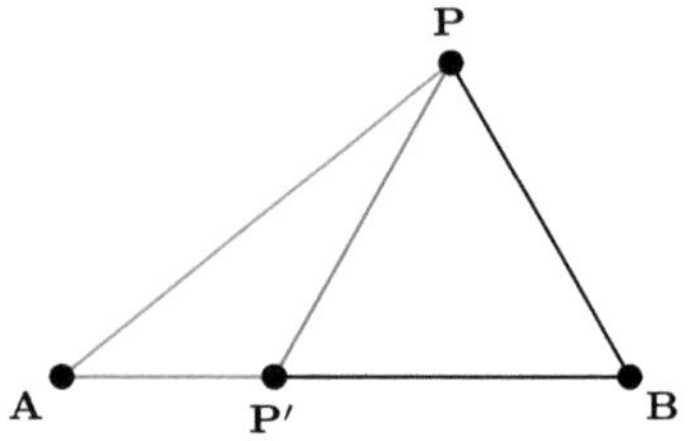

Abbildung 3.22.: Es kann keinen Punkt $\mathbf{P'} \in \mathbf{AB}$ mit $\overline{\mathbf{AP}} \equiv \overline{\mathbf{AP'}}$ und $\overline{\mathbf{BP}} \equiv \overline{\mathbf{BP'}}$ geben, wenn $\mathbf{P} \notin \mathbf{AB}$.

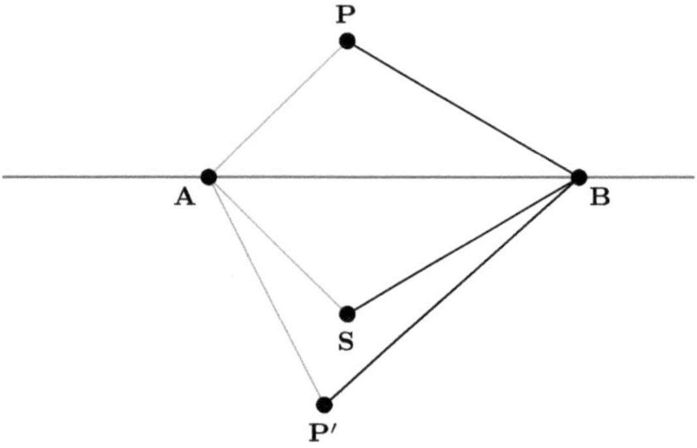

Abbildung 3.23.: Falls $\mathbf{P}, \mathbf{P'} \notin \mathbf{AB}$, $\mathbf{P} \neq \mathbf{P'}$ und $\overline{\mathbf{AP}} \equiv \overline{\mathbf{AP'}}$, $\overline{\mathbf{BP}} \equiv \overline{\mathbf{BP'}}$, so ist $\mathbf{P'}$ der Spiegelpunkt $\mathbf{S}$ von $\mathbf{P}$ an der Geraden $\mathbf{AB}$.

3.5.b. Existenz einer Parallelen

Wir möchten nun zeigen, dass es in einer HILBERTEBENE zu jeder Geraden $\mathbf{g}$ und zu jedem Punkt $\mathbf{P} \notin \mathbf{g}$ wenigstens eine Parallele von $\mathbf{g}$ durch $\mathbf{P}$ gibt.

3.5.10 Satz (Existenz einer Parallelen)
Es seien $\mathbf{g}$ *eine Gerade und* $\mathbf{P}$ *ein Punkt in einer* HILBERTEBENE. *Dann existiert eine Gerade* $\mathbf{h}$ *mit* $\mathbf{P} \in \mathbf{h}$ *und* $\mathbf{g} || \mathbf{h}$.

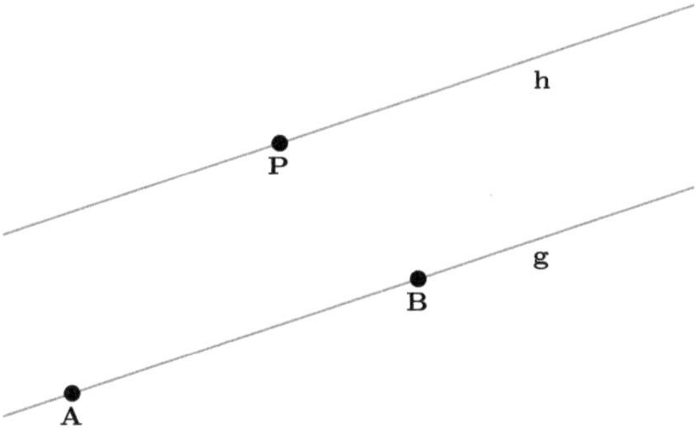

Abbildung 3.24.: Eine Parallele **h** zur Geraden **g** durch den Punkt **P**.

***Beweis*:** Da die Aussage für $\mathbf{P} \in \mathbf{g}$ trivial ist, gelte ohne Einschränkung $\mathbf{P} \notin \mathbf{g}$. Wähle zwei verschiedene Punkte $\mathbf{A}, \mathbf{B} \in \mathbf{g}$ und trage den Winkel $\angle_{\mathbf{BAP}}$ im Punkt **P** so in Richtung des Schenkels $\overrightarrow{S}(\mathbf{A}, \mathbf{P})$ ab, dass der zweite Schenkel dieses Winkels auf derselben Seite von **AP** zu liegen kommt wie der Punkt **B**. Sei $\mathbf{B}' \neq \mathbf{P}$ ein beliebiger Punkt auf diesem Schenkel. Die Gerade $\mathbf{h} := \mathbf{PB}'$ kann dann die Gerade **g** nicht in einem Punkt **C** schneiden, da sonst ein Dreieck enstünde (nämlich $\triangle_{\mathbf{APC}}$), das zwei Winkel besäße, von denen einer zu $\angle_{\mathbf{BAP}}$ und ein weiterer zu dessen Nebenwinkel kongruent wäre. Dies ist nach Satz 3.5.2 unmöglich. □

3.5.11 Bemerkung

Der letzte Satz sagt also, dass es zu jedem nicht auf **g** liegenden Punkt **P** *wenigstens* eine Parallele von **g** durch **P** geben muss, sofern die Axiome einer HILBERTEBENE erfüllt sind. Die Frage, ob es *höchstens* eine solche Parallele durch **P** geben kann, hat die Geometer über viele Jahrhunderte beschäftigt und führte schließlich zur Entdeckung der nichteuklidischen Geometrie. Wir werden darauf noch später eingehen, wenn wir das Parallelenaxiom näher studieren.

3.6. Kreise

3.6.1 Definition (Kreis)

M sei ein Punkt sowie $\overline{\mathbf{AB}}$ eine Strecke in einer HILBERTEBENE. Unter dem *Kreis* mit *Mittelpunkt* **M** und *Radius* $\overline{\mathbf{AB}}$ verstehen wir die Menge

$$\mathrm{K}(\mathbf{M}, \overline{\mathbf{AB}}) := \{\mathbf{R} : \mathbf{R} \neq \mathbf{M} \text{ und } \overline{\mathbf{MR}} \equiv \overline{\mathbf{AB}}\}.$$

Jede Strecke $\overline{\mathbf{PQ}}$ mit $\mathbf{P}, \mathbf{Q} \in \mathrm{K}(\mathbf{M}, \overline{\mathbf{AB}})$ heißt *Sehne* des Kreises. Ein *Durchmesser* des Kreises ist eine Sehne $\overline{\mathbf{PQ}}$ mit $\mathbf{M} \in \overline{\mathbf{PQ}}$. Ist $\mathbf{P} \neq \mathbf{M}$ beliebig, so nennen wir $\vec{\mathrm{S}}(\mathbf{M}, \mathbf{P})$ den *radialen Strahl* des Kreises $\mathrm{K}(\mathbf{M}, \overline{\mathbf{AB}})$ durch $\mathbf{P}$. Zwei Kreise $\mathrm{K}(\mathbf{M_1}, \overline{\mathbf{AB}})$, $\mathrm{K}(\mathbf{M_2}, \overline{\mathbf{CD}})$ heißen *konzentrisch*, wenn $\mathbf{M_1} = \mathbf{M_2}$.

3.6.2 Bemerkungen

Für Kreise gilt:

1. Wegen Axiom **(K1)** und Satz 3.2.2 schneidet jeder Strahl $\vec{\mathrm{S}}(\mathbf{M}, \mathbf{P})$ den Kreis $\mathrm{K}(\mathbf{M}, \overline{\mathbf{AB}})$ in genau einem Punkt. Insbesondere ist $\mathrm{K}(\mathbf{M}, \overline{\mathbf{AB}}) \neq \varnothing$.
2. $\mathbf{M} \notin \mathrm{K}(\mathbf{M}, \overline{\mathbf{AB}})$.
3. $\mathrm{K}(\mathbf{M}, \overline{\mathbf{AB}}) = \mathrm{K}(\mathbf{M}, \overline{\mathbf{CD}}) \quad \Leftrightarrow \quad \overline{\mathbf{AB}} \equiv \overline{\mathbf{CD}}$.
4. $\mathrm{K}(\mathbf{M}, \overline{\mathbf{AB}}) = \mathrm{K}(\mathbf{M}, \overline{\mathbf{MR}})$ für alle $\mathbf{R} \in \mathrm{K}(\mathbf{M}, \overline{\mathbf{AB}})$.

3.6.3 Satz

In einer HILBERTEBENE *schneidet eine Gerade* $\mathbf{g}$ *einen Kreis* $\mathrm{K}(\mathbf{M}, \overline{\mathbf{AB}})$ *in höchstens zwei Punkten.*

***Beweis*:** Angenommen, es gibt drei Schnittpunkte $\mathbf{P}$, $\mathbf{Q}$, $\mathbf{R}$. Ohne Einschränkung

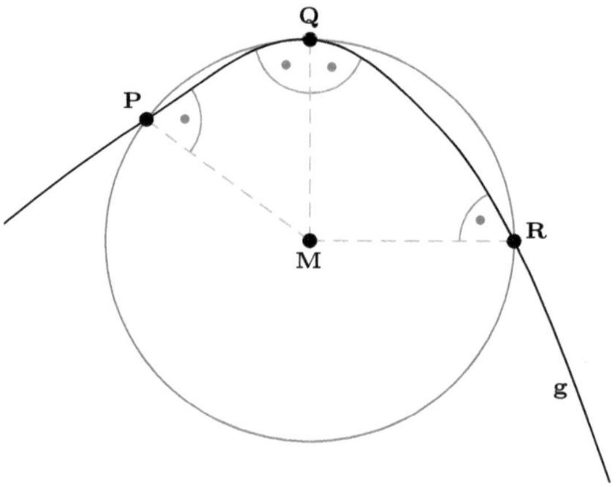

Abbildung 3.25.: Eine Gerade kann einen Kreis nicht in mehr als zwei Punkten schneiden.

gelte $\mathbf{P}|\mathbf{Q}|\mathbf{R}$. Weil keiner der Punkte mit $\mathbf{M}$ zusammenfällt und weil radiale Strahlen den Kreis genau einmal treffen, sind die Punktetripel $(\mathbf{M}, \mathbf{P}, \mathbf{Q})$, $(\mathbf{M}, \mathbf{Q}, \mathbf{R})$ und $(\mathbf{M}, \mathbf{P}, \mathbf{R})$ jeweils in allgemeiner Lage und bilden jeweils gleichschenklige Dreiecke mit Basen $\overline{\mathbf{PQ}}$, $\overline{\mathbf{QR}}$ bzw. $\overline{\mathbf{PR}}$. Nach Satz 3.3.10 und weil die Winkelkongruenz eine Äquivalenzrelation ist, müssen sämtliche Basiswinkel $\angle_{\mathbf{MPQ}}$, $\angle_{\mathbf{MQP}}$, $\angle_{\mathbf{MRQ}}$, $\angle_{\mathbf{MQR}}$ zueinander kongruent sein. Da die Punkte $\mathbf{P}$, $\mathbf{Q}$, $\mathbf{R}$ aber kollinear sind, ist der Winkel $\angle_{\mathbf{MQP}}$ ein Nebenwinkel von $\angle_{\mathbf{MQR}}$. Es folgt mit Satz 3.3.4, dass die vier Basiswinkel rechte Winkel bilden. Das ist aber unmöglich, denn nach Korollar 3.5.3 existieren keine Dreiecke mit mehr als einem rechten Winkel. □

3.6.4 Definition
Gegeben seien eine Gerade **g** und ein Kreis K in einer HILBERTEBENE. Dann tritt genau einer der drei folgenden Fälle ein.

1. **g** heißt *Passante*, wenn $\mathbf{g} \cap \mathrm{K} = \varnothing$.
2. **g** heißt *Tangente*, wenn sich **g** und K in genau einem Punkt schneiden. Dieser Schnittpunkt heißt *Berührpunkt* von **g** (und K).
3. **g** heißt *Sekante*, wenn sich **g** und K in zwei Punkten schneiden.

3.6.5 Satz
Zu jedem Punkt $\mathbf{P} \in \mathrm{K}(\mathbf{M}, \overline{\mathbf{MR}})$ *existiert genau eine Tangente durch* **P**. *Diese ist gegeben durch die Senkrechte zur Geraden* **MP** *durch* **P**.

***Beweis*:** Wir zerteilen den Beweis in zwei Schritte.

1. **Existenz.**
   Es sei **g** die Senkrechte zur Geraden **MP** durch **P**. Würde **g** den Kreis noch in einem weiteren Punkt $\mathbf{P}'$ schneiden, so wäre das Dreieck $\triangle_{\mathbf{MPP}'}$ gleichschenklig mit Basis $\overline{\mathbf{PP}'}$. Aus dem Basiswinkelsatz ergibt sich, dass die Basiswinkel kongruent sind, davon ist jedoch der Winkel bei **P** nach Konstruktion von **g** ein rechter - somit also auch der andere Basiswinkel. Es existieren aber keine Dreiecke mit zwei rechten Winkeln. Daher kann **g** den Kreis nur in **P** schneiden und ist eine Tangente.
2. **Eindeutigkeit.**
   Wir zeigen, dass jede andere Gerade durch **P** den Kreis in zwei Punkten schneidet, also eine Sekante ist. Es sei **h** eine von **g** verschiedene Gerade. Damit ist insbesondere der Schnittwinkel von **MP** und **h** kein rechter Winkel.
   a) Falls $\mathbf{M} \in \mathbf{h}$, so liegt auch der Antipodenpunkt $\mathbf{P}'$ mit $\mathbf{P}'|\mathbf{M}|\mathbf{P}$ und $\overline{\mathbf{MP}'} \equiv \overline{\mathbf{MP}}$ sowohl auf **h** als auf $\mathrm{K}(\mathbf{M}, \overline{\mathbf{MR}})$.
   b) Falls $\mathbf{M} \notin \mathbf{h}$, so konstruieren wir den Lotfußpunkt **L** von **M** auf **h**. Da sich **MP** und **h** in **P** nicht senkrecht schneiden, ist $\mathbf{L} \neq \mathbf{P}$. Damit sind die drei Punkte $\mathbf{M}, \mathbf{P}, \mathbf{L}$ in allgemeiner Lage und definieren ein Dreieck $\triangle_{\mathbf{MPL}}$. Wir tragen die Strecke $\overline{\mathbf{PL}}$ kongruent im Punkt **L** zu der dem Punkt **P** gegenüberliegenden Seite auf der Geraden $\mathbf{h} = \mathbf{PL}$ ab und erhalten einen Punkt $\mathbf{P}' \in \mathbf{h}$ mit $\mathbf{P}|\mathbf{L}|\mathbf{P}'$ und $\overline{\mathbf{PL}} \equiv \overline{\mathbf{LP}'}$. Die rechtwinkligen Dreiecke $\triangle_{\mathbf{MPL}}$, $\triangle_{\mathbf{MP}'\mathbf{L}}$ sind wegen (SWS) kongruent, insbesondere ist $\overline{\mathbf{MP}'} \equiv \overline{\mathbf{MP}}$. Daher liegt $\mathbf{P}'$ ebenfalls auf dem Kreis $\mathrm{K}(\mathbf{M}, \overline{\mathbf{MR}})$. Dies zeigt, dass **h** eine Sekante ist.

□

3.6.6 Lemma
Wenn sich zwei verschiedene Kreise $\mathrm{K}(\mathbf{A}, \overline{\mathbf{AR}})$, $\mathrm{K}(\mathbf{B}, \overline{\mathbf{BS}})$ *schneiden, dann sind sie nicht konzentrisch.*

***Beweis*:** Für $\mathbf{P} \in \mathrm{K}(\mathbf{A}, \overline{\mathbf{AR}}) \cap \mathrm{K}(\mathbf{B}, \overline{\mathbf{BS}})$ gilt $\overline{\mathbf{AP}} \equiv \overline{\mathbf{AR}}$ und $\overline{\mathbf{BP}} \equiv \overline{\mathbf{BS}}$. Wäre daher $\mathbf{A} = \mathbf{B}$, so auch $\overline{\mathbf{AR}} \equiv \overline{\mathbf{AP}} = \overline{\mathbf{BP}} \equiv \overline{\mathbf{BS}}$ und damit stimmten die Kreise überein. □

3.6.7 Satz

In einer HILBERTEBENE *seien zwei Kreise* $\mathrm{K}(\mathbf{A}, \overline{\mathbf{AR}})$, $\mathrm{K}(\mathbf{B}, \overline{\mathbf{BS}})$ *gegeben. Dann gilt genau einer der vier folgenden Fälle.*

1. $\mathrm{K}(\mathbf{A}, \overline{\mathbf{AR}}) = \mathrm{K}(\mathbf{B}, \overline{\mathbf{BS}})$.
2. $\mathrm{K}(\mathbf{A}, \overline{\mathbf{AR}}) \cap \mathrm{K}(\mathbf{B}, \overline{\mathbf{BS}}) = \varnothing$.
3. $\mathrm{K}(\mathbf{A}, \overline{\mathbf{AR}})$, $\mathrm{K}(\mathbf{B}, \overline{\mathbf{BS}})$ *schneiden sich in genau einem Punkt* $\mathbf{P}$ *und die Punkte* $\mathbf{A}, \mathbf{B}, \mathbf{P}$ *sind paarweise verschieden und kollinear.*
4. $\mathrm{K}(\mathbf{A}, \overline{\mathbf{AR}})$, $\mathrm{K}(\mathbf{B}, \overline{\mathbf{BS}})$ *schneiden sich in genau zwei Punkten* $\mathbf{P}, \mathbf{P}'$. *Die Punkte* $\mathbf{A}, \mathbf{B}, \mathbf{P}, \mathbf{P}'$ *sind paarweise verschieden mit* $\mathbf{PP}' \perp \mathbf{AB}$ *und* $\mathbf{P}'$ *ist der Spiegelpunkt von* $\mathbf{P}$ *an der Geraden* $\mathbf{AB}$.

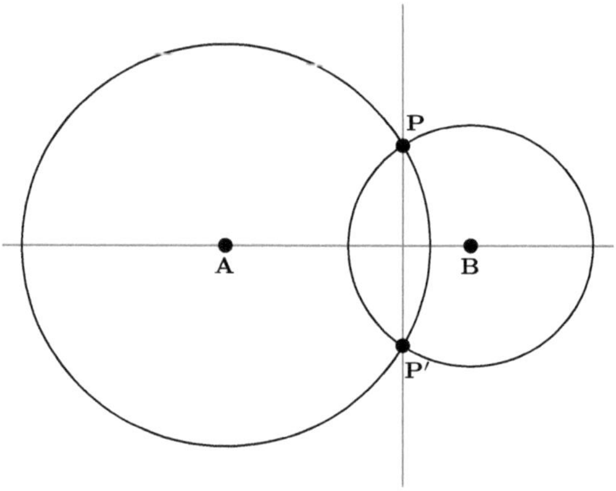

Abbildung 3.26.: Zwei verschiedene Kreise schneiden sich in höchstens zwei Punkten.

***Beweis*:** Es gelte keine der beiden Aussagen $\mathrm{K}(\mathbf{A}, \overline{\mathbf{AR}}) = \mathrm{K}(\mathbf{B}, \overline{\mathbf{BS}})$, $\mathrm{K}(\mathbf{A}, \overline{\mathbf{AR}}) \cap \mathrm{K}(\mathbf{B}, \overline{\mathbf{BS}}) = \varnothing$.

- Wir nehmen zunächst an, dass sich die Kreise in genau einem Punkt $\mathbf{P}$ schneiden. Da $\mathbf{P} \in \mathrm{K}(\mathbf{A}, \overline{\mathbf{AR}})$, gilt $\mathbf{P} \neq \mathbf{A}$ und weil $\mathbf{P} \in \mathrm{K}(\mathbf{B}, \overline{\mathbf{BS}})$, gilt ebenso $\mathbf{P} \neq \mathbf{B}$. Da die Kreise verschieden sind, folgt aus Lemma 3.6.6 insbesondere $\mathbf{A} \neq \mathbf{B}$. Wäre $\mathbf{P} \notin \mathbf{AB}$, so würde der Spiegelpunkt $\mathbf{P}'$ von $\mathbf{P}$ an der Geraden $\mathbf{AB}$ nach Lemma 3.5.8 ebenfalls die Kongruenzen $\overline{\mathbf{AP}'} \equiv \overline{\mathbf{AP}} \equiv \overline{\mathbf{AR}}$ und $\overline{\mathbf{BP}'} \equiv \overline{\mathbf{BP}} \equiv \overline{\mathbf{BS}}$ erfüllen, sodass auch $\mathbf{P}' \in \mathrm{K}(\mathbf{A}, \overline{\mathbf{AR}}) \cap \mathrm{K}(\mathbf{B}, \overline{\mathbf{BS}})$. Weil $\mathbf{P}$

und $\mathbf{P'}$ verschieden sind, gäbe es dann wenigstens zwei Schnittpunkte. Daher sind $\mathbf{A}$, $\mathbf{B}$, $\mathbf{P}$ kollinear.

- Wir nehmen an, die Kreise $\mathrm{K}(\mathbf{A}, \overline{\mathbf{AR}}), \mathrm{K}(\mathbf{B}, \overline{\mathbf{BS}})$ haben wenigstens zwei verschiedene Schnittpunkte $\mathbf{P}, \mathbf{P'}$. Aus Lemma 3.6.6 ergibt sich, dass die Punkte $\mathbf{A}, \mathbf{B}, \mathbf{P}, \mathbf{P'}$ paarweise verschieden sind und dass die Kongruenzen $\overline{\mathbf{AP}} \equiv \overline{\mathbf{AP'}}$ und $\overline{\mathbf{BP}} \equiv \overline{\mathbf{BP'}}$ erfüllt sind. Es gelten daher genau die Voraussetzungen von Satz 3.5.9, sodass $\mathbf{P}$, $\mathbf{P'}$ nicht auf $\mathbf{AB}$ liegen und $\mathbf{P'}$ der eindeutig bestimmte Spiegelpunkt von $\mathbf{P}$ an $\mathbf{AB}$ ist. Da dies für jeden anderen Schnittpunkt der Kreise gleichermaßen gelten würde, kann es keine weiteren Schnittpunkte mehr geben. Weil $\mathbf{P'}$ der Spiegelpunkt von $\mathbf{P}$ an $\mathbf{AB}$ ist, gilt insbesondere auch $\mathbf{PP'} \perp \mathbf{AB}$.

□

Aufgaben

Aufgabe 3.1
Man beweise die Umkehrung des Basiswinkelsatzes. Sind in einer HILBERTEBENE zwei Winkel eines Dreiecks kongruent, so ist das Dreieck gleichschenklig und die Basis ist diejenige Seite, welche von den beiden Winkeln eingeschlossen wird.

Aufgabe 3.2
Eine *Raute* ist ein Viereck $\square_{\mathbf{ABCD}}$ in einer HILBERTEBENE mit $\overline{\mathbf{AB}} \equiv \overline{\mathbf{BC}} \equiv \overline{\mathbf{CD}} \equiv \overline{\mathbf{DA}}$. Man zeige, dass sich die Diagonalen $\overline{\mathbf{AC}}, \overline{\mathbf{BD}}$ einer Raute senkrecht in einem Punkt $\mathbf{S}$ schneiden und dass die Kongruenzen $\overline{\mathbf{SA}} \equiv \overline{\mathbf{SC}}$, $\overline{\mathbf{SB}} \equiv \overline{\mathbf{SD}}$ erfüllt sind.

Aufgabe 3.3
In einer HILBERTEBENE sei ein Viereck $\square_{\mathbf{ABCD}}$ mit $\overline{\mathbf{AB}} \equiv \overline{\mathbf{CD}}$, $\overline{\mathbf{BC}} \equiv \overline{\mathbf{DA}}$ gegeben. Man zeige, dass gegenüberliegende Winkel kongruent sind, dass also $\angle_{\mathbf{BAD}} \equiv \angle_{\mathbf{DCB}}$ und $\angle_{\mathbf{CBA}} \equiv \angle_{\mathbf{ADC}}$.

Aufgabe 3.4 (Existenz der Winkelhalbierenden)
Gegeben sei ein Winkel $\angle_{\mathbf{ASC}}$ in einer HILBERTEBENE. Man zeige, dass es genau einen Halbstrahl $\vec{\mathrm{S}}(\mathbf{S}, \mathbf{B})$ mit $\mathbf{B} \in \mathrm{Int}(\angle_{\mathbf{ASC}})$ gibt, sodass $\angle_{\mathbf{ASB}} \equiv \angle_{\mathbf{BSC}}$.

Aufgabe 3.5 (Streckenmittelpunkt)
Man zeige, dass es zu jeder Strecke $\overline{\mathbf{AB}}$ in einer HILBERTEBENE genau einen Punkt $\mathbf{S}$ mit $\mathbf{A}|\mathbf{S}|\mathbf{B}$ und $\overline{\mathbf{AS}} \equiv \overline{\mathbf{SB}}$ gibt.

Aufgabe 3.6
Ein CHAYYAM–SACCHERI-Viereck ist ein Viereck $\square_{\mathbf{ABCD}}$ in einer HILBERTEBENE, sodass die Winkel $\angle_{\mathbf{BAD}}$, $\angle_{\mathbf{CBA}}$ jeweils rechte Winkel sind und $\overline{\mathbf{DA}} \equiv \overline{\mathbf{BC}}$. Man zeige:

1. $\angle_{\mathbf{DCB}} \equiv \angle_{\mathbf{ADC}}$ und $\overline{\mathbf{AC}} \equiv \overline{\mathbf{BD}}$.

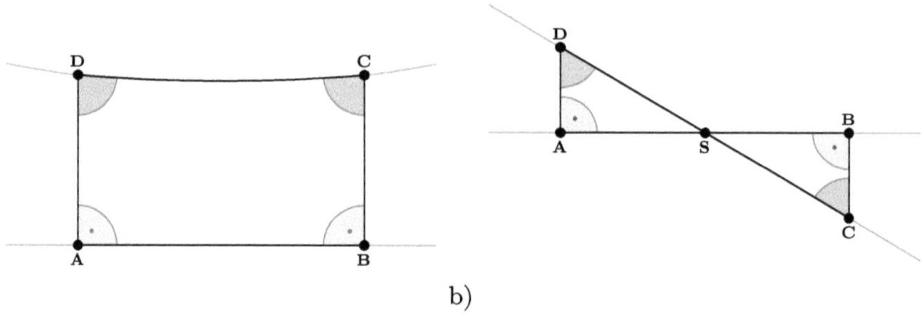

Abbildung 3.27.: a) Ein einfaches CHAYYAM–SACCHERI-Viereck. b) Ein überschlagenes CHAYYAM–SACCHERI-Viereck.

2. Liegen die Punkte **C**, **D** auf derselben Seite von **AB**, so sind die Geraden **CD** und **AB** parallel.
3. Liegen die Punkte **C**, **D** auf verschiedenen Seiten von **AB**, so halbieren sich die Seiten $\overline{\mathbf{CD}}$ und $\overline{\mathbf{AB}}$, das heißt die Seiten schneiden sich in einem Punkt **S** mit $\mathbf{A}|\mathbf{S}|\mathbf{B}$, $\overline{\mathbf{AS}} \equiv \overline{\mathbf{SB}}$, $\overline{\mathbf{CS}} \equiv \overline{\mathbf{SD}}$.

Aufgabe 3.7
Es sei **g** eine Gerade in einer HILBERTEBENE $\mathcal{E}$. Wir definieren die *orthogonale Projektion* $\pi_{\mathbf{g}} : \mathcal{E} \to \mathbf{g}$ durch die Vorschrift: $\pi_{\mathbf{g}}(\mathbf{P}) := \mathbf{P}$, falls $\mathbf{P} \in \mathbf{g}$ und $\pi_{\mathbf{g}}(\mathbf{P}) := \mathbf{L}$, falls $\mathbf{P} \notin \mathbf{g}$, wobei **L** der eindeutig bestimmte Lotfußpunkt von **P** auf **g** sei. Man zeige: Sind **g**, **h** zwei Geraden, die sich nicht senkrecht schneiden, so folgt für alle Punkte $\mathbf{A}, \mathbf{B}, \mathbf{C} \in \mathbf{h}$ mit $\mathbf{A}|\mathbf{B}|\mathbf{C}$ auch $\pi_{\mathbf{g}}(\mathbf{A})|\pi_{\mathbf{g}}(\mathbf{B})|\pi_{\mathbf{g}}(\mathbf{C})$.

Aufgabe 3.8
Gegeben sei eine Strecke $\overline{\mathbf{AB}}$. Die Senkrechte zu **AB** durch den Streckenmittelpunkt **S** der Strecke $\overline{\mathbf{AB}}$ heißt *Mittelsenkrechte* von $\overline{\mathbf{AB}}$.

1. Man beweise, dass die Mittelsenkrechte der Strecke $\overline{\mathbf{AB}}$ gegeben ist durch die Menge $\{\mathbf{P} : \overline{\mathbf{PA}} \equiv \overline{\mathbf{PB}}\}$.
2. Man zeige: Falls sich zwei Mittelsenkrechten der Dreiecksseiten eines Dreiecks $\triangle_{\mathbf{ABC}}$ in einem Punkt **M** schneiden, so auch die dritte und die Ecken $\mathbf{A}, \mathbf{B}, \mathbf{C}$ liegen auf einem gemeinsamen Kreis um **M**.
3. Man finde ein Beispiel eines Dreiecks in einer HILBERTEBENE, bei dem sich die Mittelsenkrechten der Dreiecksseiten nicht schneiden.

Aufgabe 3.9
Gegeben sei ein Dreieck $\triangle_{\mathbf{ABC}}$ in einer HILBERTEBENE. Das senkrechte Lot $\mathbf{h}_c$ von **C** auf die Gerade **AB** heißt die *Höhenlinie* zum Punkt **C**. Der Lotfußpunkt $\mathbf{H}_c$ hierzu heißt *Höhenfußpunkt* und die Strecke $\overline{\mathbf{CH}_c}$ heißt *Höhe* von **C**. Analog werden die Höhen für die anderen Eckpunkte des Dreiecks definiert. Man finde ein Beispiel

eines Dreiecks $\triangle_{\mathbf{ABC}}$ in einer HILBERTEBENE, bei dem sich keine der Höhenlinien schneiden.

Aufgabe 3.10

Es sei $\mathbf{S}$ ein Punkt in einer HILBERTEBENE $\mathcal{E}$. Wir definieren die *Punktspiegelung* $\Phi_{\mathbf{S}} : \mathcal{E} \to \mathcal{E}$ an $\mathbf{S}$ durch die Vorschrift $\Phi_{\mathbf{S}}(\mathbf{S}) := \mathbf{S}$ und $\Phi_{\mathbf{S}}(\mathbf{P}) := \mathbf{P}'$ für $\mathbf{P} \neq \mathbf{S}$, wobei hier $\mathbf{P}'$ der eindeutig bestimmte Punkt mit $\mathbf{P}|\mathbf{S}|\mathbf{P}'$ und $\overline{\mathbf{SP}} \equiv \overline{\mathbf{SP'}}$ ist. Man zeige:

1. $\mathbf{S}$ ist der einzige Fixpunkt von $\Phi_{\mathbf{S}}$ und die Punktspiegelung ist eine Involution, das heißt $\Phi_{\mathbf{S}}^2 = \mathrm{Id}$. Insbesondere ist $\Phi_{\mathbf{S}}$ bijektiv.
2. Sind $\mathbf{A}, \mathbf{B}$ verschieden, so auch $\mathbf{A}' := \Phi_{\mathbf{S}}(\mathbf{A})$ und $\mathbf{B}' := \Phi_{\mathbf{S}}(\mathbf{B})$ und $\overline{\mathbf{AB}} \equiv \overline{\mathbf{A'B'}}$.
3. Befinden sich $\mathbf{A}, \mathbf{B}, \mathbf{C}$ in allgemeiner Lage, so auch $\mathbf{A}' := \Phi_{\mathbf{S}}(\mathbf{A})$, $\mathbf{B}' := \Phi_{\mathbf{S}}(\mathbf{B})$ und $\mathbf{C}' := \Phi_{\mathbf{S}}(\mathbf{C})$ und es gilt $\angle_{\mathbf{ABC}} \equiv \angle_{\mathbf{A'B'C'}}$.

4. Vollständigkeitsaxiome

Trotzdem die Axiome einer HILBERTEBENE schon recht stark sind, reichen sie noch nicht aus, um die euklidische Geometrie dadurch eindeutig zu beschreiben, denn wir verfügen bisher über verschiedene Beispiele von HILBERTEBENEN. Neben $\mathbb{E}^2$ und den beiden Modellen $\mathbb{H}^2, \mathbb{D}^2$ der hyperbolischen Geometrie, besitzt auch $\mathbb{E}^2|_{\mathbb{A}^2}$ alle Eigenschaften einer HILBERTEBENE.

4.1. Das Archimedische Axiom

Ein Problem besteht darin, dass uns die Kongruenzaxiome zwar ermöglichen Strecken miteinander zu vergleichen und wir eine Ordnungsrelation auf der Menge aller Strecken einführen können, uns aber bisher keine Möglichkeit gegeben ist, dies auch in einer quantitativen Weise zu erklären. Dies veranschaulicht zum Beispiel folgende Situation. Sind etwa drei Punkte $\mathbf{A}, \mathbf{B}, \mathbf{C}$ auf einer Geraden $\mathbf{g}$ einer HILBERTEBENE gegeben und ist etwa $\mathbf{A}|\mathbf{B}|\mathbf{C}$, so können wir die Strecke $\overline{\mathbf{AB}}$ zwar *kleiner* als die Strecke $\overline{\mathbf{AC}}$ nennen, aber um *wieviel* mal kleiner? Eine naheliegende Idee wäre, die Strecke $\overline{\mathbf{AB}}$ in Richtung des Strahls $\vec{\mathrm{S}}(\mathbf{A}, \mathbf{B})$ immer wieder kongruent abzutragen, bis man nach n-maligem Abtragen bei einem Punkt $\mathbf{A}_n \in \mathbf{g}$ anlangt, für den $\mathbf{A}|\mathbf{C}|\mathbf{A}_n$ gilt. Warum aber sollte das möglich sein? Dies wird bisher durch die Axiome nicht gewährleistet. Wir werden dieses Problem durch Hinzunahme eines weiteren Axioms lösen.

4.1.1 Definition
In einer HILBERTEBENE $(\mathcal{E}, \mathcal{G}, \cdot|\cdot|\cdot, \equiv)$ ist das ARCHIMEDISCHE *Axiom* erfüllt, wenn gilt:

(V1) Archimedisches Axiom.
Zu je zwei Strecken $\overline{\mathbf{AB}}$, $\overline{\mathbf{CD}}$ existieren Punkte

$$\mathbf{A}_1, \ldots, \mathbf{A}_n \in \vec{\mathrm{S}}(\mathbf{C}, \mathbf{D}), n \in \mathbb{N},$$

mit $\mathbf{A}_1 = \mathbf{C}$, $\mathbf{A}_k|\mathbf{A}_{k+1}|\mathbf{A}_{k+2}$, für alle $k = 1, \ldots, n-2$, $\overline{\mathbf{A}_k\mathbf{A}_{k+1}} \equiv \overline{\mathbf{AB}}$, für jedes $k = 1, \ldots, n-1$, und mit $\mathbf{A}_1|\mathbf{D}|\mathbf{A}_n$.

Das ARCHIMEDISCHE Axiom garantiert also, dass man durch mehrfaches Abtragen einer Strecke schließlich über jeden Punkt einer Geraden hinausgelangt. Geraden werden dadurch quasi *unendlich* lang, wobei *Länge* an dieser Stelle noch nicht präzise definiert ist.

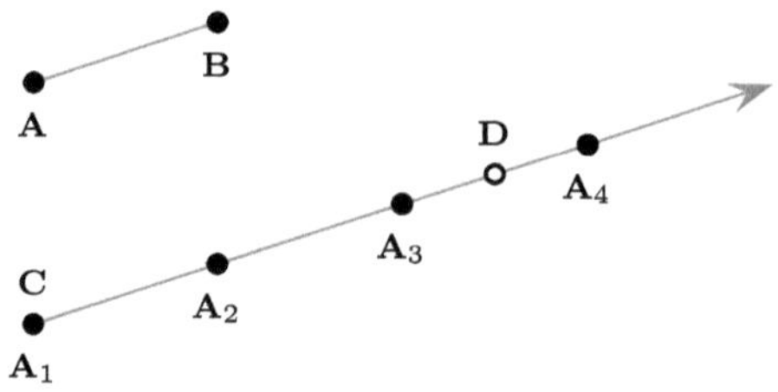

Abbildung 4.1.: Das ARCHIMEDISCHE Axiom besagt, dass man durch n-maliges Abtragen einer Strecke $\overline{\mathbf{AB}}$ am Strahl von $\mathbf{C}$ durch $\mathbf{D}$ stets über den Punkt $\mathbf{D}$ hinausgelangt, wenn n groß genug ist.

4.1.2 Beispiele (Standardmodelle, 4. Teil)
Man kann leicht nachprüfen, dass die in Beispiel 3.2.4 angegebenen Fälle $\mathbb{E}^2$, $\mathbb{H}^2$, $\mathbb{D}^2$ und $\mathbb{E}^2|_{\mathbb{A}^2}$ von HILBERTEBENEN allesamt das ARCHIMEDISCHE Axiom erfüllen.

4.2. Das Cantorsche Axiom

Das Modell $\mathbb{E}^2|_{\mathbb{A}^2}$ unterscheidet sich vom affinen Modell $\mathbb{E}^2$ der euklidischen Geometrie insbesondere dadurch, dass es *löchrig* ist. Wenn zum Beispiel eine Folge von Strecken $(\overline{\mathbf{A}_k\mathbf{B}_k})_{k\in\mathbb{N}} \subset \mathbb{E}^2|_{\mathbb{A}^2}$ mit $\overline{\mathbf{A}_{k+1}\mathbf{B}_{k+1}} \subset \overline{\mathbf{A}_k\mathbf{B}_k}$ für alle $k \in \mathbb{N}$ gegeben ist, so existiert nicht unbedingt immer ein Punkt $\mathbf{P} \in \mathbb{E}^2|_{\mathbb{A}^2}$ mit $\mathbf{P} \in \overline{\mathbf{A}_k\mathbf{B}_k}$ für jedes $k \in \mathbb{N}$, so wie das im euklidischen Modell der Fall ist. Der Grund hierfür liegt in der fehlenden Vollständigkeit von $\mathbb{E}^2|_{\mathbb{A}^2}$ (siehe Beispiele 5.1.2 weiter unten).

4.2.1 Definition
Unter einer *Streckenschachtelung* verstehen wir eine Folge $\left(\overline{\mathbf{A}_k\mathbf{B}_k}\right)_{k\in\mathbb{N}}$ von Strecken in $\mathcal{E}$ mit $\overline{\mathbf{A}_{k+1}\mathbf{B}_{k+1}} \subset \overline{\mathbf{A}_k\mathbf{B}_k}$, für alle $k \in \mathbb{N}$.

4.2.2 Definition
In einer HILBERTEBENE $(\mathcal{E}, \mathcal{G}, \cdot|\cdot|\cdot, \equiv)$ ist das CANTORSCHE *Axiom* erfüllt, wenn gilt:

(V2) Cantorsches Axiom.
Zu jeder Streckenschachtelung $\left(\overline{\mathbf{A}_k\mathbf{B}_k}\right)_{k\in\mathbb{N}} \subset \mathcal{E}$ existiert wenigstens ein Punkt $\mathbf{P}$ mit $\mathbf{P} \in \overline{\mathbf{A}_k\mathbf{B}_k}$, für alle $k \in \mathbb{N}$.

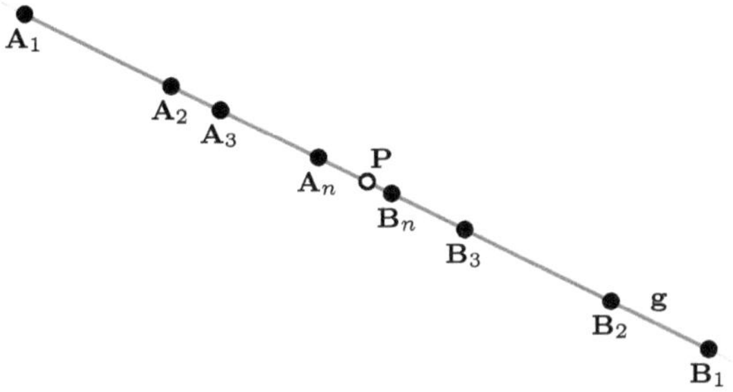

Abbildung 4.2.: Das CANTORSCHE Axiom garantiert, dass Folgen ineinander geschachtelter Streckenzüge einen nicht leeren Schnitt besitzen.

4.2.3 Beispiele (Standardmodelle, 5. Teil)
Weil die reellen Zahlen vollständig sind, also CAUCHY-Folgen stets konvergieren, kann man nun leicht überprüfen, dass die HILBERTEBENEN $\mathbb{E}^2$, $\mathbb{H}^2$, $\mathbb{D}^2$ das Vollständigkeitsaxiom **(V2)** erfüllen. Das Modell $\mathbb{E}^2|_{\mathbb{A}^2}$ hingegen fällt hierdurch heraus, da $\mathbb{A}$ nicht vollständig ist. Man kann zum Beispiel zwei Folgen rationaler Zahlen $(a_k)_{k\in\mathbb{N}}$ und $(b_k)_{k\in\mathbb{N}}$ mit $(a_k)_{k\in\mathbb{N}} \nearrow \pi$, $(b_k)_{k\in\mathbb{N}} \searrow \pi$ wählen. Die Streckenschachtelung $\overline{\mathbf{A}_k\mathbf{B}_k} \subset \mathbb{E}^2|_{\mathbb{A}^2}$ mit den Punkten $\mathbf{A}_k = (a_k, 0)$, $\mathbf{B}_k = (b_k, 0)$ konvergiert für $k \to \infty$ gegen den Punkt $\mathbf{P} = (\pi, 0)$ und dieser gehört nicht zu $\mathbb{A}^2$, da π eine transzendente Zahl ist (Lin82).

4.3. Absolute Geometrien

4.3.1 Definition (Absolute Geometrie)
Eine *absolute Geometrie* ist eine HILBERTEBENE $(\mathcal{E}, \mathcal{G}, \cdot|\cdot|\cdot, \equiv)$, welche zusätzlich die beiden Vollständigkeitsaxiome **(V1)** und **(V2)** erfüllt.[1)]

Die Geometrien $\mathbb{E}^2$, $\mathbb{H}^2$ bzw. $\mathbb{D}^2$ sind Beispiele von absoluten Geometrien. Da in $\mathbb{E}^2|_{\mathbb{A}^2}$ das CANTORSCHE Axiom **(V2)** verletzt ist, fällt diese HILBERTEBENE nun heraus. Analog kann man auch die hyperbolische Geometrie $\mathbb{H}^2$ auf die algebraischen Punkte einschränken, so wie wir das bisweilen mit der euklidischen Geometrie

[1)] Als absolute Geometrie wird im engsten Sinn die Gesamtheit der geometrischen Sätze über einer Ebene bezeichnet, die man allein aufgrund der Axiome der Inzidenz **(I1)**-**(I3)**, der Anordnung **(A1)**-**(A4)**, der Kongruenz **(K1)**-**(K6)** und der Vollständigkeit **(V1)**-**(V2)** – also ohne das Parallelenaxiom – herleiten kann. Manche Autoren zählen in einem weiteren Sinne schon HILBERTEBENEN selbst zu den absoluten Geometrien. Dieser Auffassung wollen wir in diesem Buch aber nicht folgen.

gemacht haben. Dies ergibt ein weiteres interessantes Modell $\mathbb{H}^2|_{\mathbb{A}^2}$ für eine ebene Geometrie, welche nicht mehr vollständig ist. Wir überlassen die Ausarbeitung der Details dem Leser als Übung.

Bei den absoluten Geometrien - oder allgemeiner bei HILBERTEBENEN -, unterscheidet man noch zwischen den *euklidischen Geometrien*, bei denen das Parallelenaxiom gilt und den *nicht-euklidischen Geometrien*, bei denen es verletzt ist.

Aufgaben

Aufgabe 4.1
Man formuliere eine Definition von Konvergenz für Punktfolgen $(\mathbf{A}_n)_{n\in\mathbb{N}}$ in einer absoluten Geometrie. Ebenso definiere man analog zum Begriff der CAUCHY-Folgen reeller Zahlen in einer absoluten Geometrie den Begriff der CAUCHY-Folge und zeige, dass eine Folge genau dann konvergiert, wenn sie CAUCHY-Folge ist.

Aufgabe 4.2
Gegeben sei eine Gerade $\mathbf{g}$ in einer absoluten Geometrie. Man zeige, dass es eine Bijektion $\zeta : \mathbb{R} \to \mathbf{g}$ gibt.

Aufgabe 4.3
$\mathbf{g}$ sei eine Gerade in einer absoluten Geometrie und es seien drei Punkte $\mathbf{A}, \mathbf{B}, \mathbf{C} \in \mathbf{g}$ mit $\mathbf{A}|\mathbf{B}|\mathbf{C}$ gegeben. Wir setzen $\mathbf{C_0} := \mathbf{C}$ und definieren iterativ für jedes $n \in \mathbb{N}$ einen weiteren Punkt $\mathbf{C}_n \in \mathbf{g}$ durch folgende Vorschrift. Ist $\mathbf{C}_n$ festgelegt, so sei $\mathbf{C}_{n+1}$ der Streckenmittelpunkt der Strecke $\overline{\mathbf{AC}_n}$. Man zeige, dass es ein $n \in \mathbb{N}$ mit $\mathbf{A}|\mathbf{C}_n|\mathbf{B}$ gibt.

5. Die euklidische Ebene

In diesem Kapitel werden wir fast ausschließlich Eigenschaften der euklidischen Geometrie studieren. Insbesondere werden wir meist mit dem affinen Modell der euklidischen Ebene arbeiten. Ein Grund hierfür ist, dass im affinen Modell zahlreiche zusätzliche algebraische, metrische und topologische Strukturen zur Verfügung stehen, welche ein Arbeiten in diesem Modell wesentlich erleichtern. Zu Beginn wollen wir jedoch erst ein wenig im abstrakten Modell arbeiten und dort einige Bezeichnungen einführen bzw. an sie erinnern.

5.1. Parallelenaxiom und Winkelsumme

In den vorhergehenden Kapiteln haben wir schrittweise Axiome eingeführt, um sinnvoll mit den so erzeugten Geometrien arbeiten zu können. Dabei haben wir festgestellt, dass bereits in HILBERTEBENEN eine ganze Reihe von Resultaten hergeleitet werden können, die uns schon aus der euklidischen Geometrie - das heißt der Geometrie unserer Anschauung -, bekannt sind. Es gibt aber auch einige bemerkenswerte Unterschiede: insbesondere, wenn man die beiden Modelle $\mathbb{E}^2$ und $\mathbb{H}^2$ miteinander vergleicht. Beide Modelle sind HILBERTEBENEN in denen ebenfalls die Vollständigkeitsaxiome erfüllt sind, sie bilden also Beispiele von absoluten Geometrien. Ein sehr wichtiger Unterschied besteht in der Anzahl der Geraden durch einen festen Punkt **P**, die zu einer gegebenen Geraden **g** parallel sind. Im affinen Modell $\mathbb{E}^2$ der euklidischen Ebene gibt es jeweils genau eine Parallele zu **g** durch **P**, in der hyperbolischen Halbeebene jedoch unendlich viele. Insbesondere ist das Parallelenaxiom **(P)** von den anderen Axiomen der euklidischen Geometrie (das heißt den Axiomen **(I1)**-**(I3)**, **(A1)**-**(A4)**, **(K1)**-**(K6)**, **(V1)**-**(V2)**) unabhängig - es lässt sich aus diesen nicht herleiten. Da wir euklidische Geometrien formal noch nicht präzise eingeführt haben, wollen wir dies nun nachholen.

5.1.1 Definition (euklidische Ebene)
Eine absolute Geometrie im Sinne von Definition 4.3.1 heißt *euklidische Ebene*, wenn in ihr zusätzlich das Parallelenaxiom **(P)** gilt.

(P) Zu jeder Geraden **g** und zu jedem Punkt **P** existiert genau eine Parallele zu **g** durch den Punkt **P**.

5.1.2 Beispiele (Standardmodelle, 6. Teil)
Die Gültigkeit des Parallelenaxioms zeichnet die euklidische Ebene von allen anderen absoluten Geometrien aus.

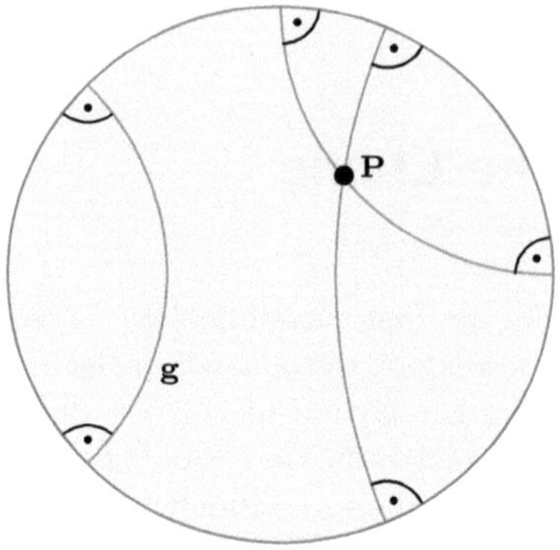

Abbildung 5.1.: In der hyperbolischen Ebene ist das Parallelenaxiom verletzt, da es zu jeder Geraden **g** und jedem Punkt $\mathbf{P} \notin \mathbf{g}$ unendlich viele Parallelen durch **P** gibt.

1. $\mathbb{E}^2$ **(Das affine Modell der euklidischen Ebene).**
   In diesem Modell gilt das Parallelenaxiom. Wir können dies leicht überprüfen. Wir erinnern daran, dass *Punkte* **P** in dem affinen Raum $\mathbb{E}^2$ als Elemente in der *Menge* $\mathbb{R}^2 = \mathbb{R} \times \mathbb{R}$ aufgefasst werden und sich als 2-Tupel $\mathbf{P} = (x, y)$ mit $x, y \in \mathbb{R}$ schreiben lassen. Zwischen der Punktmenge $\mathbb{E}^2$ und dem Vektorraum $\mathbb{R}^2$ ist dann die affine Addition

$$+ : \mathbb{E}^2 \times \mathbb{R}^2 \to \mathbb{E}^2, \quad (\mathbf{P}, \vec{v}) \mapsto \mathbf{P} + \vec{v} := (x + v_1, y + v_2)$$

   erklärt. Sind **A**, **B** beliebige Punkte, so ist der Vektor $\overrightarrow{\mathbf{AB}}$ der eindeutig bestimmte Vektor mit $\mathbf{B} = \mathbf{A} + \overrightarrow{\mathbf{AB}}$. Wir nennen $\overrightarrow{\mathbf{AB}}$ den *Verbindungsvektor* von **A** nach **B**. Die Geraden in $\mathbb{E}^2$ sind durch die affinen Geraden

$$\mathbf{g}_{\mathbf{S},\vec{u}} : \mathbb{R} \to \mathbb{E}^2, \quad \mathbf{g}_{\mathbf{S},\vec{u}}(t) := \mathbf{S} + t\vec{u}$$

   mit $\mathbf{S} \in \mathbb{E}^2$, $\vec{u} \in \mathbb{R}^2, \vec{u} \neq \vec{0}$ gegeben. Für einen Punkt $\mathbf{P} \in \mathbb{E}^2$ sind dann äquivalent

$$\mathbf{P} \notin \mathbf{g}_{\mathbf{S},\vec{u}} \quad \Leftrightarrow \quad \vec{u}, \overrightarrow{\mathbf{PA}} \text{ sind linear unabhängig für alle } \mathbf{A} \in \mathbf{g}_{\mathbf{S},\vec{u}}.$$

   Ist nun $\mathbf{P} \notin \mathbf{g}_{\mathbf{S},\vec{u}}$, so ist $\mathbf{g}_{\mathbf{P},\vec{u}}$ parallel zu $\mathbf{g}_{\mathbf{S},\vec{u}}$, denn für $s, t \in \mathbb{R}$ besitzt die Gleichung

$$\mathbf{P} + s\vec{u} = \mathbf{S} + t\vec{u} \quad \Leftrightarrow \quad \overrightarrow{\mathbf{PS}} = (s - t)\vec{u}$$

   keine Lösung. Ist umgekehrt eine beliebige von $\mathbf{g}_{\mathbf{P},\vec{u}}$ verschiedene Gerade durch den Punkt **P** gegeben, so besitzt diese eine Darstellung der Form $\mathbf{g}_{\mathbf{P},\vec{v}}$

mit einem $\vec{v} \neq \vec{0}$ und $\vec{u}, \vec{v}$ sind linear unabhängig. Da $\vec{u}, \vec{v}$ damit eine Basis des $\mathbb{R}^2$ bilden, hat auch die Gleichung

$$\mathbf{P} + s\vec{v} = \mathbf{S} + t\vec{u} \quad \Leftrightarrow \quad \overrightarrow{\mathbf{PS}} = s\vec{v} - t\vec{u}$$

eine eindeutig bestimmte Lösung, das heißt die beiden Geraden $\mathbf{g}_{\mathbf{P},\vec{v}}$ und $\mathbf{g}_{\mathbf{S},\vec{u}}$ schneiden sich und sind wegen $\mathbf{P} \notin \mathbf{g}_{\mathbf{S},\vec{u}}$ nicht parallel. Dies zeigt, dass es in $\mathbb{E}^2$ zu jeder Geraden $\mathbf{g}_{\mathbf{S},\vec{u}}$ und zu jedem Punkt $\mathbf{P}$ genau eine Parallele durch den Punkt $\mathbf{P}$ gibt, das heißt das Parallelenaxiom ist erfüllt.

2. $\mathbb{H}^2, \mathbb{D}^2$ **(Die Modelle der hyperbolischen Ebene).**
   Hier gilt das Parallelenaxiom nicht, denn es gibt stets unendlich viele Parallelen zu einer Geraden $\mathbf{g}$ durch einen festen Punkt $\mathbf{P} \notin \mathbf{g}$.

5.1.a. Stufen- und Wechselwinkel

Wir wollen uns jetzt mit einer sehr wichtigen Konsequenz der Gültigkeit des Parallelenaxioms befassen, nämlich mit der Tatsache, dass bestimmte Winkel entlang paralleler Geraden kongruent sind.

5.1.3 Definition (Stufen- und Wechselwinkel)
Wird eine Gerade $\mathbf{g}$ von zwei von $\mathbf{g}$ verschiedenen Geraden $\mathbf{h}$, $\mathbf{h}'$ jeweils in verschiedenen Punkten $\mathbf{P}, \mathbf{P}'$ geschnitten, so entstehen in $\mathbf{P}$ und $\mathbf{P}'$ jeweils vier Winkel. Die Winkel bei $\mathbf{P}$ bzw. $\mathbf{P}'$, die auf derselben Seite von $\mathbf{g}$ und auf einander entsprechenden Seiten von $\mathbf{h}$ bzw. $\mathbf{h}'$ liegen, heißen *Stufenwinkel* (siehe Abbildung 5.2). Die

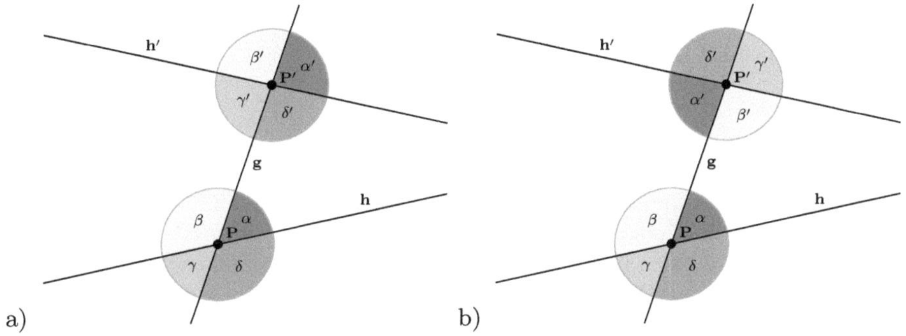

Abbildung 5.2.: a) α', β', γ', δ' sind jeweils Stufenwinkel von α, β, γ, δ. b) α', β', γ', δ' sind jeweils Wechselwinkel von α, β, γ, δ.

Winkel auf unterschiedlichen Seiten von $\mathbf{g}$ und entgegengesetzten Seiten von $\mathbf{h}$, $\mathbf{h}'$ heißen *Wechselwinkel*.

Da Winkel und Gegenwinkel stets kongruent sind (Satz 3.3.5) und weil die Nebenwinkel kongruenter Winkel auch wieder kongruent sind (Satz 3.3.4), folgt aus der Kongruenz eines Stufenwinkelpaars auch stets die Kongruenz der anderen drei Paare. Dasselbe gilt bei Wechselwinkeln.

5.1.4 Satz (Stufenwinkelsatz)
Wird in der euklidischen Geometrie eine Gerade $\mathbf{g}$ *von zwei von* $\mathbf{g}$ *verschiedenen Geraden* $\mathbf{h}$, $\mathbf{h}'$ *jeweils in verschiedenen Punkten* $\mathbf{P}, \mathbf{P}'$ *geschnitten, so sind entsprechende Stufenwinkel genau dann kongruent, wenn die Geraden* $\mathbf{h}$, $\mathbf{h}'$ *parallel sind.*

***Beweis*:**

1. Wir zeigen zunächst, dass Kongruenz von Stufenwinkeln die Parallelität der Geraden impliziert. Die Stufenwinkel seien kongruent. Falls sich $\mathbf{h}$, $\mathbf{h}'$ in einem Punkt $\mathbf{S}$ schneiden, so ensteht ein Dreieck $\triangle_{\mathbf{PP'S}}$. Ein Nebenwinkel des Winkels $\angle_{\mathbf{PP'S}}$ ist Stufenwinkel des Winkels $\angle_{\mathbf{SPP'}}$. Damit ist also ein Winkel des Dreiecks zu einem Nebenwinkel eines anderen Dreieckswinkels kongruent. Dies widerspricht Satz 3.5.2. Daher können sich $\mathbf{h}$ und $\mathbf{h}'$ nicht schneiden und sind parallel.
2. Es seien $\mathbf{h}$, $\mathbf{h}'$ parallel und verschieden. Wir wählen einen von $\mathbf{P}$ verschiedenen Punkt $\mathbf{A} \in \mathbf{h}$ und tragen den Winkel $\angle_{\mathbf{APP'}}$ im Punkt $\mathbf{P}'$ kongruent so ab, dass der eine Schenkel auf dem Strahl $\vec{\mathrm{S}}(\mathbf{P}, \mathbf{P}')$ liegt und der andere Schenkel auf derselben Seite der Geraden $\mathbf{g}$ liegt wie $\vec{\mathrm{S}}(\mathbf{P}, \mathbf{A})$. Es sei $\mathbf{A}' \neq \mathbf{P}'$ ein beliebiger Punkt auf diesem Schenkel. Die Gerade $\mathbf{P}'\mathbf{A}'$ ist nach Teil 1. parallel zu $\mathbf{h}$. Da auch $\mathbf{h}'$ parallel zu $\mathbf{h}$ ist und ebenfalls durch den Punkt $\mathbf{P}'$ verläuft, folgt aus der Eindeutigkeit der Parallelen, dass $\mathbf{h}' = \mathbf{P}'\mathbf{A}'$ und daher sind die Stufenwinkel kongruent.

□

5.1.5 Bemerkung
Da das Parallelenaxiom nur im zweiten Teil des Beweises benutzt wurde, kann man erkennen, dass die Kongruenz der Stufenwinkel auch in einer HILBERTEBENE die Parallelität der Geraden impliziert. Einen Spezialfall hiervon hatten wir tatsächlich in Satz 3.5.10 für den Existenzbeweis von Parallelen benutzt.

Da Stufenwinkel genau dann kongruent sind, wenn dies für die Wechselwinkel gilt, ergibt sich noch:

5.1.6 Satz (Wechselwinkelsatz)
Wird in der euklidischen Geometrie eine Gerade $\mathbf{g}$ *von zwei von* $\mathbf{g}$ *verschiedenen Geraden* $\mathbf{h}$, $\mathbf{h}'$ *jeweils in verschiedenen Punkten* $\mathbf{P}, \mathbf{P}'$ *geschnitten, so sind entsprechende Wechselwinkel genau dann kongruent, wenn die Geraden* $\mathbf{h}$, $\mathbf{h}'$ *parallel sind.*

5.1.b. Winkelsummensatz

Wir möchten uns jetzt mit einer weiteren sehr wichtigen Konsequenz der Gültigkeit des Parallelenaxioms befassen, nämlich mit der Tatsache, dass sich die Winkel in einem Dreieck zu einem gestreckten Winkel aufsummieren. Dabei müssen wir zunächst präzisieren, was wir darunter verstehen.

5.1.7 Definition
In einer HILBERTEBENE seien $n \geq 2$ Winkel $\angle_{\mathbf{A_k S_k B_k}}$, $1 \leq k \leq n$, gegeben. Wir setzen $\mathbf{C_0} := \mathbf{A_1}$, $\mathbf{S} := \mathbf{S_1}$, $\mathbf{C_1} := \mathbf{B_1}$.

Iterativ tragen wir nun für $2 \leq k \leq n$ den Winkel $\angle_{\mathbf{A_k S_k B_k}}$ am Strahl $\overrightarrow{S}(\mathbf{S}, \mathbf{C_{k-1}})$ kongruent so ab, dass der zweite Schenkel dieses Winkels auf der dem Strahl $\overrightarrow{S}(\mathbf{S}, \mathbf{C_{k-2}})$ gegenüberliegenden Seite der Geraden $\mathbf{SC_{k-1}}$ zu liegen kommt. Diesen neuen Schenkel nennen wir $\overrightarrow{S}(\mathbf{S}, \mathbf{C_k})$.

Wir sagen nun, die Winkel $\angle_{\mathbf{A_k S_k B_k}}$, $1 \leq k \leq n$, *summieren sich zu einem gestreckten Winkel*, wenn folgende Bedingungen gelten.

1. Jeder Strahl $\overrightarrow{S}(\mathbf{S}, \mathbf{C_k})$, $1 \leq k \leq n-1$ liegt auf derselben Seite der Geraden $\mathbf{SC_0}$.
2. Der letzte Strahl $\overrightarrow{S}(\mathbf{S}, \mathbf{C_n})$ liegt wieder auf der Geraden $\mathbf{SC_0}$, sodass $\mathbf{SC_0} = \overrightarrow{S}(\mathbf{S}, \mathbf{C_0}) \cup \overrightarrow{S}(\mathbf{S}, \mathbf{C_n})$.

5.1.8 Satz (Winkelsummensatz)
In einem euklidischen Dreieck summieren sich die Dreieckswinkel zu einem gestreckten Winkel.

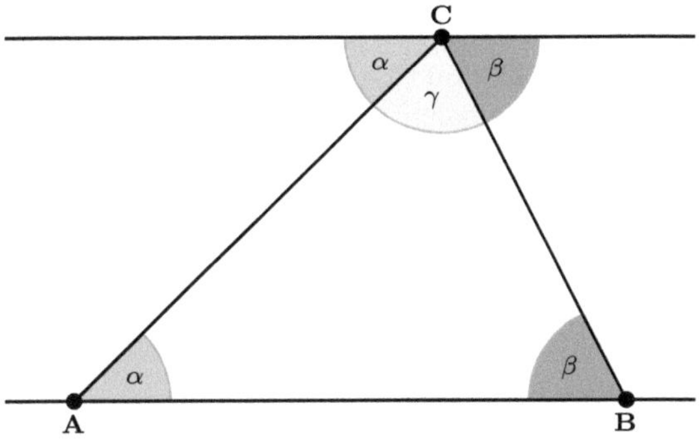

Abbildung 5.3.: Die Winkel eines euklidischen Dreiecks summieren sich stets zu einem gestreckten Winkel auf.

Beweis: Es sei $\triangle_{\mathbf{ABC}}$ ein Dreieck und $\mathbf{g}$ sei die Parallele zur Geraden $\mathbf{AB}$ durch den Punkt $\mathbf{C}$. Die beiden von $\mathbf{C}$ ausgehenden Halbgeraden von $\mathbf{g}$ und die beiden Strahlen $\vec{\mathrm{S}}(\mathbf{C},\mathbf{A})$, $\vec{\mathrm{S}}(\mathbf{C},\mathbf{B})$ definieren insgesamt drei Winkel, welche sich zu einem gestreckten Winkel aufsummieren (vergleiche mit Abbildung 5.3). Einer der Winkel ist ein Wechselwinkel von $\angle_{\mathbf{BAC}}$ und ein weiterer ist Wechselwinkel von $\angle_{\mathbf{CBA}}$. Der dritte ist der Dreieckswinkel $\angle_{\mathbf{ACB}}$. Weil $\mathbf{g}$ zu $\mathbf{AB}$ parallel ist, folgt aus dem Wechselwinkelsatz, dass die beiden Wechselwinkel von $\angle_{\mathbf{BAC}}$ bzw. von $\angle_{\mathbf{CBA}}$ zu diesen kongruent sind. Daraus ergibt sich die Behauptung. □

Wir werden weiter unten in Bemerkung 5.4.8 noch einen alternativen und eher analytischen Beweis dieses Satzes vorstellen, welcher auf dem Sinussatz beruht. Der oben angeführte Beweis eignet sich allerdings für den Schulunterricht wesentlich besser, da er sehr anschaulich ist und man dafür nur den Wechselwinkelsatz benötigt.

In diesem Kapitel werden wir von nun an fast ausschließlich mit dem affinen Modell $\mathbb{E}^2$ der euklidischen Ebene arbeiten.

5.2. Streckenlängen und Winkelweiten

Wir erinnern an die bereits früher eingeführte Streckenlänge. Unter der *Streckenlänge* einer Strecke $\overline{\mathbf{AB}} \subset \mathbb{E}^2$ verstehen wir die positive reelle Zahl

$$|\overline{\mathbf{AB}}| := ||\overrightarrow{\mathbf{AB}}||.$$

Ausgehend von der Streckenlänge lässt sich im Prinzip nun auch die Länge einer Kurve festlegen, zum Beispiel indem man die Kurve durch Streckenzüge approximiert. Aus inhaltlichen und zeitlichen Gründen wird dies in dieser Form in der Schule jedoch wohl eher nicht praktiziert werden können. Trotzdem dürfte Schülern auch ohne eine strenge formale Entwicklung des Kurvenlängenbegriffs intuitiv klar sein, um was es sich bei der Länge einer Kurve handelt. Stellt man sich beispielsweise eine Kurve als ein auf dem Boden liegendes Seil vor, so wird jeder aus Erfahrung begreifen, dass sich die Länge des Seils nicht verändert, wenn man es auf dem Boden anders auslegt, etwa in Form einer Strecke. Mathematisch verbirgt sich dahinter nichts anderes als die Abbildung der Kurve auf eine Strecke mittels einer (inneren) Isometrie. Alternativ kann man das auch so ausdrücken, dass sich eine Kurve stets nach Bogenlänge parametrisieren lässt.

Bei Flächeninhalten verhält es sich ganz ähnlich. Der *Flächeninhalt* A eines Rechtecks mit Kantenlängen a, b wird festgelegt als $\mathrm{A} = \mathrm{a} \cdot \mathrm{b}$. Flächeninhalte anderer geometrischer Figuren lassen sich dann entweder durch Zerteilen von oder in Rechtecke oder durch Approximation mittels Rechtecke sinnvoll erklären. In der Schule findet dieses Prinzip insbesondere Anwendung bei den Vielecken und bei der Definition des RIEMANN-Integrals.

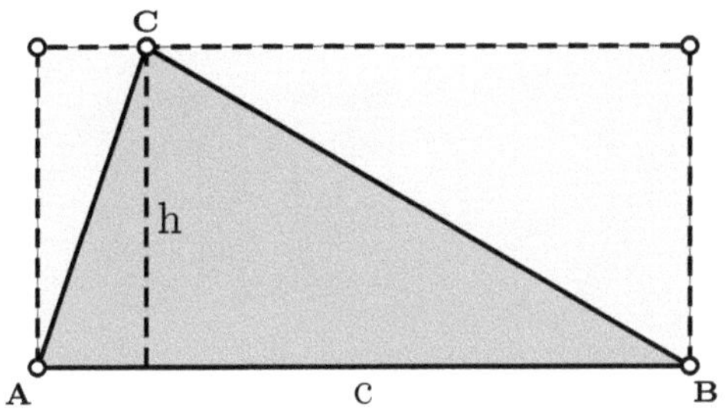

Abbildung 5.4.: Der Flächeninhalt eines Dreiecks ergibt sich als die Hälfte des Produkts aus Höhe h und Grundseite c.

5.2.a. Die Kreiszahl π

5.2.1 Definition (Kreiszahl)
Es sei $\mathbf{O} = (0,0)$ der Ursprung in $\mathbb{E}^2$ und $\mathrm{K}(\mathbf{O}, \mathrm{r}) := \{\mathbf{P} \in \mathbb{E}^2 : ||\overrightarrow{\mathbf{OP}}|| = \mathrm{r}\}$ sei der Kreis um den Ursprung mit Radius r. $\mathrm{K}(\mathbf{O}, 1)$ heißt *Einheitskreis*. Die *Einheitskreisscheibe* ist die Menge

$$\mathrm{D} := \{\mathbf{Z} \in \mathbb{E}^2 : ||\overrightarrow{\mathbf{OZ}}|| \leq 1\}.$$

Unter der *Kreiszahl* π verstehen wir den Flächeninhalt der Einheitskreisscheibe D und der *Umfang* eines Kreises mit Radius r ist die Länge der durch den Kreis $\mathrm{K}(\mathbf{O}, \mathrm{r})$ definierten Kurve.

Ein Kreis mit Radius r besitzt daher den Flächeninhalt $\mathrm{A} = \pi\,\mathrm{r}^2$.

5.2.2 Satz
Der Umfang U *des Kreises mit Radius* r *beträgt* $2\pi\,\mathrm{r}$.

***Beweis*:** Man zerlege den Kreis in n gleich große Segmente, wobei n durch 2 teilbar sei und ordne anschließend die Segmente alternierend so wie in Abbildung 5.5 dargestellt an. Da sich die Figur rechts in dem Bild für $n \to \infty$ einem Rechteck mit den Kantenlängen r und $\mathrm{U}/2$ nähert, ist der Flächeninhalt A mit dem Umfang U durch die Gleichung $\mathrm{A} = \mathrm{r} \cdot \mathrm{U}/2$ verknüpft. Ein Kreis mit Radius r besitzt jedoch den Flächeninhalt $\pi\,\mathrm{r}^2$, woraus sofort $\mathrm{U} = 2\pi\,\mathrm{r}$ folgt. □

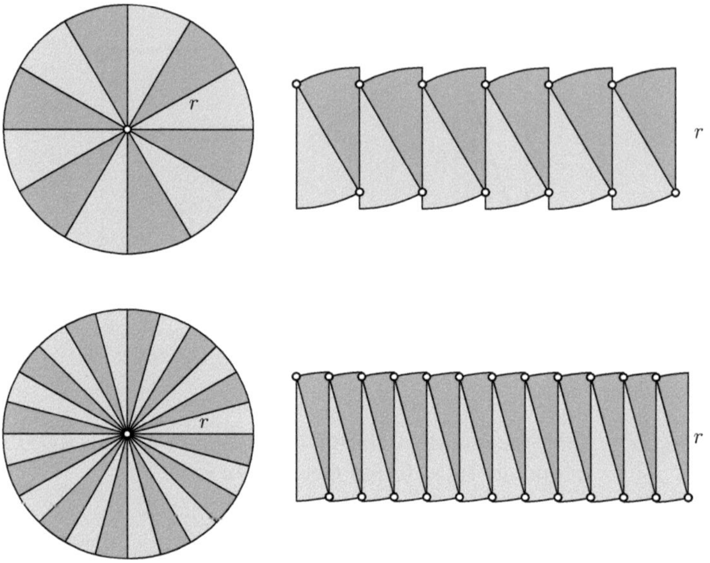

Abbildung 5.5.: Zerlegung des Kreises in n Segmente, für $n = 12$ und $n = 24$. Durch Grenzübergang $n \to \infty$ erkennt man, dass für den Flächeninhalt $\mathrm{A} = \pi\,\mathrm{r}^2$ und den Umfang U des Kreises mit Radius r die Gleichung $\mathrm{A} = \mathrm{r} \cdot \frac{\mathrm{U}}{2}$ erfüllt sein muss, woraus sich unmittelbar $\mathrm{U} = 2\pi\,\mathrm{r}$ ergibt.

5.2.b. Grad- und Bogenmaß

Haben wir die Länge des Einheitskreises bestimmt, so erlaubt uns dies nun ebenfalls, die Weite eines Winkels festzulegen.

Das *Bogenmaß* ordnet jedem Winkel $\angle_{\mathbf{BAC}}$ die Länge desjenigen Kreisbogens von $\mathrm{K}(\mathbf{A}, 1)$ zu, welcher im Inneren des Winkels $\angle_{\mathbf{BAC}}$ liegt (siehe Abbildung 5.6). Diese Länge wird mit $\sphericalangle_{\mathbf{BAC}}$ bezeichnet und *Bogenlänge* oder auch *Winkelweite* des Winkels genannt. Offensichtlich gilt stets $\sphericalangle_{\mathbf{BAC}} \in (0, \pi)$.

In der Schule ist es jedoch gebräuchlicher mit dem *Gradmaß* zu arbeiten, welches man aus dem Bogenmaß durch die Abbildung $\alpha \mapsto 180 \cdot \frac{\alpha}{\pi}$ erhält. Der Winkelweite π eines gestreckten Winkels im Bogenmaß entspricht also im Gradmaß 180 Grad, geschrieben $180°$. Ein rechter Winkel entspricht im Bogenmaß $\pi/2$ und im Gradmaß $90°$. Ein Winkel ist genau dann *spitz*, wenn seine Bogenlänge kleiner als $\pi/2$ ist und er ist genau dann *stumpf*, wenn seine Bogenlänge mehr als $\pi/2$ beträgt.

Für spätere Zwecke bemerken wir an dieser Stelle noch, dass für die Bogenlänge

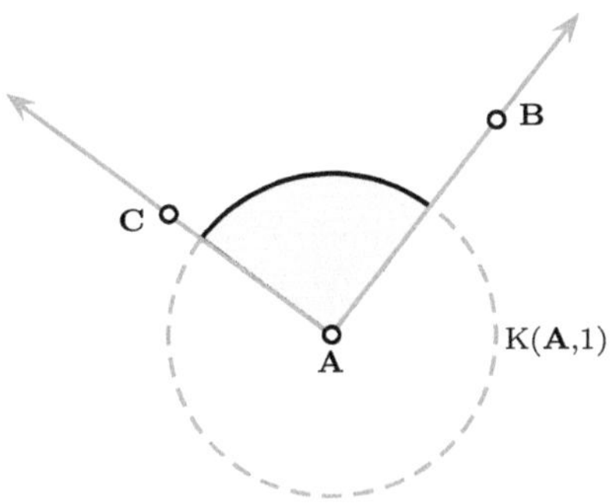

Abbildung 5.6.: Die Bogenlänge eines Winkels $\angle_{\mathbf{BAC}}$ wird als Länge des Einheitskreisbogens um $\mathbf{A}$ definiert, welcher im Inneren des Winkels liegt.

$\sphericalangle_{\mathbf{BAC}}$ die Gleichung

$$\cos\left(\sphericalangle_{\mathbf{BAC}}\right) = \frac{\langle \overrightarrow{\mathbf{AB}}, \overrightarrow{\mathbf{AC}} \rangle}{|\overrightarrow{\mathbf{AB}}| \cdot |\overrightarrow{\mathbf{AC}}|} \tag{5.2.1}$$

erfüllt ist. Da sich die Punkte $\mathbf{A}, \mathbf{B}, \mathbf{C}$ bei einem Winkel $\angle_{\mathbf{BAC}}$ in allgemeiner Lage befinden, sind die Vektoren $\overrightarrow{\mathbf{AB}}, \overrightarrow{\mathbf{AC}}$ insbesondere linear unabhängig.

Strecken sind nun genau dann kongruent, wenn sie gleich lang sind und Winkel sind genau dann kongruent, wenn ihre Winkelweiten übereinstimmen. Der Winkelsummensatz kann auch so ausgedrückt werden, dass sich für jedes euklidische Dreieck die Winkelweiten der Dreieckswinkel zu π (bzw. zu $180°$) aufsummieren. Eine Folgerung hieraus ist, dass in einem euklidischen Dreieck immer wenigstens zwei Winkel spitz sind!

5.3. Geraden

Ziel dieses Abschnitts ist es im Wesentlichen, einige Bezeichnungen für Geraden in $\mathbb{E}^2$ einzuführen und uns ein wenig mehr mit der Notation des affinen Raums $\mathbb{E}^2$ vertraut zu machen. Insbesondere werden wir die für viele Anwendungen praktische Hessesche Normalform einer Geraden kennenlernen und eine Formel herleiten, mit der man Schnittpunkte von Geraden leicht berechnen kann.

Wir erinnern daran, dass *Punkte* $\mathbf{P}$ in dem affinen Raum $\mathbb{E}^2$ als Elemente in der *Menge* $\mathbb{R}^2 = \mathbb{R} \times \mathbb{R}$ aufgefasst werden und sich als 2-Tupel $\mathbf{P} = (x, y)$ mit $x, y \in \mathbb{R}$ schreiben lassen (Koordinatentupel). Ein *Vektor* $\vec{v}$ in dem *Vektorraum* $\mathbb{R}^2$ wird hingegen stets als Spaltenvektor $\vec{v} = \binom{v_1}{v_2}$ geschrieben. Zwischen der Punktmenge

$\mathbb{E}^2$ und dem Vektorraum $\mathbb{R}^2$ ist dann die affine Addition

$$+ : \mathbb{E}^2 \times \mathbb{R}^2 \to \mathbb{E}^2, \quad (\mathbf{P}, \vec{v}) \mapsto \mathbf{P} + \vec{v} := (x + v_1, y + v_2)$$

erklärt. Sind $\mathbf{A}$, $\mathbf{B}$ beliebige Punkte, so ist der Vektor $\overrightarrow{\mathbf{AB}}$ der eindeutig bestimmte Vektor mit $\mathbf{B} = \mathbf{A} + \overrightarrow{\mathbf{AB}}$. Wir nennen $\overrightarrow{\mathbf{AB}}$ den *Verbindungsvektor* von $\mathbf{A}$ nach $\mathbf{B}$.

Gegeben seien nun zwei Punkte $\mathbf{O}, \mathbf{O}'$ sowie n weitere Punkte $\mathbf{A_1}, \ldots, \mathbf{A_n}$ und n reelle Zahlen $\lambda_1, \ldots, \lambda_n$. Es ist

$$\begin{aligned} \sum_{k=1}^{n} \lambda_k \cdot \overrightarrow{\mathbf{OA_k}} &= \sum_{k=1}^{n} \lambda_k \cdot (\overrightarrow{\mathbf{OO'}} + \overrightarrow{\mathbf{O'A_k}}) \\ &= \sum_{k=1}^{n} \lambda_k \cdot \overrightarrow{\mathbf{OO'}} + \sum_{k=1}^{n} \lambda_k \cdot \overrightarrow{\mathbf{O'A_k}}. \end{aligned}$$

Dies bedeutet, dass im Fall $\sum_{k=1}^{n} \lambda_k = 1$ die Punkte

$$\mathbf{O} + \sum_{k=1}^{n} \lambda_k \cdot \overrightarrow{\mathbf{OA_k}}, \quad \mathbf{O}' + \sum_{k=1}^{n} \lambda_k \cdot \overrightarrow{\mathbf{O'A_k}}$$

übereinstimmen und dieser Umstand berechtigt uns zu folgender Notation.

Schreibweise: Es seien n Punkte $\mathbf{A_1}, \ldots, \mathbf{A_n}$ sowie n reelle Zahlen $\lambda_1, \ldots, \lambda_n$ mit $\lambda_1 + \cdots + \lambda_n = 1$ gegeben. Dann verstehen wir unter dem Punkt

$$\lambda_1 \mathbf{A_1} + \cdots + \lambda_n \mathbf{A_n}$$

den eindeutig bestimmten Punkt $\mathbf{O} + \sum_{k=1}^{n} \lambda_k \cdot \overrightarrow{\mathbf{OA_k}}$, wobei $\mathbf{O}$ ein beliebiger Punkt sei. Wählt man dann etwa $\mathbf{O} = \mathbf{A_1}$, so ergibt sich noch

$$\lambda_1 \mathbf{A_1} + \cdots + \lambda_n \mathbf{A_n} = \mathbf{A_1} + \lambda_2 \cdot \overrightarrow{\mathbf{A_1A_2}} + \cdots + \lambda_n \cdot \overrightarrow{\mathbf{A_1A_n}}.$$

Geraden $\mathbf{g} \subset \mathbb{E}^2$ können wir wahlweise durch zwei verschiedene auf $\mathbf{g}$ liegende Punkte $\mathbf{A}, \mathbf{B}$ oder durch einen auf $\mathbf{g}$ liegenden Punkt $\mathbf{A}$ und einen Richtungsvektor $\vec{v}$ beschreiben. Dabei heißt $\vec{v}$ *Richtungsvektor* der Geraden $\mathbf{g} := \mathbf{g_{AB}} := \mathbf{AB}$, wenn es eine reelle Zahl λ mit $\mathbf{B} = \mathbf{A} + \lambda \cdot \vec{v}$ gibt. Offenbar impliziert dies $\vec{v} \neq \vec{0}$. In diesem Fall schreiben wir $\mathbf{g} = \mathbf{g_{A,\vec{v}}}$ für die Gerade. Wir fassen zusammen:

Schreibweise: Sind $\mathbf{A}$, $\mathbf{B}$ zwei verschiedene Punkte auf einer Geraden $\mathbf{g}$ und ist $\vec{v}$ ein Richtungsvektor von $\mathbf{g}$, so werden wir jede der folgenden Bezeichnungen für $\mathbf{g}$ verwenden.

$$\mathbf{g} = \mathbf{AB} = \mathbf{g_{AB}} = \mathbf{g_{A,\vec{v}}} = \mathbf{g_{A,\overrightarrow{AB}}}.$$

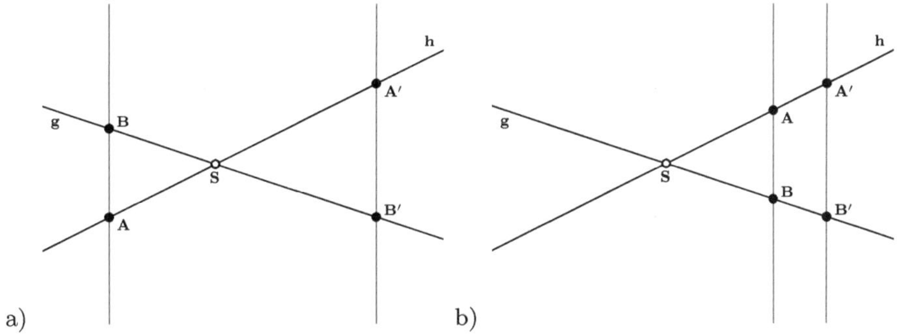

Abbildung 5.7.: Skizze zur Veranschaulichung des Strahlensatzes.

5.3.a. Strahlensätze, zentrische Streckungen, ähnliche Dreiecke

5.3.1 Satz (Erster Strahlensatz)
Es seien $\mathbf{g}, \mathbf{h} \subset \mathbb{E}^2$ *Geraden mit* $\mathbf{g} \cap \mathbf{h} = \mathbf{S}$. *Es seien ferner* $\mathbf{A}$, $\mathbf{A}' \in \mathbf{h}$ *und* $\mathbf{B}$, $\mathbf{B}' \in \mathbf{g}$ *jeweils paarweise verschiedene und von* $\mathbf{S}$ *verschiedene Punkte. Dann sind die beiden folgenden Aussagen äquivalent.*

(i) *Die Geraden* $\mathbf{AB}, \mathbf{A}'\mathbf{B}'$ *sind parallel.*

(ii) $\frac{|\overline{\mathbf{SA}'}|}{|\overline{\mathbf{SA}}|} = \frac{|\overline{\mathbf{SB}'}|}{|\overline{\mathbf{SB}}|}$ *und* $\mathbf{A}|\mathbf{S}|\mathbf{A}' \Leftrightarrow \mathbf{B}|\mathbf{S}|\mathbf{B}'$.

Beweis: Wir wählen $a, b \neq 0$ mit

$$\mathbf{A} - \mathbf{S} = a(\mathbf{A}' - \mathbf{S}), \quad \mathbf{B} - \mathbf{S} = b(\mathbf{B}' - \mathbf{S}).$$

(i) $\Rightarrow$ (ii): Weil $\mathbf{AB}||\mathbf{A}'\mathbf{B}'$, existiert eine Konstante $c \neq 0$ mit $\mathbf{B} - \mathbf{A} = c(\mathbf{B}' - \mathbf{A}')$. Damit ist auch

$$\begin{aligned} c(\mathbf{B}' - \mathbf{S}) - c(\mathbf{A}' - \mathbf{S}) &= c(\mathbf{B}' - \mathbf{A}') \\ &= \mathbf{B} - \mathbf{A} = \mathbf{B} - \mathbf{S} - (\mathbf{A} - \mathbf{S}) \\ &= b(\mathbf{B}' - \mathbf{S}) - a(\mathbf{A}' - \mathbf{S}). \end{aligned}$$

Da jedoch $\mathbf{B}' - \mathbf{S}$ und $\mathbf{A}' - \mathbf{S}$ linear unabhängig sind, folgt hieraus $c = b = a$, also auch

$$\frac{|\overline{\mathbf{SA}'}|}{|\overline{\mathbf{SA}}|} = \frac{||\mathbf{S} - \mathbf{A}'||}{||\mathbf{S} - \mathbf{A}||} = \frac{1}{|a|} = \frac{1}{|b|} = \frac{||\mathbf{S} - \mathbf{B}'||}{||\mathbf{S} - \mathbf{B}||} = \frac{|\overline{\mathbf{SB}'}|}{|\overline{\mathbf{SB}}|},$$

und weil

$$\langle \mathbf{A} - \mathbf{S}, \mathbf{A}' - \mathbf{S} \rangle = a||\mathbf{A}' - \mathbf{S}||^2, \quad \langle \mathbf{B} - \mathbf{S}, \mathbf{B}' - \mathbf{S} \rangle = b||\mathbf{B}' - \mathbf{S}||^2,$$

folgt

$$\langle \mathbf{A} - \mathbf{S}, \mathbf{A}' - \mathbf{S} \rangle < 0 \quad \Leftrightarrow \quad \langle \mathbf{B} - \mathbf{S}, \mathbf{B}' - \mathbf{S} \rangle < 0,$$

das heißt

$$\mathbf{A}|\mathbf{S}|\mathbf{A}' \Leftrightarrow \mathbf{B}|\mathbf{S}|\mathbf{B}'.$$

(ii) $\Rightarrow$ (i): Es ist

$$\mathbf{A}|\mathbf{S}|\mathbf{A}' \Leftrightarrow a < 0 \quad \text{und ebenso} \quad \mathbf{B}|\mathbf{S}|\mathbf{B}' \Leftrightarrow b < 0.$$

Nach Voraussetzung ist somit

$$a < 0 \Leftrightarrow b < 0.$$

Zusätzlich ist aber noch

$$\frac{1}{|a|} = \frac{||\mathbf{S} - \mathbf{A}'||}{||\mathbf{S} - \mathbf{A}||} = \frac{||\mathbf{S} - \mathbf{B}'||}{||\mathbf{S} - \mathbf{B}||} = \frac{1}{|b|}.$$

Fügt man beide Aussagen zusammen, so ergibt sich $a = b$, das heißt

$$\begin{aligned} \mathbf{A} - \mathbf{B} = \mathbf{A} - \mathbf{S} - (\mathbf{B} - \mathbf{S}) &= a(\mathbf{A}' - \mathbf{S}) - b(\mathbf{B}' - \mathbf{S}) \\ &= a(\mathbf{A}' - \mathbf{S}) - a(\mathbf{B}' - \mathbf{S}) \\ &= a(\mathbf{A}' - \mathbf{B}'), \end{aligned}$$

also $\mathbf{AB}||\mathbf{A}'\mathbf{B}'$.

□

5.3.2 Satz (Zweiter Strahlensatz)
Es seien $\mathbf{g}, \mathbf{h} \subset \mathbb{E}^2$ *Geraden mit* $\mathbf{g} \cap \mathbf{h} = \mathbf{S}$. *Es seien ferner* $\mathbf{A}, \mathbf{A}' \in \mathbf{h}$ *und* $\mathbf{B}, \mathbf{B}' \in \mathbf{g}$ *jeweils paarweise verschiedene und von* $\mathbf{S}$ *verschiedene Punkte mit* $\mathbf{AB}||\mathbf{A}'\mathbf{B}'$. *Dann gilt*

$$\frac{|\overline{\mathbf{SA}'}|}{|\overline{\mathbf{SA}}|} = \frac{|\overline{\mathbf{SB}'}|}{|\overline{\mathbf{SB}}|} = \frac{|\overline{\mathbf{A}'\mathbf{B}'}|}{|\overline{\mathbf{AB}}|}.$$

Beweis: Die erste Gleichung folgt aus dem Strahlensatz 5.3.1. Insbesondere existiert ein σ mit

$$\overrightarrow{\mathbf{SA}'} = \sigma \cdot \overrightarrow{\mathbf{SA}}, \quad \overrightarrow{\mathbf{SB}'} = \sigma \cdot \overrightarrow{\mathbf{SB}}.$$

Dann ist aber ebenso

$$\overrightarrow{\mathbf{A}'\mathbf{B}'} = \overrightarrow{\mathbf{SB}'} - \overrightarrow{\mathbf{SA}'} = \sigma \cdot (\overrightarrow{\mathbf{SB}} - \overrightarrow{\mathbf{SA}}) = \sigma \cdot \overrightarrow{\mathbf{AB}},$$

sodass

$$\frac{|\overline{\mathbf{A}'\mathbf{B}'}|}{|\overline{\mathbf{AB}}|} = |\sigma| = \frac{|\overline{\mathbf{SA}'}|}{|\overline{\mathbf{SA}}|}.$$

□

5.3.3 Definition (Zentrische Streckung)
Gegeben seien ein Punkt $\mathbf{Z}$ und eine reelle Zahl $\lambda \neq 0$. Unter der *zentrischen Streckung* mit *Streckzentrum* $\mathbf{Z}$ und *Streckfaktor* λ verstehen wir die Abbildung

$$\phi_{\mathbf{Z},\lambda} : \mathbb{E}^2 \to \mathbb{E}^2, \quad \phi_{\mathbf{Z},\lambda}(\mathbf{A}) := \mathbf{Z} + \lambda\overrightarrow{\mathbf{ZA}} = \lambda\mathbf{A} + (1 - \lambda)\mathbf{Z}.$$

Wir listen einige Eigenschaften zentrischer Streckungen auf.

(1) Es ist stets $\phi_{\mathbf{Z},\lambda}(\mathbf{Z}) = \mathbf{Z}$.

(2) $\phi_{\mathbf{Z},1} = \mathrm{Id}$.

(3) $\phi_{\mathbf{Z},\lambda} \circ \phi_{\mathbf{Z},\mu} = \phi_{\mathbf{Z},\lambda\mu}$. Insbesondere gilt $\phi_{\mathbf{Z},\lambda^{-1}} = \left(\phi_{\mathbf{Z},\lambda}\right)^{-1}$.

(4) Zentrische Streckungen sind winkeltreu. Sind $\mathbf{A}, \mathbf{B}, \mathbf{C}$ beliebige Punkte und bezeichnen $\mathbf{A}', \mathbf{B}', \mathbf{C}'$ deren Bilder unter einer zentrischen Streckung $\phi_{\mathbf{Z},\lambda}$, so gilt die Gleichung
$$\langle \overrightarrow{\mathbf{A}'\mathbf{C}'}, \overrightarrow{\mathbf{B}'\mathbf{C}'} \rangle = \lambda^2 \langle \overrightarrow{\mathbf{AC}}, \overrightarrow{\mathbf{BC}} \rangle.$$
Insbesondere folgt daraus für drei Punkte $\mathbf{A}, \mathbf{B}, \mathbf{C}$ in allgemeiner Lage, dass sich auch $\mathbf{A}', \mathbf{B}', \mathbf{C}'$ in allgemeiner Lage befinden und dass
$$\sphericalangle_{\mathbf{A}'\mathbf{B}'\mathbf{C}'} = \sphericalangle_{\mathbf{ABC}},$$
sowie
$$|\overline{\mathbf{A}'\mathbf{B}'}| = |\lambda| \cdot |\overline{\mathbf{AB}}|, \quad |\overline{\mathbf{A}'\mathbf{C}'}| = |\lambda| \cdot |\overline{\mathbf{AC}}|, \quad |\overline{\mathbf{B}'\mathbf{C}'}| = |\lambda| \cdot |\overline{\mathbf{BC}}|.$$

Weil zentrische Streckungen winkeltreu sind, werden unter diesen Abbildungen die Größen geometrischer Figuren zwar um den Betrag des Streckfaktors geändert, nicht aber deren Formen. Kreise werden auf Kreise, Geraden auf Geraden, Dreiecke auf Dreiecke, usw. abgebildet. Man nennt solche Abbildungen daher auch *konforme Abbildungen*.

5.3.4 Definition (Ähnliche Dreiecke)
Zwei Dreiecke $\triangle_{\mathbf{ABC}}$, $\triangle_{\mathbf{A}'\mathbf{B}'\mathbf{C}'}$ heißen *ähnlich*, wenn nach eventueller Umbenennung der Ecken für die jeweiligen Winkelweiten und Streckenlängen gilt:
$$\sphericalangle_{\mathbf{BAC}} = \sphericalangle_{\mathbf{B}'\mathbf{A}'\mathbf{C}'}, \quad \sphericalangle_{\mathbf{CBA}} = \sphericalangle_{\mathbf{C}'\mathbf{B}'\mathbf{A}'}, \quad \sphericalangle_{\mathbf{ACB}} = \sphericalangle_{\mathbf{A}'\mathbf{C}'\mathbf{B}'},$$
$$\frac{a'}{a} = \frac{b'}{b} = \frac{c'}{c}.$$

5.3.5 Beispiel
Gegeben seien eine zentrische Streckung $\phi_{\mathbf{Z},\lambda}$ und ein Dreieck $\triangle_{\mathbf{ABC}}$. Dann sind $\triangle_{\mathbf{ABC}}$ und $\phi_{\mathbf{Z},\lambda}(\triangle_{\mathbf{ABC}})$ ähnliche Dreiecke.

Bekanntlich existiert kein Kongruenzsatz Winkel-Winkel-Winkel (WWW). Allerdings lässt sich ein Ähnlichkeitssatz beweisen.

5.3.6 Satz (Ähnlichkeitssatz, Winkel-Winkel-Winkel (WWW))
Zwei Dreiecke $\triangle_{\mathbf{ABC}}$, $\triangle_{\mathbf{A}'\mathbf{B}'\mathbf{C}'}$ sind schon dann ähnlich, wenn ihre Winkel übereinstimmen, das heißt wenn
$$\angle_{\mathbf{BAC}} \equiv \angle_{\mathbf{B}'\mathbf{A}'\mathbf{C}'}, \quad \angle_{\mathbf{CBA}} \equiv \angle_{\mathbf{C}'\mathbf{B}'\mathbf{A}'}, \quad \angle_{\mathbf{ACB}} \equiv \angle_{\mathbf{A}'\mathbf{C}'\mathbf{B}'}.$$

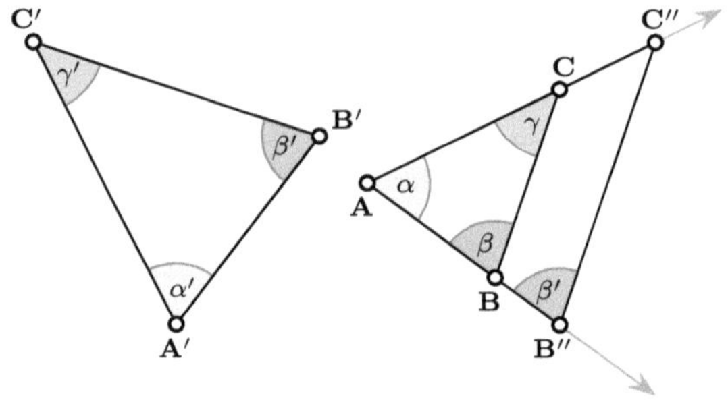

Abbildung 5.8.: Skizze zur Veranschaulichung des Ähnlichkeitssatzes.

***Beweis*:** Man trage zunächst die Strecke $\overline{\mathbf{A'B'}}$ am Strahl $\vec{S}(\mathbf{A},\mathbf{B})$ und die Strecke $\overline{\mathbf{A'C'}}$ am Strahl $\vec{S}(\mathbf{A},\mathbf{C})$ kongruent ab. Dadurch ergeben sich Punkte $\mathbf{B''} \in \vec{S}(\mathbf{A},\mathbf{B})$ und $\mathbf{C''} \in \vec{S}(\mathbf{A},\mathbf{C})$ mit $|\overline{\mathbf{AB''}}| = |\overline{\mathbf{A'B'}}|$ sowie mit $|\overline{\mathbf{AC''}}| = |\overline{\mathbf{A'C'}}|$. Wegen $\sphericalangle_{\mathbf{BAC}} = \sphericalangle_{\mathbf{B'A'C'}}$ sind nach dem Kongruenzsatz (SWS) nun die beiden Dreiecke $\triangle_{\mathbf{AB''C''}}, \triangle_{\mathbf{A'B'C'}}$ kongruent, insbesondere ist $\sphericalangle_{\mathbf{C'B'A'}} = \sphericalangle_{\mathbf{C''B''A}}$. Weil $\angle_{\mathbf{C''B''A}}$ aber gleichzeitig Stufenwinkel zum Winkel $\angle_{\mathbf{CBA}}$ ist und $\sphericalangle_{\mathbf{CBA}} = \sphericalangle_{\mathbf{C'B'A'}}$ vorausgesetzt wird, ergibt sich aus dem Stufenwinkelsatz die Parallelität der Geraden $\mathbf{BC}$, $\mathbf{B''C''}$.

Wir können daher den Strahlensatz auf die Strahlen $\vec{S}(\mathbf{A},\mathbf{B}), \vec{S}(\mathbf{A},\mathbf{C})$ und die Parallelen $\mathbf{BC}, \mathbf{B''C''}$ anwenden und erhalten

$$\frac{|\overline{\mathbf{B''C''}}|}{|\overline{\mathbf{BC}}|} = \frac{|\overline{\mathbf{AC''}}|}{|\overline{\mathbf{AC}}|} = \frac{|\overline{\mathbf{AB''}}|}{|\overline{\mathbf{AB}}|}.$$

Da aber

$$|\overline{\mathbf{B''C''}}| = |\overline{\mathbf{B'C'}}|, \quad |\overline{\mathbf{AC''}}| = |\overline{\mathbf{A'C'}}|, \quad |\overline{\mathbf{AB''}}| = |\overline{\mathbf{A'B'}}|,$$

ergibt sich daraus die Behauptung. □

5.3.7 Bemerkung

Aus dem Winkelsummensatz ergibt sich noch, dass zwei Dreiecke $\triangle_{\mathbf{ABC}}, \triangle_{\mathbf{A'B'C'}}$ schon genau dann ähnlich sind, wenn jeweils zwei ihrer Innenwinkel übereinstimmen, also zum Beispiel $\alpha = \alpha'$, $\beta = \beta'$.

5.3.b. Die Hessesche Normalform

Da wir für den Vektorraum $\mathbb{R}^2$ ein Skalarprodukt $\langle\cdot,\cdot\rangle$ zur Verfügung haben, kann man Geraden jetzt noch auf eine andere praktische Weise beschreiben.

5.3.8 Definition (Normalenvektor)
Ist $\mathbf{g}_{\mathbf{P},\vec{v}}$ eine Gerade durch den Punkt $\mathbf{P}$ mit Richtungsvektor $\vec{v}$, so heißt $\vec{n}$ ein *Normalenvektor* von $\mathbf{g}_{\mathbf{P},\vec{v}}$, wenn $\langle\vec{v},\vec{n}\rangle = 0$.

Ist ein Vektor $\vec{v} = \binom{a}{b}$ gegeben, so erhält man einen hierzu senkrecht stehenden Vektor $\vec{n}$ derselben Länge, wenn man $\vec{v}$ zum Beispiel durch eine Drehung um 90° gegen den Uhrzeigersinn dreht, das heißt man betrachtet den Vektor

$$\vec{n} = \begin{pmatrix} -b \\ a \end{pmatrix} = J\vec{v} \quad \text{mit} \quad J := \begin{pmatrix} 0 & -1 \\ 1 & 0 \end{pmatrix}.$$

Die Drehmatrix J nennt man die *komplexe Struktur* von $\mathbb{R}^2$, denn sie entspricht der komplexen Multiplikation mit der imaginären Einheit i in $\mathbb{C} = \mathbb{R}^2$. Insbesondere ist für $\vec{v} \neq \vec{0}$ der Vektor $J\vec{v}$ ein Normalenvektor jeder Geraden $\mathbf{g}$ der Form $\mathbf{g} = \mathbf{g}_{\mathbf{P},\lambda\vec{v}}$ mit $\lambda \in \mathbb{R}\setminus\{0\}$.

5.3.9 Satz (Hessesche Normalform einer Geraden)
Ist $\vec{n} \neq \vec{0}$ ein Normalenvektor von $\mathbf{g}_{\mathbf{P},\vec{v}}$, so ist

$$\mathbf{g}_{\mathbf{P},\vec{v}} = \left\{\mathbf{Q} \in \mathbb{E}^2 : \langle\overrightarrow{\mathbf{PQ}},\vec{n}\rangle = 0\right\}.$$

Man nennt dies die HESSESCHE *Normalform von $\mathbf{g}_{\mathbf{P},\vec{v}}$.*

***Beweis*:**

$$\begin{aligned} \mathbf{Q} \in \mathbf{g}_{\mathbf{P},\vec{v}} \quad &\Leftrightarrow \quad \text{Es existiert ein } t \in \mathbb{R} \text{ mit } \mathbf{Q} = \mathbf{P} + t\vec{v} \\ &\Leftrightarrow \quad \overrightarrow{\mathbf{PQ}} \in \operatorname{Span}\{\vec{v}\} \\ &\Leftrightarrow \quad \langle\overrightarrow{\mathbf{PQ}},\vec{n}\rangle = 0. \end{aligned}$$

□

5.3.10 Beispiel
Für $\vec{v} = \binom{a}{b} \neq \vec{0}$ und $\mathbf{P} \in \mathbb{E}^2$ ist

$$\mathbf{g}_{\mathbf{P},\vec{v}} = \left\{\mathbf{Q} \in \mathbb{E}^2 : \left\langle \overrightarrow{\mathbf{PQ}}, \begin{pmatrix} -b \\ a \end{pmatrix} \right\rangle = 0 \right\}.$$

5.3.c. Eine Schnittpunktformel

5.3.11 Definition

Für zwei Vektoren

$$\vec{v} = \begin{pmatrix} x_1 \\ x_2 \end{pmatrix}, \quad \vec{w} = \begin{pmatrix} y_1 \\ y_2 \end{pmatrix}$$

setzen wir

$$[\vec{v}, \vec{w}] := x_1 y_2 - x_2 y_1,$$

das heißt $[\vec{v}, \vec{w}]$ ist die *Determinante* der quadratischen Matrix

$$(\vec{v}, \vec{w}) = \begin{pmatrix} x_1 & y_1 \\ x_2 & y_2 \end{pmatrix}.$$

Die Abbildung $[\cdot, \cdot] : \mathbb{R}^2 \times \mathbb{R}^2 \to \mathbb{R}$ besitzt einige Eigenschaften.

1. *Schiefsymmetrie.* $[\vec{v}, \vec{w}] = -[\vec{w}, \vec{v}]$.
2. *Bilinearität.* $[\cdot, \cdot]$ ist in jedem Argument $\mathbb{R}$-linear.
3. *Nichtausgeartetheit.* Aus $[\vec{v}, \vec{w}] = 0$ für alle $\vec{w}$ folgt $\vec{v} = \vec{0}$.

Aufgrund der Definition von $[\vec{v}, \vec{w}]$ gilt weiter:

4. $\vec{v}, \vec{w}$ sind linear unabhängig $\Leftrightarrow [\vec{v}, \vec{w}] \neq 0$.
5. $[M\vec{v}, M\vec{w}] = (\det M) \cdot [\vec{v}, \vec{w}]$ für alle quadratischen Matrizen $M \in \mathrm{Mat}(2, \mathbb{R})$.
6. Ist $\vec{v} \neq \vec{0}$, so gilt:

$$[\vec{v}, \vec{w}] = 0 \quad \Leftrightarrow \quad \text{Es gibt ein } \lambda \in \mathbb{R} \text{ mit } \vec{w} = \lambda \vec{v}.$$

7. *Dreier-Identität.* Für $\vec{u}, \vec{v}, \vec{w} \in \mathbb{R}^2$ gilt stets

$$[\vec{u}, \vec{v}]\vec{w} + [\vec{v}, \vec{w}]\vec{u} + [\vec{w}, \vec{u}]\vec{v} = \vec{0}. \tag{5.3.1}$$

8. *Darstellungsformel.* Sind $\vec{v}, \vec{w} \in \mathbb{R}^2$ linear unabhängig, so gilt für jedes $\vec{s} \in \mathbb{R}^2$

$$\vec{s} = \frac{1}{[\vec{v}, \vec{w}]}([\vec{s}, \vec{w}]\vec{v} - [\vec{s}, \vec{v}]\vec{w}). \tag{5.3.2}$$

5.3.12 Lemma

Es sei $\mathbf{g}_{\mathbf{A}, \vec{v}}$ *eine Gerade und* $\mathbf{O}$ *sei ein beliebiger Punkt. Dann ist*

$$\mathbf{g}_{\mathbf{A}, \vec{v}} = \{\mathbf{P} \in \mathbb{E}^2 : [\overrightarrow{\mathbf{OP}}, \vec{v}] = [\overrightarrow{\mathbf{OA}}, \vec{v}]\}.$$

***Beweis*:** Zunächst einmal halten wir fest, dass

$$\mathbf{P} \in \mathbf{g}_{\mathbf{A}, \vec{v}} \quad \Leftrightarrow \quad \overrightarrow{\mathbf{AP}} = \lambda \vec{v} \text{ mit einem } \lambda \in \mathbb{R} \quad \Leftrightarrow \quad [\overrightarrow{\mathbf{AP}}, \vec{v}] = 0.$$

Weil aber andererseits

$$[\overrightarrow{\mathbf{OP}}, \vec{v}] = [\overrightarrow{\mathbf{OA}} + \overrightarrow{\mathbf{AP}}, \vec{v}] = [\overrightarrow{\mathbf{OA}}, \vec{v}] + [\overrightarrow{\mathbf{AP}}, \vec{v}],$$

ist die Behauptung bewiesen. □

5.3.13 Satz (Schnittpunktformel)
Gegeben seien zwei nicht parallele Geraden $\mathbf{g}_{\mathbf{A},\vec{v}}$*,* $\mathbf{g}_{\mathbf{B},\vec{w}}$ *sowie ein beliebiger Punkt* $\mathbf{O}$*. Dann ist der Schnittpunkt* $\mathbf{S} = \mathbf{g}_{\mathbf{A},\vec{v}} \cap \mathbf{g}_{\mathbf{B},\vec{w}}$ *bestimmt durch*

$$\mathbf{S} = \mathbf{O} + \frac{1}{[\vec{v}, \vec{w}]}([\overrightarrow{\mathbf{OB}}, \vec{w}]\vec{v} - [\overrightarrow{\mathbf{OA}}, \vec{v}]\vec{w}). \tag{5.3.3}$$

***Beweis*:** Weil nach Voraussetzung $\vec{v}$, $\vec{w}$ linear unabhängig sind, existieren Zahlen x, y mit $\overrightarrow{\mathbf{OS}} = x\vec{v} + y\vec{w}$. Mit Lemma 5.3.12 schließen wir

$$\begin{aligned} \mathbf{S} \in \mathbf{g}_{\mathbf{A},\vec{v}} \quad &\Leftrightarrow \quad [\overrightarrow{\mathbf{OA}}, \vec{v}] = [\overrightarrow{\mathbf{OS}}, \vec{v}] = -y[\vec{v}, \vec{w}], \\ \mathbf{S} \in \mathbf{g}_{\mathbf{B},\vec{w}} \quad &\Leftrightarrow \quad [\overrightarrow{\mathbf{OB}}, \vec{w}] = [\overrightarrow{\mathbf{OS}}, \vec{w}] = x[\vec{v}, \vec{w}] \end{aligned}$$

und das impliziert Gleichung (5.3.3). □

5.3.14 Bemerkung
Für $\mathbf{O} = \mathbf{A}$ bzw. $\mathbf{O} = \mathbf{B}$ erhalten wir hieraus

$$\mathbf{S} = \mathbf{A} + \frac{[\overrightarrow{\mathbf{AB}}, \vec{w}]}{[\vec{v}, \vec{w}]}\vec{v} = \mathbf{B} + \frac{[\overrightarrow{\mathbf{AB}}, \vec{v}]}{[\vec{v}, \vec{w}]}\vec{w}. \tag{5.3.4}$$

5.3.d. Schließungssätze und der Satz von Pascal

5.3.15 Definition (Parallelogramm)
$\square_{\mathbf{ABCD}}$ heißt *Parallelogramm*, wenn $\mathbf{AB} \,||\, \mathbf{DC}$ und $\mathbf{AD} \,||\, \mathbf{BC}$.

5.3.16 Satz
Bei einem Parallelogramm $\square_{\mathbf{ABCD}} \subset \mathbb{E}^2$ *gilt* $\overrightarrow{\mathbf{AB}} = \overrightarrow{\mathbf{DC}}$ *und* $\overrightarrow{\mathbf{AD}} = \overrightarrow{\mathbf{BC}}$*. Insbesondere sind gegenüberliegende Seiten auch gleich lang, das heißt es ist*

$$|\overline{\mathbf{AB}}| = |\overline{\mathbf{CD}}| \quad \textit{und} \quad |\overline{\mathbf{AD}}| = |\overline{\mathbf{BC}}|.$$

***Beweis*:** Da gegenüberliegende Seiten parallel sind, existieren Zahlen $a, b \in \mathbb{R}$ mit

$$\mathbf{A} - \mathbf{B} = a(\mathbf{D} - \mathbf{C}) \quad \text{und} \quad \mathbf{A} - \mathbf{D} = b(\mathbf{B} - \mathbf{C}).$$

Andererseits ist

$$\begin{aligned} b(\mathbf{B} - \mathbf{C}) = \mathbf{A} - \mathbf{D} \quad &= \quad \mathbf{A} - \mathbf{B} + \mathbf{B} - \mathbf{C} + \mathbf{C} - \mathbf{D} \\ &= \quad (1 - a)(\mathbf{C} - \mathbf{D}) + \mathbf{B} - \mathbf{C}, \end{aligned}$$

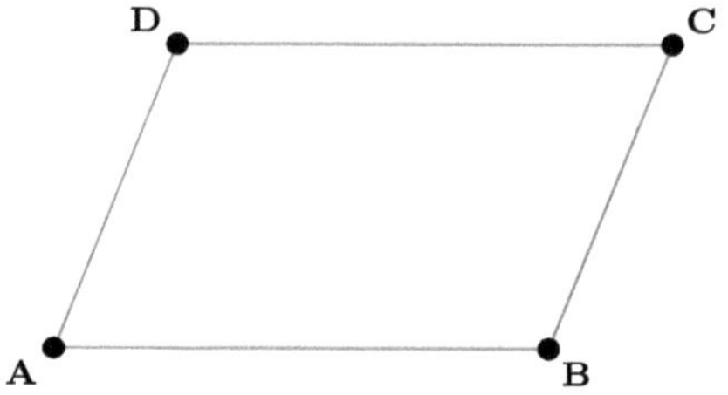

Abbildung 5.9.: Bei einem Parallelogramm sind gegenüberliegende Seiten jeweils parallel.

also

$$(1-a)(\mathbf{C}-\mathbf{D})+(1-b)(\mathbf{B}-\mathbf{C})=0.$$

Weil jedoch die Vektoren $\mathbf{C}-\mathbf{D}$ und $\mathbf{B}-\mathbf{C}$ linear unabhängig sind (die Punkte $\mathbf{B},\mathbf{C},\mathbf{D}$ bilden ein Dreieck), folgt $(1-a)=(1-b)=0$, also $a=b=1$. Das war zu zeigen. □

5.3.17 Satz (Satz von Desargues)
Gegeben seien drei paarweise verschiedene Geraden $\mathbf{f},\mathbf{g},\mathbf{h}\subset\mathbb{E}^2$ *und Punkte* $\mathbf{F},\mathbf{F}'\in$

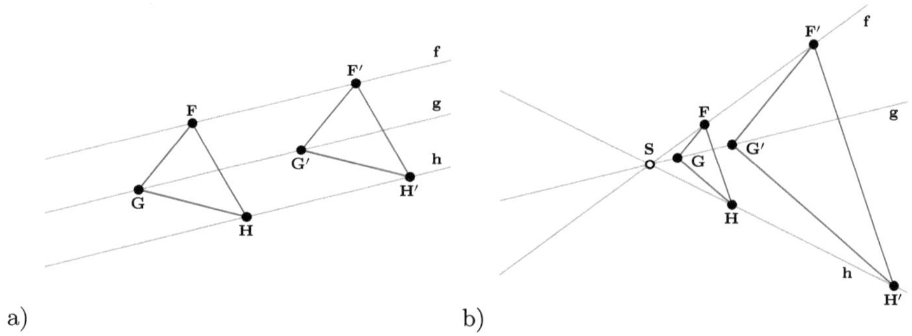

Abbildung 5.10.: Skizze zum Satz von DESARGUES.

$\mathbf{f}$, $\mathbf{G},\mathbf{G}'\in\mathbf{g}$, $\mathbf{H},\mathbf{H}'\in\mathbf{h}$. *Zusätzlich gelte entweder*

1. $\mathbf{f},\mathbf{g},\mathbf{h}$ *sind parallel,*

oder

2. $\mathbf{f} \cap \mathbf{g} \cap \mathbf{h} = \{\mathbf{S}\}$ *und* $\mathbf{F}, \mathbf{F}', \mathbf{G}, \mathbf{G}', \mathbf{H}, \mathbf{H}' \neq \mathbf{S}$.

Dann gilt die Aussage

$$\mathbf{FG} \,||\, \mathbf{F'G'} \text{ und } \mathbf{GH} \,||\, \mathbf{G'H'} \quad \Rightarrow \quad \mathbf{FH} \,||\, \mathbf{F'H'}.$$

Beweis: Nach Voraussetzung ist $\mathbf{FG} \,||\, \mathbf{F'G'}$ und $\mathbf{GH} \,||\, \mathbf{G'H'}$. Ohne Einschränkung seien die Punkte $\mathbf{F}, \mathbf{F}'$ und $\mathbf{G}, \mathbf{G}'$ bzw. $\mathbf{H}, \mathbf{H}'$ jeweils paarweise verschieden (sonst folgt aus der Gleichheit eines Paares auch die Gleichheit der anderen, sodass dann $\mathbf{F} = \mathbf{F}'$, $\mathbf{G} = \mathbf{G}'$, $\mathbf{H} = \mathbf{H}'$ gelten würde).

1. Es seien zunächst $\mathbf{f}, \mathbf{g}, \mathbf{h}$ parallel. Aus $\mathbf{f} \,||\, \mathbf{g}$ und $\mathbf{FG} \,||\, \mathbf{F'G'}$ schließen wir, dass das Viereck $\square_{\mathbf{GG'F'F}}$ ein Parallelogramm ist. Aus Satz 5.3.16 erhält man deswegen $\mathbf{F} - \mathbf{G} = \mathbf{F}' - \mathbf{G}'$. Ebenso folgern wir aus $\mathbf{g} \,||\, \mathbf{h}$ und $\mathbf{GH} \,||\, \mathbf{G'H'}$, dass $\mathbf{G} - \mathbf{H} = \mathbf{G}' - \mathbf{H}'$. Addiert man beide Gleichungen, ergibt sich noch

   $$\mathbf{F} - \mathbf{H} = \mathbf{F} - \mathbf{G} + \mathbf{G} - \mathbf{H} = \mathbf{F}' - \mathbf{G}' + \mathbf{G}' - \mathbf{H}' = \mathbf{F}' - \mathbf{H}',$$

   das heißt $\mathbf{FH} \,||\, \mathbf{F'H'}$.

2. Es gelte jetzt $\mathbf{f} \cap \mathbf{g} \cap \mathbf{h} = \{\mathbf{S}\}$ und $\mathbf{F}, \mathbf{F}', \mathbf{G}, \mathbf{G}', \mathbf{H}, \mathbf{H}' \neq \mathbf{S}$. Weil $\mathbf{FG} \,||\, \mathbf{F'G'}$, folgt aus dem Strahlensatz

   $$\frac{||\mathbf{F}' - \mathbf{S}||}{||\mathbf{F} - \mathbf{S}||} = \frac{||\mathbf{G}' - \mathbf{S}||}{||\mathbf{G} - \mathbf{S}||}$$

   und

   $$\mathbf{F}|\mathbf{S}|\mathbf{F}' \Leftrightarrow \mathbf{G}|\mathbf{S}|\mathbf{G}'.$$

   Ebenso folgt aus $\mathbf{GH} \,||\, \mathbf{G'H'}$ und dem Strahlensatz, dass

   $$\frac{||\mathbf{H}' - \mathbf{S}||}{||\mathbf{H} - \mathbf{S}||} = \frac{||\mathbf{G}' - \mathbf{S}||}{||\mathbf{G} - \mathbf{S}||}$$

   und

   $$\mathbf{H}|\mathbf{S}|\mathbf{H}' \Leftrightarrow \mathbf{G}|\mathbf{S}|\mathbf{G}'.$$

   Beides zusammen ergibt

   $$\frac{||\mathbf{F}' - \mathbf{S}||}{||\mathbf{F} - \mathbf{S}||} = \frac{||\mathbf{H}' - \mathbf{S}||}{||\mathbf{H} - \mathbf{S}||}$$

   und

   $$\mathbf{F}|\mathbf{S}|\mathbf{F}' \Leftrightarrow \mathbf{H}|\mathbf{S}|\mathbf{H}'.$$

   Jetzt wenden wir den Strahlensatz noch einmal an und schließen $\mathbf{FH} \,||\, \mathbf{F'H'}$.

□

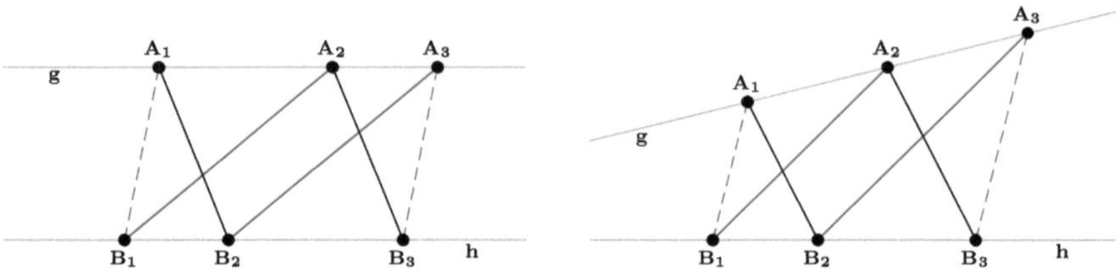

a) b)

Abbildung 5.11.: Illustration zum Satz von PAPPUS. a) Der Fall paralleler Geraden $\mathbf{g}$, $\mathbf{h}$. b) In diesem Fall schneiden sich die Geraden $\mathbf{g}$, $\mathbf{h}$ in einem Punkt.

5.3.18 Satz (Satz von Pappus)
Es seien $\mathbf{g}, \mathbf{h} \subset \mathbb{E}^2$ zwei verschiedene Geraden und es seien $\mathbf{A_1}, \mathbf{A_2}, \mathbf{A_3} \in \mathbf{g} \setminus \mathbf{h}$ und $\mathbf{B_1}, \mathbf{B_2}, \mathbf{B_3} \in \mathbf{h} \setminus \mathbf{g}$ jeweils paarweise verschieden. Sind dann $\mathbf{A_1B_2}||\mathbf{A_2B_3}$ und $\mathbf{A_2B_1}||\mathbf{A_3B_2}$, so gilt auch $\mathbf{A_1B_1}||\mathbf{A_3B_3}$.

***Beweis*:** Wir unterscheiden zwei Fälle.

1. $\mathbf{g}$, $\mathbf{h}$ sind parallel. Dann sind die Vierecke $\square_{\mathbf{A_1A_2B_3B_2}}$, $\square_{\mathbf{A_2A_3B_2B_1}}$ Parallelogramme und wie im Beweis zu Satz 5.3.16 ergibt sich

$$\mathbf{A_1} - \mathbf{B_2} = \mathbf{A_2} - \mathbf{B_3}$$

sowie

$$\mathbf{A_2} - \mathbf{B_1} = \mathbf{A_3} - \mathbf{B_2}.$$

Aus beiden Gleichungen erhält man

$$\mathbf{A_1} - \mathbf{B_1} = \mathbf{A_3} - \mathbf{B_3},$$

also ist auch $\mathbf{A_1B_1}||\mathbf{A_3B_3}$.

2. $\mathbf{g}$, $\mathbf{h}$ schneiden sich in einem Punkt $\mathbf{S}$. Nach Voraussetzung ist $\mathbf{S}$ keiner der sechs Punkte $\mathbf{A_1}, \mathbf{A_2}, \mathbf{A_3}, \mathbf{B_1}, \mathbf{B_2}, \mathbf{B_3}$. Wir wenden den Strahlensatz an. Aus diesem folgt

$$\frac{|\overline{\mathbf{SA_1}}|}{|\overline{\mathbf{SA_2}}|} = \frac{|\overline{\mathbf{SB_2}}|}{|\overline{\mathbf{SB_3}}|}, \quad \frac{|\overline{\mathbf{SA_2}}|}{|\overline{\mathbf{SA_3}}|} = \frac{|\overline{\mathbf{SB_1}}|}{|\overline{\mathbf{SB_2}}|},$$

also durch Multiplikation beider Seiten auch

$$\frac{|\overline{\mathbf{SA_1}}|}{|\overline{\mathbf{SA_3}}|} = \frac{|\overline{\mathbf{SB_1}}|}{|\overline{\mathbf{SB_3}}|}. \tag{5.3.5}$$

Außerdem impliziert der Strahlensatz die beiden Aussagen

$$\mathbf{A_1}|\mathbf{S}|\mathbf{A_2} \Leftrightarrow \mathbf{B_2}|\mathbf{S}|\mathbf{B_3}, \quad \mathbf{A_2}|\mathbf{S}|\mathbf{A_3} \Leftrightarrow \mathbf{B_1}|\mathbf{S}|\mathbf{B_2}.$$

Man lege eine beliebige von **g** und **h** verschiedene Gerade **s** durch **S**. Dann ist

$$\mathbf{A_1}|\mathbf{S}|\mathbf{A_2} \Leftrightarrow [\mathbf{A_1}]_\mathbf{s} \neq [\mathbf{A_2}]_\mathbf{s}$$

und die Aussage

$$\mathbf{A_1}|\mathbf{S}|\mathbf{A_2} \Leftrightarrow \mathbf{B_2}|\mathbf{S}|\mathbf{B_3}$$

wird äquivalent zu

$$[\mathbf{A_1}]_\mathbf{s} = [\mathbf{A_2}]_\mathbf{s} \Leftrightarrow [\mathbf{B_2}]_\mathbf{s} = [\mathbf{B_3}]_\mathbf{s}.$$

Hiermit lässt sich jetzt leicht

$$[\mathbf{A_1}]_\mathbf{s} = [\mathbf{A_3}]_\mathbf{s} \Leftrightarrow [\mathbf{B_1}]_\mathbf{s} = [\mathbf{B_3}]_\mathbf{s}$$

und somit ebenfalls die äquivalente Aussage

$$\mathbf{A_1}|\mathbf{S}|\mathbf{A_3} \Leftrightarrow \mathbf{B_1}|\mathbf{S}|\mathbf{B_3} \tag{5.3.6}$$

nachweisen. Gleichungen (5.3.5), (5.3.6) sowie der Strahlensatz ergeben nun zum Schluss noch die gewünschte Parallelität $\mathbf{A_1B_1}||\mathbf{A_3B_3}$.

□

Der nun folgende Satz von Pascal zählt nicht zu den Schließungssätzen, sondern gehört eher in den Bereich der Kegelschnitte. Weil er in dieser speziellen Form aber sehr an die Konstellation beim Satz von Desargues erinnert, führen wir ihn hier auf.

5.3.19 Satz (Satz von Pascal)
Es seien **g**, **h** *zwei nicht parallele Geraden und es seien* $\mathbf{A_1}$, $\mathbf{A_2}$, $\mathbf{A_3} \in \mathbf{g} \setminus \mathbf{h}$ *und* $\mathbf{B_1}$, $\mathbf{B_2}$, $\mathbf{B_3} \in \mathbf{h} \setminus \mathbf{g}$ *paarweise verschiedene Punkte, sodass die Schnittpunkte* $\mathbf{P} = \mathbf{A_1B_2} \cap \mathbf{A_2B_1}$, $\mathbf{Q} = \mathbf{A_1B_3} \cap \mathbf{A_3B_1}$, $\mathbf{R} = \mathbf{A_2B_3} \cap \mathbf{A_3B_2}$ *existieren (vergl. mit Abbildung 5.12). Dann liegen* **P**, **Q**, **R** *auf einer Geraden.*

***Beweis*:** **S** bezeichne den Schnittpunkt der Geraden **g**, **h**. Wir setzen $\vec{\mathbf{a}} := \overrightarrow{\mathbf{SA_3}}$ sowie $\vec{\mathbf{b}} := \overrightarrow{\mathbf{SB_3}}$. Weil $\mathbf{A_1}$, $\mathbf{A_2}$, $\mathbf{A_3} \in \mathbf{g} \setminus \mathbf{h}$ und $\mathbf{B_1}$, $\mathbf{B_2}$, $\mathbf{B_3} \in \mathbf{h} \setminus \mathbf{g}$, existieren reelle Zahlen $\alpha_1, \alpha_2, \beta_1, \beta_2$ mit

$$\overrightarrow{\mathbf{SA_1}} = \alpha_1 \vec{\mathbf{a}}, \quad \overrightarrow{\mathbf{SA_2}} = \alpha_2 \vec{\mathbf{a}}, \quad \overrightarrow{\mathbf{SB_1}} = \beta_1 \vec{\mathbf{b}}, \quad \overrightarrow{\mathbf{SB_2}} = \beta_2 \vec{\mathbf{b}}.$$

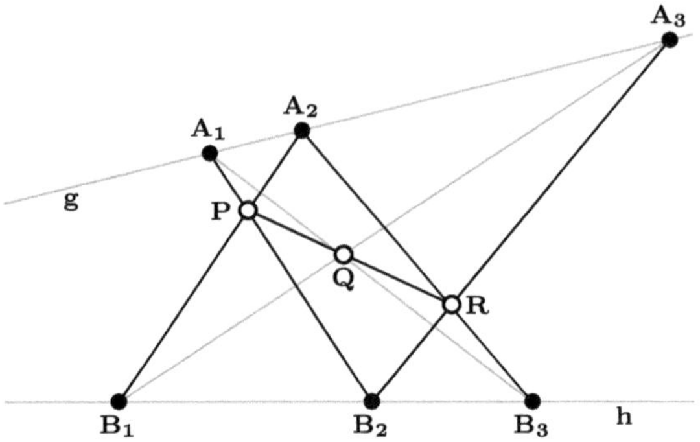

Abbildung 5.12.: Veranschaulichung des Satzes von PASCAL.

Da die Vektoren $\vec{\mathbf{a}}, \vec{\mathbf{b}}$ linear unabhängig sind, gilt $[\vec{\mathbf{a}}, \vec{\mathbf{b}}] \neq 0$ und wir können sämtliche Vektoren durch Linearkombinationen aus $\vec{\mathbf{a}}, \vec{\mathbf{b}}$ darstellen, zum Beispiel

$$\begin{aligned}
\overrightarrow{\mathbf{A_1B_2}} &= \overrightarrow{\mathbf{SB_2}} - \overrightarrow{\mathbf{SA_1}} = -\alpha_1 \vec{\mathbf{a}} + \beta_2 \vec{\mathbf{b}}, \\
\overrightarrow{\mathbf{A_2B_1}} &= -\alpha_2 \vec{\mathbf{a}} + \beta_1 \vec{\mathbf{b}}, \\
\overrightarrow{\mathbf{A_1B_3}} &= -\alpha_1 \vec{\mathbf{a}} + \vec{\mathbf{b}}, \\
\overrightarrow{\mathbf{A_3B_1}} &= -\vec{\mathbf{a}} + \beta_1 \vec{\mathbf{b}}, \\
\overrightarrow{\mathbf{A_2B_3}} &= -\alpha_2 \vec{\mathbf{a}} + \vec{\mathbf{b}}, \\
\overrightarrow{\mathbf{A_3B_2}} &= -\vec{\mathbf{a}} + \beta_2 \vec{\mathbf{b}}.
\end{aligned}$$

Damit lassen sich auch andere Größen bequem ausdrücken, etwa

$$\begin{aligned}
[\overrightarrow{\mathbf{A_1B_2}}, \overrightarrow{\mathbf{A_2B_1}}] &= (\alpha_2\beta_2 - \alpha_1\beta_1)[\vec{\mathbf{a}}, \vec{\mathbf{b}}], \\
[\overrightarrow{\mathbf{SA_2}}, \overrightarrow{\mathbf{A_2B_1}}] &= \alpha_2\beta_1[\vec{\mathbf{a}}, \vec{\mathbf{b}}], \\
[\overrightarrow{\mathbf{SA_1}}, \overrightarrow{\mathbf{A_1B_2}}] &= \alpha_1\beta_2[\vec{\mathbf{a}}, \vec{\mathbf{b}}].
\end{aligned}$$

Aus der Schnittpunktformel (5.3.3) mit $\mathbf{O} = \mathbf{S}$ erhalten wir dann die Gleichungen der Schnittpunkte $\mathbf{P}$, $\mathbf{Q}$, $\mathbf{R}$, nämlich zum Beispiel

$$\begin{aligned}
\mathbf{P} &= \mathbf{S} + \frac{1}{[\overrightarrow{\mathbf{A_1B_2}}, \overrightarrow{\mathbf{A_2B_1}}]}([\overrightarrow{\mathbf{SA_2}}, \overrightarrow{\mathbf{A_2B_1}}]\overrightarrow{\mathbf{A_1B_2}} - [\overrightarrow{\mathbf{SA_1}}, \overrightarrow{\mathbf{A_1B_2}}]\overrightarrow{\mathbf{A_2B_1}}) \\
&= \mathbf{S} + \frac{1}{\alpha_2\beta_2 - \alpha_1\beta_1}(\alpha_2\beta_1\overrightarrow{\mathbf{A_1B_2}} - \alpha_1\beta_2\overrightarrow{\mathbf{A_2B_1}}) \\
&= \mathbf{S} + \frac{1}{\alpha_2\beta_2 - \alpha_1\beta_1}(\alpha_1\alpha_2(\beta_2 - \beta_1)\vec{\mathbf{a}} + \beta_1\beta_2(\alpha_2 - \alpha_1)\vec{\mathbf{b}}).
\end{aligned}$$

Ganz ähnlich berechnet man

$$\begin{aligned}
\mathbf{Q} &= \mathbf{S} + \frac{1}{[\overrightarrow{\mathbf{A_1B_3}}, \overrightarrow{\mathbf{A_3B_1}}]}([\overrightarrow{\mathbf{SA_3}}, \overrightarrow{\mathbf{A_3B_1}}]\overrightarrow{\mathbf{A_1B_3}} - [\overrightarrow{\mathbf{SA_1}}, \overrightarrow{\mathbf{A_1B_3}}]\overrightarrow{\mathbf{A_3B_1}}) \\
&= \mathbf{S} + \frac{1}{1-\alpha_1\beta_1}(\beta_1\overrightarrow{\mathbf{A_1B_3}} - \alpha_1\overrightarrow{\mathbf{A_3B_1}}) \\
&= \mathbf{S} + \frac{1}{1-\alpha_1\beta_1}(\alpha_1(1-\beta_1)\vec{\mathbf{a}} + \beta_1(1-\alpha_1)\vec{\mathbf{b}})
\end{aligned}$$

und

$$\begin{aligned}
\mathbf{R} &= \mathbf{S} + \frac{1}{[\overrightarrow{\mathbf{A_2B_3}}, \overrightarrow{\mathbf{A_3B_2}}]}([\overrightarrow{\mathbf{SA_3}}, \overrightarrow{\mathbf{A_3B_2}}]\overrightarrow{\mathbf{A_2B_3}} - [\overrightarrow{\mathbf{SA_2}}, \overrightarrow{\mathbf{A_2B_3}}]\overrightarrow{\mathbf{A_3B_2}}) \\
&= \mathbf{S} + \frac{1}{1-\alpha_2\beta_2}(\beta_2\overrightarrow{\mathbf{A_2B_3}} - \alpha_2\overrightarrow{\mathbf{A_3B_2}}) \\
&= \mathbf{S} + \frac{1}{1-\alpha_2\beta_2}(\alpha_2(1-\beta_2)\vec{\mathbf{a}} + \beta_2(1-\alpha_2)\vec{\mathbf{b}}).
\end{aligned}$$

Hieraus leiten wir unmittelbar ab, dass

$$\begin{aligned}
&(\alpha_1\beta_1 - \alpha_2\beta_2)\overrightarrow{\mathbf{PQ}} + (1-\alpha_2\beta_2)\alpha_1\beta_1\overrightarrow{\mathbf{QR}} \\
= \;&(\alpha_2\beta_2 - \alpha_1\beta_1)\mathbf{P} + (\alpha_1\beta_1 - 1)\alpha_2\beta_2\mathbf{Q} + (1-\alpha_2\beta_2)\alpha_1\beta_1\mathbf{R} = \vec{0},
\end{aligned}$$

das heißt die Punkte **P**, **Q**, **R** liegen auf einer Geraden, da die Richtungsvektoren $\overrightarrow{\mathbf{PQ}}$, $\overrightarrow{\mathbf{QR}}$ linear abhängig sind. □

5.4. Dreiecke

In diesem Abschnitt möchten wir einige besondere Sätze für euklidische Dreiecke beweisen. Neben der Satzgruppe des PYTHAGORAS und verschiedenen Sätzen zur Existenz und Eindeutigkeit bestimmter Schnittpunkte, werden wir auch noch einmal die Kongruenzsätze für Dreiecke aufgreifen und den vierten Kongruenzsatz beweisen.

Wir erinnern an die Bezeichnungen in einem Dreieck $\triangle_{\mathbf{ABC}}$.

Schreibweise: Ist ein Dreieck $\triangle_{\mathbf{ABC}} \subset \mathbb{E}^2$ gegeben, so bezeichnen wir mit $\mathrm{a}, \mathrm{b}, \mathrm{c}$ sowohl die Dreiecksseiten $\overline{\mathbf{BC}}$, $\overline{\mathbf{AC}}$ und $\overline{\mathbf{AB}}$ als auch die zugehörigen Streckenlängen, das heißt

$$\mathrm{a} = |\overline{\mathbf{BC}}|, \quad \mathrm{b} = |\overline{\mathbf{AC}}|, \quad \mathrm{c} = |\overline{\mathbf{AB}}|.$$

Analog bezeichnen wir mit α, β, γ sowohl die Innenwinkel der Dreieckswinkel $\angle_{\mathbf{BAC}}$, $\angle_{\mathbf{CBA}}$ und $\angle_{\mathbf{ACB}}$ als auch die zugehörigen Winkelweiten, das heißt

$$\alpha = \sphericalangle_{\mathbf{BAC}}, \quad \beta = \sphericalangle_{\mathbf{CBA}}, \quad \gamma = \sphericalangle_{\mathbf{ACB}}.$$

5.4.a. Die Satzgruppe des Pythagoras

Zunächst zeigen wir eine ganze Reihe von interessanten Sätzen für euklidische Dreiecke, die mit dem Satz des PYTHAGORAS zusammenhängen. Dieser Satz ist vermutlich der prominenteste Lehrsatz des Geometrieunterrichts in der Schule. Es gibt zahlreiche Beweise für ihn, manche von ihnen sind sehr anschaulich und eignen sich daher hervorragend für den Schulunterricht.

5.4.1 Satz (Satz des Pythagoras)
Es sei $\triangle_{\mathbf{ABC}} \subset \mathbb{E}^2$ *ein rechtwinkliges Dreieck mit einem rechten Winkel im Punkt* **C**. *Dann gilt für die Seitenlängen* $\mathrm{a}, \mathrm{b}, \mathrm{c}$ *die Gleichung*

$$\mathrm{a}^2 + \mathrm{b}^2 = \mathrm{c}^2 . \tag{5.4.1}$$

***Beweis*:** Eine schöne geometrische Beweisidee ist in Abbildung 5.13 dargestellt. Der Flächeninhalt A des großen Quadrats kann auf zwei verschiedene Weisen be-

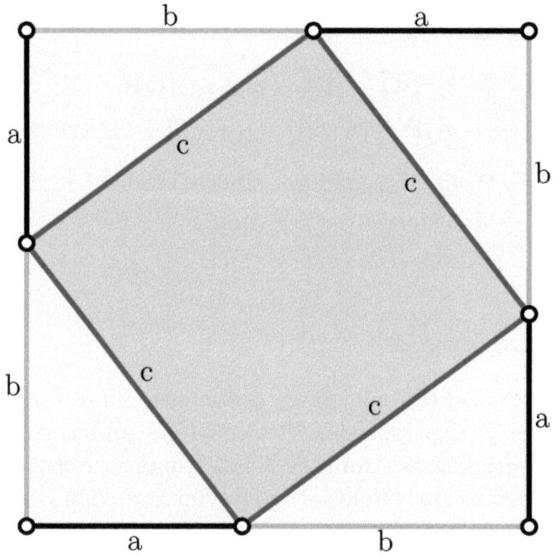

Abbildung 5.13.: Ein sehr anschaulicher Beweis für den Satz des PYTHAGORAS. Der Flächeninhalt des großen Quadrats stimmt mit der Summe der Flächeninhalte der vier rechtwinkligen Dreiecke und des kleinen Quadrats überein.

rechnet werden. Zum einen folgt mit der ersten binomischen Formel

$$\mathrm{A} = (\mathrm{a}+\mathrm{b})^2 = \mathrm{a}^2 + 2\,\mathrm{a}\,\mathrm{b} + \mathrm{b}^2 .$$

Andererseits ist der Flächeninhalt die Summe der Flächeninhalte von vier rechtwinkligen Dreiecken mit Katheten a, b und Hypotenuse c sowie des Flächeninhalts des kleinen Quadrats mit Kantenlänge c, sodass auch gilt

$$A = 4 \cdot \frac{a\,b}{2} + c^2 = 2\,a\,b + c^2\,.$$

Aus beiden Gleichungen zusammen ergibt sich sofort $a^2 + b^2 = c^2$. Man beachte dabei, dass man den Winkelsummensatz für Dreiecke benutzt hat, sodass durch Anlegen der vier rechtwinkligen Dreiecke entlang der Kanten des großen Quadrats im Inneren tatsächlich wieder ein kleines Quadrat entsteht. □

Schreibweise: Es sei $\triangle_{\mathbf{ABC}}$ ein rechtwinkliges Dreieck mit Hypotenuse $\overline{\mathbf{AB}}$ und **L** bezeichne den Lotfußpunkt von **C** auf **AB**. Da die Winkel $\angle_{\mathbf{ABC}}$ und $\angle_{\mathbf{CAB}}$ keine rechten Winkel sind (sonst wären in dem Dreieck zwei rechte Winkel und das geht schon in Hilbertebenen nicht), kann **L** weder mit **A** noch mit **B** übereinstimmen. Wir setzen

$$p := |\overline{\mathbf{BL}}|, \quad q := |\overline{\mathbf{AL}}|, \quad h := |\overline{\mathbf{CL}}|.$$

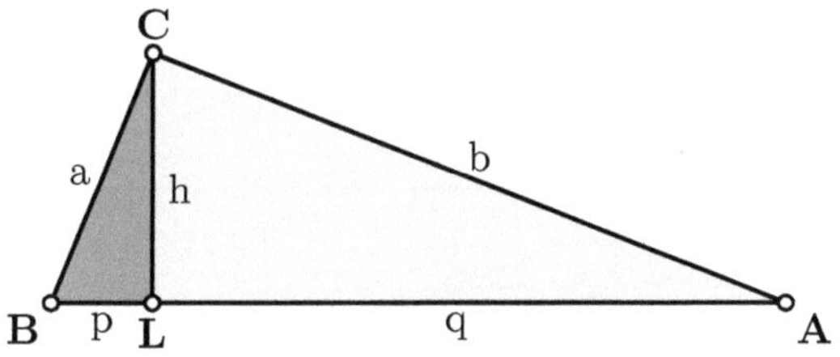

Abbildung 5.14.: Ein rechtwinkliges Dreieck mit den üblichen Bezeichnungen.

5.4.2 Satz (Kathetensatz des Euklid)
Für ein rechtwinkliges Dreieck $\triangle_{\mathbf{ABC}}$ gilt mit den oben eingeführten Bezeichnungen

$$a^2 = p\,c, \quad b^2 = q\,c\,. \tag{5.4.2}$$

***Beweis*:** Weil das Dreieck rechtwinklig ist, liegt der Lotfußpunkt **L** zwischen den Punkten **A**, **B**, sodass

$$c = p + q\,. \tag{5.4.3}$$

Weil auch die Dreiecke $\triangle_{\mathbf{ALC}}$ und $\triangle_{\mathbf{BLC}}$ rechtwinklig sind, folgt erst

$$a^2 = p^2 + h^2, \quad b^2 = q^2 + h^2 \tag{5.4.4}$$

und dann auch

$$\begin{aligned} a^2 &= c^2 - b^2 = (p+q)^2 - (q^2 + h^2) \\ &= p^2 + 2pq + q^2 - q^2 - (a^2 - p^2) \\ &= 2p^2 + 2pq - a^2, \end{aligned}$$

sodass sich durch Addition von a^2 auf beiden Seiten und anschließender Division durch 2 die Gleichung $a^2 = p^2 + pq = pc$ ergibt. Die andere Gleichung für b^2 zeigt man analog. □

5.4.3 Satz (Höhensatz des Euklid)

In einem rechtwinkligen Dreieck $\triangle_{ABC}$ *gilt für die Höhe* h *die Gleichung*

$$h^2 = pq. \tag{5.4.5}$$

***Beweis*:** Es ist

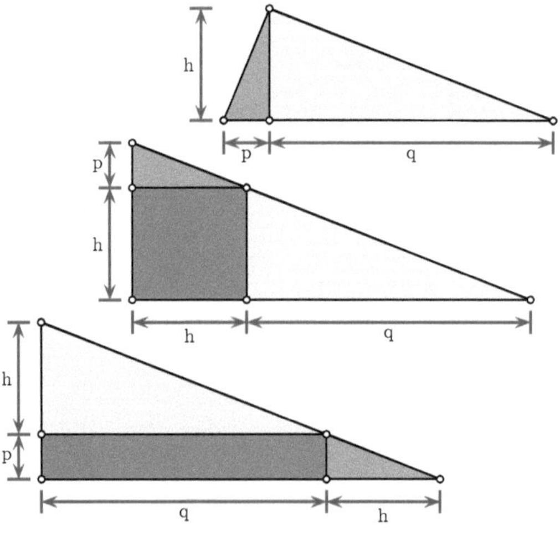

Abbildung 5.15.: Auch zum Höhensatz gibt es einen schönen geometrischen und sehr anschaulichen Beweis, der sich ideal für den Schulunterricht eignet. Das mittlere und untere Dreieck sind jeweils gleich groß und man kann sie auf zwei verschiedene Arten zerlegen, sodass sich daraus ergibt, dass das Quadrat und das Rechteck denselben Flächeninhalt besitzen.

$$\begin{aligned} 2\,\mathrm{h}^2 &= (\mathrm{a}^2 - \mathrm{p}^2) + (\mathrm{b}^2 - \mathrm{q}^2) \\ &= \mathrm{a}^2 + \mathrm{b}^2 - \mathrm{p}^2 - \mathrm{q}^2 \\ &= \mathrm{c}^2 - \mathrm{p}^2 - \mathrm{q}^2 \\ &= (\mathrm{p}+\mathrm{q})^2 - \mathrm{p}^2 - \mathrm{q}^2 = 2\,\mathrm{p}\,\mathrm{q}\,. \end{aligned}$$

□

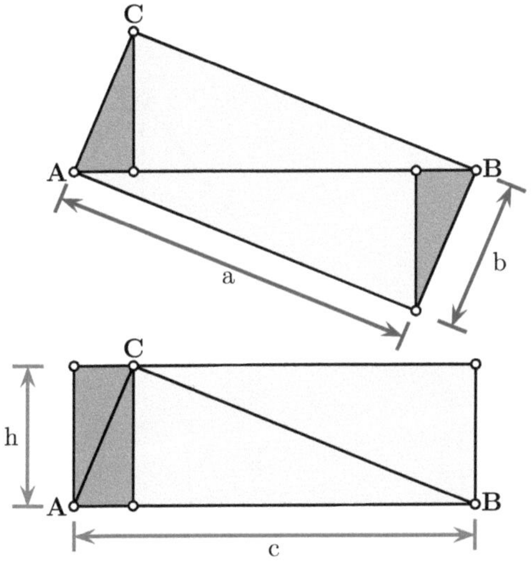

Abbildung 5.16.: Ein einfacher geometrischer Beweis dafür, dass in einem rechtwinkligen Dreieck die Gleichung $\mathrm{a\,b} = \mathrm{h\,c}$ erfüllt ist.

5.4.b. Sinus, Kosinus und Tangens

5.4.4 Definition

Gegeben sei ein rechtwinkliges Dreieck $\triangle_{\mathbf{ABC}}$ mit rechtem Winkel bei **C**, also $\gamma = \pi/2$.

Unter der *Ankathete* des Winkels α versteht man die Kathete, welche direkt am Winkel anliegt, das heißt in diesem Fall also die Kathete b.

Die zweite Kathete a liegt dem Winkel gegenüber, weswegen man sie sehr treffend mit *Gegenkathete* zum Winkel α bezeichnet. Wir setzen

$$\sin\alpha := \frac{a}{c}, \quad \cos\alpha := \frac{b}{c}, \quad \tan\alpha := \frac{a}{b} = \frac{\sin\alpha}{\cos\alpha}$$

und nennen diese Größen jeweils *Sinus*, *Kosinus* und *Tangens* des Winkels α. Man beachte dabei, dass der Strahlensatz die Wohldefiniertheit dieser Größen impliziert, sie also tatsächlich nur vom Winkel α und nicht von der Größe des Dreiecks abhängen.

Tragen wir den Sinus und den Kosinus eines Winkels α am Einheitskreis ab, so wie in Abbildung 5.17 dargestellt, kann man erkennen, dass $\cos\alpha, \sin\alpha$ die x- bzw. y-Koordinaten des Punktes **P** auf dem Einheitskreis wiedergeben, welcher den Winkel α bestimmt. Da wir bisher bei der Definition von Sinus, Kosinus und Tangens

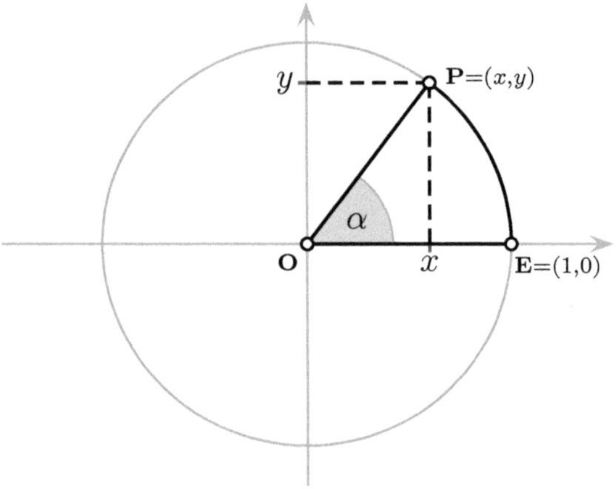

Abbildung 5.17.: Sinus und Kosinus eines Winkels α.

vorausgesetzt hatten, dass α ein Winkel im rechtwinkligen Dreieck ist und der Winkelsummensatz damit impliziert, dass $\alpha \in (0, \pi/2)$, haben wir diese Funktionen auch bisher nur auf dem Intervall $(0, \pi/2)$ erklärt. Wie Abbildung 5.17 jedoch zeigt, ist diese Einschränkung völlig unnötig. Wir können die Funktionen für alle reellen Zahlen erklären. Dazu gehen wir wie folgt vor. Ist etwa $\alpha \in \mathbb{R}$ beliebig, so existiert eine eindeutig bestimmte reelle Zahl $\alpha' \in [0, 2\pi)$ mit $\alpha - \alpha' = 2k\pi$ für ein $k \in \mathbb{Z}$. Ist $\mathbf{P} = (x, y) \in \mathrm{K}(\mathbf{O}, 1)$ nun der eindeutig bestimmte Punkt, sodass der gegen den Uhrzeigersinn durchlaufene Kreisbogen von $\mathbf{E} = (1, 0)$ bis **P** die Länge α' besitzt, so setzen wir

$$\cos\alpha := x, \quad \sin\alpha := y$$

und sofern $\cos\alpha \neq 0$ ebenfalls

$$\tan\alpha := \frac{y}{x} = \frac{\sin\alpha}{\cos\alpha}.$$

Es folgt aus der Definition von Sinus und Kosinus, dass $\cos\alpha, \sin\alpha \in [-1, 1]$ für alle $\alpha \in \mathbb{R}$. Direkt aus dem Satz des PYTHAGORAS ergibt sich insbesondere stets

$$\sin^2\alpha + \cos^2\alpha = 1.$$

Nach Konstruktion sind Sinus und Kosinus periodische Funktionen mit Periode 2π. Wir können jetzt noch nachträglich die Gleichung (5.2.1) begründen, also

$$\cos(\sphericalangle_{\mathbf{BAC}}) = \frac{\langle\overrightarrow{\mathbf{AB}}, \overrightarrow{\mathbf{AC}}\rangle}{|\overrightarrow{\mathbf{AB}}| \cdot |\overrightarrow{\mathbf{AC}}|}.$$

Da sich die Bogenlänge des Winkels nicht verändert, wenn wir den Winkel verschieben oder drehen und weil es unwesentlich ist, welche Punkte **B**, **C** wir auf den Strahlen des Winkels verwenden, können wir ohne Einschränkung annehmen, dass $\mathbf{A} = \mathbf{O}$, $\mathbf{B} = \mathbf{E} = (1,0)$ und $\mathbf{C} = \mathbf{P} = (x,y) \in \mathrm{K}(\mathbf{O}, 1)$. Damit wird dann tatsächlich

$$\frac{\langle\overrightarrow{\mathbf{AB}}, \overrightarrow{\mathbf{AC}}\rangle}{|\overrightarrow{\mathbf{AB}}| \cdot |\overrightarrow{\mathbf{AC}}|} = \left\langle \begin{pmatrix}1\\0\end{pmatrix}, \begin{pmatrix}x\\y\end{pmatrix} \right\rangle = x = \cos(\sphericalangle_{\mathbf{EOP}}) = \cos(\sphericalangle_{\mathbf{BAC}}).$$

5.4.5 Satz (Kosinussatz)
Es sei $\triangle_{\mathbf{ABC}} \subset \mathbb{E}^2$ ein euklidisches Dreieck. Dann gelten zwischen den Seitenlängen $\mathrm{a}, \mathrm{b}, \mathrm{c}$ *und den Winkeln α, β, γ die folgenden Beziehungen.*

$$\mathrm{c}^2 = \mathrm{a}^2 + \mathrm{b}^2 - 2\,\mathrm{a}\,\mathrm{b} \cdot \cos\gamma, \tag{5.4.6}$$
$$\mathrm{b}^2 = \mathrm{a}^2 + \mathrm{c}^2 - 2\,\mathrm{a}\,\mathrm{c} \cdot \cos\beta, \tag{5.4.7}$$
$$\mathrm{a}^2 = \mathrm{b}^2 + \mathrm{c}^2 - 2\,\mathrm{b}\,\mathrm{c} \cdot \cos\alpha. \tag{5.4.8}$$

***Beweis*:** Es genügt zu zeigen, dass die erste Gleichung erfüllt ist. Die anderen folgen durch simplen Bezeichnungstausch. Wegen $\overrightarrow{\mathbf{BA}} = \overrightarrow{\mathbf{BC}} + \overrightarrow{\mathbf{CA}}$ erhält man

$$\begin{aligned} \mathrm{c}^2 &= ||\overrightarrow{\mathbf{BA}}||^2 = ||\overrightarrow{\mathbf{BC}} + \overrightarrow{\mathbf{CA}}||^2 \\ &= ||\overrightarrow{\mathbf{BC}}||^2 - 2\langle\overrightarrow{\mathbf{CB}}, \overrightarrow{\mathbf{CA}}\rangle + ||\overrightarrow{\mathbf{CA}}||^2 \\ &= \mathrm{a}^2 - 2\,\mathrm{a}\,\mathrm{b} \cdot \cos\gamma + \mathrm{b}^2, \end{aligned}$$

wobei wir benutzt haben, dass

$$\cos\gamma = \frac{\langle\overrightarrow{\mathbf{CA}}, \overrightarrow{\mathbf{CB}}\rangle}{\mathrm{b}\,\mathrm{a}}.$$

□

Der vorstehende Beweis ist für die Schule eher ungeeignet, da wir hierbei mit Vektoren und Skalarprodukten gerechnet haben, die meistens in der Schule nicht zur Verfügung stehen. Es gibt noch einen anderen Beweis, der direkt auf dem Satz des PYTHAGORAS aufbaut und gerne in der Schule verwendet wird. Man betrachte hierzu die Abbildung 5.18. Aus dem Satz des PYTHAGORAS folgen die Gleichungen

$$\mathrm{a}^2 = \mathrm{h}^2 + \mathrm{p}^2, \tag{5.4.9}$$
$$\mathrm{b}^2 = \mathrm{h}^2 + \mathrm{q}^2. \tag{5.4.10}$$

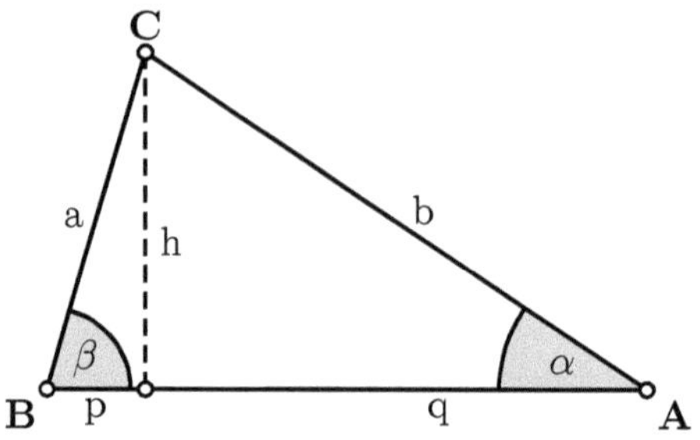

Abbildung 5.18.: Aus dem Satz des PYTHAGORAS lässt sich ein Beweis für den Kosinussatz herleiten.

Aus der binomischen Formel ergibt sich

$$c^2 = (p+q)^2 = p^2 + 2pq + q^2. \tag{5.4.11}$$

Damit erhalten wir zunächst

$$a^2 - b^2 - c^2 = -2q^2 - 2pq = -2qc.$$

Andererseits ist $\cos\alpha = \frac{q}{b}$ und substituiert man daher q in der vorherigen Gleichung, so folgt unmittelbar

$$a^2 - b^2 - c^2 = -2bc\cos\alpha.$$

Dies ist der Kosinussatz für α. Für die anderen Winkel kann man analog vorgehen. Man beachte hierbei aber unbedingt, dass dies noch kein vollständiger Beweis ist, weil nicht jedes Dreieck $\triangle_{ABC}$ bei α und β spitze Winkel hat. Dann sieht die zugehörige Zeichnung anders aus und der Beweis muss leicht modifiziert werden. Wir überlassen das dem Leser als kleine Übungsaufgabe.

Als direkte Folgerung aus dem Kosinussatz ergibt sich jetzt der Sinussatz.

5.4.6 Satz (Sinussatz)
Es sei $\triangle_{ABC} \subset \mathbb{E}^2$ ein euklidisches Dreieck. Dann gelten zwischen den Seitenlängen a, b, c *und den Winkeln* α, β, γ *die folgenden Beziehungen.*

$$\frac{\sin\alpha}{a} = \frac{\sin\beta}{b} = \frac{\sin\gamma}{c}.$$

***Beweis*:** Wir zeigen nur die erste Gleichung. Die anderen folgen wieder durch simplen Bezeichnungstausch. Weil $\alpha, \beta, \gamma \in (0, \pi)$, sind $\sin\alpha, \sin\beta, \sin\gamma > 0$. Aus dem

Kosinussatz und aus $1 = \sin^2 + \cos^2$ folgt

$$\begin{aligned}\frac{\sin^2\alpha}{\sin^2\beta} &= \frac{1-\cos^2\alpha}{1-\cos^2\beta}\\ &= \frac{a^2}{b^2}\cdot\frac{4\,b^2\,c^2-(a^2-b^2-c^2)^2}{4\,a^2\,c^2-(b^2-a^2-c^2)^2}\\ &= \frac{a^2}{b^2}\cdot\frac{2\,a^2\,b^2+2\,a^2\,c^2+2\,b^2\,c^2-a^4-b^4-c^4}{2\,a^2\,b^2+2\,a^2\,c^2+2\,b^2\,c^2-a^4-b^4-c^4}\\ &= \frac{a^2}{b^2}.\end{aligned}$$

□

Auch für den Sinussatz gibt es einen alternativen Beweis. Wir betrachten wieder Abbildung 5.18 und lesen daraus die Beziehungen

$$\sin\alpha = \frac{h}{b} \quad \text{und} \quad \sin\beta = \frac{h}{a}$$

ab. Löst man die erste Gleichung nach h auf und ersetzt dann hiermit h in der zweiten Gleichung, so erhält man den Sinussatz

$$\sin\beta = \frac{b}{a}\sin\alpha.$$

Hier beachte man erneut, dass der Beweis Dreiecke der Gestalt wie in Abbildung 5.18 verwendet und daher nicht allgemeingültig ist. Durch leichte Modifikation des Beweises lassen sich aber die anderen Fälle sehr ähnlich behandeln.

5.4.7 Bemerkung

Wir werden weiter unten in Satz 5.4.25 sehen, dass

$$\frac{a}{\sin\alpha} = \frac{b}{\sin\beta} = \frac{c}{\sin\gamma} = 2\,r_{um},$$

wobei r_{um} den Radius des Umkreises bezeichnet. Der nach dem Sinussatz vom Winkel unabhängige Quotient aus Seitenlänge und Sinus des Winkels ist damit der Durchmesser des Umkreises.

5.4.8 Bemerkung

Wir können nun mit dem Sinussatz einen anderen Beweis für den Winkelsummensatz 5.1.8 herleiten. Für die Winkelsumme im euklidischen Dreieck gilt

$$\alpha + \beta + \gamma = \pi.$$

***Beweis*:** Zunächst wenden wir die Additionstheoreme für die Sinus- und Kosinusfunktion auf $\sin(\alpha+\beta+\gamma)$ an und erhalten

$$\begin{aligned}\sin(\alpha+\beta+\gamma) &= \sin\alpha\cos(\beta+\gamma)+\cos\alpha\sin(\beta+\gamma)\\ &= \sin\alpha\cos\beta\cos\gamma-\sin\alpha\sin\beta\sin\gamma\\ &\quad+\cos\alpha\sin\beta\cos\gamma+\cos\alpha\cos\beta\sin\gamma.\end{aligned}$$

Wir formen den ersten Term mit dem Kosinussatz um.

$$\begin{aligned}\sin\alpha\cos\beta\cos\gamma &= \sin\alpha\cdot\frac{\mathrm{a}^2-\mathrm{b}^2+\mathrm{c}^2}{2\,\mathrm{a}\,\mathrm{c}}\cdot\frac{\mathrm{a}^2+\mathrm{b}^2-\mathrm{c}^2}{2\,\mathrm{a}\,\mathrm{b}}\\ &= \frac{1}{4\,\mathrm{a}\,\mathrm{b}\,\mathrm{c}}\cdot\frac{\sin\alpha}{\mathrm{a}}\cdot\left(\mathrm{a}^4-\mathrm{b}^4-\mathrm{c}^4+2\,\mathrm{b}^2\,\mathrm{c}^2\right).\end{aligned}$$

Ähnlich kann man mit dem dritten und vierten Term verfahren und erhält jeweils

$$\begin{aligned}\cos\alpha\sin\beta\cos\gamma &= \frac{1}{4\,\mathrm{a}\,\mathrm{b}\,\mathrm{c}}\cdot\frac{\sin\beta}{\mathrm{b}}\cdot\left(-\,\mathrm{a}^4+\mathrm{b}^4-\mathrm{c}^4+2\,\mathrm{a}^2\,\mathrm{c}^2\right),\\ \cos\alpha\cos\beta\sin\gamma &= \frac{1}{4\,\mathrm{a}\,\mathrm{b}\,\mathrm{c}}\cdot\frac{\sin\gamma}{\mathrm{c}}\cdot\left(-\,\mathrm{a}^4-\mathrm{b}^4+\mathrm{c}^4+2\,\mathrm{a}^2\,\mathrm{b}^2\right).\end{aligned}$$

Insgesamt egibt sich mit dem Sinussatz

$$\begin{aligned}&\sin(\alpha+\beta+\gamma)\\ =\ &\frac{1}{4\,\mathrm{a}\,\mathrm{b}\,\mathrm{c}}\cdot\frac{\sin\alpha}{\mathrm{a}}\cdot\left(4\,\mathrm{b}^2\,\mathrm{c}^2-(\mathrm{a}^2-\mathrm{b}^2-\mathrm{c}^2)^2\right)-\mathrm{a}\,\mathrm{b}\,\mathrm{c}\cdot\frac{\sin\alpha}{\mathrm{a}}\cdot\frac{\sin\beta}{\mathrm{b}}\cdot\frac{\sin\gamma}{\mathrm{c}}\\ =\ &\frac{1}{4\,\mathrm{a}\,\mathrm{b}\,\mathrm{c}}\cdot\frac{\sin\alpha}{\mathrm{a}}\cdot\left(4\,\mathrm{b}^2\,\mathrm{c}^2-(\mathrm{a}^2-\mathrm{b}^2-\mathrm{c}^2)^2-4\,\mathrm{a}^2\,\mathrm{b}^2\,\mathrm{c}^2\cdot\frac{\sin^2\alpha}{\mathrm{a}^2}\right)\\ =\ &\frac{1}{4\,\mathrm{a}\,\mathrm{b}\,\mathrm{c}}\cdot\frac{\sin\alpha}{\mathrm{a}}\cdot\left(4\,\mathrm{b}^2\,\mathrm{c}^2-(\mathrm{a}^2-\mathrm{b}^2-\mathrm{c}^2)^2-4\,\mathrm{b}^2\,\mathrm{c}^2(1-\cos^2\alpha)\right)\\ =\ &0.\end{aligned}$$

Aus $\sin(\alpha+\beta+\gamma)=0$ und $\alpha,\beta,\gamma\in(0,\pi)$ schließen wir zunächst, dass $\alpha+\beta+\gamma=k\pi$ mit einem $k\in\{1,2\}$. Wir müssen zeigen, dass $k\neq 2$. Für $k=2$ sind zwei der Winkelgrößen strikt größer als $\pi/2$. Ohne Einschränkung seien dies β und γ. Damit schätzen wir ab

$$0>\cos\beta=\frac{\langle\overrightarrow{\mathbf{BA}},\overrightarrow{\mathbf{BC}}\rangle}{\mathrm{c}\,\mathrm{a}},\quad 0>\cos\gamma=\frac{\langle\overrightarrow{\mathbf{CA}},\overrightarrow{\mathbf{CB}}\rangle}{\mathrm{b}\,\mathrm{a}},$$

also

$$0>\langle\overrightarrow{\mathbf{BA}},\overrightarrow{\mathbf{BC}}\rangle\quad\text{und}\quad 0>\langle\overrightarrow{\mathbf{CA}},\overrightarrow{\mathbf{CB}}\rangle.$$

Addition der beiden Ungleichungen ergibt jedoch

$$||\overrightarrow{\mathbf{CB}}||^2<0$$

und dieser Widerspruch beweist $k=1$ und $\alpha+\beta+\gamma=\pi$. □

Das nächste und oft sehr nützliche Lemma ergibt sich direkt aus dem Kosinussatz.

5.4.9 Lemma

Die folgenden Gleichungen sind für jedes Dreieck $\triangle_{\mathbf{ABC}} \subset \mathbb{E}^2$ gültig.

$$\begin{aligned} \mathrm{a} &= \mathrm{b}\cos\gamma + \mathrm{c}\cos\beta, && (5.4.12)\\ \mathrm{b} &= \mathrm{c}\cos\alpha + \mathrm{a}\cos\gamma, && (5.4.13)\\ \mathrm{c} &= \mathrm{a}\cos\beta + \mathrm{b}\cos\alpha, && (5.4.14)\\ 2\,\mathrm{a}\cos\beta\cos\gamma &= -\mathrm{a}\cos\alpha + \mathrm{b}\cos\beta + \mathrm{c}\cos\gamma, && (5.4.15)\\ 2\,\mathrm{b}\cos\gamma\cos\alpha &= \mathrm{a}\cos\alpha - \mathrm{b}\cos\beta + \mathrm{c}\cos\gamma, && (5.4.16)\\ 2\,\mathrm{c}\cos\alpha\cos\beta &= \mathrm{a}\cos\alpha + \mathrm{b}\cos\beta - \mathrm{c}\cos\gamma. && (5.4.17) \end{aligned}$$

***Beweis*:** Der Kosinussatz impliziert

$$2\,\mathrm{b}(\mathrm{c}\cos\alpha + \mathrm{a}\cos\gamma) = \mathrm{b}^2 + \mathrm{c}^2 - \mathrm{a}^2 + \mathrm{a}^2 + \mathrm{b}^2 - \mathrm{c}^2 = 2\,\mathrm{b}^2\,.$$

Division durch 2 b ergibt (5.4.13). (5.4.12) und (5.4.14) folgen analog. Im nächsten Schritt schließen wir

$$\begin{aligned} & 2\,\mathrm{a}\cos\beta\cos\gamma \\ \stackrel{(5.4.13)}{=}\; & \mathrm{a}\cos\beta\cos\gamma + \cos\beta(\mathrm{b} - \mathrm{c}\cos\alpha) \\ =\; & \mathrm{b}\cos\beta + (\mathrm{a}\cos\beta + \mathrm{b}\cos\alpha)\cos\gamma - (\mathrm{b}\cos\gamma + \mathrm{c}\cos\beta)\cos\alpha \\ \stackrel{(5.4.12, 5.4.14)}{=}\; & -\mathrm{a}\cos\alpha + \mathrm{b}\cos\beta + \mathrm{c}\cos\gamma, \end{aligned}$$

Gleichungen (5.4.16), (5.4.17) folgen wieder analog. □

Schreibweise: Der *Umfang* U eines Dreiecks $\triangle_{\mathbf{ABC}}$ ist gegeben durch die Summe der Kantenlängen, das heißt

$$\mathrm{U} := \mathrm{a} + \mathrm{b} + \mathrm{c}\,.$$

5.4.10 Satz (Halbwinkelsatz)

In einem euklidischen Dreieck $\triangle_{\mathbf{ABC}}$ gilt

$$\tan^2\frac{\alpha}{2} = \frac{(\mathrm{U} - 2\,\mathrm{b})(\mathrm{U} - 2\,\mathrm{c})}{\mathrm{U}(\mathrm{U} - 2\,\mathrm{a})}. \qquad (5.4.18)$$

***Beweis*:** Aus dem Kosinussatz folgt zunächst

$$\begin{aligned} 1 + \cos\alpha &= 1 + \frac{\mathrm{b}^2 + \mathrm{c}^2 - \mathrm{a}^2}{2\,\mathrm{b}\,\mathrm{c}} = \frac{(\mathrm{b} + \mathrm{c})^2 - \mathrm{a}^2}{2\,\mathrm{b}\,\mathrm{c}} = \frac{\mathrm{U}(\mathrm{U} - 2\,\mathrm{a})}{2\,\mathrm{b}\,\mathrm{c}}, \\ 1 - \cos\alpha &= 1 - \frac{\mathrm{b}^2 + \mathrm{c}^2 - \mathrm{a}^2}{2\,\mathrm{b}\,\mathrm{c}} = \frac{\mathrm{a}^2 - (\mathrm{b} - \mathrm{c})^2}{2\,\mathrm{b}\,\mathrm{c}} = \frac{(\mathrm{U} - 2\,\mathrm{b})(\mathrm{U} - 2\,\mathrm{c})}{2\,\mathrm{b}\,\mathrm{c}}. \end{aligned}$$

Die Behauptung folgt aus diesen beiden Gleichungen, da

$$\frac{1 - \cos\alpha}{1 + \cos\alpha} = \frac{\sin^2\frac{\alpha}{2}}{\cos^2\frac{\alpha}{2}} = \tan^2\frac{\alpha}{2}.$$

□

5.4.11 Satz (Tangenssatz, Regel von Napier)
In einem Dreieck $\triangle_{\mathbf{ABC}} \subset \mathbb{E}^2$ gilt

$$\frac{\tan\frac{\alpha-\beta}{2}}{\tan\frac{\alpha+\beta}{2}} = \frac{\mathrm{a}-\mathrm{b}}{\mathrm{a}+\mathrm{b}}. \tag{5.4.19}$$

***Beweis*:** Nach dem Sinussatz gilt $\frac{\sin\alpha}{\sin\beta} = \frac{\mathrm{a}}{\mathrm{b}}$, also auch

$$\frac{\sin\alpha - \sin\beta}{\sin\alpha + \sin\beta} = \frac{\frac{\sin\alpha}{\sin\beta} - 1}{\frac{\sin\alpha}{\sin\beta} + 1} = \frac{\frac{\mathrm{a}}{\mathrm{b}} - 1}{\frac{\mathrm{a}}{\mathrm{b}} + 1} = \frac{\mathrm{a}-\mathrm{b}}{\mathrm{a}+\mathrm{b}}.$$

Nun folgt aus den Additionstheoremen für den Sinus und Kosinus aber

$$\sin\alpha - \sin\beta = 2\sin\frac{\alpha-\beta}{2}\cos\frac{\alpha+\beta}{2}, \ \sin\alpha + \sin\beta = 2\sin\frac{\alpha+\beta}{2}\cos\frac{\alpha-\beta}{2}.$$

□

5.4.c. Vierter Kongruenzsatz: Seite-Seite-Winkel

In dem Kapitel über Kongruenzaxiome hatten wir bereits einige allgemeingültige Kongruenzaussagen für Dreiecke in HILBERTEBENEN hergeleitet. Diese gelten selbstverständlich insbesondere in der euklidischen Ebene $\mathbb{E}^2$. Da wir jetzt den Kosinus- und Sinussatz kennen, ermöglicht uns dies, die Sätze noch auf eine weitere Art zu beweisen.

Als Beispiel wenden wir uns dem Kongruenzsatz *Seite-Seite-Winkel* (SsW) für Dreiecke zu, welchen wir bisher noch nicht behandelt hatten. Die Bezeichnung (SsW) rührt daher, dass die dem Winkel gegenüberliegende Seite die größere der beiden ist. Daher schreibt man auch ein großes S in (SsW) für die größere der beiden Seiten und ein kleines s für die kleinere.

5.4.12 Satz (4. Kongruenzsatz, Seite-Seite-Winkel (SsW))
Gegeben seien zwei Dreiecke $\triangle_{\mathbf{A_1B_1C_1}}$, $\triangle_{\mathbf{A_2B_2C_2}}$ in der euklidischen Ebene $\mathbb{E}^2$ mit

$$\mathrm{c}_1 = \mathrm{c}_2, \quad \mathrm{a}_1 = \mathrm{a}_2, \quad \gamma_1 = \gamma_2$$

sowie

$$\mathrm{c}_1 \geq \mathrm{a}_1 .$$

Dann gilt zusätzlich

$$\alpha_1 = \alpha_2, \quad \beta_1 = \beta_2, \quad \mathrm{b}_1 = \mathrm{b}_2 .$$

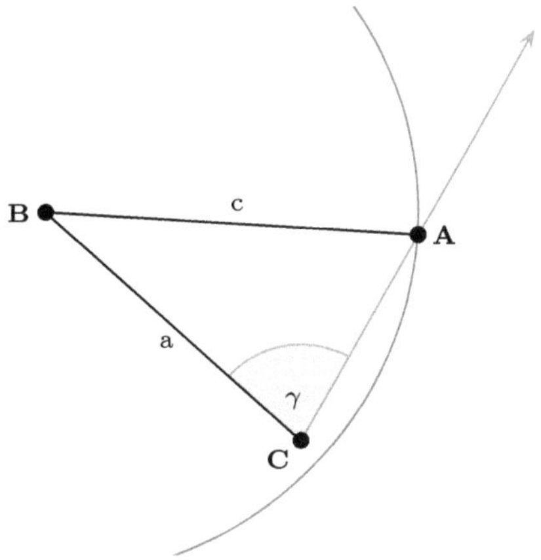

Abbildung 5.19.: Des Kongruenzsatz Seite-Seite-Winkel (SsW) für Dreiecke.

***Beweis*:** Wir müssen nachweisen, dass in einem Dreieck $\triangle_{\mathbf{ABC}}$ mit gegebenen Seitenlängen $\mathrm{a} \leq \mathrm{c}$ und gegebenem Winkel γ auch die anderen Größen $\alpha, \beta, \mathrm{b}$ eindeutig festgelegt sind. Hierzu benutzen wir den Kosinussatz, laut dem

$$\mathrm{b}^2 - 2\,\mathrm{a}\cos\gamma \cdot \mathrm{b} + \mathrm{a}^2 - \mathrm{c}^2 = 0.$$

Diese quadratische Gleichung besitzt die beiden Lösungen

$$\mathrm{b}_{\pm} = \mathrm{a}\cos\gamma \pm \sqrt{\mathrm{a}^2\cos^2\gamma + \mathrm{c}^2 - \mathrm{a}^2} = \mathrm{a}\cos\gamma \pm \sqrt{\mathrm{c}^2 - \mathrm{a}^2\sin^2\gamma}.$$

Da $\mathrm{c} \geq \mathrm{a}$, ist $\mathrm{b}_- \leq 0$. Also muss $\mathrm{b} = \mathrm{b}_+$ gelten. Außerem kann b_+ nicht verschwinden, weil im Dreieck $\mathrm{b} > 0$. Aus dem Kongruenzsatz (SSS) folgt nun die Behauptung. □

5.4.13 Bemerkung
Die Bedingung $\mathrm{c} \geq \mathrm{a}$ ist notwendig für die Gültigkeit eines Kongruenzsatzes (SSW), denn ist $\triangle_{\mathbf{ABC}}$ ein Dreieck, so folgt zunächst aus dem Kosinussatz

$$\mathrm{b} = \mathrm{a}\cos\gamma \pm \sqrt{\mathrm{c}^2 - \mathrm{a}^2\sin^2\gamma}$$

und damit insbesondere $\mathrm{c} \geq \mathrm{a}\sin\gamma$. Ist aber $\mathrm{c} \in (\mathrm{a}\sin\gamma, \mathrm{a})$, so existieren zwei positive Lösungen für b (vergl. mit Abbildung 5.20).

5.4.d. Transversale

Schneidet eine Gerade oder eine Strecke eine geometrische Figur, beispielsweise ein Dreieck, so nennt man die Gerade eine *Transversale*. Auf den Namen des italienischen Mathematikers Giovanni Ceva (1647-1734) geht dabei eine Bezeichnung

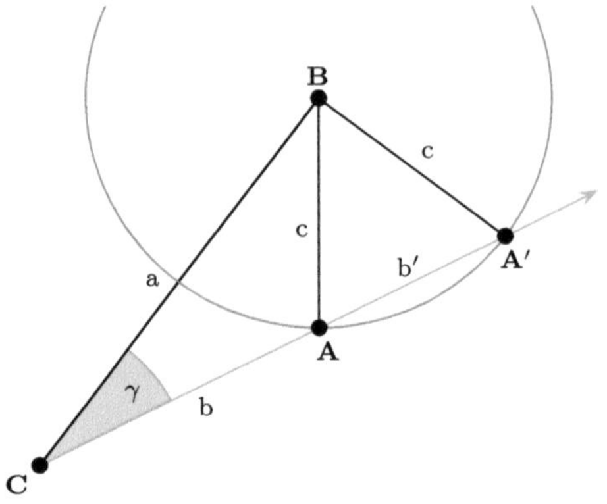

Abbildung 5.20.: Ist $a \sin\gamma < c < a$, so gibt es zwei Dreiecke mit denselben Größen c, a, $\cos\gamma$, die nicht zueinander kongruent sind.

für eine spezielle Transversale zurück, die CEVANE oder auch *Ecktransversale*. Eine CEVANE ist eine Dreieckstransversale, welche durch einen Eckpunkt des Dreiecks und durch die gegenüberliegende Seitenlinie des Dreiecks verläuft. Die drei bekanntesten CEVANEN eines Dreiecks sind die Seiten- und Winkelhalbierenden sowie die Höhenlinien. Wir werden zunächst die wichtigsten Dreieckstransversalen untersuchen. Der Satz von CEVA gibt uns dann im Anschluss eine notwendige und hinreichende Bedingung dafür an, wann sich drei CEVANEN in einem Punkt schneiden.

Seitenhalbierende

5.4.14 Definition (Seitenhalbierende)
In einem Dreieck $\triangle_{\mathbf{ABC}}$ verstehen wir unter der *Seitenhalbierenden* durch die Seite a die eindeutig bestimmte Gerade $\mathbf{s}_a$ durch die Punkte $\mathbf{A}$ und $\mathbf{S}_a := \mathbf{B} + \frac{1}{2}\overrightarrow{\mathbf{BC}}$. Der Punkt $\mathbf{S}_a$ heißt auch *Seitenmittelpunkt* der Seite a. Analog sind die Seitenhalbierenden der anderen Dreiecksseiten definiert.

5.4.15 Bemerkung
Der Punkt $\mathbf{S}_a$ heißt Seitenmittelpunkt von a, da er auf der Seite genau in der Mitte zwischen $\mathbf{B}$ und $\mathbf{C}$ liegt, denn

$$|\overline{\mathbf{BS}_a}| = |\overline{\mathbf{S}_a\mathbf{C}}| = \frac{1}{2}|\overline{\mathbf{BC}}|.$$

5.4.16 Satz (Schwerpunktsatz)
Die Seitenhalbierenden $\mathbf{s}_a, \mathbf{s}_b, \mathbf{s}_c$ *eines Dreiecks* $\triangle_{\mathbf{ABC}} \subset \mathbb{E}^2$ *schneiden sich im Punkt*

$$\mathbf{S} := \frac{1}{3}(\mathbf{A} + \mathbf{B} + \mathbf{C}).$$

Dieser Punkt[1)] *heißt Schwerpunkt des Dreiecks* $\triangle_{\mathbf{ABC}}$.

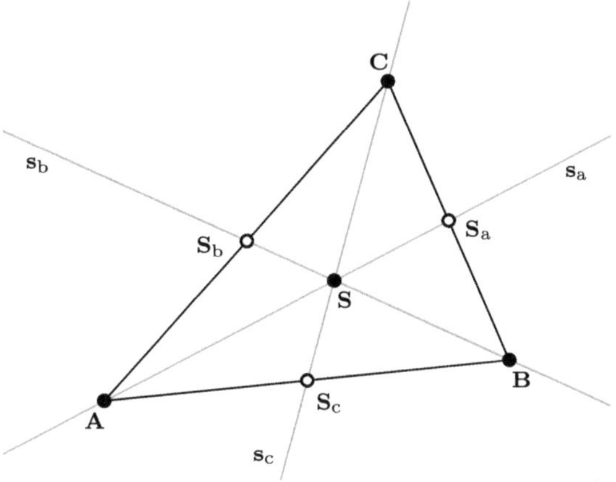

Abbildung 5.21.: Die drei Seitenhalbierenden eines Dreiecks schneiden sich im Schwerpunkt.

***Beweis*:** Die Seitenhalbierenden $\mathbf{s_a}, \mathbf{s_b}, \mathbf{s_c}$ sind durch die Geraden

$$\begin{aligned}
\mathbf{s_a} &: \quad t \mapsto \mathbf{A} + t(\overrightarrow{\mathbf{AB}} + \frac{1}{2}\overrightarrow{\mathbf{BC}}) = (1-t)\mathbf{A} + \frac{t}{2}(\mathbf{B}+\mathbf{C}) \\
\mathbf{s_b} &: \quad t \mapsto \mathbf{B} + t(\overrightarrow{\mathbf{BC}} + \frac{1}{2}\overrightarrow{\mathbf{CA}}) = (1-t)\mathbf{B} + \frac{t}{2}(\mathbf{A}+\mathbf{C}) \\
\mathbf{s_c} &: \quad t \mapsto \mathbf{C} + t(\overrightarrow{\mathbf{CA}} + \frac{1}{2}\overrightarrow{\mathbf{AB}}) = (1-t)\mathbf{C} + \frac{t}{2}(\mathbf{A}+\mathbf{B})
\end{aligned}$$

gegeben und für $t = 2/3$ erhält man jeweils denselben Punkt $\mathbf{S} = (\mathbf{A}+\mathbf{B}+\mathbf{C})/3$. □

5.4.17 Bemerkung

Da im letzten Beweis $t = 2/3$ war, teilt der Schwerpunkt **S** die Strecken $\overline{\mathbf{AS_a}}$, $\overline{\mathbf{BS_b}}$ und $\overline{\mathbf{CS_c}}$ jeweils im Verhältnis 2 : 1.

Allgemeiner definiert man den Schwerpunkt **S** von n Punkten $\mathbf{A_1}, \ldots, \mathbf{A_n}$ als das arithmetische Mittel, das heißt

$$\mathbf{S} := \frac{1}{\mathrm{n}}(\mathbf{A_1} + \cdots + \mathbf{A_n}).$$

Damit ist der Seitenmittelpunkt der Strecke $\overline{\mathbf{AB}}$ auch der Schwerpunkt der beiden Eckpunkte **A**, **B**.

[1)] Man beachte, dass diese Notation aufgrund der Ausführungen zu Beginn von Abschnitt 5.3 zulässig ist.

Winkelhalbierende

5.4.18 Definition (Winkelhalbierende)
Gegeben sei ein Winkel $\alpha := \angle_{\mathbf{BAC}} \subset \mathbb{E}^2$. Unter der *inneren Winkelhalbierenden* des Winkels α verstehen wir die Gerade

$$\mathbf{w}_\alpha = \mathbf{g}_{\mathbf{A},\vec{\mathbf{v}}_\alpha} \quad \text{mit Richtungsvektor} \quad \vec{\mathbf{v}}_\alpha := \frac{\overrightarrow{\mathbf{AB}}}{||\overrightarrow{\mathbf{AB}}||} + \frac{\overrightarrow{\mathbf{AC}}}{||\overrightarrow{\mathbf{AC}}||}.$$

Unter der *äußeren Winkelhalbierenden* des Winkels α verstehen wir hingegen die Gerade

$$\bar{\mathbf{w}}_\alpha = \mathbf{g}_{\mathbf{A},\vec{\mathbf{u}}_\alpha} \quad \text{mit Richtungsvektor} \quad \vec{\mathbf{u}}_\alpha := \frac{\overrightarrow{\mathbf{AB}}}{||\overrightarrow{\mathbf{AB}}||} - \frac{\overrightarrow{\mathbf{AC}}}{||\overrightarrow{\mathbf{AC}}||}.$$

Analog sind die inneren und äußeren Winkelhalbierenden in einem Dreieck $\triangle_{\mathbf{ABC}}$ definiert.

Offensichtlich sind die innere und äußere Winkelhalbierende orthogonal, denn für das Skalarprodukt ihrer Richtungsvektoren erhält man

$$\begin{aligned}\langle \vec{\mathbf{u}}_\alpha, \vec{\mathbf{v}}_\alpha \rangle &= \left\langle \frac{\overrightarrow{\mathbf{AB}}}{||\overrightarrow{\mathbf{AB}}||} - \frac{\overrightarrow{\mathbf{AC}}}{||\overrightarrow{\mathbf{AC}}||}, \frac{\overrightarrow{\mathbf{AB}}}{||\overrightarrow{\mathbf{AB}}||} + \frac{\overrightarrow{\mathbf{AC}}}{||\overrightarrow{\mathbf{AC}}||} \right\rangle \\ &= \left\| \frac{\overrightarrow{\mathbf{AB}}}{||\overrightarrow{\mathbf{AB}}||} \right\|^2 - \left\| \frac{\overrightarrow{\mathbf{AC}}}{||\overrightarrow{\mathbf{AC}}||} \right\|^2 = 0.\end{aligned}$$

5.4.19 Bemerkung
Man rechnet leicht nach, dass die innere Winkelhalbierende $\mathbf{w}_\alpha$ den Winkel α auch wirklich halbiert. Die Winkelweiten der Winkel zwischen dem im Inneren von α liegenden Halbstrahl von $\mathbf{w}_\alpha$ und jedem der beiden Schenkel des Winkels α sind genau halb so groß wie die von α.

5.4.20 Satz (Inkreismittelpunktsatz)
Die inneren Winkelhalbierenden $\mathbf{w}_\alpha, \mathbf{w}_\beta, \mathbf{w}_\gamma$ *eines Dreiecks* $\triangle_{\mathbf{ABC}} \subset \mathbb{E}^2$ *schneiden sich im Punkt*

$$\mathbf{M}_{\text{in}} := \frac{\mathrm{a}\,\mathbf{A} + \mathrm{b}\,\mathbf{B} + \mathrm{c}\,\mathbf{C}}{\mathrm{a}+\mathrm{b}+\mathrm{c}}. \tag{5.4.20}$$

Die Lotfußpunkte von $\mathbf{M}_{\text{in}}$ *auf die Dreiecksseiten haben zu* $\mathbf{M}_{\text{in}}$ *alle denselben Abstand*

$$\mathrm{r}_{\text{in}} := \frac{\mathrm{b\,c}\sin\alpha}{\mathrm{a}+\mathrm{b}+\mathrm{c}} = \frac{\mathrm{a\,b\,c}}{\mathrm{a}+\mathrm{b}+\mathrm{c}} \cdot \frac{\sin\alpha}{\mathrm{a}}, \tag{5.4.21}$$

wobei α *die Winkelweite bei* $\mathbf{A}$ *und* $\mathrm{a}, \mathrm{b}, \mathrm{c}$ *die Seitenlängen des Dreiecks bezeichnen*[2]*. Der Kreis* $\mathrm{K}(\mathbf{M}_{\text{in}}, \mathrm{r}_{\text{in}})$ *berührt daher alle Dreiecksseiten und heißt der Inkreis des Dreiecks* $\triangle_{\mathbf{ABC}}$.

---

[2] Man beachte, dass nach dem Sinussatz $\frac{\sin\alpha}{\mathrm{a}} = \frac{\sin\beta}{\mathrm{b}} = \frac{\sin\gamma}{\mathrm{c}}$.

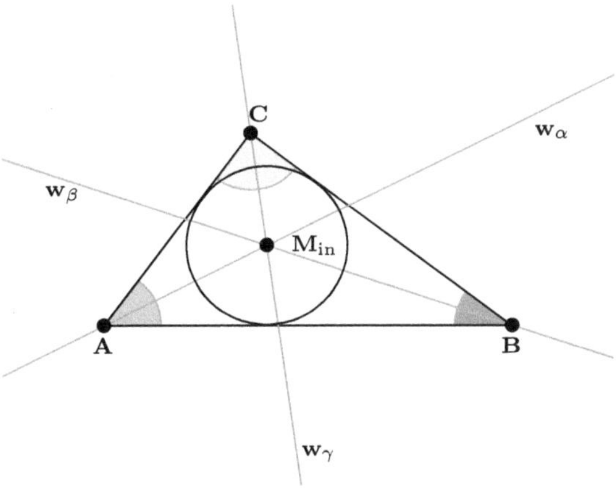

Abbildung 5.22.: Die inneren Winkelhalbierenden eines Dreiecks schneiden sich im Mittelpunkt des Inkreises.

***Beweis*:** Da die Winkelhalbierenden paarweise verschieden sind, können sie sich höchstens in einem gemeinsamen Punkt schneiden. Es gilt

$$\begin{aligned}
\mathbf{w}_\alpha &: t_\alpha \mapsto \mathbf{A} + \frac{t_\alpha}{\mathrm{c}}\overrightarrow{\mathbf{AB}} + \frac{t_\alpha}{\mathrm{b}}\overrightarrow{\mathbf{AC}},\\
\mathbf{w}_\beta &: t_\beta \mapsto \mathbf{B} + \frac{t_\beta}{\mathrm{c}}\overrightarrow{\mathbf{BA}} + \frac{t_\beta}{\mathrm{a}}\overrightarrow{\mathbf{BC}},\\
\mathbf{w}_\gamma &: t_\gamma \mapsto \mathbf{C} + \frac{t_\gamma}{\mathrm{b}}\overrightarrow{\mathbf{CA}} + \frac{t_\gamma}{\mathrm{a}}\overrightarrow{\mathbf{CB}}.
\end{aligned}$$

Mit

$$t_\alpha := \frac{\mathrm{b\,c}}{\mathrm{a+b+c}}, \quad t_\beta := \frac{\mathrm{a\,c}}{\mathrm{a+b+c}}, \quad t_\gamma := \frac{\mathrm{a\,b}}{\mathrm{a+b+c}}$$

erhalten wir dann jeweils denselben Punkt

$$\mathbf{M}_{\text{in}} = \frac{\mathrm{a}\,\mathbf{A} + \mathrm{b}\,\mathbf{B} + \mathrm{c}\,\mathbf{C}}{\mathrm{a+b+c}}.$$

Es bleibt zu zeigen, dass der Kreis um $\mathbf{M}_{\text{in}}$ mit Radius $\mathrm{r}_{\text{in}} = \frac{\mathrm{b\,c}\sin\alpha}{\mathrm{a+b+c}}$ die Dreiecksseiten jeweils in einem Punkt berührt. Wir zeigen, dass dies für die Dreiecksseite durch die Punkte $\mathbf{B}, \mathbf{C}$ erfüllt ist, die anderen Fälle folgen analog durch Bezeichnungstausch. Wir setzen

$$\lambda_1 := \frac{\mathrm{b} - \mathrm{c}\cos\alpha}{\mathrm{a}\sin\alpha}, \quad \lambda_2 := \frac{\mathrm{c} - \mathrm{b}\cos\alpha}{\mathrm{a}\sin\alpha}$$

und definieren den Vektor

$$\vec{n}_{\mathbf{A}} := \lambda_1 \frac{\overrightarrow{\mathbf{AB}}}{||\overrightarrow{\mathbf{AB}}||} + \lambda_2 \frac{\overrightarrow{\mathbf{AC}}}{||\overrightarrow{\mathbf{AC}}||}.$$

Wir behaupten, dass $\vec{n}_{\mathbf{A}}$ ein Einheitsnormalenvektor der Geraden $\mathbf{BC}$ ist und dass der Punkt $\mathbf{L}_{\mathrm{a}} := \mathbf{M}_{\mathrm{in}} + \mathrm{r}_{\mathrm{in}}\, \vec{n}_{\mathbf{A}}$ auf der Geraden $\mathbf{BC}$ liegt, sodass $\mathbf{L}_{\mathrm{a}}$ der Lotfußpunkt von $\mathbf{M}_{\mathrm{in}}$ auf $\mathbf{BC}$ sein muss. Zunächst können wir wegen

$$\cos\alpha = \left\langle \frac{\overrightarrow{\mathbf{AB}}}{||\overrightarrow{\mathbf{AB}}||}, \frac{\overrightarrow{\mathbf{AC}}}{||\overrightarrow{\mathbf{AC}}||} \right\rangle$$

wie folgt rechnen.

$$\begin{aligned}
&||\vec{n}_{\mathbf{A}}||^2 \\
=\;& \lambda_1^2 + \lambda_2^2 + 2\lambda_1\lambda_2\cos\alpha \\
=\;& \frac{(\mathrm{b} - \mathrm{c}\cos\alpha)^2 + (\mathrm{c} - \mathrm{b}\cos\alpha)^2 + 2(\mathrm{b} - \mathrm{c}\cos\alpha)(\mathrm{c} - \mathrm{b}\cos\alpha)\cos\alpha}{\mathrm{a}^2\sin^2\alpha} \\
=\;& \frac{\mathrm{b}^2 + \mathrm{c}^2 - 2\,\mathrm{b}\,\mathrm{c}\cos\alpha - (\mathrm{b}^2 + \mathrm{c}^2)\cos^2\alpha + 2\,\mathrm{b}\,\mathrm{c}\cos^3\alpha}{\mathrm{a}^2\sin^2\alpha} \\
=\;& \frac{(\mathrm{b}^2 + \mathrm{c}^2 - 2\,\mathrm{b}\,\mathrm{c}\cos\alpha)(1 - \cos^2\alpha)}{\mathrm{a}^2\sin^2\alpha} \\
=\;& \frac{\mathrm{b}^2 + \mathrm{c}^2 - 2\,\mathrm{b}\,\mathrm{c}\cos\alpha}{\mathrm{a}^2} = 1,
\end{aligned}$$

wobei wir im letzten Schritt den Kosinussatz benutzt haben. Ähnlich folgt

$$\begin{aligned}
\langle \vec{n}_{\mathbf{A}}, \overrightarrow{\mathbf{BC}} \rangle &= \left\langle \lambda_1 \frac{\overrightarrow{\mathbf{AB}}}{||\overrightarrow{\mathbf{AB}}||} + \lambda_2 \frac{\overrightarrow{\mathbf{AC}}}{||\overrightarrow{\mathbf{AC}}||}, -\mathrm{c}\,\frac{\overrightarrow{\mathbf{AB}}}{||\overrightarrow{\mathbf{AB}}||} + \mathrm{b}\,\frac{\overrightarrow{\mathbf{AC}}}{||\overrightarrow{\mathbf{AC}}||} \right\rangle \\
&= -(\mathrm{c} - \mathrm{b}\cos\alpha)\lambda_1 + (\mathrm{b} - \mathrm{c}\cos\alpha)\lambda_2 = 0.
\end{aligned}$$

Die letzten beiden Rechnungen zeigen schon einmal, dass $\vec{n}_{\mathbf{A}}$ ein Einheitsnormalenvektor der Geraden $\mathbf{BC}$ ist. Als letztes berechnen wir noch

$$\begin{aligned}
&\mathbf{M}_{\mathrm{in}} + \mathrm{r}_{\mathrm{in}}\, \vec{n}_{\mathbf{A}} \\
=\;& \frac{\mathrm{a}\,\mathbf{A} + \mathrm{b}\,\mathbf{B} + \mathrm{c}\,\mathbf{C}}{\mathrm{a}+\mathrm{b}+\mathrm{c}} + \frac{\mathrm{r}_{\mathrm{in}}\,\lambda_1}{\mathrm{c}}\overrightarrow{\mathbf{AB}} + \frac{\mathrm{r}_{\mathrm{in}}\,\lambda_2}{\mathrm{b}}\overrightarrow{\mathbf{AC}} \\
=\;& \left(\frac{\mathrm{a}}{\mathrm{a}+\mathrm{b}+\mathrm{c}} - \frac{\mathrm{r}_{\mathrm{in}}\,\lambda_1}{\mathrm{c}} - \frac{\mathrm{r}_{\mathrm{in}}\,\lambda_2}{\mathrm{b}}\right)\mathbf{A} + \left(\frac{\mathrm{b}}{\mathrm{a}+\mathrm{b}+\mathrm{c}} + \frac{\mathrm{r}_{\mathrm{in}}\,\lambda_1}{\mathrm{c}}\right)\mathbf{B} \\
&+ \left(\frac{\mathrm{c}}{\mathrm{a}+\mathrm{b}+\mathrm{c}} + \frac{\mathrm{r}_{\mathrm{in}}\,\lambda_2}{\mathrm{b}}\right)\mathbf{C}.
\end{aligned}$$

Der erste Klammerausdruck verschwindet, denn mit dem Kosinussatz folgt

$$\begin{aligned}
\frac{\frac{\mathrm{a}}{\mathrm{a}+\mathrm{b}+\mathrm{c}}}{\frac{\lambda_1}{\mathrm{c}} + \frac{\lambda_2}{\mathrm{b}}} &= \frac{\mathrm{a}\,\mathrm{b}\,\mathrm{c}}{(\mathrm{a}+\mathrm{b}+\mathrm{c})(\mathrm{b}\,\lambda_1 + \mathrm{c}\,\lambda_2)} \\
&= \frac{\mathrm{a}^2\,\mathrm{b}\,\mathrm{c}\sin\alpha}{(\mathrm{a}+\mathrm{b}+\mathrm{c})(\mathrm{b}(\mathrm{b} - \mathrm{c}\cos\alpha) + \mathrm{c}(\mathrm{c} - \mathrm{b}\cos\alpha))} \\
&= \frac{\mathrm{b}\,\mathrm{c}\sin\alpha}{\mathrm{a}+\mathrm{b}+\mathrm{c}} = \mathrm{r}_{\mathrm{in}}\,.
\end{aligned}$$

Für die Summe des zweiten und dritten Klammerausdruckes erhalten wir somit

$$\left(\frac{\mathrm{b}}{\mathrm{a}+\mathrm{b}+\mathrm{c}} + \frac{\mathrm{r_{in}}\,\lambda_1}{\mathrm{c}}\right) + \left(\frac{\mathrm{c}}{\mathrm{a}+\mathrm{b}+\mathrm{c}} + \frac{\mathrm{r_{in}}\,\lambda_2}{\mathrm{b}}\right) = 1.$$

Folglich ist mit $t := \frac{\mathrm{b}}{\mathrm{a}+\mathrm{b}+\mathrm{c}} + \frac{\mathrm{r_{in}}\lambda_1}{\mathrm{c}}$ auch

$$\mathbf{L}_{\mathrm{a}} \;=\; \mathbf{M}_{\mathrm{in}} + \mathrm{r_{in}}\,\vec{n}_{\mathbf{A}} = t\mathbf{B} + (1-t)\mathbf{C} = \mathbf{C} + t\overrightarrow{\mathbf{CB}},$$

das heißt $\mathbf{L}_{\mathrm{a}} \in \mathbf{BC}$. Damit ist $\mathbf{L}_{\mathrm{a}}$ der Lotfußpunkt von $\mathbf{M}_{\mathrm{in}}$ auf $\mathbf{BC}$ und außerdem haben $\mathbf{L}_{\mathrm{a}}$ und $\mathbf{M}_{\mathrm{in}}$ den Abstand $\mathrm{r_{in}}$ und der Kreis $\mathrm{K}(\mathbf{M}_{\mathrm{in}}, \mathrm{r_{in}})$ berührt die Gerade $\mathbf{BC}$ im Punkt $\mathbf{L}_{\mathrm{a}}$. Dies war zu zeigen. □

Ankreise

Wir möchten jetzt den Schnittpunkt der äußeren Winkelhalbierenden $\bar{\mathbf{w}}_\alpha$ und der inneren Winkelhalbierenden $\mathbf{w}_\gamma$ des Dreiecks $\triangle_{\mathbf{ABC}}$ berechnen. Da

$$\bar{\mathbf{w}}_\alpha = \mathbf{g}_{\mathbf{A},\vec{\mathbf{u}}_\alpha} : s \mapsto \mathbf{A} + s\vec{\mathbf{u}}_\alpha, \quad \vec{\mathbf{u}}_\alpha = \frac{\overrightarrow{\mathbf{AB}}}{||\overrightarrow{\mathbf{AB}}||} - \frac{\overrightarrow{\mathbf{AC}}}{||\overrightarrow{\mathbf{AC}}||},$$

$$\mathbf{w}_\gamma = \mathbf{g}_{\mathbf{C},\vec{\mathbf{v}}_\gamma} : t \mapsto \mathbf{C} + t\vec{\mathbf{v}}_\gamma, \quad \vec{\mathbf{v}}_\gamma = \frac{\overrightarrow{\mathbf{CA}}}{||\overrightarrow{\mathbf{CA}}||} + \frac{\overrightarrow{\mathbf{CB}}}{||\overrightarrow{\mathbf{CB}}||},$$

machen wir den Ansatz

$$\mathbf{A} + s\left(\frac{\overrightarrow{\mathbf{AB}}}{||\overrightarrow{\mathbf{AB}}||} - \frac{\overrightarrow{\mathbf{AC}}}{||\overrightarrow{\mathbf{AC}}||}\right) = \mathbf{C} + t\left(\frac{\overrightarrow{\mathbf{CA}}}{||\overrightarrow{\mathbf{CA}}||} + \frac{\overrightarrow{\mathbf{CB}}}{||\overrightarrow{\mathbf{CB}}||}\right).$$

Mit $\mathrm{a} = ||\overrightarrow{\mathbf{BC}}||$, $\mathrm{b} = ||\overrightarrow{\mathbf{AC}}||$, $\mathrm{c} = ||\overrightarrow{\mathbf{AB}}||$ ergibt dies die Gleichung

$$\left(1 + \frac{s}{\mathrm{b}} - \frac{t}{\mathrm{b}}\right)\overrightarrow{\mathbf{CA}} + \frac{s}{\mathrm{c}}\overrightarrow{\mathbf{AB}} - \frac{t}{\mathrm{a}}\overrightarrow{\mathbf{CB}} = 0.$$

Weil $\overrightarrow{\mathbf{CB}} = \overrightarrow{\mathbf{CA}} + \overrightarrow{\mathbf{AB}}$, vereinfacht sich dies zu

$$\left(1 + \frac{s}{\mathrm{b}} - \frac{t}{\mathrm{b}} - \frac{t}{\mathrm{a}}\right)\overrightarrow{\mathbf{CA}} + \left(\frac{s}{\mathrm{c}} - \frac{t}{\mathrm{a}}\right)\overrightarrow{\mathbf{AB}} = 0.$$

Da die Vektoren $\overrightarrow{\mathbf{CA}}$, $\overrightarrow{\mathbf{AB}}$ linear unabhängig sind, impliziert dies die beiden Gleichungen

$$1 + \frac{s}{\mathrm{b}} - \frac{t}{\mathrm{b}} - \frac{t}{\mathrm{a}} = 0, \quad \frac{s}{\mathrm{c}} - \frac{t}{\mathrm{a}} = 0$$

und daher folgt erst $\mathrm{a}\,s = \mathrm{c}\,t$ und dann $\mathrm{a}\,\mathrm{b} + (\mathrm{c} - \mathrm{a} - \mathrm{b})t = 0$, also

$$t = \frac{\mathrm{a}\,\mathrm{b}}{\mathrm{a}+\mathrm{b}-\mathrm{c}}.$$

Man beachte dabei $a+b-c > 0$, weil die Punkte **A**, **B**, **C** in allgemeiner Lage sind. Setzt man dies in $\mathbf{w}_\gamma$ ein, erhält man den Schnittpunkt

$$\begin{aligned} \mathbf{M}_\gamma &= \mathbf{C} + \frac{a\,b}{a+b-c}\left(\frac{\overrightarrow{\mathbf{CA}}}{b} + \frac{\overrightarrow{\mathbf{CB}}}{a}\right) \\ &= \frac{a}{a+b-c}\mathbf{A} + \frac{b}{a+b-c}\mathbf{B} - \frac{c}{a+b-c}\mathbf{C}. \end{aligned}$$

Da sich dieser Ausdruck nicht verändert, wenn man die Punkte **A**, **B** vertauscht, beobachten wir noch, dass der Schnittpunkt der äußeren Winkelhalbierenden $\bar{\mathbf{w}}_\beta$ mit der inneren Winkelhalbierenden $\mathbf{w}_\gamma$ ebenfalls durch diesen Punkt gegeben ist.

Um die Bedeutung des Punktes $\mathbf{M}_\gamma$ zu verstehen, betrachten wir die Lotfußpunkte $\mathbf{L}_a$, $\mathbf{L}_b$, $\mathbf{L}_c$ von $\mathbf{M}_\gamma$ auf die Dreieckslinien, das heißt $\mathbf{L}_a$ sei der Lotfußpunkt von $\mathbf{M}_\gamma$ auf **BC** usw. (vergleiche mit Abbildung 5.23). Wir behaupten, dass die Punkte $\mathbf{L}_a$,

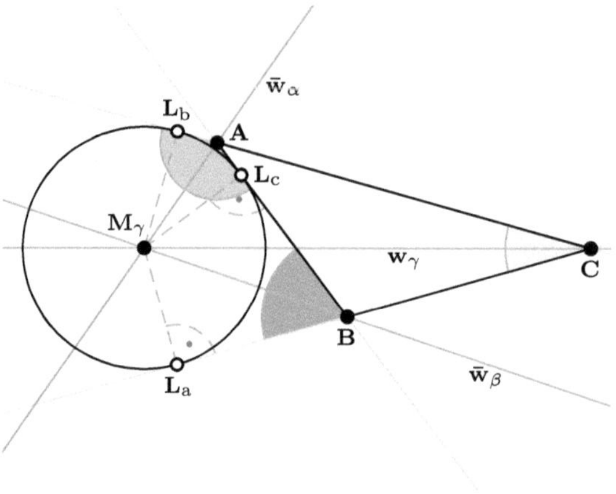

Abbildung 5.23.: Die innere Winkelhalbierende und die äußeren Winkelhalbierenden der jeweils anderen beiden Winkel schneiden sich im Mittelpunkt eines Ankreises.

$\mathbf{L}_b$, $\mathbf{L}_c$ auf einem gemeinsamen Kreis um $\mathbf{M}_\gamma$ liegen, also

$$||\mathbf{L}_a - \mathbf{M}_\gamma|| = ||\mathbf{L}_b - \mathbf{M}_\gamma|| = ||\mathbf{L}_c - \mathbf{M}_\gamma||.$$

Hierzu betrachten wir zunächst die rechtwinkligen Dreiecke $\triangle_{\mathbf{BL}_a\mathbf{M}_\gamma}$ und $\triangle_{\mathbf{BL}_c\mathbf{M}_\gamma}$. Da die Gerade $\mathbf{BM}_\gamma$ aber die äußere Winkelhalbierende $\bar{\mathbf{w}}_\beta$ ist, halbiert sie den Nebenwinkel zu β, das heißt die beiden Winkel $\angle_{\mathbf{L}_a\mathbf{BM}_\gamma}$ und $\angle_{\mathbf{L}_c\mathbf{BM}_\gamma}$ sind kongruent. Weil die Dreiecke rechtwinklig sind, müssen dann aber auch die Winkel $\angle_{\mathbf{BM}_\gamma\mathbf{L}_a}$ und $\angle_{\mathbf{BM}_\gamma\mathbf{L}_c}$ kongruent sein. Wir können daher den Kongruenzsatz (WSW) auf $\triangle_{\mathbf{BL}_a\mathbf{M}_\gamma}$, $\triangle_{\mathbf{BL}_c\mathbf{M}_\gamma}$ anwenden und hieraus folgt $||\mathbf{L}_a - \mathbf{M}_\gamma|| = ||\mathbf{L}_c - \mathbf{M}_\gamma||$. Analog verfahren wir mit den Dreiecken $\triangle_{\mathbf{AL_bM_\gamma}}$, $\triangle_{\mathbf{AL_cM_\gamma}}$ und erhalten $||\mathbf{L}_b - \mathbf{M}_\gamma|| = ||\mathbf{L}_c - \mathbf{M}_\gamma||$. Daher besitzen die drei Lotfußpunkte denselben Abstand zum Punkt $\mathbf{M}_\gamma$. Wir setzen $r_\gamma := ||\mathbf{L}_c - \mathbf{M}_\gamma||$.

Weil der Lotfußpunkt **L** eines Punktes **M** auf eine Gerade **g** genau der Punkt auf dieser Geraden **g** ist, welcher den geringsten Abstand zu **M** besitzt, ist der Kreis um **M** mit Radius $||\mathbf{L} - \mathbf{M}||$ ein Berührkreis der Geraden, das heißt die Gerade **g** ist eine Tangente an diesen Kreis. Aus dieser allgemeinen Tatsache ergibt sich nun, dass der oben konstruierte Schnittpunkt $\mathbf{M}_\gamma$ der Mittelpunkt eines Kreises ist, welcher die Geraden **AB**, **BC**, **AC** berührt. Es handelt sich aber nicht um den weiter oben konstruierten Inkreis des Dreiecks, denn $\mathbf{M}_\gamma$ liegt im Äußeren des Dreiecks und zwar auf der dem Punkt **C** gegenüberliegenden Seite der Geraden **AB**. Wir nennen den Kreis $K(\mathbf{M}_\gamma, r_\gamma)$ den *Ankreis* des Dreiecks $\triangle_{\mathbf{ABC}}$, welcher dem Punkt **C** gegenüberliegt.

Fassen wir dies zusammen, so haben wir gezeigt:

5.4.21 Satz (Ankreismittelpunktsatz)

Die beiden äußeren Winkelhalbierenden $\bar{\mathbf{w}}_\alpha$, $\bar{\mathbf{w}}_\beta$ und die innere Winkelhalbierende $\mathbf{w}_\gamma$ eines Dreiecks $\triangle_{\mathbf{ABC}} \subset \mathbb{E}^2$ schneiden sich in dem Punkt

$$\mathbf{M}_\gamma \quad := \quad \frac{a}{a+b-c}\mathbf{A} + \frac{b}{a+b-c}\mathbf{B} - \frac{c}{a+b-c}\mathbf{C}.$$

*$\mathbf{M}_\gamma$ ist der Mittelpunkt des Ankreises von $\triangle_{\mathbf{ABC}}$, welcher **C** gegenüberliegt.*

Ein Dreieck besitzt also insgesamt vier Kreise, die jeweils alle Seitenlinien des Dreiecks berühren - einen Inkreis und drei Ankreise.

Höhen

5.4.22 Definition (Höhen eines Dreiecks)

Es sei $\triangle_{\mathbf{ABC}}$ ein Dreieck. Der Lotfußpunkt $\mathbf{H}_a$ von **A** auf die Gerade **BC** heißt *Höhenfußpunkt* zum Punkt **A**. Die Verbindungsgerade $\mathbf{h}_a$ durch den Punkt **A** und $\mathbf{H}_a$ nennen wir die *Höhenlinie* durch **A**. Sowohl die Strecke $\overline{\mathbf{AH}_a}$ als auch die Länge dieser Strecke wird die *Höhe* des Dreiecks zur Seite a genannt. Analog definiert man die Höhenlinien $\mathbf{h}_b$, $\mathbf{h}_c$ und die Höhen zu den anderen Dreiecksseiten b und c.

5.4.23 Satz (Höhenschnittpunktsatz)

*Bei einem euklidischen Dreieck $\triangle_{\mathbf{ABC}}$ schneiden sich die Höhenlinien $\mathbf{h}_a$, $\mathbf{h}_b$, $\mathbf{h}_c$ in einem gemeinsamen Punkt, dem Höhenschnittpunkt **H**, auch Orthozentrum genannt. Dieses ist gegeben durch*

$$\mathbf{H} = \frac{\left(a^4 - (b^2 - c^2)^2\right)\mathbf{A} + \left(b^4 - (c^2 - a^2)^2\right)\mathbf{B} + \left(c^4 - (a^2 - b^2)^2\right)\mathbf{C}}{a^4 + b^4 + c^4 - (a^2 - b^2)^2 - (b^2 - c^2)^2 - (c^2 - a^2)^2} \tag{5.4.22}$$

$$= \frac{a\cos\beta\cos\gamma \cdot \mathbf{A} + b\cos\alpha\cos\gamma \cdot \mathbf{B} + c\cos\alpha\cos\beta \cdot \mathbf{C}}{a\cos\beta\cos\gamma + b\cos\alpha\cos\gamma + c\cos\alpha\cos\beta} \tag{5.4.23}$$

$$= \frac{a\cos\alpha(\overrightarrow{\mathbf{AB}} + \mathbf{C}) + b\cos\beta(\overrightarrow{\mathbf{BC}} + \mathbf{A}) + c\cos\gamma(\overrightarrow{\mathbf{CA}} + \mathbf{B})}{a\cos\alpha + b\cos\beta + c\cos\gamma}. \tag{5.4.24}$$

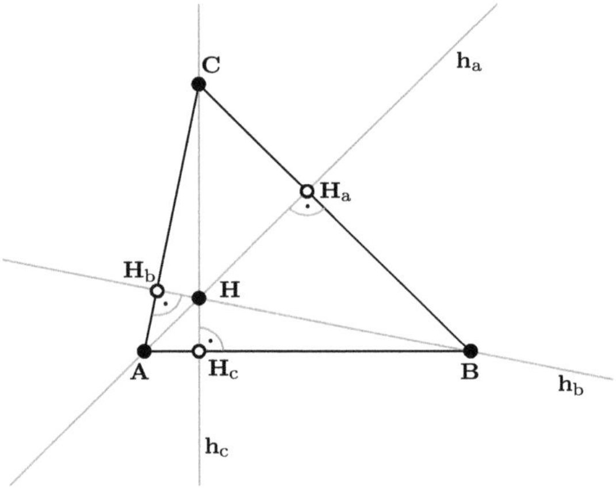

Abbildung 5.24.: Die Höhenlinien eines Dreiecks schneiden sich im Orthozentrum **H**.

***Beweis*:** Wie im Beweis von Satz 5.4.20 sehen wir zunächst, dass die Vektoren

$$\begin{aligned}
\vec{n}_{\mathbf{A}} &= -\left(\frac{\mathrm{b}-\mathrm{c}\cos\alpha}{\mathrm{a}\,\mathrm{c}\sin\alpha}+\frac{\mathrm{c}-\mathrm{b}\cos\alpha}{\mathrm{a}\,\mathrm{b}\sin\alpha}\right)\mathbf{A}+\frac{\mathrm{b}-\mathrm{c}\cos\alpha}{\mathrm{a}\,\mathrm{c}\sin\alpha}\mathbf{B}+\frac{\mathrm{c}-\mathrm{b}\cos\alpha}{\mathrm{a}\,\mathrm{b}\sin\alpha}\mathbf{C}\\
&= \frac{1}{2\,\mathrm{a}\,\mathrm{b}\,\mathrm{c}\sin\alpha}\Big(-2\,\mathrm{a}^2\,\mathbf{A}+(\mathrm{a}^2+\mathrm{b}^2-\mathrm{c}^2)\mathbf{B}+(\mathrm{a}^2-\mathrm{b}^2+\mathrm{c}^2)\mathbf{C}\Big)\\
\vec{n}_{\mathbf{B}} &= \frac{1}{2\,\mathrm{a}\,\mathrm{b}\,\mathrm{c}\sin\beta}\Big((\mathrm{a}^2+\mathrm{b}^2-\mathrm{c}^2)\mathbf{A}-2\,\mathrm{b}^2\,\mathbf{B}+(-\mathrm{a}^2+\mathrm{b}^2+\mathrm{c}^2)\mathbf{C}\Big)\\
\vec{n}_{\mathbf{C}} &= \frac{1}{2\,\mathrm{a}\,\mathrm{b}\,\mathrm{c}\sin\gamma}\Big((\mathrm{a}^2-\mathrm{b}^2+\mathrm{c}^2)\mathbf{A}+(-\mathrm{a}^2+\mathrm{b}^2+\mathrm{c}^2)\mathbf{B}-2\,\mathrm{c}^2\,\mathbf{C}\Big)
\end{aligned}$$

jeweils Einheitsnormalenvektoren der Geraden $\mathbf{BC}, \mathbf{CA}, \mathbf{AB}$ sind. Hieraus folgern wir, dass die drei Höhenlinien gegeben sind durch die Geraden

$$\begin{aligned}
\mathbf{h}_{\mathrm{a}}(t_{\mathrm{a}}) &= \mathbf{A}+t_{\mathrm{a}}\cdot\frac{-2\,\mathrm{a}^2\,\mathbf{A}+(\mathrm{a}^2+\mathrm{b}^2-\mathrm{c}^2)\mathbf{B}+(\mathrm{a}^2-\mathrm{b}^2+\mathrm{c}^2)\mathbf{C}}{2\,\mathrm{a}\,\mathrm{b}\,\mathrm{c}\sin\alpha},\\
\mathbf{h}_{\mathrm{b}}(t_{\mathrm{b}}) &= \mathbf{B}+t_{\mathrm{b}}\cdot\frac{(\mathrm{a}^2+\mathrm{b}^2-\mathrm{c}^2)\mathbf{A}-2\,\mathrm{b}^2\,\mathbf{B}+(-\mathrm{a}^2+\mathrm{b}^2+\mathrm{c}^2)\mathbf{C}}{2\,\mathrm{a}\,\mathrm{b}\,\mathrm{c}\sin\beta},\\
\mathbf{h}_{\mathrm{c}}(t_{\mathrm{c}}) &= \mathbf{C}+t_{\mathrm{c}}\cdot\frac{(\mathrm{a}^2-\mathrm{b}^2+\mathrm{c}^2)\mathbf{A}+(-\mathrm{a}^2+\mathrm{b}^2+\mathrm{c}^2)\mathbf{B}-2\,\mathrm{c}^2\,\mathbf{C}}{2\,\mathrm{a}\,\mathrm{b}\,\mathrm{c}\sin\gamma}.
\end{aligned}$$

Für

$$t_{\mathrm{a}} := \frac{2\,\mathrm{a}\,\mathrm{b}\,\mathrm{c}\sin\alpha(-\mathrm{a}^2+\mathrm{b}^2+\mathrm{c}^2)}{Q}$$

und

$$Q := -\mathrm{a}^4-\mathrm{b}^4-\mathrm{c}^4+2\,\mathrm{a}^2\,\mathrm{b}^2+2\,\mathrm{a}^2\,\mathrm{c}^2+2\,\mathrm{b}^2\,\mathrm{c}^2$$

erhält man

$$
\begin{aligned}
\mathbf{h}_a(t_a) &= \frac{1}{Q}\Big(\big(Q - 2\,a^2(-a^2+b^2+c^2)\big)\mathbf{A} \\
&\quad +(-a^2+b^2+c^2)(a^2+b^2-c^2)\mathbf{B} \\
&\quad\quad +(-a^2+b^2+c^2)(a^2-b^2+c^2)\mathbf{C}\Big) \\
&= \frac{1}{Q}\Big((a^4-b^4-c^4+2\,b^2\,c^2)\mathbf{A}+(b^4-a^4-c^4+2\,a^2\,c^2)\mathbf{B} \\
&\quad\quad +(c^4-a^4-b^4+2\,a^2\,b^2)\mathbf{C}\Big) \\
&= \frac{\big(a^4-(b^2-c^2)^2\big)\mathbf{A}+\big(b^4-(c^2-a^2)^2\big)\mathbf{B}+\big(c^4-(a^2-b^2)^2\big)\mathbf{C}}{Q} \\
&= \mathbf{H}.
\end{aligned}
$$

Analog berechnet man

$$\mathbf{H} = \mathbf{h}_b(t_b) = \mathbf{h}_c(t_c)$$

mit

$$t_b := \frac{2\,a\,b\,c\sin\beta(-b^2+a^2+c^2)}{Q}$$

bzw. mit

$$t_c := \frac{2\,a\,b\,c\sin\gamma(-c^2+a^2+b^2)}{Q}.$$

Schließlich können wir noch mit dem Kosinussatz wie folgt umformen.

$$
\begin{aligned}
a^4-(b^2-c^2)^2 &= (a^2-b^2+c^2)(a^2+b^2-c^2) = 4\,a^2\,b\,c\cos\beta\cos\gamma \\
b^4-(a^2-c^2)^2 &= 4\,b^2\,a\,c\cos\alpha\cos\gamma \\
c^4-(a^2-b^2)^2 &= 4\,c^2\,a\,b\cos\alpha\cos\beta \\
Q &= a^4-(b^2-c^2)^2+b^4-(a^2-c^2)^2+c^4-(a^2-b^2)^2 \\
&= 4\,a\,b\,c\big(a\cos\beta\cos\gamma+b\cos\alpha\cos\gamma+c\cos\alpha\cos\beta\big),
\end{aligned}
$$

sodass wir Gleichung (5.4.23) gezeigt haben. Die letzte Gleichung (5.4.24) ergibt sich unmittelbar aus dieser und durch Addition der Gleichungen in (5.4.15)-(5.4.17).

□

Mittelsenkrechte

5.4.24 Definition (Mittelsenkrechten eines Dreiecks)
Es sei $\triangle_{ABC}$ ein Dreieck. Die Gerade $\mathbf{m}_a$ durch den Seitenmittelpunkt $\mathbf{S}_a$ der Seite a, welche die Seite in diesem Punkt senkrecht schneidet, heißt die *Mittelsenkrechte* des Dreiecks zur Seite a. Analog definiert man die Mittelsenkrechten $\mathbf{m}_b$, $\mathbf{m}_c$ der beiden anderen Seiten.

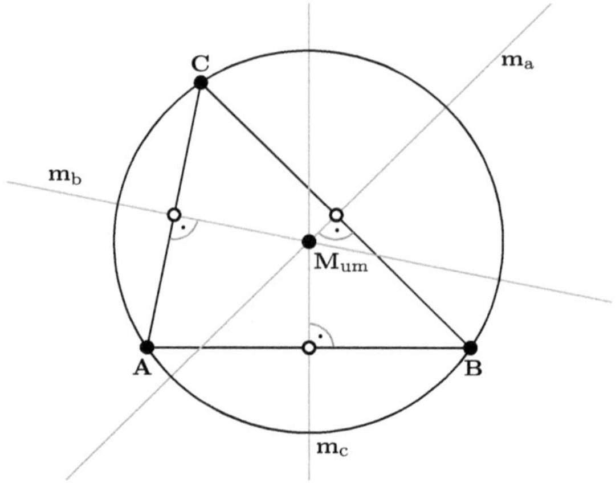

Abbildung 5.25.: Die Mittelsenkrechten eines Dreiecks schneiden sich im Mittelpunkt des Umkreises.

5.4.25 Satz (Umkreismittelpunktsatz)
Die Mittelsenkrechten $\mathbf{m}_a$, $\mathbf{m}_b$, $\mathbf{m}_c$ *eines Dreiecks* $\triangle_{\mathbf{ABC}} \subset \mathbb{E}^2$ *schneiden sich in dem Punkt*

$$\mathbf{M}_{um} \quad := \quad \frac{a\cos\alpha\cdot\mathbf{A} + b\cos\beta\cdot\mathbf{B} + c\cos\gamma\cdot\mathbf{C}}{a\cos\alpha + b\cos\beta + c\cos\gamma} \tag{5.4.25}$$

Die Eckpunkte **A**, **B**, **C** *haben jeweils denselben Abstand zu* $\mathbf{M}_{um}$. *Dieser beträgt*

$$r_{um} := \frac{a}{2\sin\alpha} = \frac{b}{2\sin\beta} = \frac{c}{2\sin\gamma}. \tag{5.4.26}$$

Der Kreis $K(\mathbf{M}_{um}, r_{um})$ *heißt Umkreis des Dreiecks* $\triangle_{\mathbf{ABC}}$.

***Beweis*:** Wir konstruieren das *Mittendreieck* $\triangle_{\mathbf{A'B'C'}}$ (siehe Abbildung 5.26) aus den Seitenmitten des Dreiecks $\triangle_{\mathbf{ABC}}$, das heißt aus den Punkten

$$\begin{aligned}\mathbf{A}' &:= \mathbf{S}_a = \frac{1}{2}(\mathbf{B}+\mathbf{C}),\\ \mathbf{B}' &:= \mathbf{S}_b = \frac{1}{2}(\mathbf{A}+\mathbf{C}),\\ \mathbf{C}' &:= \mathbf{S}_c = \frac{1}{2}(\mathbf{A}+\mathbf{B}).\end{aligned}$$

Die Seiten c, c' (das heißt eigentlich die Geraden $\mathbf{AB}, \mathbf{A'B'}$) sind parallel, denn ihre Richtungsvektoren sind wegen

$$\overrightarrow{\mathbf{A'B'}} = \frac{1}{2}(\mathbf{A}+\mathbf{C}) - \frac{1}{2}(\mathbf{B}+\mathbf{C}) = \frac{1}{2}\overrightarrow{\mathbf{BA}}$$

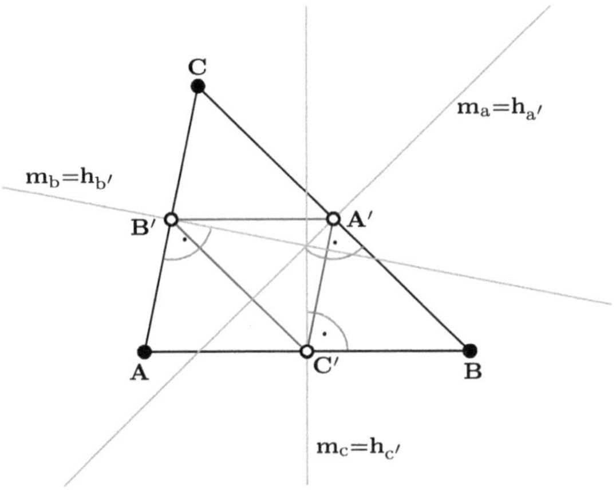

Abbildung 5.26.: Die Mittelsenkrechten eines Dreiecks $\triangle_{\mathbf{ABC}}$ sind gleichzeitig die Höhenlinien des Mittendreiecks $\triangle_{\mathbf{A'B'C'}}$.

linear abhängig. Da nach Konstruktion $\mathbf{C'} \in \mathbf{m}_c$ und $\mathbf{m}_c$ auch $\mathbf{A'B'}$ senkrecht schneidet, ist $\mathbf{m}_c$ die Höhenlinie $\mathbf{h}_{c'}$ des Dreiecks $\triangle_{\mathbf{A'B'C'}}$. Analog gilt $\mathbf{m}_a = \mathbf{h}_{a'}$, $\mathbf{m}_b = \mathbf{h}_{b'}$. Da sich nach Satz 5.4.23 die Höhenlinien des Dreiecks $\triangle_{\mathbf{A'B'C'}}$ in einem gemeinsamen Punkt $\mathbf{H'}$ schneiden, erfüllen dies somit ebenfalls die Mittelsenkrechten des Dreiecks $\triangle_{\mathbf{ABC}}$. Es bleibt zu zeigen, dass der Höhenschnittpunkt $\mathbf{H'}$ des Mittendreiecks gleichzeitig der Umkreismittelpunkt $\mathbf{M}_{\mathrm{um}}$ des Dreiecks $\triangle_{\mathbf{ABC}}$ ist. Da für jeden Punkt $\mathbf{P}$ auf der Mittelsenkrechten $\mathbf{m}_c$ die Gleichheit $||\overrightarrow{\mathbf{AP}}|| = ||\overrightarrow{\mathbf{BP}}||$ gilt, ist dies insbesondere für $\mathbf{H'}$ richtig. Die analoge Aussage gilt für die anderen Mittelsenkrechten, daher ist

$$||\overrightarrow{\mathbf{AH'}}|| = ||\overrightarrow{\mathbf{BH'}}|| = ||\overrightarrow{\mathbf{CH'}}||,$$

sodass die Punkte $\mathbf{A}, \mathbf{B}, \mathbf{C}$ allesamt auf dem Kreis um $\mathbf{H'}$ mit Radius $||\overrightarrow{\mathbf{AH'}}||$ liegen. Weil

$$\mathrm{a} = 2\,\mathrm{a}', \mathrm{b} = 2\,\mathrm{b}', \mathrm{c} = 2\,\mathrm{c}'$$

und

$$\alpha = \alpha', \beta = \beta', \gamma = \gamma',$$

ergibt sich aus der Formel (5.4.24) für den Punkt $\mathbf{H'}$ zunächst

$$\begin{aligned} & \mathbf{M}_{\mathrm{um}} = \mathbf{H'} \\ = \; & \frac{\mathrm{a}\cos\alpha(\overrightarrow{\mathbf{A'B'}} + \mathbf{C'}) + \mathrm{b}\cos\beta(\overrightarrow{\mathbf{B'C'}} + \mathbf{A'}) + \mathrm{c}\cos\gamma(\overrightarrow{\mathbf{C'A'}} + \mathbf{B'})}{\mathrm{a}\cos\alpha + \mathrm{b}\cos\beta + \mathrm{c}\cos\gamma}. \end{aligned}$$

Andererseits sind

$$\mathbf{A} = \overrightarrow{\mathbf{A'B'}} + \mathbf{C'}, \mathbf{B} = \overrightarrow{\mathbf{B'C'}} + \mathbf{A'}, \mathbf{C} = \overrightarrow{\mathbf{C'A'}} + \mathbf{B'},$$

sodass sich durch Ersetzen dieser Terme in obiger Formel die Gleichung (5.4.25) ergibt. Um den Radius r_{um} zu berechnen, betrachten wir Abbildung 5.27. Da die

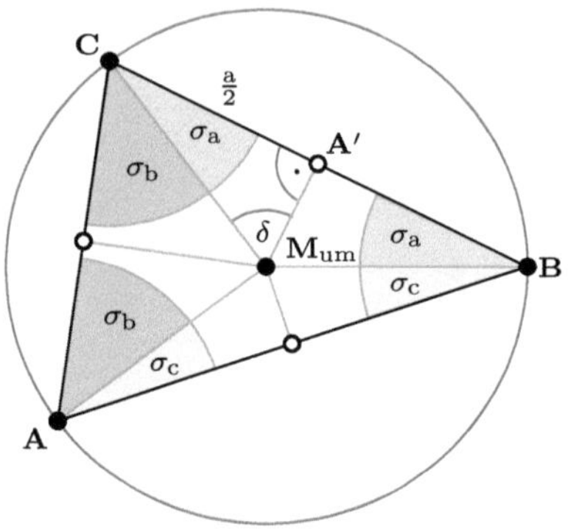

Abbildung 5.27.: Für den Radius des Umkreises gilt $r_{um} = \frac{a}{2\sin\alpha} = \frac{b}{2\sin\beta} = \frac{c}{2\sin\gamma}$.

Dreiecke $\triangle_{ABM_{um}}$, $\triangle_{BCM_{um}}$, $\triangle_{CAM_{um}}$ gleichschenklig sind und die Basiswinkel in gleichschenkligen Dreiecken gleich groß sind, erhalten wir drei Winkel σ_a, σ_b, σ_c mit

$$\alpha = \sigma_b + \sigma_c, \quad \beta = \sigma_c + \sigma_a, \quad \gamma = \sigma_a + \sigma_b.$$

Wir behaupten, dass der Winkel $\delta = \angle_{A'M_{um}C}$ genauso groß ist wie α. Weil die Winkelsumme im Dreieck π beträgt, gilt nämlich

$$\alpha = \sigma_b + \sigma_c = \frac{\pi}{2} - \sigma_a = \delta.$$

Nun ergibt sich sofort für das Dreieck $\triangle_{A'CM_{um}}$:

$$\sin\alpha = \sin\delta = \frac{\frac{a}{2}}{r_{um}},$$

das heißt die erste Gleichung in (5.4.26). Die anderen Gleichungen folgen aus dem Sinussatz. □

Aus Gleichung (5.4.21) und aus der Formel für den Umkreisradius erhält man noch die folgende Aussage.

5.4.26 Korollar

Bei einem Dreieck $\triangle_{ABC} \subset \mathbb{E}^2$ *gilt*

$$2\, r_{in}\, r_{um}\, U = a\, b\, c,$$

wobei U *den Umfang des Dreiecks,* r_{um} *den Umkreisradius,* r_{in} *den Inkreisradius und* a, b, c *die Längen der Dreiecksseiten bezeichnen.*

Die Sätze von Ceva und Menelaos

Wir kommen nun zu zwei wichtigen Sätzen im Zusammenhang mit Dreieckstransversalen, den Sätzen von CEVA und MENELAOS. Bevor wir die Sätze vorstellen, möchten wir aber erst einige allgemeine Betrachtungen über Dreieckstransversalen anstellen. Es sei hierzu $\triangle_{\mathbf{ABC}}$ ein beliebiges Dreieck. Auf den Dreieckslinien

$$\mathbf{a} = \mathbf{BC}, \quad \mathbf{b} = \mathbf{AC}, \quad \mathbf{c} = \mathbf{AB}$$

wählen wir jeweils einen Punkt $\mathbf{A}' \in \mathbf{a}, \mathbf{B}' \in \mathbf{b}, \mathbf{C}' \in \mathbf{c}$, die sich aber allesamt von den Ecken $\mathbf{A}, \mathbf{B}, \mathbf{C}$ unterscheiden mögen. Insbesondere sind damit die Strecken $\overline{\mathbf{AC}'}, \overline{\mathbf{BC}'}$ usw. erklärt. Im Folgenden werden die Streckenverhältnisse

$$\frac{|\overline{\mathbf{AC}'}|}{|\overline{\mathbf{BC}'}|}, \quad \frac{|\overline{\mathbf{BA}'}|}{|\overline{\mathbf{CA}'}|}, \quad \frac{|\overline{\mathbf{CB}'}|}{|\overline{\mathbf{AB}'}|}$$

eine große Rolle spielen. Daneben müssen wir aber noch unterscheiden, ob die Punkte $\mathbf{A}', \mathbf{B}', \mathbf{C}'$ auf den Dreiecksseiten $\overline{\mathbf{BC}}, \overline{\mathbf{CA}}, \overline{\mathbf{AB}}$ liegen, oder außerhalb davon, das heißt wir benötigen die Information, wieviele der Punkte $\mathbf{A}', \mathbf{B}', \mathbf{C}'$ auf dem Dreieck $\triangle_{\mathbf{ABC}}$ liegen. Der Satz von CEVA macht eine Aussage für den Fall einer ungeraden Anzahl von Punkten, also entweder einer oder drei Punkte liegen auf $\triangle_{\mathbf{ABC}}$. Dagegen behandelt der Satz von MENELAOS den Fall einer geraden Anzahl von Punkten, das heißt in diesem Fall befindet sich entweder keiner der Punkte $\mathbf{A}', \mathbf{B}', \mathbf{C}'$ auf $\triangle_{\mathbf{ABC}}$ oder es liegen genau zwei Punkte auf dem Dreieck.

Wir benötigen weiter unten einige allgemeine Aussagen über die zu den Punkten gehörenden Ecktransversalen.

(T1) Die Ecktransversalen $\mathbf{AA}', \mathbf{BB}', \mathbf{CC}'$ sind paarweise verschieden und auch sämtlich verschieden von den Dreieckslinien $\mathbf{a}, \mathbf{b}, \mathbf{c}$.

***Beweis*:** Dass die Ecktransversalen paarweise verschieden sind, ist klar. Für die Überprüfung der zweiten Behauptung behandeln wir ohne Einschränkung nur die Transversale $\mathbf{AA}'$. Da $\mathbf{A}$ nicht auf $\mathbf{BC}$ liegt, gilt $\mathbf{AA}' \neq \mathbf{a}$. Wäre etwa $\mathbf{AA}' = \mathbf{b}$, so befände sich der Punkt $\mathbf{C}$ auch auf $\mathbf{AA}'$. Weil nach Voraussetzung aber $\mathbf{A}' \neq \mathbf{C}$ und $\mathbf{A}', \mathbf{C} \in \mathbf{a}$, müsste damit $\mathbf{AA}' = \mathbf{A}'\mathbf{C} = \mathbf{a}$ gelten. Daher kann $\mathbf{AA}' = \mathbf{b}$ nicht sein. Analog schließt man $\mathbf{AA}' = \mathbf{c}$ aus. ⊛

(T2) Es ist jeweils

a) $\mathbf{AA}' \cap \triangle_{\mathbf{ABC}} \subset \{\mathbf{A}, \mathbf{A}'\}$,

b) $\mathbf{BB}' \cap \triangle_{\mathbf{ABC}} \subset \{\mathbf{B}, \mathbf{B}'\}$,

c) $\mathbf{CC}' \cap \triangle_{\mathbf{ABC}} \subset \{\mathbf{C}, \mathbf{C}'\}$.

***Beweis*:** Das folgt sofort aus (T1), denn gäbe es zum Beispiel einen weiteren Punkt $\mathbf{P} \in \mathbf{AA}' \cap \triangle_{\mathbf{ABC}}$, welcher sich von $\mathbf{A}$ und $\mathbf{A}'$ unterschiede, so müsste $\mathbf{P}$ ja auf einer der drei Dreiecksseiten liegen. Aus $\mathbf{P} \in \overline{\mathbf{AB}}$ folgt aber $\mathbf{AA}' =$

$\mathbf{AP} = \mathbf{c}$ und analog folgt aus $\mathbf{P} \in \overline{\mathbf{AC}}$ auch $\mathbf{AA'} = \mathbf{b}$. Ist hingegen $\mathbf{P} \in \overline{\mathbf{BC}}$, so folgt $\mathbf{AA'} = \mathbf{PA'} = \mathbf{a}$. ⊛

(T3) Sind die Ecktransversalen parallel, so liegt genau einer der Punkte $\mathbf{A'}, \mathbf{B'}, \mathbf{C'}$ auf $\triangle_{\mathbf{ABC}}$.

***Beweis*:** Da die Geraden $\mathbf{AA'}, \mathbf{BB'}, \mathbf{CC'}$ paarweise parallel und verschieden sind, liegt genau eine von ihnen zwischen den beiden anderen. Ohne Einschränkung verlaufe die Transversale $\mathbf{CC'}$ zwischen den Transversalen $\mathbf{AA'}, \mathbf{BB'}$. Damit liegt das gesamte Dreieck zwischen $\mathbf{AA'}, \mathbf{BB'}$, und $\mathbf{CC'}$ schneidet die Strecke $\overline{\mathbf{AB}}$ im Punkt $\mathbf{C'}$, weswegen $\mathbf{C'} \in \triangle_{\mathbf{ABC}}$. Die Transversalen $\mathbf{AA'}, \mathbf{BB'}$ treffen das Dreieck nur in den jeweiligen Ecken.

⊛

(T4) Liegen zwei der Punkte $\mathbf{A'}, \mathbf{B'}, \mathbf{C'}$ auf $\triangle_{\mathbf{ABC}}$, so schneiden sich die entsprechenden Ecktransversalen im Inneren des Dreiecks.

***Beweis*:** Ohne Einschränkung nehmen wir an, dass $\mathbf{A'}, \mathbf{B'} \in \triangle_{\mathbf{ABC}}$. Die Gerade $\mathbf{AA'}$ schneidet die Seite $\overline{\mathbf{BC}}$ des Dreiecks $\triangle_{\mathbf{BCB'}}$ in $\mathbf{A'}$ und muss daher nach dem Axiom von PASCH dasselbe Dreieck noch in einer der anderen beiden Seiten $\overline{\mathbf{CB'}}, \overline{\mathbf{BB'}}$ schneiden. Das kann aber nicht die Seite $\overline{\mathbf{CB'}}$ sein, weil sonst $\mathbf{AA'} = \mathbf{b}$. Folglich schneidet $\mathbf{AA'}$ die Strecke $\overline{\mathbf{BB'}}$ in einem Punkt $\mathbf{S}$ zwischen $\mathbf{B}$ und $\mathbf{B'}$. Weil das Innere eines Dreiecks konvex ist, liegt aber das Innere der Strecke $\overline{\mathbf{BB'}}$ ebenfalls im Inneren des Dreiecks, also insbesondere $\mathbf{S}$. ⊛

Der Satz von CEVA gibt ein notwendiges und hinreichendes Kriterium dafür, dass sich drei Ecktransversalen eines Dreiecks in einem Punkt schneiden.

5.4.27 Satz (Satz von Ceva)

Gegeben seien ein Dreieck $\triangle_{\mathbf{ABC}}$ sowie drei Punkte $\mathbf{A'} \in \mathbf{a}$, $\mathbf{B'} \in \mathbf{b}$, $\mathbf{C'} \in \mathbf{c}$, welche von den Eckpunkten $\mathbf{A}, \mathbf{B}, \mathbf{C}$ verschieden sind. Dann sind die folgenden Aussagen äquivalent.

1. *Die Ecktransversalen $\mathbf{AA'}$, $\mathbf{BB'}$, $\mathbf{CC'}$ sind sämtlich parallel oder sie schneiden sich in einem gemeinsamen Punkt $\mathbf{P}$.*
2. *Die Anzahl der Punkte $\mathbf{A'}, \mathbf{B'}, \mathbf{C'}$, die auf dem Dreieck $\triangle_{\mathbf{ABC}}$ liegen, ist ungerade und es gilt*
$$\frac{|\overline{\mathbf{AC'}}|}{|\overline{\mathbf{BC'}}|} \cdot \frac{|\overline{\mathbf{BA'}}|}{|\overline{\mathbf{CA'}}|} \cdot \frac{|\overline{\mathbf{CB'}}|}{|\overline{\mathbf{AB'}}|} = 1.$$

***Beweis*:** Der Beweis beruht auf dem Strahlensatz.

1. Wir zeigen zunächst, dass die erste Aussage die zweite impliziert. Es sei $\mathbf{g}$ die Parallele zu $\mathbf{AB}$ durch den Punkt $\mathbf{C}$ (vergleiche auch mit Abbildung 5.28). Es bezeichne $\mathbf{D}$ den Schnittpunkt der Ecktransversale $\mathbf{AA'}$ mit $\mathbf{g}$ und $\mathbf{E}$ sei

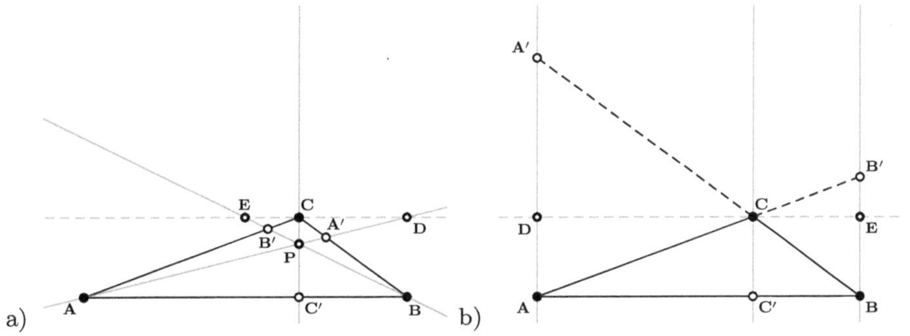

Abbildung 5.28.: Darstellung zum Satz von CEVA.

der Schnittpunkt von $\mathbf{g}$ mit $\mathbf{BB}'$. Aus dem Strahlensatz folgen jeweils mit $\mathbf{A}'$ bzw. $\mathbf{B}'$ als Scheitelpunkt die Gleichungen

$$\frac{|\overline{\mathbf{BA}'}|}{|\overline{\mathbf{CA}'}|} = \frac{|\overline{\mathbf{AB}}|}{|\overline{\mathbf{CD}}|}, \quad \frac{|\overline{\mathbf{CB}'}|}{|\overline{\mathbf{AB}'}|} = \frac{|\overline{\mathbf{CE}}|}{|\overline{\mathbf{AB}}|}. \tag{5.4.27}$$

Nun gibt es zwei Möglichkeiten:

a) Die Ecktransversalen $\mathbf{AA}', \mathbf{BB}', \mathbf{CC}'$ schneiden sich in einem Punkt $\mathbf{P}$. In diesem Fall können wir den Strahlensatz erneut für den Scheitelpunkt $\mathbf{P}$ benutzen und erhalten

$$\frac{|\overline{\mathbf{AC}'}|}{|\overline{\mathbf{BC}'}|} = \frac{|\overline{\mathbf{CD}}|}{|\overline{\mathbf{CE}}|}.$$

b) Die Ecktransversalen $\mathbf{AA}', \mathbf{BB}', \mathbf{CC}'$ sind zueinander parallel. Dann ist $|\overline{\mathbf{AC}'}| = |\overline{\mathbf{CD}}|$ und $|\overline{\mathbf{BC}'}| = |\overline{\mathbf{CE}}|$, also gilt ebenfalls

$$\frac{|\overline{\mathbf{AC}'}|}{|\overline{\mathbf{BC}'}|} = \frac{|\overline{\mathbf{CD}}|}{|\overline{\mathbf{CE}}|}.$$

Multiplizieren wir die Gleichung $\frac{|\overline{\mathbf{AC}'}|}{|\overline{\mathbf{BC}'}|} = \frac{|\overline{\mathbf{CD}}|}{|\overline{\mathbf{CE}}|}$ mit den beiden Gleichungen in (5.4.27), so ergibt sich sofort die gewünschte Gleichung

$$\frac{|\overline{\mathbf{AC}'}|}{|\overline{\mathbf{BC}'}|} \cdot \frac{|\overline{\mathbf{BA}'}|}{|\overline{\mathbf{CA}'}|} \cdot \frac{|\overline{\mathbf{CB}'}|}{|\overline{\mathbf{AB}'}|} = 1.$$

Bleibt nur noch zu zeigen, dass die Anzahl n der Punkte aus der Menge $\{\mathbf{A}', \mathbf{B}', \mathbf{C}'\}$, die auf $\triangle_{\mathbf{ABC}}$ liegen, ungerade ist. Falls die Transversalen parallel sind, ist das gerade die Aussage (T3) von oben. Nehmen wir nun an, dass die Transversalen sich in einem Punkt $\mathbf{P}$ schneiden. Die Anzahl n kann grundsätzlich nur $0, 1, 2$ oder 3 betragen und wir müssen hier nachweisen, dass n nicht 0 und nicht 2 sein kann. Nach (T4) kann $n = 2$ nicht sein, denn wenn zum Beispiel $\mathbf{A}', \mathbf{B}' \in \triangle_{\mathbf{ABC}}$, so ist $\mathbf{P}$ ein innerer Punkt des Dreiecks und folglich muss die Transversale $\mathbf{CC}'$ auch die dem Punkt $\mathbf{C}$ gegenüberliegenden Seite $\overline{\mathbf{AB}}$ treffen. Das ist aber gerade der Punkt $\mathbf{C}'$. Also folgt aus $n \geq 2$ auch $n = 3$. Der einzig verbliebene Fall, den es noch auszuschließen gilt, ist $n = 0$. Wenn wir etwa annehmen, dass weder $\mathbf{A}'$ noch $\mathbf{B}'$ auf $\triangle_{\mathbf{ABC}}$ liegen, so behaupten wir, dass dann $\mathbf{C}' \in \triangle_{\mathbf{ABC}}$. Die Seitenlinien $\mathbf{a}, \mathbf{b}, \mathbf{c}$ des Dreiecks zerlegen den $\mathbb{R}^2$ in insgesamt sieben offene Teilmengen, davon ist eine das Innere des Dreiecks und die anderen sechs Mengen $\Omega_1, \ldots, \Omega_6$ liegen im Äußeren (vergleiche mit Abbildung 5.29). Da die Ecktransversalen durch

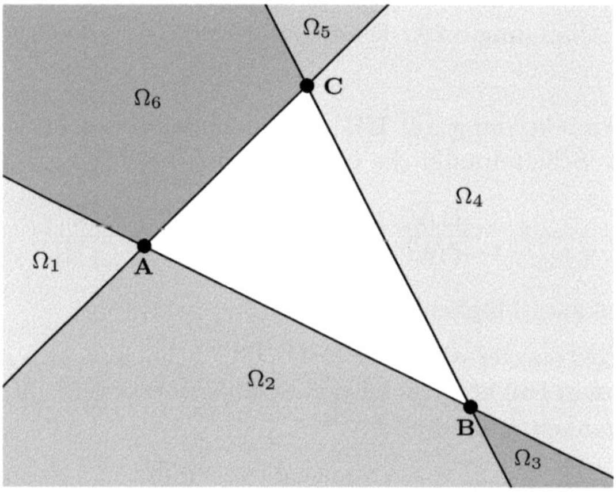

Abbildung 5.29.: Die Seitenlinien eines Dreiecks zerlegen das Äußere des Dreiecks in sechs Gebiete $\Omega_1, \ldots, \Omega_6$.

die Punkte $\mathbf{A}$, $\mathbf{B}$ im Äußeren des Dreiecks verlaufen, muss der Schnittpunkt $\mathbf{P}$ ebenfalls im Äußeren liegen und zwar in einer der beiden Mengen Ω_2, Ω_5 in Abbildung 5.29. Da die Ecktransversale $\mathbf{CC}'$ ebenfalls durch diesen Punkt verläuft, muss sie auch die Gerade $\mathbf{c}$ auf der Strecke $\overline{\mathbf{AB}}$ schneiden, das heißt $\mathbf{C}' \in \triangle_{\mathbf{ABC}}$ und es ist somit $n = 1$.

2. Jetzt zeigen wir die Umkehrung, das heißt wir setzen voraus, dass

$$\frac{|\overline{\mathbf{AC}'}|}{|\overline{\mathbf{BC}'}|} \cdot \frac{|\overline{\mathbf{BA}'}|}{|\overline{\mathbf{CA}'}|} \cdot \frac{|\overline{\mathbf{CB}'}|}{|\overline{\mathbf{AB}'}|} = 1$$

und dass die Anzahl n der Punkte aus der Menge $\{\mathbf{A}', \mathbf{B}', \mathbf{C}'\}$, die auf $\triangle_{\mathbf{ABC}}$ liegen, ungerade ist. Wir zeigen, dass die Ecktransversalen entweder zueinander parallel sind oder sich in einem gemeinsamen Punkt $\mathbf{P}$ schneiden. Wir müssen also nachweisen, dass sich alle Ecktransversalen im selben Punkt schneiden, falls sich schon zwei von ihnen schneiden, beispielsweise $\mathbf{AA}'$ und

$\mathbf{BB'}$ in einem Punkt $\mathbf{P}$. Angenommen, die Ecktransversale $\mathbf{CC'}$ verläuft nicht ebenfalls durch $\mathbf{P}$. Dann sei $\mathbf{C''}$ der Schnittpunkt von $\mathbf{CP}$ mit der Geraden $\mathbf{AB}$. Der Punkt $\mathbf{C''}$ ist von $\mathbf{A}$ und $\mathbf{B}$ verschieden, denn sonst würde $\mathbf{P}$ schon auf einer der Dreiecksseiten liegen und das ist ausgeschlossen, weil die Ecktransversalen nach (T1) nicht mit den Dreieckslinien übereinstimmen. Die Gerade $\mathbf{CC''}$ ist daher auch eine Ecktransversale durch $\mathbf{P}$ und nach Teil 1. ist

$$\frac{|\overline{\mathbf{AC''}}|}{|\overline{\mathbf{BC''}}|} \cdot \frac{|\overline{\mathbf{BA'}}|}{|\overline{\mathbf{CA'}}|} \cdot \frac{|\overline{\mathbf{CB'}}|}{|\overline{\mathbf{AB'}}|} = 1 \tag{5.4.28}$$

und die Anzahl m der Punkte aus der Menge $\{\mathbf{A'}, \mathbf{B'}, \mathbf{C''}\}$, die auf $\triangle_{\mathbf{ABC}}$ liegen, ist ungerade. Da auch nach Voraussetzung die Anzahl n der Punkte aus der Menge $\{\mathbf{A'}, \mathbf{B'}, \mathbf{C'}\}$, die auf $\triangle_{\mathbf{ABC}}$ liegen, ungerade ist, folgt $m = n$ und

$$\mathbf{C''} \in \overline{\mathbf{AB}} \quad \Leftrightarrow \quad \mathbf{C'} \in \overline{\mathbf{AB}}. \tag{5.4.29}$$

Weil ebenso nach Voraussetzung

$$\frac{|\overline{\mathbf{AC'}}|}{|\overline{\mathbf{BC'}}|} \cdot \frac{|\overline{\mathbf{BA'}}|}{|\overline{\mathbf{CA'}}|} \cdot \frac{|\overline{\mathbf{CB'}}|}{|\overline{\mathbf{AB'}}|} = 1,$$

folgt hieraus und aus (5.4.28) noch

$$\frac{|\overline{\mathbf{AC'}}|}{|\overline{\mathbf{BC'}}|} = \frac{|\overline{\mathbf{AC''}}|}{|\overline{\mathbf{BC''}}|}$$

und das kann wegen (5.4.29) und wegen der Kollinearität der Punkte $\mathbf{A}$, $\mathbf{B}$, $\mathbf{C'}$, $\mathbf{C''}$ nur erfüllt sein, wenn $\mathbf{C'} = \mathbf{C''}$. Dieser Widerspruch beweist, dass $\mathbf{CC'}$ doch durch $\mathbf{P}$ verlaufen muss.

□

5.4.28 Satz (Satz von Menelaos)

Gegeben seien ein Dreieck $\triangle_{\mathbf{ABC}}$ sowie drei Punkte $\mathbf{A'} \in \mathbf{a}$, $\mathbf{B'} \in \mathbf{b}$, $\mathbf{C'} \in \mathbf{c}$, welche von den Eckpunkten $\mathbf{A}, \mathbf{B}, \mathbf{C}$ verschieden sind. Dann sind die folgenden Aussagen äquivalent.

1. *Die Punkte $\mathbf{A'}, \mathbf{B'}, \mathbf{C'}$ liegen auf einer gemeinsamen Geraden $\mathbf{g}$, welche man* Menelaos-*Gerade nennt.*
2. *Die Anzahl der Punkte $\mathbf{A'}, \mathbf{B'}, \mathbf{C'}$, die auf dem Dreieck $\triangle_{\mathbf{ABC}}$ liegen, ist gerade und es gilt*

$$\frac{|\overline{\mathbf{AC'}}|}{|\overline{\mathbf{BC'}}|} \cdot \frac{|\overline{\mathbf{BA'}}|}{|\overline{\mathbf{CA'}}|} \cdot \frac{|\overline{\mathbf{CB'}}|}{|\overline{\mathbf{AB'}}|} = 1. \tag{5.4.30}$$

***Beweis*:** Auch dieser Beweis beruht auf dem Strahlensatz.

1. Wir zeigen zunächst, dass die erste Aussage die zweite impliziert. Die Punkte $\mathbf{A}', \mathbf{B}', \mathbf{C}'$ seien kollinear (vergleiche auch mit Abbildung 5.30). Es ist möglich, dass keiner der Punkte $\mathbf{A}', \mathbf{B}', \mathbf{C}'$ auf $\triangle_{\mathbf{ABC}}$ liegt. Befindet sich einer der Punkte auf $\triangle_{\mathbf{ABC}}$, so muss es nach dem Axiom von PASCH auch noch einen zweiten geben, der auf dem Dreieck liegt. Andererseits impliziert der Satz von PASCH, dass nicht alle drei Punkte auf $\triangle_{\mathbf{ABC}}$ liegen können, wenn sie kollinear sind. Damit ist die Anzahl der Punkte aus der Menge $\{\mathbf{A}', \mathbf{B}', \mathbf{C}'\}$, die auf dem Dreieck liegen, in jedem Fall gerade. Es seien nun $\mathbf{X}, \mathbf{Y}, \mathbf{Z}$ jeweils

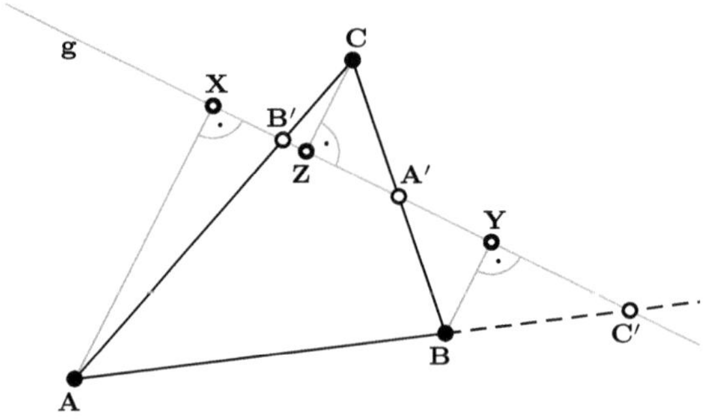

Abbildung 5.30.: Darstellung zum Satz von MENELAOS.

die Lotfußpunkte der Punkte $\mathbf{A}, \mathbf{B}, \mathbf{C}$ auf die MENELAOS-Gerade $\mathbf{g}$. Aus dem Strahlensatz ergibt sich jeweils

$$\frac{|\overline{\mathbf{AC}'}|}{|\overline{\mathbf{BC}'}|} = \frac{|\overline{\mathbf{AX}}|}{|\overline{\mathbf{BY}}|}, \quad \frac{|\overline{\mathbf{BA}'}|}{|\overline{\mathbf{CA}'}|} = \frac{|\overline{\mathbf{BY}}|}{|\overline{\mathbf{CZ}}|}, \quad \frac{|\overline{\mathbf{CB}'}|}{|\overline{\mathbf{AB}'}|} = \frac{|\overline{\mathbf{CZ}}|}{|\overline{\mathbf{AX}}|}.$$

Durch Multiplikation dieser drei Gleichungen folgt jetzt

$$\frac{|\overline{\mathbf{AC}'}|}{|\overline{\mathbf{BC}'}|} \cdot \frac{|\overline{\mathbf{BA}'}|}{|\overline{\mathbf{CA}'}|} \cdot \frac{|\overline{\mathbf{CB}'}|}{|\overline{\mathbf{AB}'}|} = 1.$$

2. Im zweiten Teil nehmen wir an, dass entweder keiner oder zwei der Punkte $\mathbf{A}', \mathbf{B}', \mathbf{C}'$ auf $\triangle_{\mathbf{ABC}}$ liegen und dass die Gleichung

$$\frac{|\overline{\mathbf{AC}'}|}{|\overline{\mathbf{BC}'}|} \cdot \frac{|\overline{\mathbf{BA}'}|}{|\overline{\mathbf{CA}'}|} \cdot \frac{|\overline{\mathbf{CB}'}|}{|\overline{\mathbf{AB}'}|} = 1$$

erfüllt ist. Es sei $\mathbf{C}''$ der Schnittpunkt von $\mathbf{A}'\mathbf{B}'$ mit der Geraden $\mathbf{c} = \mathbf{AB}$. Nach Teil 1. liegt entweder keiner der drei Punkte $\mathbf{A}', \mathbf{B}', \mathbf{C}''$ auf $\triangle_{\mathbf{ABC}}$ oder genau zwei. Dasselbe gilt für die Punkte $\mathbf{A}', \mathbf{B}', \mathbf{C}'$ und daher gilt

$$\mathbf{C}'' \in \overline{\mathbf{AB}} \quad \Leftrightarrow \quad \mathbf{C}' \in \overline{\mathbf{AB}}. \tag{5.4.31}$$

Ebenso folgt aus Teil 1. die Gleichung

$$\frac{|\overline{\mathbf{AC}''}|}{|\overline{\mathbf{BC}''}|} \cdot \frac{|\overline{\mathbf{BA}'}|}{|\overline{\mathbf{CA}'}|} \cdot \frac{|\overline{\mathbf{CB}'}|}{|\overline{\mathbf{AB}'}|} = 1,$$

sodass wir hieraus und mit (5.4.30) die Gleichung

$$\frac{|\overline{\mathbf{AC}''}|}{|\overline{\mathbf{BC}''}|} = \frac{|\overline{\mathbf{AC}'}|}{|\overline{\mathbf{BC}'}|}$$

herleiten können. Dies impliziert wegen (5.4.31) die Gleichheit $\mathbf{C}' = \mathbf{C}''$ und folglich sind $\mathbf{A}', \mathbf{B}', \mathbf{C}'$ kollinear. Das war noch zu zeigen.

□

In der Literatur werden die beiden Sätze von Ceva und Menelaos oft mithilfe des *Teilungsverhältnisses* formuliert. Das Teilungsverhältnis von drei kollinearen und paarweise verschiedenen Punkten $\mathbf{A}, \mathbf{B}, \mathbf{C}'$ ist dabei definert durch die Gleichung

$$\overrightarrow{\mathbf{AC}'} = \mathrm{TV}(\mathbf{A}, \mathbf{B}, \mathbf{C}') \cdot \overrightarrow{\mathbf{C}'\mathbf{B}}.$$

Liegt $\mathbf{C}'$ zwischen $\mathbf{A}, \mathbf{B}$, also auf der Strecke $\overline{\mathbf{AB}}$, so ist

$$\mathrm{TV}(\mathbf{A}, \mathbf{B}, \mathbf{C}') = \frac{|\overline{\mathbf{AC}'}|}{|\overline{\mathbf{BC}'}|},$$

anderenfalls ist

$$\mathrm{TV}(\mathbf{A}, \mathbf{B}, \mathbf{C}') = -\frac{|\overline{\mathbf{AC}'}|}{|\overline{\mathbf{BC}'}|}.$$

Damit sind in dem Teilungsverhältnis sowohl das Streckenverhältnis kodiert als auch die Information, ob der Punkt $\mathbf{C}'$ auf der Strecke $\overline{\mathbf{AB}}$ liegt oder außerhalb davon. Die Sätze von Ceva und Menelaos lassen sich damit auch so formulieren:

5.4.29 Satz (Satz von Ceva, 2. Fassung)
Gegeben seien ein Dreieck $\triangle_{\mathbf{ABC}}$ sowie drei Punkte $\mathbf{A}' \in \mathbf{a}$, $\mathbf{B}' \in \mathbf{b}$, $\mathbf{C}' \in \mathbf{c}$, welche von den Eckpunkten $\mathbf{A}, \mathbf{B}, \mathbf{C}$ verschieden sind. Dann sind die folgenden Aussagen äquivalent.

1. *Die Ecktransversalen $\mathbf{AA}'$, $\mathbf{BB}'$, $\mathbf{CC}'$ sind sämtlich parallel oder sie schneiden sich in einem gemeinsamen Punkt $\mathbf{P}$.*
2. *Es gilt* $\mathrm{TV}(\mathbf{A}, \mathbf{B}, \mathbf{C}') \cdot \mathrm{TV}(\mathbf{B}, \mathbf{C}, \mathbf{A}') \cdot \mathrm{TV}(\mathbf{C}, \mathbf{A}, \mathbf{B}') = 1.$

5.4.30 Satz (Satz von Menelaos, 2. Fassung)
Gegeben seien ein Dreieck $\triangle_{\mathbf{ABC}}$ sowie drei Punkte $\mathbf{A}' \in \mathbf{a}$, $\mathbf{B}' \in \mathbf{b}$, $\mathbf{C}' \in \mathbf{c}$, welche von den Eckpunkten $\mathbf{A}, \mathbf{B}, \mathbf{C}$ verschieden sind. Dann sind die folgenden Aussagen äquivalent.

1. *Die Punkte* $\mathbf{A}', \mathbf{B}', \mathbf{C}'$ *liegen auf einer gemeinsamen Geraden* $\mathbf{g}$*, welche man* MENELAOS-*Gerade nennt.*
2. *Es gilt* $\mathrm{TV}(\mathbf{A}, \mathbf{B}, \mathbf{C}') \cdot \mathrm{TV}(\mathbf{B}, \mathbf{C}, \mathbf{A}') \cdot \mathrm{TV}(\mathbf{C}, \mathbf{A}, \mathbf{B}') = -1$.

5.5. Kreise

In diesem Abschnitt behandeln wir einige spezielle Themen, die in Zusammenhang mit Kreisen stehen.

5.5.a. Kreis- und Peripheriewinkelsatz

5.5.1 Definition
Auf einem Kreis $\mathrm{K}(\mathbf{M}, \mathrm{r})$ seien drei verschiedene Punkte $\mathbf{A}$, $\mathbf{B}$, $\mathbf{C}$ gegeben. Dann nennt man den Winkel $\angle_{\mathbf{ACB}}$ den *Peripheriewinkel* oder auch *Umfangswinkel* des Punktes $\mathbf{C}$ zur Sehne $\overline{\mathbf{AB}}$. Liegt der Mittelpunkt $\mathbf{M}$ des Kreises nicht auf der Sehne $\overline{\mathbf{AB}}$, so nennt man den Winkel $\angle_{\mathbf{AMB}}$ den *Mittelpunktswinkel* oder auch *Zentriwinkel* der Sehne $\overline{\mathbf{AB}}$.

5.5.2 Satz (Kreiswinkelsatz (Zentriwinkelsatz))
Gegeben seien drei verschiedene Punkte $\mathbf{A}$, $\mathbf{B}$, $\mathbf{C}$ *auf einem Kreis* $\mathrm{K}(\mathbf{M}, \mathrm{r})$ *und der Mittelpunkt* $\mathbf{M}$ *liege nicht auf der Sehne* $\overline{\mathbf{AB}}$.

1. *Liegen die Punkte* $\mathbf{M}$, $\mathbf{C}$ *auf derselben Seite der Geraden* $\mathbf{AB}$*, so ist*

$$\sphericalangle_{\mathbf{AMB}} = 2\sphericalangle_{\mathbf{ACB}}.$$

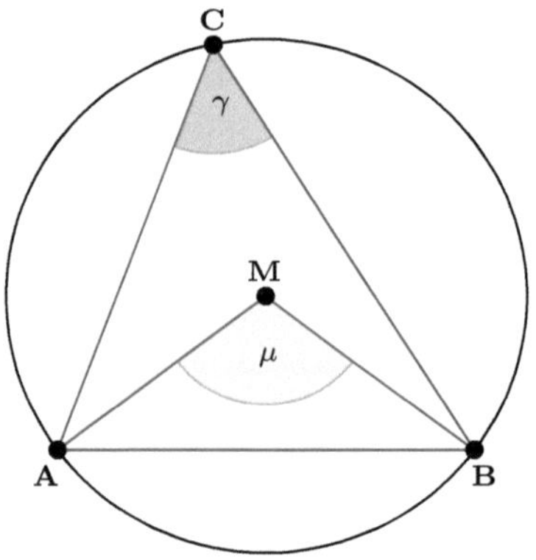

Abbildung 5.31.: Darstellung des Kreiswinkelsatzes.

2. *Liegen* **M**, **C** *auf verschiedenen Seiten der Geraden* **AB**, *so ist*

$$\sphericalangle_{\mathbf{AMB}} = 2\pi - 2\sphericalangle_{\mathbf{ACB}}.$$

Beweis: Wir setzen

$$\alpha_1 := \sphericalangle_{\mathbf{BAM}}, \quad \alpha_2 := \sphericalangle_{\mathbf{MBA}}, \quad \gamma := \sphericalangle_{\mathbf{ACB}}, \quad \mu := \sphericalangle_{\mathbf{AMB}}.$$

Weil das Dreieck $\triangle_{\mathbf{ABM}}$ gleichschenklig ist, folgt $\alpha_1 = \alpha_2$ und $2\alpha_1 = \pi - \mu$.

1. Die Punkte **M**, **C** seien auf derselben Seite der Geraden **AB**. Zu zeigen ist $\mu = 2\gamma$. Wir unterscheiden drei Fälle.

   a) **M** liege im Inneren des Dreiecks $\triangle_{\mathbf{ABC}}$ (vergleiche mit Abbildung 5.32a)). Wir setzen

   $$\beta_1 := \sphericalangle_{\mathbf{CBM}}, \beta_2 := \sphericalangle_{\mathbf{MCB}}, \gamma_1 := \sphericalangle_{\mathbf{ACM}}, \gamma_2 := \sphericalangle_{\mathbf{MAC}}.$$

   Weil auch die Dreiecke $\triangle_{\mathbf{MBC}}$, $\triangle_{\mathbf{MCA}}$ gleichschenklig sind, gilt $\beta_1 = \beta_2$, $\gamma_1 = \gamma_2$. Da die Winkelsumme im Dreieck π beträgt, folgt daraus wegen $\gamma = \beta_2 + \gamma_1$

   $$2\alpha_1 + 2\gamma = \pi,$$

   also $\mu = 2\gamma$.

   b) **M** liege auf einer der Sehnen $\overline{\mathbf{AC}}$ oder $\overline{\mathbf{BC}}$ (vergleiche mit Abbildung 5.32b)). Ohne Einschränkung behandeln wir den Fall $\mathbf{M} \in \overline{\mathbf{BC}}$. Zunächst folgt hieraus $\sphericalangle_{\mathbf{ACM}} = \sphericalangle_{\mathbf{ACB}} = \gamma$. Weil das Dreieck $\triangle_{\mathbf{MCA}}$ ebenfalls gleichschenklig ist, folgt noch $\sphericalangle_{\mathbf{MAC}} = \gamma$ und die Winkelsumme des Dreiecks $\triangle_{\mathbf{ABC}}$ ist

   $$\pi = 2\alpha_1 + 2\gamma = \pi - \mu + 2\gamma,$$

   sodass sich wiederum $\mu = 2\gamma$ ergibt.

   c) **M** liege im Äußeren des Dreiecks $\triangle_{\mathbf{ABC}}$ und ohne Einschränkung seien **A**, **M** auf verschiedenen Seiten der Sehne $\overline{\mathbf{BC}}$ (vergleiche mit Abbildung 5.32c)). Wir setzen

   $$\beta_1 := \sphericalangle_{\mathbf{CBM}}, \beta_2 := \sphericalangle_{\mathbf{MCB}}, \gamma_1 := \sphericalangle_{\mathbf{ACM}}, \gamma_2 := \sphericalangle_{\mathbf{MAC}}.$$

   Weil die Dreiecke $\triangle_{\mathbf{MBC}}$, $\triangle_{\mathbf{MCA}}$ wieder gleichschenklig sind, gilt $\beta_1 = \beta_2$, $\gamma_1 = \gamma_2$. In diesem Fall ist $\gamma = \gamma_1 - \beta_2$. Der Winkelsummensatz für das Dreieck $\triangle_{\mathbf{ABC}}$ ergibt nun erneut

   $$\pi = \alpha_1 + (\alpha_1 - \beta_1) + \gamma + \gamma_2 = 2\alpha_1 + 2\gamma = \pi - \mu + 2\gamma,$$

   also wieder $\mu = 2\gamma$.

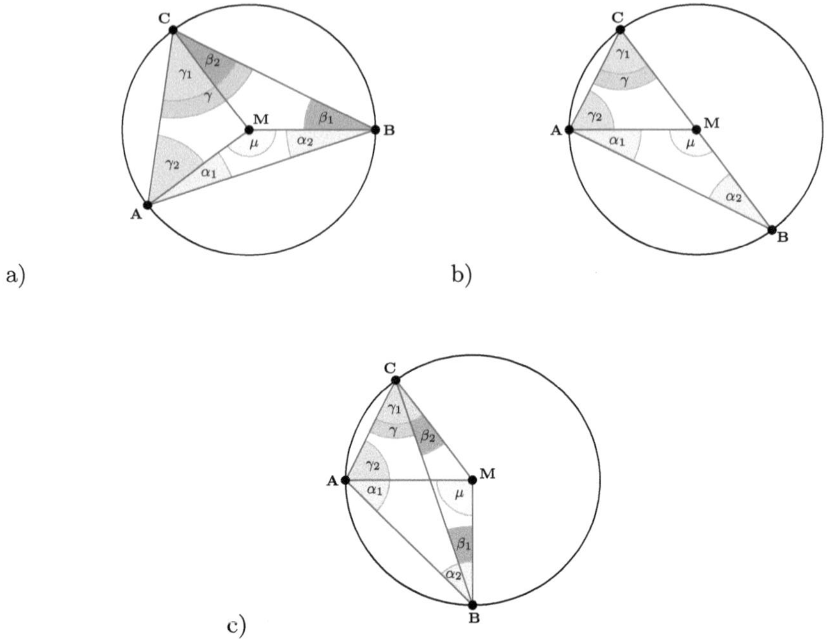

Abbildung 5.32.: Falls **M** und **C** auf derselben Seite der Sehne liegen, können drei verschiedene Varianten für die Anordnung der Punkte auftreten.

2. Die Punkte **M**, **C** seien jetzt auf verschiedenen Seiten der Geraden **AB** (vergleiche mit Abbildung 5.33). Wir setzen

$$\beta_1 := \sphericalangle_{\mathbf{CBM}}, \quad \beta_2 := \sphericalangle_{\mathbf{MCB}}, \quad \gamma_1 := \sphericalangle_{\mathbf{ACM}}, \quad \gamma_2 := \sphericalangle_{\mathbf{MAC}}.$$

Weil die Dreiecke $\triangle_{\mathbf{MBC}}$, $\triangle_{\mathbf{MCA}}$ wieder gleichschenklig sind, gilt $\beta_1 = \beta_2$, $\gamma_1 = \gamma_2$. In diesem Fall ist $\gamma = \gamma_1 + \beta_1$ und der Winkelsummensatz für das Dreieck $\triangle_{\mathbf{ABC}}$ impliziert

$$\pi = (\gamma_1 - \alpha_1) + \gamma + (\beta_1 - \alpha_1) = 2\gamma - 2\alpha_1 = 2\gamma - (\pi - \mu),$$

also $\mu = 2\pi - 2\gamma$.

□

5.5.3 Satz (Satz des Thales)

Gegeben seien ein Durchmesser $\overline{\mathbf{AB}}$ *eines Kreises* $\mathrm{K}(\mathbf{M}, \mathrm{r})$ *und ein Dreieck* $\triangle_{\mathbf{ABC}}$*. Dann ist der Winkel* $\angle_{\mathbf{ACB}}$ *genau dann ein rechter Winkel, wenn* $\mathbf{C} \in \mathrm{K}(\mathbf{M}, \mathrm{r})$.

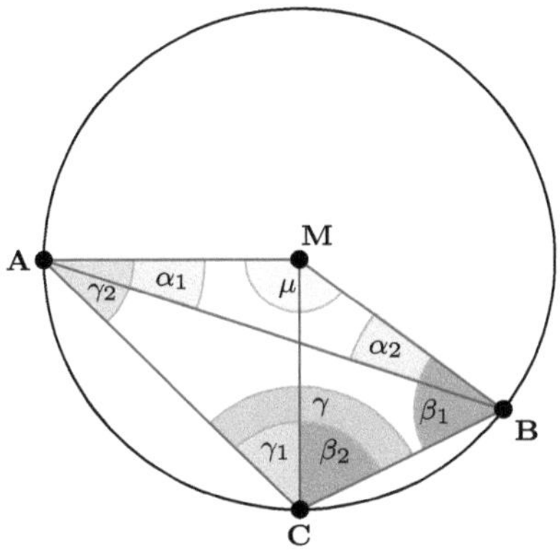

Abbildung 5.33.: In diesem Fall liegen die Punkte **C** und **M** auf verschiedenen Seiten der Sehne $\overline{\mathbf{AB}}$.

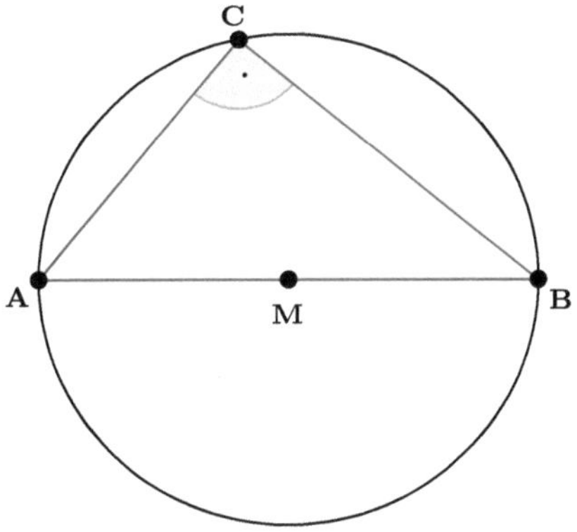

Abbildung 5.34.: Satz des THALES.

***Beweis*:** Es gilt $\overrightarrow{\mathbf{BM}} = -\overrightarrow{\mathbf{AM}}$ und damit

$$\begin{aligned}
\langle \overrightarrow{\mathbf{AC}}, \overrightarrow{\mathbf{BC}} \rangle &= \langle \overrightarrow{\mathbf{AM}} + \overrightarrow{\mathbf{MC}}, \overrightarrow{\mathbf{BM}} + \overrightarrow{\mathbf{MC}} \rangle \\
&= \langle \overrightarrow{\mathbf{AM}} + \overrightarrow{\mathbf{MC}}, -\overrightarrow{\mathbf{AM}} + \overrightarrow{\mathbf{MC}} \rangle \\
&= ||\overrightarrow{\mathbf{MC}}||^2 - ||\overrightarrow{\mathbf{AM}}||^2 = |\overline{\mathbf{MC}}|^2 - \mathrm{r}^2,
\end{aligned}$$

sodass die Dreiecksseiten $\overline{\mathbf{AC}}$, $\overline{\mathbf{BC}}$ genau dann senkrecht aufeinander stehen, wenn $\mathbf{C} \in \mathrm{K}(\mathbf{M}, \mathrm{r})$. □

5.5.4 Definition
Sind **A**, **B** zwei verschiedene Punkte, so nennt man den Kreis

$$\mathrm{K}\left(\frac{\mathbf{A}+\mathbf{B}}{2}, \frac{1}{2}|\overline{\mathbf{AB}}|\right)$$

den THALES-*Kreis* zur Strecke $\overline{\mathbf{AB}}$. Der Mittelpunkt ist also der Streckenmittelpunkt und die beiden Punkte **A**, **B** liegen auf dem Kreis.

Als direkte Konsequenz aus dem Kreiswinkelsatz und dem Satz des THALES erhalten wir den *Peripheriewinkelsatz*, auch *Umfangswinkelsatz* genannt.

5.5.5 Satz (Peripheriewinkelsatz)
$\overline{\mathbf{AB}}$ *sei eine Sehne eines Kreises* $\mathrm{K}(\mathbf{M}, \mathrm{r})$. *Dann sind die Peripheriewinkel von zwei Punkten* **C**, **C**$'$ *gleich groß, wenn sich die Punkte auf derselben Seite der Geraden* **AB** *befinden. Liegen* **C**, **C**$'$ *auf verschiedenen Seiten der Geraden* **AB**, *so beträgt die Summe ihrer Peripheriewinkel* π.

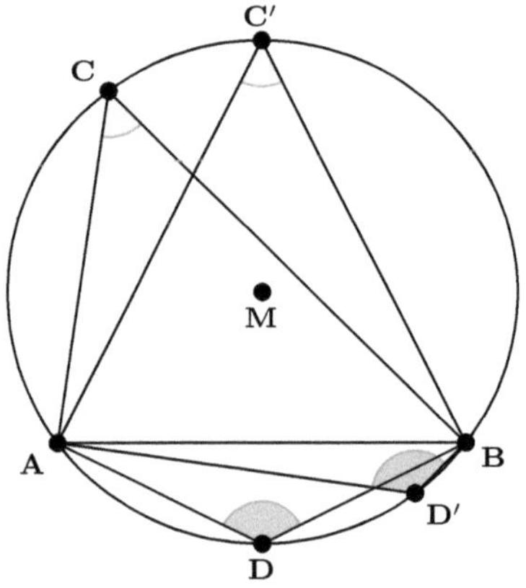

Abbildung 5.35.: Die Peripheriewinkel sind auf jeder Seite einer Sehne $\overline{\mathbf{AB}}$ konstant. Die Summe dieser beiden Konstanten beträgt stets π.

5.5.b. Tangenten, Passanten und Sekanten

Wir wenden uns nun noch einmal Schnitten von Kreisen mit Geraden zu. Hierzu hatten wir schon ganz allgemein in Kapitel 3 Ergebnisse in HILBERTEBENEN hergeleitet. Da uns jetzt zusätzlich die affine Struktur von $\mathbb{E}^2$ zur Verfügung steht, bietet es sich an, die Betrachtungen noch einmal auf eine andere Weise durchzuführen.

Zu einer gegebenen Geraden **g** und einem Punkt $\mathbf{P} \in \mathbb{E}^2$ ist der *Abstand* von **P** zu **g** durch den Abstand von **P** zum Lotfußpunkt **L** von **P** auf **g** gegeben, das heißt es gilt

$$d(\mathbf{P}, \mathbf{g}) = ||\mathbf{P} - \mathbf{L}||.$$

Dies folgt aus

$$d(\mathbf{P}, \mathbf{g}) := \inf_{\mathbf{Q} \in \mathbf{g}} d(\mathbf{P}, \mathbf{Q})$$

und der Dreiecksungleichung für die Metrik d auf $\mathbb{E}^2$.

Sind eine Gerade $\mathbf{g}_{\mathbf{A},\vec{v}}$ und ein Kreis $K(\mathbf{M}, r)$ gegeben, so existiert zu jedem möglichen Schnittpunkt $\mathbf{S}$ von $\mathbf{g}_{\mathbf{A},\vec{v}}$ mit $K(\mathbf{M}, r)$ ein $\lambda \in \mathbb{R}$ mit

$$\mathbf{S} = \mathbf{A} + \lambda\vec{v} \quad \text{und} \quad ||\mathbf{S} - \mathbf{M}|| = r\,.$$

Also sucht man nach Parametern λ mit

$$r^2 = ||\mathbf{A} + \lambda\vec{v} - \mathbf{M}||^2 = \lambda^2||\vec{v}||^2 + 2\lambda\langle\vec{v}, \overrightarrow{\mathbf{MA}}\rangle + ||\mathbf{M} - \mathbf{A}||^2. \tag{5.5.1}$$

Diese quadratische Gleichung besitzt entweder keine, genau eine (doppelte) Lösung oder zwei verschiedene Lösungen. Folglich können grundsätzlich drei Varianten auftreten.

1. Es existiert keine Lösung, wenn $d(\mathbf{M}, \mathbf{g}_{\mathbf{A},\vec{v}}) > r$.
2. Es existiert genau eine Lösung, wenn $d(\mathbf{M}, \mathbf{g}_{\mathbf{A},\vec{v}}) = r$.
3. Es existieren zwei verschiedene Lösungen, wenn $d(\mathbf{M}, \mathbf{g}_{\mathbf{A},\vec{v}}) < r$.

Das kann man leicht einsehen, indem man in Gleichung (5.5.1) den Punkt $\mathbf{A}$ durch den Lotfußpunkt $\mathbf{L}$ von $\mathbf{M}$ auf die Gerade ersetzt und anschließend benutzt, dass $\langle\vec{v}, \overrightarrow{\mathbf{ML}}\rangle = 0$.

5.5.6 Satz
Gegeben seien ein Punkt $\mathbf{A} \in \mathbb{E}^2$ und ein Kreis $K(\mathbf{M}, r)$. Dann entscheidet die Lage von $\mathbf{A}$ relativ zu $K(\mathbf{M}, r)$ darüber, ob und wieviele Tangenten durch $\mathbf{A}$ an den Kreis existieren.

1. *Ist $\mathbf{A}$ ein innerer Punkt des Kreises, das heißt ist $||\mathbf{A} - \mathbf{M}|| < r$, so existiert keine Tangente an $K(\mathbf{M}, r)$ durch $\mathbf{A}$. Jede Gerade durch $\mathbf{A}$ ist eine Sekante.*
2. *Ist $\mathbf{A} \in K(\mathbf{M}, r)$, so existiert genau eine Tangente $\mathbf{t}$ mit $\mathbf{A} \in \mathbf{t}$. Diese Tangente bezeichnen wir mit $\mathbf{t}_{\mathbf{A}}$. Sie ist gegeben durch*

$$\mathbf{t}_{\mathbf{A}} = \{\mathbf{P} : \langle\overrightarrow{\mathbf{MP}}, \overrightarrow{\mathbf{MA}}\rangle = r^2\} \tag{5.5.2}$$

$$= \{\mathbf{P} : \langle\overrightarrow{\mathbf{PA}}, \overrightarrow{\mathbf{MA}}\rangle = 0\}. \tag{5.5.3}$$

   Die Tangente $\mathbf{t}_{\mathbf{A}}$ ist die eindeutig bestimmte Gerade durch $\mathbf{A}$ mit $\mathbf{t}_{\mathbf{A}} \perp \mathbf{MA}$.

3. *Es sei $\mathbf{A}$ ein äußerer Punkt des Kreises $K(\mathbf{M}, r)$, das heißt es gelte $||\mathbf{A} - \mathbf{M}|| > r$. Dann verlaufen durch $\mathbf{A}$ genau zwei Tangenten an $K(\mathbf{M}, r)$ mit Berührpunkten $\mathbf{S_1}$, $\mathbf{S_2}$. Die Gerade $\mathbf{MA}$ teilt die Sehne $\overline{\mathbf{S_1S_2}}$ orthogonal in der Mitte. Eine Gerade $\mathbf{g}$ durch den Punkt $\mathbf{A}$ ist genau dann eine Sekante von $K(\mathbf{M}, r)$, wenn es einen Punkt $\mathbf{P}$ mit $\mathbf{S_1}|\mathbf{P}|\mathbf{S_2}$ und $\mathbf{g} = \mathbf{AP}$ gibt.*

Beweis: Der Beweis ist recht elementar.

1. Weil $\mathrm{d}(\mathbf{M},\mathbf{A}) < \mathrm{r}$, folgt aus dem Satz des PYTHAGORAS für den Lotfußpunkt $\mathbf{L}$ von $\mathbf{M}$ auf eine Gerade $\mathbf{g}_{\mathbf{A},\vec{v}}$ ebenfalls

$$\begin{aligned}\mathrm{d}(\mathbf{M},\mathbf{L}) &= ||\mathbf{M}-\mathbf{L}|| \\ &= \sqrt{||\mathbf{M}-\mathbf{A}||^2 - ||\mathbf{A}-\mathbf{L}||^2} \\ &< ||\mathbf{M}-\mathbf{A}|| = \mathrm{d}(\mathbf{M},\mathbf{A}) < \mathrm{r}\end{aligned}$$

und somit ist diese Gerade nach den vorrangegangen Überlegungen eine Sekante.

2. Es sei $\mathbf{g}_{\mathbf{A},\vec{v}}$, $\vec{v} \neq \vec{0}$, eine beliebige Gerade durch $\mathbf{A}$. Ein Punkt $\mathbf{S} = \mathbf{A}+\lambda\vec{v} \in \mathbf{g}_{\mathbf{A},\vec{v}}$ liegt genau dann auf $\mathrm{K}(\mathbf{M},\mathrm{r})$, wenn

$$\mathrm{r}^2 = ||\mathbf{A}+\lambda\vec{v}-\mathbf{M}||^2 = ||\overrightarrow{\mathbf{MA}}||^2 + \lambda^2||\vec{v}||^2 - 2\lambda\langle\overrightarrow{\mathbf{MA}},\vec{v}\rangle.$$

Da $|\overline{\mathbf{MA}}| = \mathrm{r}$, ist dies äquivalent zu

$$\lambda^2||\vec{v}||^2 - 2\lambda\langle\overrightarrow{\mathbf{MA}},\vec{v}\rangle = 0.$$

$\mathbf{g}_{\mathbf{A},\vec{v}}$ ist genau dann eine Tangente durch $\mathbf{A}$, wenn diese Gleichung nur die Lösung $\lambda = 0$ besitzt (diese entspricht dem Punkt $\mathbf{A}$), das heißt genau dann, wenn $\langle\overrightarrow{\mathbf{MA}},\vec{v}\rangle = 0$. Da $\mathbf{g}_{\mathbf{A},\vec{w}} = \mathbf{g}_{\mathbf{A},\vec{v}}$ für alle $\vec{w}$ in der linearen Hülle $[\vec{v}]$, ist die Tangente $\mathbf{t}_{\mathbf{A}}$ eindeutig durch $\mathbf{g}_{\mathbf{A},\vec{v}}$ bestimmt und wegen $\overrightarrow{\mathbf{SA}} \in [\vec{v}]$ ergibt sich wie in (5.5.3) behauptet

$$\mathbf{t}_{\mathbf{A}} = \{\mathbf{P} : \langle\overrightarrow{\mathbf{PA}},\overrightarrow{\mathbf{MA}}\rangle = 0\}.$$

Weil $\overrightarrow{\mathbf{PA}} = \overrightarrow{\mathbf{PM}} + \overrightarrow{\mathbf{MA}}$, ist noch

$$\langle\overrightarrow{\mathbf{PA}},\overrightarrow{\mathbf{MA}}\rangle = \langle\overrightarrow{\mathbf{PM}}+\overrightarrow{\mathbf{MA}},\overrightarrow{\mathbf{MA}}\rangle = -\langle\overrightarrow{\mathbf{MP}},\overrightarrow{\mathbf{MA}}\rangle + \mathrm{r}^2$$

und hieraus ergibt sich (5.5.2).

3. Wir setzen $\vec{e_1} := \overrightarrow{\mathbf{MA}}$. Es sei $\vec{e_2}$ ein hierzu orthogonaler Vektor mit $||\vec{e_2}|| = ||\overrightarrow{\mathbf{MA}}||$. Die Gerade $\mathbf{g}_{\mathbf{A},\vec{e_2}}$ ist eine Passante, denn $\mathbf{A}$ ist in diesem Fall der Lotfußpunkt von $\mathbf{M}$ auf $\mathbf{g}_{\mathbf{A},\vec{e_2}}$ und nach Voraussetzung ist damit $\mathrm{d}(\mathbf{M},\mathbf{g}_{\mathbf{A},\vec{e_2}}) > \mathrm{r}$. Jede andere Gerade durch $\mathbf{A}$ lässt sich dann in der Form $\mathbf{g}_{\mathbf{A},\vec{v}}$ mit $\vec{v} = \vec{e_1} + \lambda\vec{e_2}$ und $\lambda \in \mathbb{R}$ schreiben. Es geht darum, sämtliche Parameter λ zu bestimmen, sodass die Gleichung

$$||\mathbf{A} + s(\vec{e_1}+\lambda\vec{e_2}) - \mathbf{M}||^2 = \mathrm{r}^2$$

genau eine Lösung s besitzt. Diese Gleichung ist äquivalent zu

$$(1+\lambda^2)s^2 + 2s + 1 - \frac{r^2}{||\overrightarrow{\mathbf{MA}}||^2} = 0.$$

Sie besitzt genau dann eine Lösung, wenn

$$\lambda^2 = \frac{r^2}{||\overrightarrow{\mathbf{MA}}||^2 - r^2}.$$

Weil $||\overrightarrow{\mathbf{MA}}||^2 - r^2 > 0$, geht das auf zwei verschiedene Arten

$$\lambda_{1,2} := \pm\frac{r}{\sqrt{||\overrightarrow{\mathbf{MA}}||^2 - r^2}}$$

und die zugehörigen Geraden sind die gesuchten Tangenten. Sind $\mathbf{S_1}$, $\mathbf{S_2}$ die beiden Berührpunkte, so folgt aus $\lambda_2 = -\lambda_1$, dass $\mathbf{MA}$ die Strecke $\overline{\mathbf{S_1S_2}}$ orthogonal halbiert. Für jeden anderen Wert

$$\lambda \in \left(-\frac{r}{\sqrt{||\overrightarrow{\mathbf{MA}}||^2 - r^2}}, \frac{r}{\sqrt{||\overrightarrow{\mathbf{MA}}||^2 - r^2}}\right)$$

folgern wir analog, dass die Gerade $\mathbf{g}_{\mathbf{A},\overrightarrow{e_1}+\lambda\overrightarrow{e_2}}$ den Kreis in zwei Punkten schneidet und für

$$\lambda < -\frac{r}{\sqrt{||\overrightarrow{\mathbf{MA}}||^2 - r^2}} \qquad \text{oder} \qquad \lambda > \frac{r}{\sqrt{||\overrightarrow{\mathbf{MA}}||^2 - r^2}}$$

existiert überhaupt kein Schnittpunkt. Ist $\mathbf{S_1}|\mathbf{P}|\mathbf{S_2}$, so liegt $\mathbf{P}$ im Inneren des Kreises und jede Gerade durch $\mathbf{P}$ ist eine Sekante. Ist umgekehrt eine Sekante $\mathbf{g}_{A,\overrightarrow{e_1}+\lambda\overrightarrow{e_2}}$ durch $\mathbf{A}$ gegeben, so existiert ein eindeutig bestimmtes $\sigma \in (0,1)$, sodass der Punkt $\mathbf{P} = \mathbf{S_1} + \sigma\overrightarrow{\mathbf{S_1S_2}}$ auf der Geraden $\mathbf{g}_{A,\overrightarrow{e_1}+\lambda\overrightarrow{e_2}}$ liegt.

□

Um die Tangenten zu konstruieren, beachte man, dass die beiden Berührpunkte $\mathbf{S_1}$, $\mathbf{S_2}$ auf dem Thales-Kreis der Strecke $\overline{\mathbf{MA}}$ liegen, denn die Dreiecke $\triangle_{\mathbf{MAS_1}}$ bzw. $\triangle_{\mathbf{MAS_2}}$ sind rechtwinklig. Somit sind die Berührpunkte $\mathbf{S_1}$, $\mathbf{S_2}$ gerade die Schnittpunkte des Kreises $K(\mathbf{M}, r)$ mit dem Thales-Kreis der Strecke $\overline{\mathbf{MA}}$.

5.5.7 Definition (Potenz)
Nach Jakob Steiner bezeichnet man den Wert

$$\mathfrak{p}_{\mathbf{M},r}(\mathbf{A}) := ||\overrightarrow{\mathbf{MA}}||^2 - r^2$$

als die *Potenz* von $\mathbf{A}$ bezüglich des Kreises $K(\mathbf{M}, r)$. Offensichtlich gilt:

1. $\mathfrak{p}_{\mathbf{M},r}(\mathbf{A}) = 0 \Leftrightarrow \mathbf{A} \in K(\mathbf{M}, r)$.
2. $\mathfrak{p}_{\mathbf{M},r}(\mathbf{A}) < 0 \Leftrightarrow \mathbf{A}$ ist ein innerer Punkt des Kreises $K(\mathbf{M}, r)$.
3. $\mathfrak{p}_{\mathbf{M},r}(\mathbf{A}) > 0 \Leftrightarrow \mathbf{A}$ ist ein äußerer Punkt des Kreises $K(\mathbf{M}, r)$.

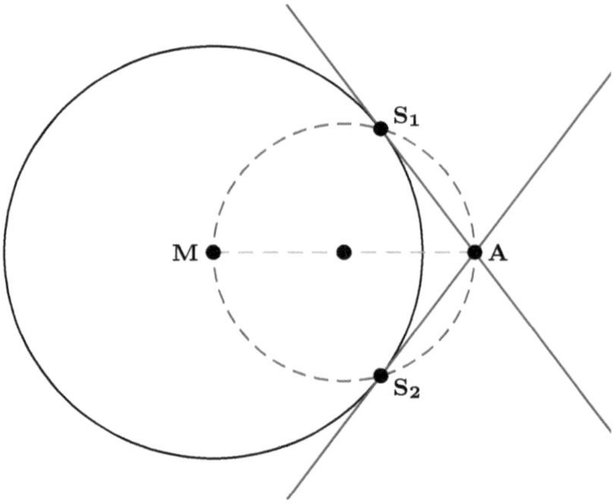

Abbildung 5.36.: Konstruktion der Tangenten an einen Kreis $\mathrm{K}(\mathbf{M}, \mathrm{r})$ durch den Punkt $\mathbf{A}$ mithilfe des THALES-Kreises der Strecke $\overline{\mathbf{MA}}$.

5.5.8 Satz (Sehnensatz)
Gegeben seien zwei Sehnen $\overline{\mathbf{A_1A_2}}$, $\overline{\mathbf{B_1B_2}}$ *eines Kreises* $\mathrm{K}(\mathbf{M}, \mathrm{r})$, *die sich in einem Punkt* $\mathbf{S}$ *schneiden. Dann ist*

$$|\overline{\mathbf{SA_1}}| \cdot |\overline{\mathbf{SA_2}}| = |\overline{\mathbf{SB_1}}| \cdot |\overline{\mathbf{SB_2}}| = -\mathfrak{p}_{\mathbf{M},\mathrm{r}}(\mathbf{S}). \tag{5.5.4}$$

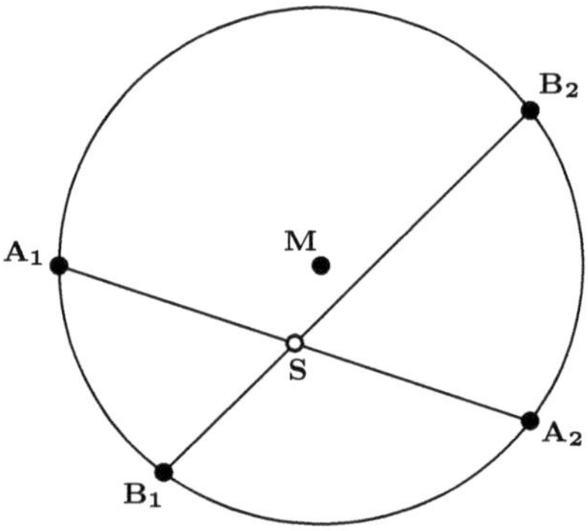

Abbildung 5.37.: Die Produkte der Sehnenabschnittslängen $|\overline{\mathbf{SA_1}}| \cdot |\overline{\mathbf{SA_2}}|$ bzw. $|\overline{\mathbf{SB_1}}| \cdot |\overline{\mathbf{SB_2}}|$ sind identisch.

Beweis: Wir betrachten den Punkt $\mathbf{L} := \mathbf{A_1} + \frac{1}{2}\overrightarrow{\mathbf{A_1A_2}} = \frac{1}{2}(\mathbf{A_1} + \mathbf{A_2})$. Es ist $|\overline{\mathbf{LA_1}}| = |\overline{\mathbf{LA_2}}|$. Weil nach Voraussetzung $|\overline{\mathbf{MA_1}}| = |\overline{\mathbf{MA_2}}|$, ist das Dreieck $\triangle_{\mathbf{MA_1A_2}}$ gleichschenklig mit Basis $\overline{\mathbf{A_1A_2}}$, sodass nach dem Basiswinkelsatz 3.3.10 die beiden Winkel $\angle_{\mathbf{MA_1A_2}}$, $\angle_{\mathbf{MA_2A_1}}$ gleich groß sind. Der Kongruenzsatz (SWS) angewandt auf die beiden Dreiecke $\triangle_{\mathbf{MLA_1}}$, $\triangle_{\mathbf{MLA_2}}$ impliziert, dass die Winkel $\angle_{\mathbf{MLA_1}}$, $\angle_{\mathbf{MLA_2}}$ kongruent und folglich rechte Winkel sind. Damit ist $\mathbf{L}$ der Lotfußpunkt von $\mathbf{M}$ auf die Strecke $\overline{\mathbf{A_1A_2}}$. Sei nun $\mathbf{S}$ ein beliebiger Punkt auf der Geraden $\mathbf{A_1A_2}$. Aus dem Satz des PYTHAGORAS folgt

$$\mathrm{r}^2 = |\overline{\mathbf{ML}}|^2 + |\overline{\mathbf{LA_1}}|^2$$

und

$$|\overline{\mathbf{MS}}|^2 = |\overline{\mathbf{ML}}|^2 + |\overline{\mathbf{SL}}|^2.$$

Subtraktion beider Gleichungen ergibt

$$\begin{aligned} \mathfrak{p}_{\mathbf{M},\mathrm{r}}(\mathbf{S}) &= |\overline{\mathbf{MS}}|^2 - \mathrm{r}^2 \\ &= |\overline{\mathbf{SL}}|^2 - |\overline{\mathbf{LA_1}}|^2 \\ &= \langle \overrightarrow{\mathbf{SL}} + \overrightarrow{\mathbf{LA_1}}, \overrightarrow{\mathbf{SL}} - \overrightarrow{\mathbf{LA_1}} \rangle \\ &= \langle \overrightarrow{\mathbf{SA_1}}, \overrightarrow{\mathbf{SA_2}} \rangle, \end{aligned} \tag{5.5.5}$$

denn $\overrightarrow{\mathbf{LA_1}} = -\overrightarrow{\mathbf{LA_2}}$. Ist $\mathbf{S}$ ein Punkt zwischen $\mathbf{A_1}$ und $\mathbf{A_2}$, so ist

$$\langle \overrightarrow{\mathbf{SA_1}}, \overrightarrow{\mathbf{SA_2}} \rangle = -||\overrightarrow{\mathbf{SA_1}}|| \cdot ||\overrightarrow{\mathbf{SA_2}}|| = -|\overline{\mathbf{SA_1}}| \cdot |\overline{\mathbf{SA_2}}|,$$

also gilt für das Produkt $|\overline{\mathbf{SA_1}}| \cdot |\overline{\mathbf{SA_2}}|$ wegen (5.5.5) nun

$$|\overline{\mathbf{SA_1}}| \cdot |\overline{\mathbf{SA_2}}| = -\mathfrak{p}_{\mathbf{M},\mathrm{r}}(\mathbf{S}).$$

Dieselbe Abhängigkeit gilt aber gleichfalls für jede andere Sehne $\overline{\mathbf{B_1B_2}}$ des Kreises durch $\mathbf{S}$ und somit ergibt sich die Behauptung. □

5.5.9 Satz (Sekantensatz)

Gegeben seien zwei Sekanten $\mathbf{g}_{\mathbf{S},\vec{v}}$, $\mathbf{g}_{\mathbf{S},\vec{w}}$ *eines Kreises* $\mathrm{K}(\mathbf{M},\mathrm{r})$ *durch einen gemeinsamen Punkt* $\mathbf{S}$ *im Äußeren des Kreises. Die Schnittpunkte von* $\mathbf{g}_{\mathbf{S},\vec{v}}$ *mit* $\mathrm{K}(\mathbf{M},\mathrm{r})$ *seien* $\mathbf{A_1}$, $\mathbf{A_2}$, *diejenigen von* $\mathbf{g}_{\mathbf{S},\vec{w}}$ *mit* $\mathrm{K}(\mathbf{M},\mathrm{r})$ *hingegen* $\mathbf{B_1}$, $\mathbf{B_2}$. *Dann ist*

$$|\overline{\mathbf{SA_1}}| \cdot |\overline{\mathbf{SA_2}}| = |\overline{\mathbf{SB_1}}| \cdot |\overline{\mathbf{SB_2}}| = \mathfrak{p}_{\mathbf{M},\mathrm{r}}(\mathbf{S}). \tag{5.5.6}$$

Beweis: Völlig analog zum Beweis des Sehnensatzes 5.5.8 erhalten wir für die Punkte $\mathbf{S}$ der Geraden $\mathbf{A_1A_2}$ die Formel (5.5.5). Jetzt ist jedoch $\mathbf{S}$ ein äußerer Punkt und damit wird $\langle \overrightarrow{\mathbf{SA_1}}, \overrightarrow{\mathbf{SA_2}} \rangle = ||\overrightarrow{\mathbf{SA_1}}|| \cdot ||\overrightarrow{\mathbf{SA_2}}|| = |\overline{\mathbf{SA_1}}| \cdot |\overline{\mathbf{SA_2}}| = \mathfrak{p}_{\mathbf{M},\mathrm{r}}(\mathbf{S})$. Der Rest des Beweises ist identisch. □

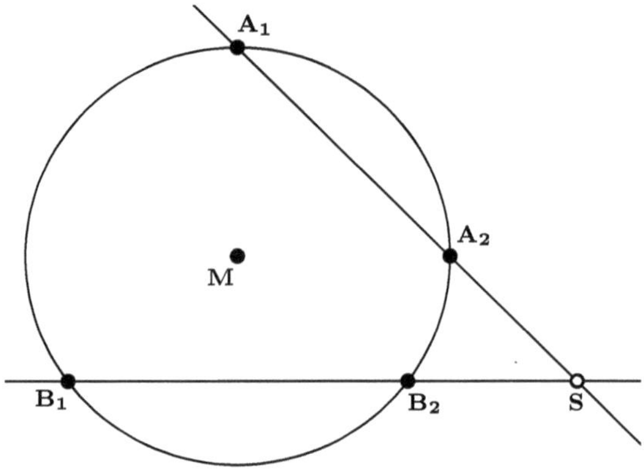

Abbildung 5.38.: Die Produkte der Sekantenabschnittslängen $|\overline{\mathbf{SA_1}}| \cdot |\overline{\mathbf{SA_2}}|$ bzw. $|\overline{\mathbf{SB_1}}| \cdot |\overline{\mathbf{SB_2}}|$ sind identisch.

Ist $\mathbf{t_A}$ die Tangente im Punkt $\mathbf{A} \in \mathrm{K}(\mathbf{M}, \mathrm{r})$, so folgt für jeden Punkt $\mathbf{S} \in \mathbf{t_A}$ aus dem Satz des PYTHAGORAS $\mathfrak{p}_{\mathbf{M},\mathrm{r}}(\mathbf{S}) = |\overline{\mathbf{MS}}|^2 - \mathrm{r}^2 = |\overline{\mathbf{SA}}|^2$. Zusammen mit dem Sekantensatz ergibt dies deswegen unmittelbar den folgenden Sekanten-Tangenten-Satz.

5.5.10 Satz (Sekanten-Tangenten-Satz)

Gegeben seien ein Punkt $\mathbf{S}$ *im Äußeren des Kreises* $\mathrm{K}(\mathbf{M}, \mathrm{r})$, *eine der beiden Tangenten* $\mathbf{t_A}$ *an den Kreis durch* $\mathbf{S}$ *mit Berührpunkt* $\mathbf{A} \in \mathrm{K}(\mathbf{M}, \mathrm{r})$, *sowie eine Sekante* $\mathbf{g}_{\mathbf{S},\vec{v}}$ *durch die Punkte* $\mathbf{A_1}$, $\mathbf{A_2} \in \mathrm{K}(\mathbf{M}, \mathrm{r})$. *Dann ist*

$$|\overline{\mathbf{SA_1}}| \cdot |\overline{\mathbf{SA_2}}| = |\overline{\mathbf{SA}}|^2 = \mathfrak{p}_{\mathbf{M},\mathrm{r}}(\mathbf{S}). \tag{5.5.7}$$

5.5.11 Definition (Polare)

Gegeben sei ein Kreis $\mathrm{K}(\mathbf{M}, \mathrm{r})$ und ein Punkt $\mathbf{A} \neq \mathbf{M}$. Die *Polare* von $\mathbf{A}$ bezüglich $\mathrm{K}(\mathbf{M}, \mathrm{r})$ ist die Gerade

$$\mathrm{Pol}_{\mathbf{A}} := \{\mathbf{P} : \langle \overrightarrow{\mathbf{MP}}, \overrightarrow{\mathbf{MA}} \rangle = \mathrm{r}^2\}.$$

Die Polare besitzt einige interessante Eigenschaften.

(1) Für $\mathbf{A}, \mathbf{B} \neq \mathbf{M}$ ist

$$\mathbf{B} \in \mathrm{Pol}_{\mathbf{A}} \Leftrightarrow \langle \overrightarrow{\mathbf{MB}}, \overrightarrow{\mathbf{MA}} \rangle = \mathrm{r}^2 \Leftrightarrow \langle \overrightarrow{\mathbf{MA}}, \overrightarrow{\mathbf{MB}} \rangle = \mathrm{r}^2 \Leftrightarrow \mathbf{A} \in \mathrm{Pol}_{\mathbf{B}}\,.$$

Der Mittelpunkt $\mathbf{M}$ gehört zu keiner Polaren des Kreises.

(2) Für $\mathbf{A} \in \mathrm{K}(\mathbf{M}, \mathrm{r})$ stimmt die Polare $\mathrm{Pol}_{\mathbf{A}}$ wegen (5.5.2) mit der Tangenten $\mathbf{t_A}$ überein.

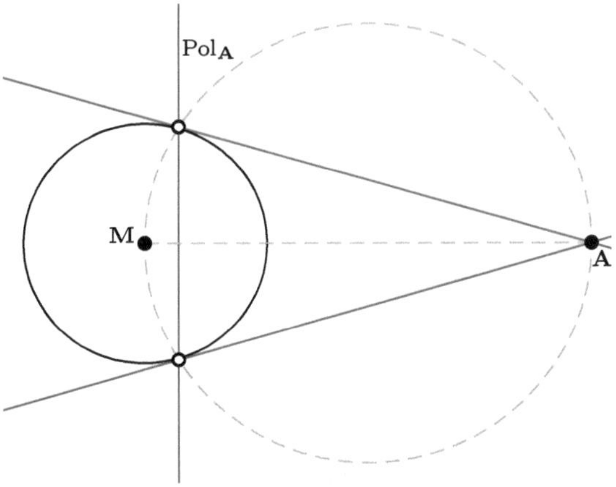

Abbildung 5.39.: Die Polare eines äußeren Punktes $\mathbf{A}$ zum Kreis $\mathrm{K}(\mathbf{M}, \mathrm{r})$ verläuft durch die beiden Berührpunkte der Tangenten durch $\mathbf{A}$. Dies sind die Schnittpunkten des THALES-Kreises der Strecke $\overline{\mathbf{MA}}$ mit $\mathrm{K}(\mathbf{M}, \mathrm{r})$.

(3) Liegt $\mathbf{A}$ außerhalb des Kreises $\mathrm{K}(\mathbf{M}, \mathrm{r})$ dann befinden sich die Berührpunkte $\mathbf{S_1}$, $\mathbf{S_2}$ der beiden Tangenten an $\mathrm{K}(\mathbf{M}, \mathrm{r})$ durch den Punkt $\mathbf{A}$ auf der Polaren $\mathrm{Pol}_{\mathbf{A}}$. Daher gilt $\mathbf{S_1 S_2} = \mathrm{Pol}_{\mathbf{A}}$. Dies kann man sofort mit Gleichung (5.5.2) verifizieren, denn wegen $\mathbf{A} \in \mathbf{t}_{\mathbf{S_1}}$ und

$$\mathbf{t}_{\mathbf{S_1}} = \{\mathbf{P} : \langle \overrightarrow{\mathbf{MP}}, \overrightarrow{\mathbf{MS_1}} \rangle = \mathrm{r}^2\}$$

folgt $\langle \overrightarrow{\mathbf{MA}}, \overrightarrow{\mathbf{MS_1}} \rangle = \mathrm{r}^2$, also $\mathbf{S_1} \in \mathrm{Pol}_{\mathbf{A}}$. Analog ergibt sich $\mathbf{S_2} \in \mathrm{Pol}_{\mathbf{A}}$. Insbesondere sind die Schnittpunkte von $\mathrm{Pol}_{\mathbf{A}}$ mit $\mathrm{K}(\mathbf{M}, \mathrm{r})$ genau die beiden Schnittpunkte von $\mathrm{K}(\mathbf{M}, \mathrm{r})$ mit dem THALES-Kreis der Strecke $\overline{\mathbf{MA}}$.

5.5.12 Lemma

Gegeben seien ein Punkt $\mathbf{P}$ *außerhalb eines Kreises* $\mathrm{K}(\mathbf{M}, \mathrm{r})$, *sowie vier Punkte* $\mathbf{A}, \mathbf{B}, \mathbf{C}, \mathbf{D} \in \mathrm{K}(\mathbf{M}, \mathrm{r})$ *in allgemeiner Lage mit* $\mathbf{AB} \cap \mathbf{CD} = \mathbf{P}$. *Dann liegen die Schnittpunkte* $\mathbf{Q} := \mathbf{AC} \cap \mathbf{BD}$ *und* $\mathbf{R} := \mathbf{AD} \cap \mathbf{BC}$ *auf der Polaren des Punktes* $\mathbf{P}$ *und folglich ist* $\mathrm{Pol}_{\mathbf{P}} = \mathbf{QR}$.

***Beweis*:** Die beiden Geraden $\mathbf{AB}$, $\mathbf{CD}$ sind Sekanten des Kreises durch den Punkt $\mathbf{P}$ (vergleiche mit Abbildung 5.40). Aus dem Sekantensatz ergibt sich daher

$$\kappa := \mathfrak{p}_{\mathbf{M},\mathrm{r}}(\mathbf{P}) = ||\overrightarrow{\mathbf{PA}}|| \cdot ||\overrightarrow{\mathbf{PB}}|| = ||\overrightarrow{\mathbf{PC}}|| \cdot ||\overrightarrow{\mathbf{PD}}||,$$

also

$$\overrightarrow{\mathbf{PB}} = \frac{\kappa}{||\overrightarrow{\mathbf{PA}}||^2} \overrightarrow{\mathbf{PA}}, \quad \overrightarrow{\mathbf{PD}} = \frac{\kappa}{||\overrightarrow{\mathbf{PC}}||^2} \overrightarrow{\mathbf{PC}}.$$

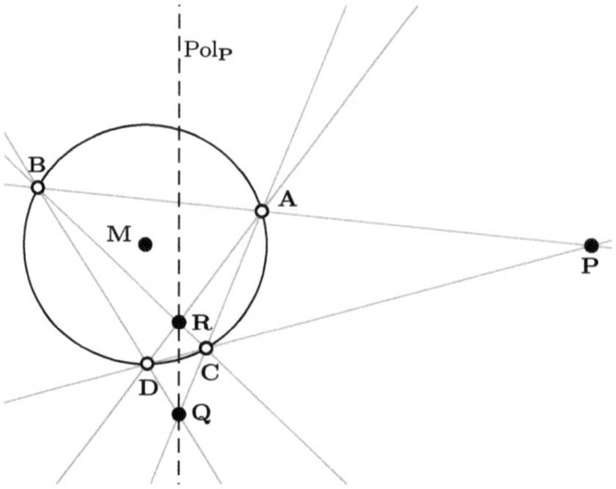

Abbildung 5.40.: Die Berührpunkte der Tangenten an den Kreis durch den Punkt $\mathbf{P}$ sind die Schnittpunkte der Polaren $\mathrm{Pol}_\mathbf{P}$ mit dem Kreis und die Polare lässt sich allein mit dem Lineal konstruieren.

Aus der Schnittpunktformel (5.3.3) mit $\mathbf{O} := \mathbf{P}$ ergibt sich für $\mathbf{Q} = \mathbf{AC} \cap \mathbf{BD}$

$$\mathbf{Q} = \mathbf{P} + \frac{1}{[\vec{v}, \vec{w}]}([\overrightarrow{\mathbf{PB}}, \vec{w}]\vec{v} - [\overrightarrow{\mathbf{PA}}, \vec{v}]\vec{w}), \tag{5.5.8}$$

wobei $\vec{v} = \overrightarrow{\mathbf{AC}}$, $\vec{w} = \overrightarrow{\mathbf{BD}}$. Nun ist aber

$$\begin{aligned} [\vec{v}, \vec{w}] &= [\overrightarrow{\mathbf{AC}}, \overrightarrow{\mathbf{BD}}] \\ &= [\overrightarrow{\mathbf{PC}} - \overrightarrow{\mathbf{PA}}, \overrightarrow{\mathbf{PD}} - \overrightarrow{\mathbf{PB}}] = -[\overrightarrow{\mathbf{PA}}, \overrightarrow{\mathbf{PD}}] + [\overrightarrow{\mathbf{PB}}, \overrightarrow{\mathbf{PC}}] \\ &= \left(\frac{\kappa}{||\overrightarrow{\mathbf{PA}}||^2} - \frac{\kappa}{||\overrightarrow{\mathbf{PC}}||^2} \right) [\overrightarrow{\mathbf{PA}}, \overrightarrow{\mathbf{PC}}], \end{aligned}$$

denn $\overrightarrow{\mathbf{PA}}, \overrightarrow{\mathbf{PB}}$ bzw. $\overrightarrow{\mathbf{PC}}, \overrightarrow{\mathbf{PD}}$ sind jeweils linear abhängig. Ähnlich folgt

$$\begin{aligned} & [\overrightarrow{\mathbf{PB}}, \vec{w}]\vec{v} - [\overrightarrow{\mathbf{PA}}, \vec{v}]\vec{w} \\ = \; & [\overrightarrow{\mathbf{PB}}, \overrightarrow{\mathbf{PD}} - \overrightarrow{\mathbf{PB}}](\overrightarrow{\mathbf{PC}} - \overrightarrow{\mathbf{PA}}) - [\overrightarrow{\mathbf{PA}}, \overrightarrow{\mathbf{PC}} - \overrightarrow{\mathbf{PA}}](\overrightarrow{\mathbf{PD}} - \overrightarrow{\mathbf{PB}}) \\ = \; & [\overrightarrow{\mathbf{PB}}, \overrightarrow{\mathbf{PD}}](\overrightarrow{\mathbf{PC}} - \overrightarrow{\mathbf{PA}}) - [\overrightarrow{\mathbf{PA}}, \overrightarrow{\mathbf{PC}}](\overrightarrow{\mathbf{PD}} - \overrightarrow{\mathbf{PB}}) \\ = \; & \frac{\kappa^2 [\overrightarrow{\mathbf{PA}}, \overrightarrow{\mathbf{PC}}](\overrightarrow{\mathbf{PC}} - \overrightarrow{\mathbf{PA}})}{||\overrightarrow{\mathbf{PA}}||^2 ||\overrightarrow{\mathbf{PC}}||^2} - \kappa [\overrightarrow{\mathbf{PA}}, \overrightarrow{\mathbf{PC}}] \left(\frac{\overrightarrow{\mathbf{PC}}}{||\overrightarrow{\mathbf{PC}}||^2} - \frac{\overrightarrow{\mathbf{PA}}}{||\overrightarrow{\mathbf{PA}}||^2} \right) \\ = \; & \frac{\kappa}{||\overrightarrow{\mathbf{PA}}||^2 ||\overrightarrow{\mathbf{PC}}||^2} [\overrightarrow{\mathbf{PA}}, \overrightarrow{\mathbf{PC}}] \big((\kappa - ||\overrightarrow{\mathbf{PA}}||^2)\overrightarrow{\mathbf{PC}} - (\kappa - ||\overrightarrow{\mathbf{PC}}||^2)\overrightarrow{\mathbf{PA}} \big), \end{aligned}$$

also

$$\mathbf{Q} = \mathbf{P} + \frac{1}{||\overrightarrow{\mathbf{PC}}||^2 - ||\overrightarrow{\mathbf{PA}}||^2} \big((\kappa - ||\overrightarrow{\mathbf{PA}}||^2)\overrightarrow{\mathbf{PC}} - (\kappa - ||\overrightarrow{\mathbf{PC}}||^2)\overrightarrow{\mathbf{PA}} \big).$$

Daraus ergibt sich jetzt

$$\langle\overrightarrow{\mathbf{MQ}},\overrightarrow{\mathbf{MP}}\rangle = \tag{5.5.9}$$
$$||\overrightarrow{\mathbf{MP}}||^2 + \frac{(\kappa - ||\overrightarrow{\mathbf{PA}}||^2)\langle\overrightarrow{\mathbf{PC}},\overrightarrow{\mathbf{MP}}\rangle - (\kappa - ||\overrightarrow{\mathbf{PC}}||^2)\langle\overrightarrow{\mathbf{PA}},\overrightarrow{\mathbf{MP}}\rangle}{||\overrightarrow{\mathbf{PC}}||^2 - ||\overrightarrow{\mathbf{PA}}||^2}.$$

Es bezeichne $\mathbf{L}$ den Lotfußpunkt von $\mathbf{M}$ auf die Sekante $\mathbf{PC}$. Weil das Dreieck $\triangle_{\mathbf{MCD}}$ gleichschenklig ist, gilt

$$\overrightarrow{\mathbf{PL}} = \frac{1}{2}(\overrightarrow{\mathbf{PC}} + \overrightarrow{\mathbf{PD}}) = \frac{1}{2}\left(1 + \frac{\kappa}{||\overrightarrow{\mathbf{PC}}||^2}\right)\overrightarrow{\mathbf{PC}}$$

und dann auch

$$\begin{aligned}\langle\overrightarrow{\mathbf{PC}},\overrightarrow{\mathbf{MP}}\rangle &= -\langle\overrightarrow{\mathbf{PC}},\overrightarrow{\mathbf{PM}}\rangle \\ &= -\langle\overrightarrow{\mathbf{PC}},\overrightarrow{\mathbf{PL}} + \overrightarrow{\mathbf{LM}}\rangle = -\langle\overrightarrow{\mathbf{PC}},\overrightarrow{\mathbf{PL}}\rangle \\ &= -\frac{1}{2}(\kappa + ||\overrightarrow{\mathbf{PC}}||^2).\end{aligned}$$

Ähnlich folgt mit dem senkrechten Lot von $\mathbf{M}$ auf die Sekante $\mathbf{PA}$ die Gleichung

$$\langle\overrightarrow{\mathbf{PA}},\overrightarrow{\mathbf{MP}}\rangle = -\frac{1}{2}(\kappa + ||\overrightarrow{\mathbf{PA}}||^2).$$

Setzt man die letzten beiden Gleichungen in (5.5.9) ein, schließt man

$$\begin{aligned}&\langle\overrightarrow{\mathbf{MQ}},\overrightarrow{\mathbf{MP}}\rangle \\ = \;& ||\overrightarrow{\mathbf{MP}}||^2 + \frac{(\kappa - ||\overrightarrow{\mathbf{PC}}||^2)(\kappa + ||\overrightarrow{\mathbf{PA}}||^2) - (\kappa - ||\overrightarrow{\mathbf{PA}}||^2)(\kappa + ||\overrightarrow{\mathbf{PC}}||^2)}{2(||\overrightarrow{\mathbf{PC}}||^2 - ||\overrightarrow{\mathbf{PA}}||^2)} \\ = \;& ||\overrightarrow{\mathbf{MP}}||^2 + \frac{2\kappa(||\overrightarrow{\mathbf{PA}}||^2 - ||\overrightarrow{\mathbf{PC}}||^2)}{2(||\overrightarrow{\mathbf{PC}}||^2 - ||\overrightarrow{\mathbf{PA}}||^2)} \\ = \;& ||\overrightarrow{\mathbf{MP}}||^2 - \kappa = ||\overrightarrow{\mathbf{MP}}||^2 - \mathfrak{p}_{\mathbf{M},\mathrm{r}}(\mathbf{P}) = \mathrm{r}^2\,.\end{aligned}$$

Also liegt nach Definition der Polaren der Punkt $\mathbf{Q}$ auf $\mathrm{Pol}_{\mathbf{P}}$. Analog weist man $\mathbf{R} \in \mathrm{Pol}_{\mathbf{P}}$ nach. Da sich die Punkte $\mathbf{A},\mathbf{B},\mathbf{C},\mathbf{D}$ in allgemeiner Lage befinden, sind die Punkte $\mathbf{Q},\mathbf{R}$ verschieden und definieren eine Gerade, die mit der Polaren $\mathrm{Pol}_{\mathbf{P}}$ übereinstimmt. Das war zu zeigen. □

5.5.13 Bemerkung

Das Lemma impliziert, dass man die beiden Tangenten an einen Kreis $\mathrm{K}(\mathbf{M},\mathrm{r})$, welche durch einen äußeren Punkt $\mathbf{P}$ laufen, alleine mit dem Lineal konstruieren kann, indem man durch $\mathbf{P}$ zwei Sekanten zieht, die den Kreis $\mathrm{K}(\mathbf{M},\mathrm{r})$ so schneiden, dass sich die insgesamt vier Schnittpunkte $\mathbf{A},\mathbf{B},\mathbf{C},\mathbf{D}$ in allgemeiner Lage befinden und anschließend die Schnittpunkte der Geraden $\mathbf{Q} = \mathbf{AC}\cap\mathbf{BD}$ und $\mathbf{R} = \mathbf{AD}\cap\mathbf{BC}$ miteinander verbindet. Diese Gerade ist die Polare $\mathrm{Pol}_{\mathbf{P}}$ und schneidet den Kreis $\mathrm{K}(\mathbf{M},\mathrm{r})$ daher in den Berührpunkten der Tangenten.

5.5.c. Euler-Gerade und Feuerbach-Kreis

5.5.14 Satz (Euler-Gleichung)
Gegeben sei ein Dreieck $\triangle_{\mathbf{ABC}}$. Es bezeichne $\mathbf{S}$ den Schwerpunkt, $\mathbf{H}$ den Höhenschnittpunkt und $\mathbf{M}_{\mathrm{um}}$ den Umkreismittelpunkt des Dreiecks. Dann gilt die EULER-*Gleichung*

$$\mathbf{S} = \frac{1}{3}\mathbf{H} + \frac{2}{3}\mathbf{M}_{\mathrm{um}}. \tag{5.5.10}$$

***Beweis*:** Wir hatten bereits früher in den Sätzen 5.4.16, 5.4.23 und 5.4.25 die Punkte ermittelt. Mit

$$\lambda_{\mathrm{a}} := \frac{\mathrm{a}\cos\alpha}{\mathrm{a}\cos\alpha + \mathrm{b}\cos\beta + \mathrm{c}\cos\gamma}, \quad \lambda_{\mathrm{b}} := \frac{\mathrm{b}\cos\beta}{\mathrm{a}\cos\alpha + \mathrm{b}\cos\beta + \mathrm{c}\cos\gamma},$$
$$\lambda_{\mathrm{c}} := \frac{\mathrm{c}\cos\gamma}{\mathrm{a}\cos\alpha + \mathrm{b}\cos\beta + \mathrm{c}\cos\gamma} \tag{5.5.11}$$

wird dann

$$\mathbf{S} = \frac{\lambda_{\mathrm{a}} + \lambda_{\mathrm{b}} + \lambda_{\mathrm{c}}}{3}(\mathbf{A} + \mathbf{B} + \mathbf{C}),$$
$$\mathbf{H} = (-\lambda_{\mathrm{a}} + \lambda_{\mathrm{b}} + \lambda_{\mathrm{c}})\mathbf{A} + (\lambda_{\mathrm{a}} - \lambda_{\mathrm{b}} + \lambda_{\mathrm{c}})\mathbf{B} + (\lambda_{\mathrm{a}} + \lambda_{\mathrm{b}} - \lambda_{\mathrm{c}})\mathbf{C}$$

und

$$\mathbf{M}_{\mathrm{um}} = \lambda_{\mathrm{a}}\mathbf{A} + \lambda_{\mathrm{b}}\mathbf{B} + \lambda_{\mathrm{c}}\mathbf{C},$$

woraus sich die Behauptung unmittelbar ablesen lässt. □

5.5.15 Korollar
Für ein Dreieck $\triangle_{\mathbf{ABC}}$ sind äquivalent:

1. *Zwei der Punkte $\mathbf{S}$, $\mathbf{H}$, $\mathbf{M}_{\mathrm{um}}$ sind gleich.*
2. *Alle drei Punkte $\mathbf{S}$, $\mathbf{H}$, $\mathbf{M}_{\mathrm{um}}$ sind gleich.*
3. *Das Dreieck ist gleichseitig.*

***Beweis*:** Die Äquivalenz der ersten beiden Aussagen ergibt sich direkt aus der EULER-Gleichung. Ferner überzeugt man sich leicht mithilfe der Formeln für $\mathbf{S}$, $\mathbf{H}$ und $\mathbf{M}_{\mathrm{um}}$, dass genau dann alle drei Punkte übereinstimmen, wenn

$$\mathrm{a}\cos\alpha = \mathrm{b}\cos\beta = \mathrm{c}\cos\gamma.$$

Mit dem Kosinussatz folgt, dass dies zu $\mathrm{a} = \mathrm{b} = \mathrm{c}$ äquivalent ist. □

Aus der EULER-Gleichung und aus dem letzten Satz ergibt sich sofort der nächste Satz.

5.5.16 Satz (Satz von Euler)
In einem Dreieck $\triangle_{\mathbf{ABC}}$ sind die Punkte $\mathbf{S}$, $\mathbf{H}$ und $\mathbf{M}_{\mathrm{um}}$ stets kollinear und sofern $\triangle_{\mathbf{ABC}}$ nicht gleichseitig ist, sind sie paarweise verschieden und bestimmen eine Gerade, welche man die EULER-*Gerade* $\mathbf{e}$ *nennt.*

Befinden sich die Punkte **A**, **B**, **C** in allgemeiner Lage, so existiert genau ein Kreis $\mathrm{K}(\mathbf{M},\mathrm{r})$ mit $\mathbf{A},\mathbf{B},\mathbf{C} \in \mathrm{K}(\mathbf{M},\mathrm{r})$. Dieser Kreis ist der Umkreis des Dreiecks $\triangle_{\mathbf{ABC}}$ und Mittelpunkt und Radius dieses Kreises wurden in Satz 5.4.25 beschrieben.

5.5.17 Definition (Feuerbachkreis)

Gegeben sei ein Dreieck $\triangle_{\mathbf{ABC}}$. Der Umkreis des Mittendreiecks, das heißt der Kreis durch die Seitenmitten des Dreiecks $\triangle_{\mathbf{ABC}}$ heißt FEUERBACHKREIS. Der Mittelpunkt **F** des FEUERBACHKREISES heißt FEUERBACHPUNKT.

5.5.18 Satz

Mit denselben Konstanten λ_a, λ_b, λ_c *wie in (5.5.11) sind Mittelpunkt* **F** *und Radius* r_F *des* FEUERBACHKREISES *eines Dreiecks* $\triangle_{\mathbf{ABC}}$ *gegeben durch*

$$\mathbf{F} = \frac{\lambda_b + \lambda_c}{2}\mathbf{A} + \frac{\lambda_a + \lambda_c}{2}\mathbf{B} + \frac{\lambda_a + \lambda_b}{2}\mathbf{C}, \tag{5.5.12}$$

$$r_F = \frac{a}{4\sin\alpha} = \frac{b}{4\sin\beta} = \frac{c}{4\sin\gamma} = \frac{r_{um}}{2}. \tag{5.5.13}$$

***Beweis*:** Nach Definition ist $\mathbf{F} = \mathbf{M}'_{um}$, wobei $\mathbf{M}'_{um}$ der Umkreismittelpunkt des Mittendreiecks $\triangle_{\mathbf{A'B'C'}}$ ist. Weil

$$\mathbf{A}' = \frac{1}{2}(\mathbf{B}+\mathbf{C}), \quad \mathbf{B}' = \frac{1}{2}(\mathbf{A}+\mathbf{C}), \quad \mathbf{C}' = \frac{1}{2}(\mathbf{A}+\mathbf{B}),$$

gilt für die Seiten und Winkel des Mittendreiecks

$$a' = \frac{a}{2}, \quad b' = \frac{b}{2}, \quad c' = \frac{c}{2}, \quad \alpha' = \alpha, \quad \beta' = \beta, \quad \gamma' = \gamma,$$

sodass sich die Formeln für **F** und r_F direkt aus Satz 5.4.25 ergeben. □

5.5.19 Satz (Feuerbach-Gleichung)

Gegeben sei ein Dreieck $\triangle_{\mathbf{ABC}}$. *Es bezeichne* **S** *den Schwerpunkt,* $\mathbf{M}_{um}$ *den Umkreismittelpunkt und* **F** *den Mittelpunkt des* FEUERBACHKREISES *des Dreiecks. Dann gilt die* FEUERBACH-*Gleichung*

$$\mathbf{S} = \frac{1}{3}\mathbf{M}_{um} + \frac{2}{3}\mathbf{F}. \tag{5.5.14}$$

***Beweis*:** Genau wie im Beweis von Satz 5.5.14 erhalten wir mit denselben Konstanten λ_a, λ_b, λ_c aus Gleichung (5.5.11)

$$\mathbf{S} = \frac{\lambda_a + \lambda_b + \lambda_c}{3}(\mathbf{A}+\mathbf{B}+\mathbf{C}),$$

$$\mathbf{M}_{um} = \lambda_a\mathbf{A} + \lambda_b\mathbf{B} + \lambda_c\mathbf{C}$$

und

$$\mathbf{F} = \frac{\lambda_b + \lambda_c}{2}\mathbf{A} + \frac{\lambda_a + \lambda_c}{2}\mathbf{B} + \frac{\lambda_a + \lambda_b}{2}\mathbf{C},$$

woraus sich die Behauptung erneut unmittelbar ablesen lässt. □

Analog zu Korollar 5.5.15 ergibt sich

5.5.20 Korollar
Für ein Dreieck $\triangle_{\mathbf{ABC}}$ *sind äquivalent:*

1. *Zwei der Punkte* $\mathbf{S}$, $\mathbf{M}_{\mathrm{um}}$, $\mathbf{F}$ *sind gleich.*
2. *Alle drei Punkte* $\mathbf{S}$, $\mathbf{M}_{\mathrm{um}}$, $\mathbf{F}$ *sind gleich.*
3. *Das Dreieck ist gleichseitig.*

***Beweis*:** Die FEUERBACH-Gleichung impliziert die Äquivalenz der ersten beiden Aussagen. Ferner überzeugt man sich leicht mithilfe der Formeln für $\mathbf{S}$, $\mathbf{M}_{\mathrm{um}}$ und $\mathbf{F}$, dass genau dann sämtliche Punkte übereinstimmen, wenn

$$\mathrm{a}\cos\alpha = \mathrm{b}\cos\beta = \mathrm{c}\cos\gamma,$$

was zur Aussage $\mathrm{a} = \mathrm{b} = \mathrm{c}$ äquivalent ist. □

Zusammen mit dem Satz von EULER (Satz 5.5.16) folgt:

5.5.21 Korollar
In einem Dreieck $\triangle_{\mathbf{ABC}}$ *sind die Punkte* $\mathbf{S}$, $\mathbf{H}$, $\mathbf{M}_{\mathrm{um}}$ *und* $\mathbf{F}$ *kollinear und sofern* $\triangle_{\mathbf{ABC}}$ *nicht gleichseitig ist, sind sie paarweise verschieden und liegen allesamt auf der* EULER-*Geraden des Dreiecks.*

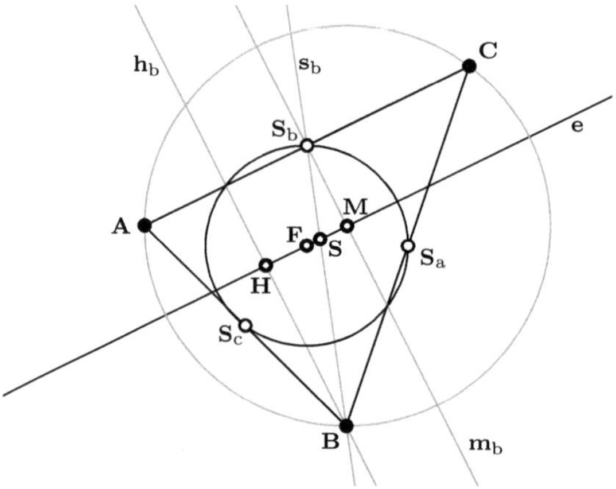

Abbildung 5.41.: Ein Dreieck $\triangle_{\mathbf{ABC}}$ mit FEUERBACHKREIS, Umkreis und EULER-Gerade $\mathbf{e}$. Der Höhenschnittpunkt $\mathbf{H}$, der Schwerpunkt $\mathbf{S}$, der Mittelpunkt des Umkreises (hier der Einfachheit halber mit $\mathbf{M}$ bezeichnet) und der FEUERBACHPUNKT $\mathbf{F}$ liegen allesamt auf der EULER-Geraden.

***Beweis*:** Es bleibt nur noch zu zeigen, dass aus $\mathbf{F} = \mathbf{H}$ die Gleichheit aller Punkte folgt. Dies ist aber offensichtlich, denn aus den EULER- und FEUERBACH-Gleichungen folgt, dass auch stets die Gleichung

$$\mathbf{F} = \frac{1}{2}\mathbf{H} + \frac{1}{2}\mathbf{M}_{\mathrm{um}} \tag{5.5.15}$$

gültig ist. □

Die letzte Gleichung kann man so interpretieren, dass sich der Mittelpunkt **F** des FEUERBACHKREISES in der Mitte zwischen dem Höhenschnittpunkt **H** und dem Umkreismittelpunkt $\mathbf{M}_{\mathrm{um}}$ befindet.

5.5.22 Definition

Es sei $\mathbf{h}_{\mathrm{a}}$ die Höhenlinie eines Dreiecks $\triangle_{\mathbf{ABC}}$ durch die Ecke **A** und **H** sei der Höhenschnittpunkt. Den Punkt $\frac{1}{2}(\mathbf{H} + \mathbf{A})$ nennt man den *Mittelpunkt des oberen Höhenabschnitts zum Punkt* **A**.

5.5.23 Lemma

Die Mittelpunkte der oberen Höhenabschnitte eines Dreiecks liegen auf dem FEUERBACHKREIS.

***Beweis*:** Aus den EULER- und FEUERBACH-Gleichungen schließt man erst

$$\mathbf{S} = \frac{1}{3}\mathbf{H} + \frac{2}{3}\mathbf{M}_{\mathrm{um}} = \frac{1}{3}\mathbf{H} + \frac{2}{3}(3\mathbf{S} - 2\mathbf{F}),$$

also

$$\mathbf{F} = \frac{3}{4}\mathbf{S} + \frac{1}{4}\mathbf{H}.$$

Multipliziert man dies mit 2 und benutzt $3\mathbf{S} = \mathbf{A} + \mathbf{B} + \mathbf{C}$, so wird dies zu

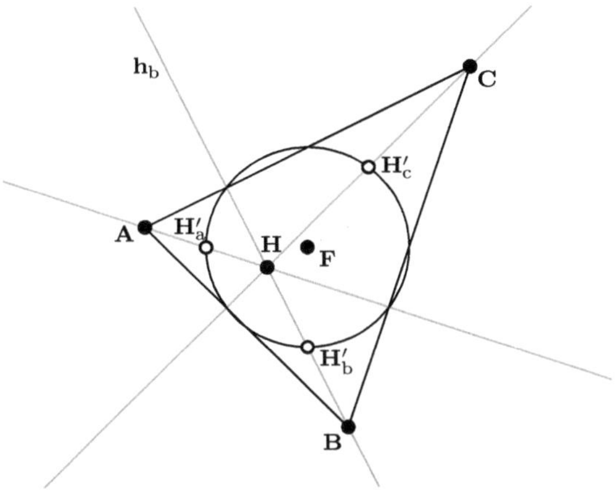

Abbildung 5.42.: Die Mittelpunkte $\mathbf{H}'_{\mathrm{a}}$, $\mathbf{H}'_{\mathrm{b}}$ sowie $\mathbf{H}'_{\mathrm{c}}$ der oberen Höhenabschnitte eines Dreiecks liegen auf dem FEUERBACHKREIS.

$$\mathbf{F} - \frac{1}{2}(\mathbf{B} + \mathbf{C}) = \frac{1}{2}(\mathbf{H} + \mathbf{A}) - \mathbf{F}.$$

Der Punkt $\frac{1}{2}(\mathbf{B} + \mathbf{C})$ ist Mittelpunkt der Seite a und befindet sich somit per Definition auf dem FEUERBACHKREIS, also ist

$$\left|\left|\mathbf{F} - \frac{1}{2}(\mathbf{B} + \mathbf{C})\right|\right| = r_F = \left|\left|\frac{1}{2}(\mathbf{H} + \mathbf{A}) - \mathbf{F}\right|\right|,$$

was zeigt, dass auch $\frac{1}{2}(\mathbf{H} + \mathbf{A})$, das heißt der Mittelpunkt des oberen Höhenabschnitts zum Punkt **A**, auf dem FEUERBACHKREIS liegt. Analog verfährt man mit den anderen oberen Höhenabschnitten. □

5.5.24 Lemma
Die Höhenfußpunkte eines Dreiecks liegen auf dem FEUERBACHKREIS.

***Beweis*:** Falls das Dreieck $\triangle_{\mathbf{ABC}}$ gleichseitig ist, so stimmen **H**, **F** und $\mathbf{M}_{\mathrm{um}}$ überein und insbesondere sind dann die Höhenfußpunkte mit den Seitenmitten identisch, sodass in diesem Fall nichts mehr zu zeigen ist. Ist $\triangle_{\mathbf{ABC}}$ nicht gleichseitig, so sind

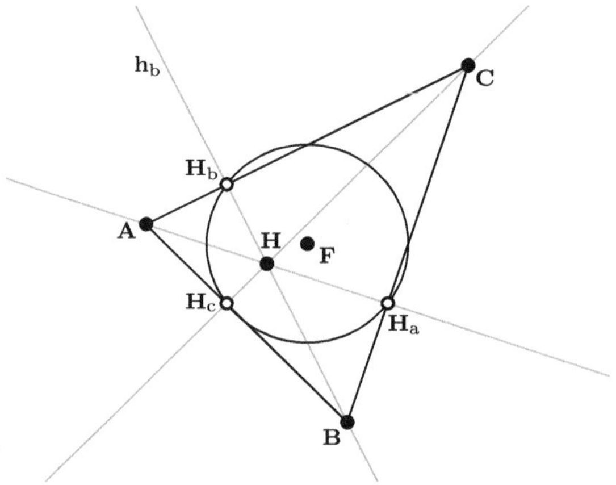

Abbildung 5.43.: Die Höhenfußpunkte $\mathbf{H}_a$, $\mathbf{H}_b$ sowie $\mathbf{H}_c$ eines Dreiecks liegen auf dem FEUERBACHKREIS.

die Punkte **H**, **F** und $\mathbf{M}_{\mathrm{um}}$ paarweise verschieden und wegen $\mathbf{F} = \frac{1}{2}(\mathbf{H} + \mathbf{M}_{\mathrm{um}})$ liegt der Mittelpunkt des FEUERBACHKREISES genau in der Mitte zwischen dem Höhenschnittpunkt **H** und dem Umkreismittelpunkt $\mathbf{M}_{\mathrm{um}}$. Es seien **P**, **Q**, **R** jeweils die Lotfußpunkte von **H**, **F**, $\mathbf{M}_{\mathrm{um}}$ auf die Seite c. Weil der Umkreismittelpunkt der Schnittpunkt der Mittelsenkrechten ist, muss $\mathbf{R} = \frac{1}{2}(\mathbf{A} + \mathbf{B})$ der Seitenmittelpunkt der Seite c sein und dieser liegt auf dem FEUERBACHKREIS, also ist insbesondere $||\mathbf{R} - \mathbf{F}|| = r_F$. Weil **F** in der Mitte zwischen **H** und $\mathbf{M}_{\mathrm{um}}$ liegt, folgt aus dem

Strahlensatz, dass auch **Q** in der Mitte zwischen **P** und **R** liegen muss. Aus dem Kongruenzsatz (SWS) angewandt auf die beiden rechtwinkligen Dreiecke $\triangle_{\mathbf{PQF}}$, $\triangle_{\mathbf{RQF}}$ ergibt sich die Kongruenz der Dreiecksseiten $\overline{\mathbf{PF}}$ und $\overline{\mathbf{RF}}$. Daher sind diese gleich lang und wir erhalten $||\mathbf{P} - \mathbf{F}|| = ||\mathbf{R} - \mathbf{F}|| = r_{\mathbf{F}}$, also liegt der Höhenfußpunkt **P** ebenfalls auf dem FEUERBACHKREIS. Analog verfährt man mit den anderen Höhenfußpunkten. □

Fassen wir die letzten Ergebnisse zusammen, so haben wir den Satz von FEUERBACH bewiesen, nämlich

5.5.25 Satz (Satz von Feuerbach)

Auf dem FEUERBACHKREIS *eines Dreiecks* $\triangle_{\mathbf{ABC}}$ *liegen die drei Seitenmitten, die Höhenfußpunkte und die Mittelpunkte der oberen Höhenabschnitte.*

5.5.26 Bemerkung

Aufgrund des letzten Satzes nennt man den FEUERBACHKREIS auch häufig den *Neun-Punkte-Kreis* (vergleiche mit Abbildung 5.44). Hierbei beachte man, dass bei einigen Dreiecken die oben genannten Punkte nicht allesamt verschieden sind.

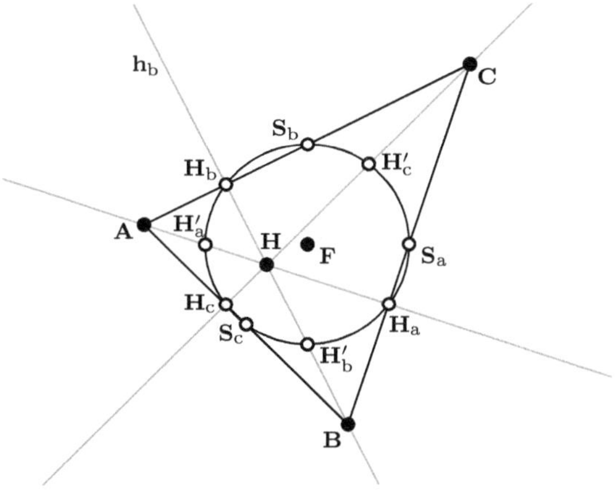

Abbildung 5.44.: Auf dem FEUERBACHKREIS eines Dreiecks $\triangle_{\mathbf{ABC}}$ liegen die drei Seitenmitten, die drei Höhenfußpunkte und die drei Mittelpunkte der oberen Höhenabschnitte.

5.5.27 Definition (Höhenfußpunktdreieck)

Gegeben sei ein Dreieck $\triangle_{\mathbf{ABC}}$, welches nicht rechtwinklig sei und **H** bezeichne den Höhenschnittpunkt. Weil $\triangle_{\mathbf{ABC}}$ nicht rechtwinklig ist, sind die drei Höhenfußpunkte $\mathbf{H_a}$, $\mathbf{H_b}$ sowie $\mathbf{H_c}$ paarweise verschieden und sie befinden sich in allgemeiner Lage. Das Dreieck $\triangle_{\mathbf{H_a H_b H_c}}$ heißt *Höhenfußpunktdreieck*.

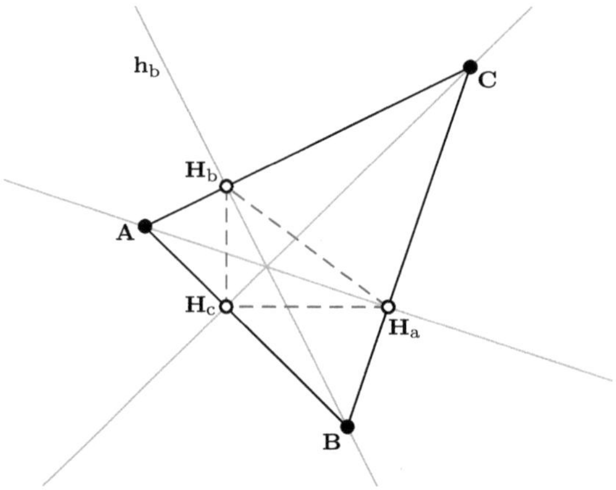

Abbildung 5.45.: Darstellung des Höhenfußpunktdreiecks $\triangle_{\mathbf{H_a H_b H_c}}$ eines Dreiecks $\triangle_{\mathbf{ABC}}$.

Ist $\triangle_{\mathbf{ABC}}$ nicht rechtwinklig, so sind die Höhenlinien $\mathbf{h}_a$, $\mathbf{h}_b$, $\mathbf{h}_c$ Sekanten des Umkreises $\mathrm{K}(\mathbf{M}_{\mathrm{um}}, \mathrm{r}_{\mathrm{um}})$ und schneiden diesen daher jeweils in zwei Punkten, das heißt $\mathbf{h}_a$ in $\mathbf{A}$, $\mathbf{A}'$, $\mathbf{h}_b$ in $\mathbf{B}$, $\mathbf{B}'$ und $\mathbf{h}_c$ in $\mathbf{C}$, $\mathbf{C}'$.

5.5.28 Satz

$\triangle_{\mathbf{ABC}}$ *sei nicht rechtwinklig und es sei* $\mathrm{K}(\mathbf{M}_{\mathrm{um}}, \mathrm{r}_{\mathrm{um}})$ *der Umkreis des Dreiecks. Dann stimmen die Schnittpunkte* $\mathbf{A}'$, $\mathbf{B}'$, $\mathbf{C}'$ *der Höhenlinien mit dem Umkreis mit den Spiegelpunkten von* $\mathbf{H}$ *an den jeweiligen Seiten des Dreiecks überein, das heißt es gilt*

$$||\mathbf{H} - \mathbf{H}_a|| = ||\mathbf{A}' - \mathbf{H}_a||, \ ||\mathbf{H} - \mathbf{H}_b|| = ||\mathbf{B}' - \mathbf{H}_b||, \ ||\mathbf{H} - \mathbf{H}_c|| = ||\mathbf{C}' - \mathbf{H}_c||.$$

***Beweis*:** Das Dreieck $\triangle_{\mathbf{AH_cC}}$ besitzt im Punkt $\mathbf{H}_c$ einen rechten Winkel, daher gilt $\sphericalangle_{\mathbf{ACH_c}} = \frac{\pi}{2} - \alpha$, wobei $\alpha = \sphericalangle_{\mathbf{CAH_c}}$. Da $\mathbf{C}, \mathbf{H}_c, \mathbf{C}'$ kollinear sind, ist auch $\sphericalangle_{\mathbf{ACC'}} = \sphericalangle_{\mathbf{ACH_c}} = \frac{\pi}{2} - \alpha$. Der Peripheriewinkelsatz für die Sehne $\overline{\mathbf{AC}'}$ ergibt $\sphericalangle_{\mathbf{ABC'}} = \sphericalangle_{\mathbf{ACC'}} = \frac{\pi}{2} - \alpha$. Da das Dreieck $\triangle_{\mathbf{ABH_b}}$ bei $\mathbf{B}$ einen rechten Winkel besitzt, folgt ebenso

$$\sphericalangle_{\mathbf{ABH_b}} = \frac{\pi}{2} - \sphericalangle_{\mathbf{H_bAB}} = \frac{\pi}{2} - \sphericalangle_{\mathbf{CAH_c}} = \frac{\pi}{2} - \alpha.$$

Nun sind aber $\angle_{\mathbf{ABH_b}} = \angle_{\mathbf{H_cBH}}$ und $\angle_{\mathbf{ABC'}} = \angle_{\mathbf{H_cBC'}}$, sodass wir den Kongruenzsatz (WSW) auf die beiden rechtwinkligen Dreiecke $\triangle_{\mathbf{H_cBH}}$, $\triangle_{\mathbf{H_cBC'}}$ anwenden können und hiermit insbesondere $||\mathbf{H} - \mathbf{H}_c|| = ||\mathbf{C}' - \mathbf{H}_c||$ folgern. Analog weist man die anderen beiden Gleichungen nach. □

5.5.29 Satz

Die Höhenlinien eines nicht rechtwinkligen Dreiecks $\triangle_{\mathbf{ABC}}$ *sind gleichzeitig die Winkelhalbierenden des Höhenfußpunktdreiecks* $\triangle_{\mathbf{H_a H_b H_c}}$.

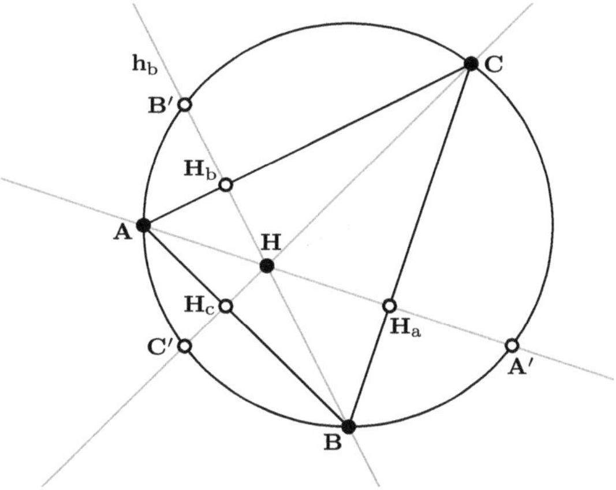

Abbildung 5.46.: Die Schnittpunkte $\mathbf{A}'$, $\mathbf{B}'$, $\mathbf{C}'$ der Höhenlinien mit dem Umkreis stimmen mit den Spiegelpunkten von $\mathbf{H}$ an den jeweiligen Seiten des Dreiecks überein.

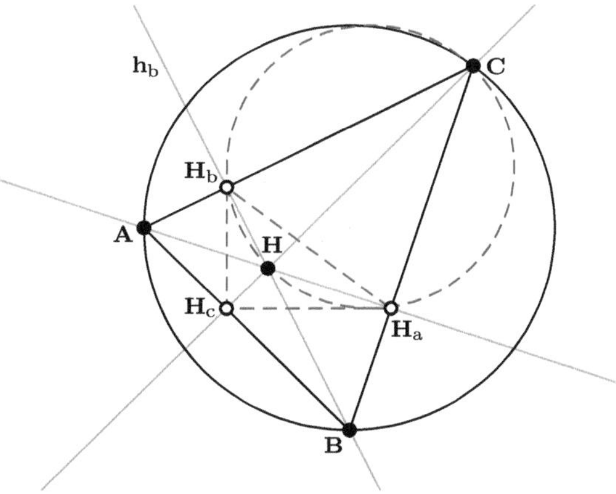

Abbildung 5.47.: Die Höhenlinien eines Dreiecks $\triangle_{\mathbf{ABC}}$ sind gleichzeitig die Winkelhalbierenden des Höhenfußpunktdreiecks $\triangle_{\mathbf{H_a H_b H_c}}$.

***Beweis*:** Die Höhenfußpunkte $\mathbf{H}_\mathrm{a}$, $\mathbf{H}_\mathrm{b}$ liegen beide auf dem THALES-Kreis der Strecke $\overline{\mathbf{CH}}$ (siehe Abbildung 5.47), also liegen $\mathbf{H}_\mathrm{a}, \mathbf{H}_\mathrm{b}, \mathbf{C}, \mathbf{H}$ auf einem gemeinsamen Kreis und nach dem Peripheriewinkelsatz für die Sehne $\overline{\mathbf{HH}_\mathrm{b}}$ gilt

$$\sphericalangle_{\mathbf{H_b H_a H}} = \sphericalangle_{\mathbf{H_b CH}} = \sphericalangle_{\mathbf{ACH_c}}.$$

Analog folgt

$$\sphericalangle_{\mathbf{H_cH_aH}} = \sphericalangle_{\mathbf{H_cBH}} = \sphericalangle_{\mathbf{ABH_b}}.$$

Im Beweis zu Satz 5.5.28 hatten wir aber gesehen, dass $\sphericalangle_{\mathbf{ABH_b}} = \sphericalangle_{\mathbf{ACH_c}}$, also ist $\sphericalangle_{\mathbf{H_bH_aH}} = \sphericalangle_{\mathbf{H_cH_aH}}$ und somit halbiert die Höhenlinie $\mathbf{h_a}$ den Winkel $\angle_{\mathbf{H_cH_aH_b}}$. Analog verfährt man bei den anderen Winkeln. □

5.5.30 Korollar
Die Seitenlinien eines nicht rechtwinkligen Dreiecks $\triangle_{\mathbf{ABC}}$ sind die äußeren Winkelhalbierenden des Höhenfußpunktdreiecks.

***Beweis*:** In Satz 5.5.29 haben wir gezeigt, dass die Höhenlinien die inneren Winkelhalbierenden des Höhenfußpunktdreiecks sind. Weil aber die inneren und äußeren Winkelhalbierenden orthogonal sind und die Höhenlinien und die Seitenlinien eines Dreiecks ebenfalls, folgt die Behauptung. □

5.5.31 Lemma
Die Umkreisradien von $\triangle_{\mathbf{ABC}}$ und $\triangle_{\mathbf{ABH}}$ stimmen überein.

***Beweis*:** Der Umkreisradius des Dreiecks $\triangle_{\mathbf{ABC}}$ ist $r_{\mathrm{um}} = \frac{c}{2\sin\gamma}$ mit $\gamma = \sphericalangle_{\mathbf{ACB}}$. Analog ist der Umkreisradius von $\triangle_{\mathbf{ABH}}$ gegeben durch $\frac{c}{2\sin\delta}$ mit $\delta := \sphericalangle_{\mathbf{AHB}}$. Aus den Kongruenzsätzen folgt $\sphericalangle_{\mathbf{AHB}} = \sphericalangle_{\mathbf{AC'B}}$. Weil sich nach Satz 5.5.28 die Punkte $\mathbf{A}, \mathbf{B}, \mathbf{C}, \mathbf{C'}$ auf einem gemeinsamen Umkreis befinden und $\mathbf{C}$ und $\mathbf{C'}$ auf verschiedenen Seiten der Sehne $\overline{\mathbf{AB}}$ liegen, folgt aus dem Peripheriewinkelsatz für den Umkreis, dass $\pi = \gamma + \delta$, also $\sin\delta = \sin(\pi - \gamma) = \sin\gamma$. □

5.6. Vierecke und Vierseite

Wir hatten bereits früher in Kapitel 2 ganz allgemein n-Ecke und geschlossene Polygonzüge eingeführt. In diesem Abschnitt möchten wir nur knapp eine Reihe besonderer Vierecke vorstellen, da diese in der Schulgeometrie von besonderer Bedeutung sind. Weiter unten besprechen wir ebenfalls etwas ausführlicher Vierseite.

5.6.a. Vierecke

In diesem Abschnitt sei $\square_{\mathbf{ABCD}} \subset \mathbb{E}^2$ stets ein einfach geschlossenes Viereck.

Schreibweise: Die Innenwinkel bei den Eckpunkten eines Vierecks $\square_{\mathbf{ABCD}}$ werden - analog wie bei Dreiecken - mit entsprechenden griechischen Lettern gekennzeichnet, das heißt α ist zum Beispiel die Bezeichnung für den Innenwinkel und die entsprechende Winkelweite, die zum Winkel $\angle_{\mathbf{BAD}}$ gehört.

Bei einem Viereck $\square_{\mathbf{ABCD}}$ meint man mit *gegenüberliegenden Ecken* die Eckenpaare $(\mathbf{A},\mathbf{C})$ bzw. $(\mathbf{B},\mathbf{D})$. Entsprechend nennt man die Seitenpaare $(\overline{\mathbf{AB}},\overline{\mathbf{CD}})$ bzw. $(\overline{\mathbf{BC}},\overline{\mathbf{DA}})$ gegenüberliegend. Die beiden Verbindungsstrecken $\overline{\mathbf{AC}}$ und $\overline{\mathbf{BD}}$ heißen *Diagonalen*.

5.6.1 Definition
Gegeben sei ein einfach geschlossenes Viereck $\square_{\mathbf{ABCD}} \subset \mathbb{E}^2$.

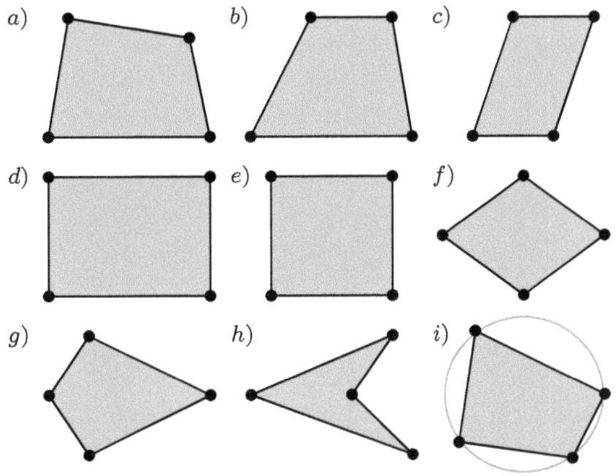

Abbildung 5.48.: Ein paar wichtige Vierecksarten. a) Generisches Viereck. b) Trapez. c) Parallelogramm. d) Rechteck. e) Quadrat. f) Raute. g) Drachenviereck. h) Pfeilviereck. i) Sehnenviereck.

1. Ein *Trapez* ist ein Viereck mit mindesten zwei parallelen Seiten.
2. Ein *Parallelogramm* ist ein Viereck mit parallelen gegenüberliegenden Seiten.
3. Das Viereck heißt *Rechteck*, wenn sämtliche Innenwinkel rechte Winkel sind.
4. Ein *Quadrat* ist ein Rechteck mit gleich langen Seiten.
5. Eine *Raute* ist ein Parallelogramm mit gleich langen Seiten.
6. Ein *Drachenviereck* ist ein Viereck, bei dem es zwei gegenüberliegende Ecken gibt, die jeweils zu den beiden anderen Ecken denselben Abstand haben.
7. Ein *Pfeilviereck* ist ein Viereck, bei dem sich die Diagonalen nicht schneiden.
8. Liegen die Ecken eines Vierecks auf einem gemeinsamen Kreis, so nennt man es *Sehnenviereck*.

Da bereits drei Punkte in allgemeiner Lage eindeutig einen Umkreis definieren, auf dem diese Punkte liegen, ist es im Allgemeinen nicht möglich zu einem Viereck $\square_{\mathbf{ABCD}}$ einen Kreis zu finden, auf dem alle Eckpunkte liegen. Ist dies jedoch möglich, so spricht man von einem Sehnenviereck. Diese Vierecke haben besondere

Eigenschaften. Aus dem Peripheriewinkelsatz weiter unten (siehe Satz 5.5.5) folgt, dass die Summe gegenüberliegender Winkel stets π ergibt. Das danach wohl bekannteste Theorem für Sehnenvierecke dürfte der Satz von PTOLEMÄUS sein, den wir hier kurz mithilfe des Kosinussatzes beweisen wollen.

5.6.2 Satz (Satz des Ptolemäus)

In einem Sehnenviereck ist das Produkt der Längen der Diagonalen gleich der Summe der Produkte der Längen gegenüberliegender Seiten.

***Beweis*:** Es sei $\square_{\mathbf{ABCD}}$ ein Sehnenviereck. Wir setzen

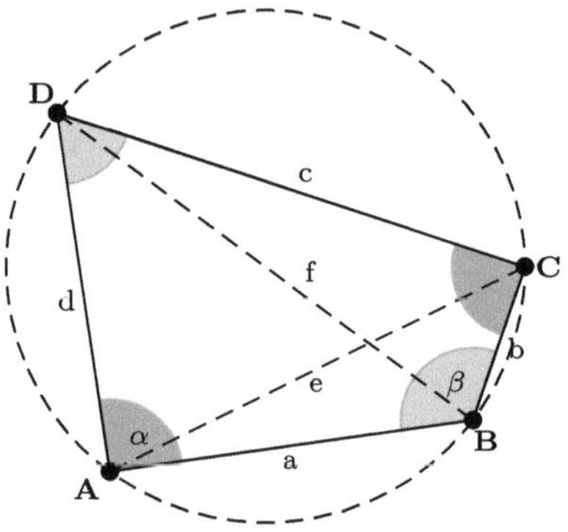

Abbildung 5.49.: Der Satz des PTOLEMÄUS besagt, dass in einem Sehnenviereck das Produkt der Längen der Diagonalen gleich der Summe der Produkte der Längen gegenüberliegender Seiten ist. Gegenüberliegende Winkel in einem Sehnenviereck ergänzen sich nach dem Peripheriewinkelsatz zu π.

$$\mathrm{a} := |\overline{\mathbf{AB}}|, \quad \mathrm{b} := |\overline{\mathbf{BC}}|, \quad \mathrm{c} := |\overline{\mathbf{CD}}|, \quad \mathrm{d} := |\overline{\mathbf{DA}}|$$

und für die Diagonalen

$$\mathrm{e} := |\overline{\mathbf{AC}}|, \quad \mathrm{f} := |\overline{\mathbf{BD}}|.$$

Ferner seien

$$\alpha := \sphericalangle_{\mathbf{BAD}}, \quad \beta := \sphericalangle_{\mathbf{CBA}}, \quad \gamma := \sphericalangle_{\mathbf{DCB}}, \quad \delta := \sphericalangle_{\mathbf{ADC}}.$$

Aus dem Peripheriewinkelsatz folgt zunächst

$$\gamma = \pi - \alpha, \quad \delta = \pi - \beta. \tag{5.6.1}$$

Der Kosinussatz gibt

$$\mathrm{e}^2 = \mathrm{a}^2 + \mathrm{b}^2 - 2\,\mathrm{ab} \cdot \cos\beta$$

und auch

$$e^2 = c^2 + d^2 - 2\,cd \cdot \cos\delta.$$

Wir multiplizieren die erste Gleichung mit cd und die zweite mit ab und addieren sie anschließend. Somit erhält man mit (5.6.1) und weil $\cos(\pi - x) = -\cos x$ die Gleichung

$$\begin{aligned}(ab + cd)\,e^2 &= cd(a^2 + b^2) + ab(c^2 + d^2) - 2\,abcd(\cos\beta + \cos\delta)\\ &= cd(a^2 + b^2) + ab(c^2 + d^2)\\ &= (ac + bd)(ad + bc). \qquad (5.6.2)\end{aligned}$$

Für die andere Diagonale können wir ebenfalls mit dem Kosinussatz zwei Formeln herleiten, nämlich

$$f^2 = a^2 + d^2 - 2\,ad \cdot \cos\alpha = b^2 + c^2 - 2\,bc \cdot \cos\gamma$$

und durch eine analoge Vorgehensweise ergibt sich diesmal

$$(ad + bc)\,f^2 = (ac + bd)(ab + cd).$$

Multiplizieren wir das mit (5.6.2), teilen durch $(ab + cd)(ad + bc)$ und ziehen anschließend die Wurzel, so ergibt sich

$$ef = ac + bd\,. \qquad (5.6.3)$$

Das war zu zeigen. □

5.6.3 Bemerkung
Als Nebenprodukt des vorstehenden Beweises erhalten wir zwei Formeln für die Längen der Diagonalen in Abhängigkeit der Seitenlängen des Sehnenvierecks. Es gelten die Formeln

$$e = \sqrt{\frac{(ac + bd)(ad + bc)}{ab + cd}}, \quad f = \sqrt{\frac{(ac + bd)(ab + cd)}{ad + bc}}. \qquad (5.6.4)$$

Damit wird

$$\frac{e}{f} = \frac{ad + bc}{ab + cd}. \qquad (5.6.5)$$

5.6.b. Vollständige Vierseite

Als nächstes erklären wir die bereits früher definierte Abbildung

$$[\cdot,\cdot] : \mathbb{R}^2 \times \mathbb{R}^2 \to \mathbb{R}$$

zu einer Abbildung

$$[\cdot,\cdot,\cdot] : \mathbb{E}^2 \times \mathbb{E}^2 \times \mathbb{E}^2 \to \mathbb{R},$$

indem wir setzen:

$$[\mathbf{A}, \mathbf{B}, \mathbf{C}] := [\overrightarrow{\mathbf{CA}}, \overrightarrow{\mathbf{CB}}].$$

(1) Offensichtlich ist $[\mathbf{A},\mathbf{B},\mathbf{C}] = -[\mathbf{B},\mathbf{A},\mathbf{C}]$. Weil $\overrightarrow{\mathbf{CA}} = \overrightarrow{\mathbf{CB}} + \overrightarrow{\mathbf{BA}}$, ergibt sich aber zusätzlich noch

$$\begin{aligned}[\mathbf{A},\mathbf{B},\mathbf{C}] &= [\overrightarrow{\mathbf{CA}},\overrightarrow{\mathbf{CB}}] = [\overrightarrow{\mathbf{CB}}+\overrightarrow{\mathbf{BA}},\overrightarrow{\mathbf{CB}}]\\ &= [\overrightarrow{\mathbf{BA}},\overrightarrow{\mathbf{CB}}] = -[\overrightarrow{\mathbf{BA}},\overrightarrow{\mathbf{BC}}]\\ &= -[\mathbf{A},\mathbf{C},\mathbf{B}].\end{aligned}$$

Daher ist $[\mathbf{A},\mathbf{B},\mathbf{C}]$ komplett schief-symmetrisch.

(2) $[\mathbf{A},\mathbf{B},\mathbf{C}] = 0$ ist äquivalent dazu, dass die Punkte $\mathbf{A},\mathbf{B},\mathbf{C}$ kollinear sind.

5.6.4 Lemma
Es gilt die Gleichung

$$\begin{aligned}&4\left[\mathbf{A}+\frac{1}{2}\overrightarrow{\mathbf{AC}},\mathbf{B}+\frac{1}{2}\overrightarrow{\mathbf{BD}},\mathbf{E}+\frac{1}{2}\overrightarrow{\mathbf{EF}}\right]\\ &= [\mathbf{A},\mathbf{B},\mathbf{F}]+[\mathbf{A},\mathbf{D},\mathbf{E}]+[\mathbf{C},\mathbf{B},\mathbf{E}]+[\mathbf{C},\mathbf{D},\mathbf{F}].\end{aligned} \tag{5.6.6}$$

***Beweis*:** Dies kann man leicht nachrechnen, etwa

$$\begin{aligned}&4\left[\mathbf{A}+\frac{1}{2}\overrightarrow{\mathbf{AC}},\mathbf{B}+\frac{1}{2}\overrightarrow{\mathbf{BD}},\mathbf{E}+\frac{1}{2}\overrightarrow{\mathbf{EF}}\right]\\ =\ & 4\left[\mathbf{A}-\mathbf{E}+\frac{1}{2}(\overrightarrow{\mathbf{AC}}-\overrightarrow{\mathbf{EF}}),\mathbf{B}-\mathbf{E}+\frac{1}{2}(\overrightarrow{\mathbf{BD}}-\overrightarrow{\mathbf{EF}})\right]\\ =\ & [\overrightarrow{\mathbf{FA}}+\overrightarrow{\mathbf{EC}},\overrightarrow{\mathbf{FB}}+\overrightarrow{\mathbf{ED}}]\\ =\ & [\overrightarrow{\mathbf{FA}},\overrightarrow{\mathbf{FB}}]+[\overrightarrow{\mathbf{FA}},\overrightarrow{\mathbf{ED}}]+[\overrightarrow{\mathbf{EC}},\overrightarrow{\mathbf{FB}}]+[\overrightarrow{\mathbf{EC}},\overrightarrow{\mathbf{ED}}]\\ =\ & [\overrightarrow{\mathbf{FA}},\overrightarrow{\mathbf{FB}}]+[\overrightarrow{\mathbf{FE}}+\overrightarrow{\mathbf{EA}},\overrightarrow{\mathbf{ED}}]+[\overrightarrow{\mathbf{EC}},\overrightarrow{\mathbf{FE}}+\overrightarrow{\mathbf{EB}}]+[\overrightarrow{\mathbf{EC}},\overrightarrow{\mathbf{ED}}]\\ =\ & [\overrightarrow{\mathbf{FA}},\overrightarrow{\mathbf{FB}}]+[\overrightarrow{\mathbf{EA}},\overrightarrow{\mathbf{ED}}]+[\overrightarrow{\mathbf{EC}},\overrightarrow{\mathbf{EB}}]\\ & +[\overrightarrow{\mathbf{FE}},\overrightarrow{\mathbf{ED}}]+[\overrightarrow{\mathbf{EC}},\overrightarrow{\mathbf{FE}}]+[\overrightarrow{\mathbf{EC}},\overrightarrow{\mathbf{ED}}]\\ =\ & [\mathbf{A},\mathbf{B},\mathbf{F}]+[\mathbf{A},\mathbf{D},\mathbf{E}]+[\mathbf{C},\mathbf{B},\mathbf{E}]\\ & +\underbrace{[\overrightarrow{\mathbf{FE}},\overrightarrow{\mathbf{ED}}]+[\overrightarrow{\mathbf{EC}},\overrightarrow{\mathbf{FE}}]+[\overrightarrow{\mathbf{EC}},\overrightarrow{\mathbf{ED}}]}_{(*)}.\end{aligned}$$

Die letzten drei Terme in $(*)$ lassen sich wie folgt umformen.

$$\begin{aligned}&[\overrightarrow{\mathbf{FE}},\overrightarrow{\mathbf{ED}}]+[\overrightarrow{\mathbf{EC}},\overrightarrow{\mathbf{FE}}]+[\overrightarrow{\mathbf{EC}},\overrightarrow{\mathbf{ED}}]\\ =\ & [\overrightarrow{\mathbf{FE}},\overrightarrow{\mathbf{ED}}+\overrightarrow{\mathbf{CE}}]+[\overrightarrow{\mathbf{EC}},\overrightarrow{\mathbf{ED}}]\\ =\ & [\overrightarrow{\mathbf{FE}},\overrightarrow{\mathbf{CD}}]+[\overrightarrow{\mathbf{EC}},\overrightarrow{\mathbf{EC}}+\overrightarrow{\mathbf{CD}}]\\ =\ & [\overrightarrow{\mathbf{FE}},\overrightarrow{\mathbf{CD}}]+[\overrightarrow{\mathbf{EC}},\overrightarrow{\mathbf{CD}}] = [\overrightarrow{\mathbf{FE}}+\overrightarrow{\mathbf{EC}},\overrightarrow{\mathbf{CD}}]\\ =\ & [\overrightarrow{\mathbf{FC}},\overrightarrow{\mathbf{CD}}] = [\overrightarrow{\mathbf{CD}},\overrightarrow{\mathbf{CF}}] = [\mathbf{D},\mathbf{F},\mathbf{C}] = [\mathbf{C},\mathbf{D},\mathbf{F}].\end{aligned}$$

Setzt man dies bei $(*)$ ein, so ergibt sich die gewünschte Gleichung. □

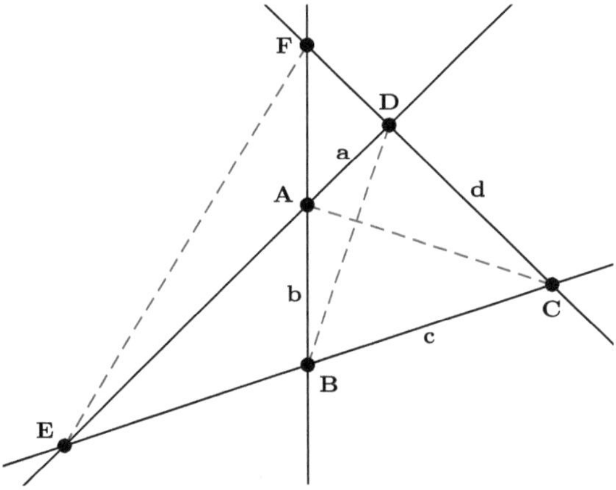

Abbildung 5.50.: Darstellung eines vollständigen Vierseits $\#(\mathbf{a}, \mathbf{b}, \mathbf{c}, \mathbf{d})$ mit seinen Ecken **A**, **B**, **C**, **D**, **E**, **F** und Diagonalen $\overline{\mathbf{AC}}$, $\overline{\mathbf{BD}}$, $\overline{\mathbf{EF}}$.

5.6.5 Definition

Ein *vollständiges Vierseit*, geschrieben $\#(\mathbf{a}, \mathbf{b}, \mathbf{c}, \mathbf{d})$, besteht aus vier verschiedenen Geraden **a**, **b**, **c**, **d**, die sich paarweise schneiden, aber bei denen der Schnitt von je dreien von ihnen leer ist. Es ergeben sich insgesamt sechs verschiedene Schnittpunkte

$$\mathbf{A} := \mathbf{a} \cap \mathbf{b},\ \mathbf{B} := \mathbf{b} \cap \mathbf{c},\ \mathbf{C} := \mathbf{c} \cap \mathbf{d},\ \mathbf{D} := \mathbf{d} \cap \mathbf{a},\ \mathbf{E} := \mathbf{a} \cap \mathbf{c},\ \mathbf{F} := \mathbf{b} \cap \mathbf{d},$$

die man *Ecken* des Vierseits nennt. Auf jeder Geraden liegen genau drei Ecken. Zu jeder Ecke **P** existiert genau eine weitere Ecke **Q**, sodass die hierdurch bestimmte Verbindungsgerade **PQ** noch nicht Teil des Vierseits $\#(\mathbf{a}, \mathbf{b}, \mathbf{c}, \mathbf{d})$ ist. Man nennt **Q** die *Gegenecke* von **P**. Entsprechend ist dann auch **P** die Gegenecke von **Q**. Auf diese Weise entstehen drei Paare (Ecke, Gegenecke), dies sind die Paare $(\mathbf{A}, \mathbf{C})$, $(\mathbf{B}, \mathbf{D})$ und $(\mathbf{E}, \mathbf{F})$. Unter den *Diagonalen* des Vierseits versteht man die Strecken

$$\overline{\mathbf{AC}},\quad \overline{\mathbf{BD}},\quad \overline{\mathbf{EF}}.$$

5.6.6 Satz (Satz von Gauß)

In jedem vollständigen Vierseit $\#(\mathbf{a}, \mathbf{b}, \mathbf{c}, \mathbf{d})$ *liegen die Mittelpunkte der Diagonalen auf einer Geraden, welche man* GAUSS-*Gerade nennt.*

***Beweis*:** Wir benutzen die Bezeichnungen in Definition 5.6.5. Die Mittelpunkte der Diagonalen sind die Punkte

$$\mathbf{D_1} = \mathbf{A} + \frac{1}{2}\overrightarrow{\mathbf{AC}},\quad \mathbf{D_2} = \mathbf{B} + \frac{1}{2}\overrightarrow{\mathbf{BD}},\quad \mathbf{D_3} = \mathbf{E} + \frac{1}{2}\overrightarrow{\mathbf{EF}}.$$

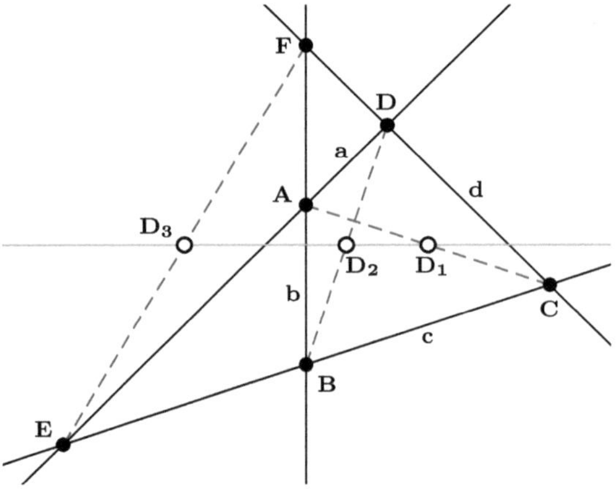

Abbildung 5.51.: Die Mittelpunkte der Diagonalen eines Vierseits liegen auf einer gemeinsamen Geraden, der GAUSS-Geraden des Vierseits.

Die Behauptung, dass diese Punkte kollinear sind, ist äquivalent zur Behauptung $[\mathbf{D_1}, \mathbf{D_2}, \mathbf{D_3}] = 0$. Nach Gleichung (5.6.6) ist jedoch

$$4[\mathbf{D_1}, \mathbf{D_2}, \mathbf{D_3}] = [\mathbf{A}, \mathbf{B}, \mathbf{F}] + [\mathbf{A}, \mathbf{D}, \mathbf{E}] + [\mathbf{C}, \mathbf{B}, \mathbf{E}] + [\mathbf{C}, \mathbf{D}, \mathbf{F}]$$

und jeder der vier Terme auf der rechten Seite verschwindet, weil die betreffenden Punkte jeweils kollinear sind. □

5.6.7 Definition

Vier Punkte $\mathbf{A_1}, \mathbf{A_2}, \mathbf{A_3}, \mathbf{A_4}$ befinden sich in *allgemeiner Lage*, wenn keine drei von ihnen kollinear sind und keine zwei der sechs möglichen Verbindungsgeraden parallel sind.

Befinden sich vier Punkte $\mathbf{A_1}, \mathbf{A_2}, \mathbf{A_3}, \mathbf{A_4}$ in allgemeiner Lage, so bilden sie ebenfalls ein Viereck $\square_{\mathbf{A_1 A_2 A_3 A_4}}$. Umgekehrt befinden sich die Ecken eines Vierecks aber nicht immer in allgemeiner Lage, zum Beispiel ist das beim Parallelogramm nicht der Fall. Ein geordnetes Tupel $(\mathbf{A_1}, \mathbf{A_2}, \mathbf{A_3}, \mathbf{A_4})$ von vier Punkten in allgemeiner Lage erzeugt ein vollständiges Vierseit $\diamond(\mathbf{A_1}, \mathbf{A_2}, \mathbf{A_3}, \mathbf{A_4})$ durch

$$\diamond(\mathbf{A_1}, \mathbf{A_2}, \mathbf{A_3}, \mathbf{A_4}) := \#(\mathbf{A_1 A_2}, \mathbf{A_2 A_3}, \mathbf{A_3 A_4}, \mathbf{A_4 A_1}).$$

Durch Permutationen der Punkte $\mathbf{A_1}$, $\mathbf{A_2}$, $\mathbf{A_3}$, $\mathbf{A_4}$ können drei verschiedene vollständige Vierseite (siehe Abbildung 5.52) bestimmt werden. Dies sind die Vierseite

$$\diamond(\mathbf{A_1}, \mathbf{A_2}, \mathbf{A_3}, \mathbf{A_4}), \quad \diamond(\mathbf{A_1}, \mathbf{A_3}, \mathbf{A_4}, \mathbf{A_2}), \quad \diamond(\mathbf{A_1}, \mathbf{A_4}, \mathbf{A_2}, \mathbf{A_3}).$$

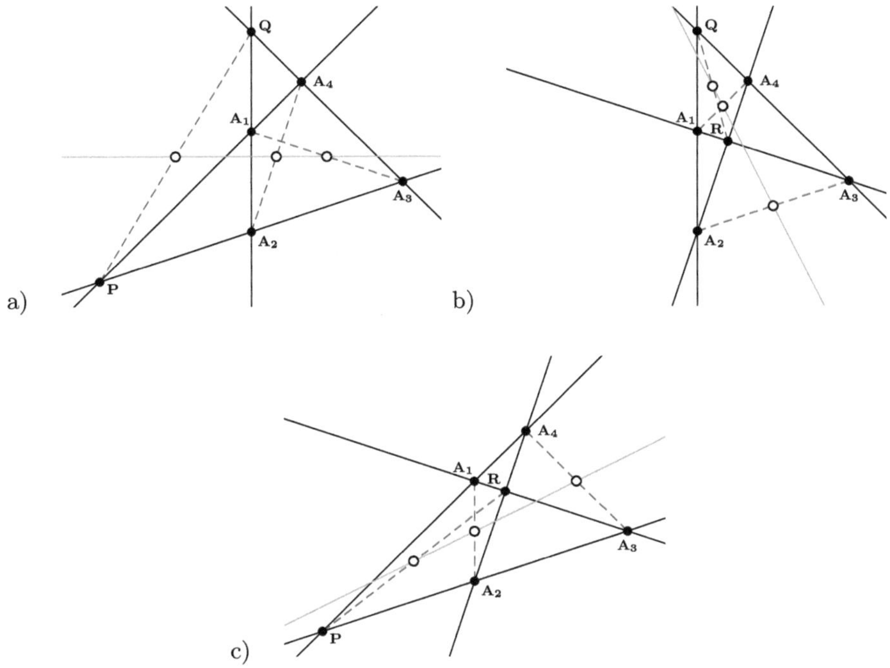

Abbildung 5.52.: Durch zyklisches Vertauschen lassen sich aus vier Punkten $\mathbf{A_1}$, $\mathbf{A_2}$, $\mathbf{A_3}$, $\mathbf{A_4}$ in allgemeiner Lage drei verschiedene vollständige Vierseite erzeugen.

5.6.8 Satz

Gegeben seien vier Punkte $\mathbf{A_1}, \mathbf{A_2}, \mathbf{A_3}, \mathbf{A_4}$ *in allgemeiner Lage. Die drei* GAUSS-*Geraden der Vierseite*

$$\diamond(\mathbf{A_1}, \mathbf{A_2}, \mathbf{A_3}, \mathbf{A_4}), \quad \diamond(\mathbf{A_1}, \mathbf{A_3}, \mathbf{A_4}, \mathbf{A_2}), \quad \diamond(\mathbf{A_1}, \mathbf{A_4}, \mathbf{A_2}, \mathbf{A_3})$$

schneiden sich in einem gemeinsamen Punkt $\mathbf{S}$. *Dieser ist der Schwerpunkt des Vierecks* $\square_{\mathbf{A_1 A_2 A_3 A_4}}$, *also der Punkt*

$$\mathbf{S} = \frac{1}{4}(\mathbf{A_1} + \mathbf{A_2} + \mathbf{A_3} + \mathbf{A_4}) = \mathbf{A_1} + \frac{1}{4}(\overrightarrow{\mathbf{A_1 A_2}} + \overrightarrow{\mathbf{A_1 A_3}} + \overrightarrow{\mathbf{A_1 A_4}}).$$

***Beweis*:** Es genügt zu zeigen, dass sich der Schwerpunkt $\mathbf{S}$ jeweils auf den GAUSS-Geraden befindet. Beim ersten Vierseit $\diamond(\mathbf{A_1}, \mathbf{A_2}, \mathbf{A_3}, \mathbf{A_4})$ sind insbesondere die Punkte

$$\mathbf{D_1} := \mathbf{A_1} + \frac{1}{2}\overrightarrow{\mathbf{A_1 A_3}}, \quad \mathbf{D_2} := \mathbf{A_2} + \frac{1}{2}\overrightarrow{\mathbf{A_2 A_4}}$$

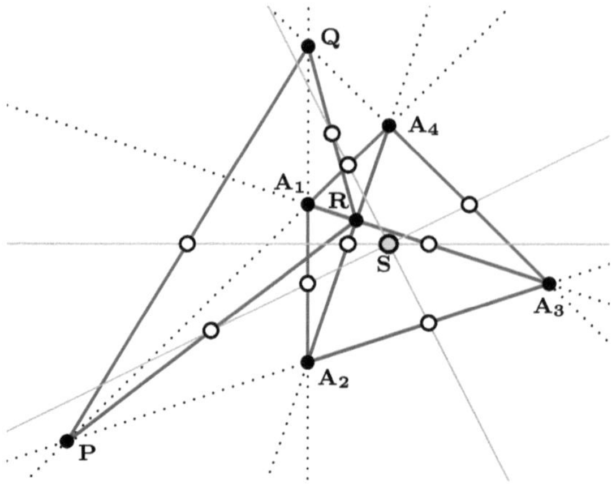

Abbildung 5.53.: Die drei GAUSS-Geraden der drei Vierseite $\diamond(\mathbf{A_1}, \mathbf{A_2}, \mathbf{A_3}, \mathbf{A_4})$, $\diamond(\mathbf{A_1}, \mathbf{A_3}, \mathbf{A_4}, \mathbf{A_2})$, $\diamond(\mathbf{A_1}, \mathbf{A_4}, \mathbf{A_2}, \mathbf{A_3})$ schneiden sich im Schwerpunkt **S** des Vierecks $\square_{\mathbf{A_1A_2A_3A_4}}$.

Seitenmitten von zwei Diagonalen und die Verbindungsgerade ist die GAUSS-Gerade von $\diamond(\mathbf{A_1}, \mathbf{A_2}, \mathbf{A_3}, \mathbf{A_4})$. Den Schwerpunkt **S** kann man aber in der Form

$$\mathbf{S} = \mathbf{D_1} + \frac{1}{2}\overrightarrow{\mathbf{D_1D_2}}$$

schreiben und somit ist $[\mathbf{D_1}, \mathbf{D_2}, \mathbf{S}] = 0$, das heißt $\mathbf{D_1}, \mathbf{D_2}, \mathbf{S}$ sind kollinear. Analog überprüft man, dass **S** auf den anderen beiden GAUSS-Geraden liegt. □

Aufgaben

Aufgabe 5.1
Für einen Punkt **D** der Hypotenuse **AB** eines rechtwinkligen Dreiecks $\triangle_{\mathbf{ABC}}$ seien **E** und **F** die Lotfußpunkte auf die Katheten **BC** und **AC** (siehe Abbildung 5.54). Man bestimme diejenige Position von **D**, für die die Strecke **EF** minimale Länge hat.

Aufgabe 5.2
Ein Dreieck wird durch seine Seitenhalbierenden in sechs kleinere Teildreiecke zerlegt. Man zeige, dass diese Dreiecke jeweils denselben Flächeninhalt besitzen.

Aufgabe 5.3 (Formel von Heron)
Man berechne den Flächeninhalt für ein Dreieck mit Kantenlängen a, b, c und leite so die Formel von HERON her.

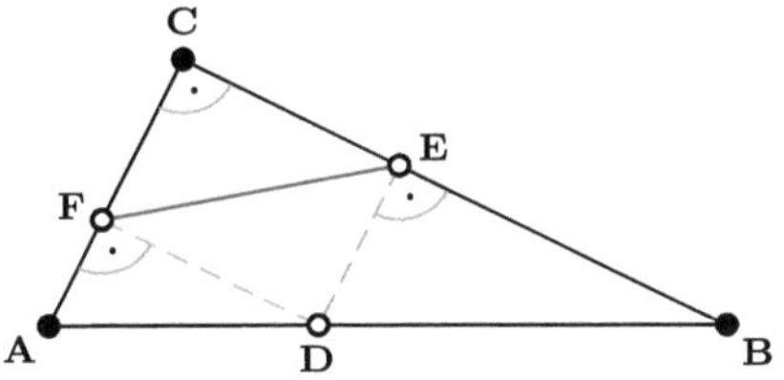

Abbildung 5.54.: Abbildung zu Aufgabe 5.1.

Aufgabe 5.4 (Sichel des Archimedes)
Eine Strecke $\overline{\mathbf{AB}}$ werde durch einen Punkt $\mathbf{H}_c$ in zwei Teile geteilt. Aus der Halbkreisscheibe über der Strecke $\overline{\mathbf{AB}}$ entferne man die beiden Halbkreisscheiben über den Strecken $\overline{\mathbf{AH}_c}$ bzw. $\overline{\mathbf{H}_c\mathbf{B}}$. Die verbliebene Figur (siehe Abbildung 5.55) nennt man die *Sichel des* ARCHIMEDES oder auch *Arbelos*. Das Lot in $\mathbf{H}_c$ auf $\mathbf{AB}$ schneide den Halbkreis über $\overline{\mathbf{AB}}$ in $\mathbf{C}$. Man zeige, dass die Fläche des Arbelos mit der Fläche der Kreisscheibe übereinstimmt, deren Durchmesser durch die Höhe $|\overline{\mathbf{CH}_c}|$ gegeben ist.

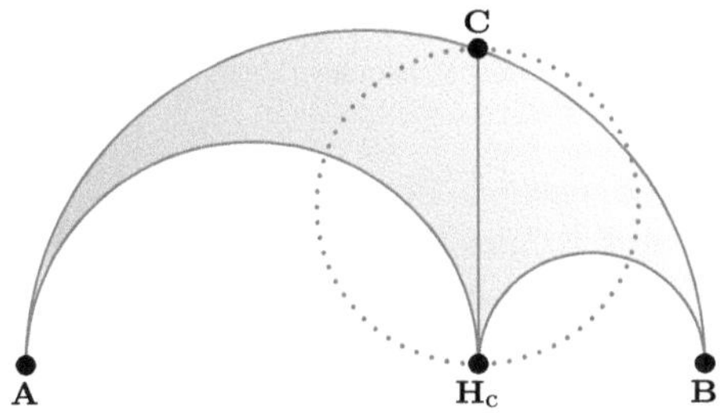

Abbildung 5.55.: Die Sichel des ARCHIMEDES.

Aufgabe 5.5 (Eulers Abstand)
Es sei d der Abstand der Um- und Inkreismittelpunkte $\mathbf{M}_{\mathrm{um}}$, $\mathbf{M}_{\mathrm{in}}$ eines beliebigen euklidischen Dreiecks. Man zeige, dass zwischen d und den entsprechenden Um- und Inkreisradien $\mathrm{r_{um}}$, $\mathrm{r_{in}}$ die Beziehung $\mathrm{d}^2 = \mathrm{r_{um}}(\mathrm{r_{um}} - 2\,\mathrm{r_{in}})$ besteht. Wann gilt $\mathbf{M}_{\mathrm{um}} = \mathbf{M}_{\mathrm{in}}$?

Aufgabe 5.6 (Satz von Steiner–Lehmus)
Man zeige, dass jedes Dreieck mit zwei gleich langen Winkelhalbierenden auch gleichschenklig ist.

Aufgabe 5.7 (Satz von Stewart)
In einem Dreieck $\triangle_{\mathbf{ABC}}$ teile die Ecktransversale **CZ** die gegenüberliegende Seite c in die Abschnitte $\overline{\mathbf{AZ}}$ der Länge m und $\overline{\mathbf{ZB}}$ der Länge n. Man zeige, dass für die Länge $\mathrm{t} := |\overline{\mathbf{CZ}}|$ dann gilt:

$$\mathrm{c}(\mathrm{t}^2 + \mathrm{m\,n}) = \mathrm{m\,a}^2 + \mathrm{n\,b}^2\,.$$

Aufgabe 5.8
Man zeige, dass für den Inkreisradius $\mathrm{r_{in}}$ und die drei Ankreisradien r_α, r_β, r_γ eines Dreiecks $\triangle_{\mathbf{ABC}}$ die Gleichung

$$\frac{1}{\mathrm{r_{in}}} = \frac{1}{\mathrm{r}_\alpha} + \frac{1}{\mathrm{r}_\beta} + \frac{1}{\mathrm{r}_\gamma}$$

erfüllt ist.

Aufgabe 5.9 (Simson-Gerade)
Es sei **P** ein Punkt auf dem Umkreis des Dreiecks $\triangle_{\mathbf{ABC}}$ und **X**, **Y**, **Z** seien die Lotfußpunkte der von **P** auf die Dreieckslinien gefällten Lote. Man zeige, dass **X**, **Y**, **Z** auf einer gemeinsamen Geraden liegen. Diese Gerade heißt SIMSON-*Gerade*. [3)]

Aufgabe 5.10 (Satz von Varignon)
Man zeige den Satz von VARIGNON. Verbindet man die Mittelpunkte der Seiten eines beliebigen ebenen Vierecks, so entsteht ein Parallelogramm, dessen Flächeninhalt genau halb so groß ist wie der des Vierecks (VARIGNON-Parallelogramm).

Aufgabe 5.11
Man finde den Fehler in folgendem Beweis.
Behauptung: Jedes Dreieck ist gleichschenklig.
„*Beweis*“: Im Dreieck $\triangle_{\mathbf{ABC}}$ sei **M** der Seitenmittelpunkt von $\overline{\mathbf{AB}}$ und **D** sei der Schnittpunkt der Mittelsenkrechten auf $\overline{\mathbf{AB}}$ mit der Winkelhalbierenden des Winkels $\angle_{\mathbf{ACB}}$ (vergleiche mit Abbildung 5.56). **E** sei der Lotfußpunkt des senkrechten Lots von **D** auf die Seite $\overline{\mathbf{AC}}$ und entsprechend sei **F** der Lotfußpunkt des Lots von **D** auf $\overline{\mathbf{BC}}$.

1. Da nach Konstruktion $\angle_{\mathbf{ECD}} \equiv \angle_{\mathbf{FCD}}$ und die Winkel $\angle_{\mathbf{CED}}, \angle_{\mathbf{CFD}}$ rechte Winkel sind, folgt aus dem Winkelsummensatz, dass auch $\angle_{\mathbf{EDC}} \equiv \angle_{\mathbf{FDC}}$.

3) In der Literatur wird diese Gerade auch manchmal WALLACE-Gerade genannt.

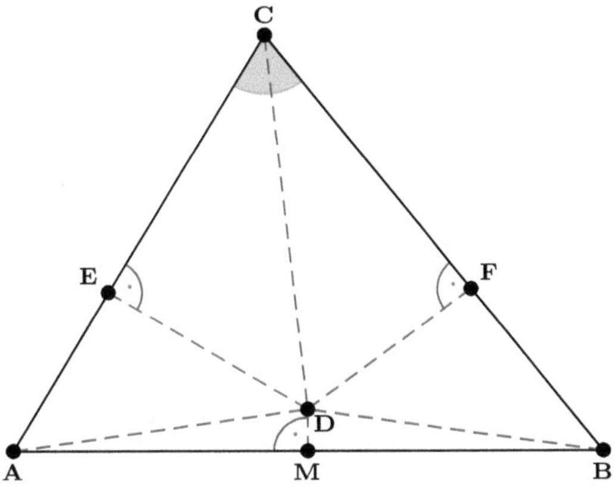

Abbildung 5.56.: Abbildung zu Aufgabe 5.11.

2. Dann ergibt sich aus dem Kongruenzsatz (WSW), dass die Dreiecke $\triangle_{\mathbf{CDE}}$ und $\triangle_{\mathbf{CDF}}$ kongruent sind, insbesondere ist $\overline{\mathbf{EC}} \equiv \overline{\mathbf{FC}}$.
3. Die rechtwinkligen Dreiecke $\triangle_{\mathbf{AMD}}$ und $\triangle_{\mathbf{BMD}}$ sind nach dem Kongruenzsatz (SWS) kongruent, insbesondere gilt $\overline{\mathbf{AD}} \equiv \overline{\mathbf{BD}}$.
4. Da die Strecke $\overline{\mathbf{DE}}$ senkrecht auf $\mathbf{AC}$ steht, ist sie kürzer als die Strecke $\overline{\mathbf{AD}}$. Aus dem Kongruenzsatz (SsW) folgt daher die Kongruenz der Dreiecke $\triangle_{\mathbf{ADE}}, \triangle_{\mathbf{BDF}}$, insbesondere gilt $\overline{\mathbf{AE}} \equiv \overline{\mathbf{BF}}$.
5. Weil $\overline{\mathbf{AE}} \equiv \overline{\mathbf{BF}}$ und $\overline{\mathbf{EC}} \equiv \overline{\mathbf{FC}}$ folgt dann $\overline{\mathbf{AC}} \equiv \overline{\mathbf{BC}}$.

Aufgabe 5.12 (Satz von Morley)
Man zeige den Satz von Morley. Drittelt man die Winkel eines Dreiecks $\triangle_{\mathbf{ABC}}$ (vergleiche mit Abbildung 5.57), so bilden die Schnittpunkte abwechselnder Winkeldreiteilenden ein gleichseitiges Dreieck. Hinweis: Man benutze den Winkelsummensatz und eine Art *Winkel-Sudoku*.

Aufgabe 5.13
Gegeben sei ein Kreis K und ein Sehnenviereck $\square_{\mathbf{ABCD}}$ mit Eckpunkten auf K. Der Schnittpunkt der Diagonalen $\overline{\mathbf{AC}}$ und $\overline{\mathbf{BD}}$ heiße $\mathbf{S}$. Ferner seien die Geraden $\mathbf{AD}$, $\mathbf{BC}$ nicht parallel und wir bezeichnen den Schnittpunkt mit $\mathbf{R}$. Man zeige, dass $\mathbf{RS} \perp \mathbf{AB}$.

Aufgabe 5.14 (Tangentenviereck)
Gegeben seien vier Punkte $\mathbf{P}, \mathbf{Q}, \mathbf{R}, \mathbf{S}$ auf einem Kreis K, sodass sich die Tangenten an den Kreis durch diese Punkte in vier weiteren Punkten $\mathbf{A}, \mathbf{B}, \mathbf{C}, \mathbf{D}$ schneiden (vergleiche mit Abbildung 5.58). Man nennt das Viereck $\square_{\mathbf{ABCD}}$ ein *Tangentenviereck*. Tangentenvierecke haben besondere Eigenschaften. Man zeige:

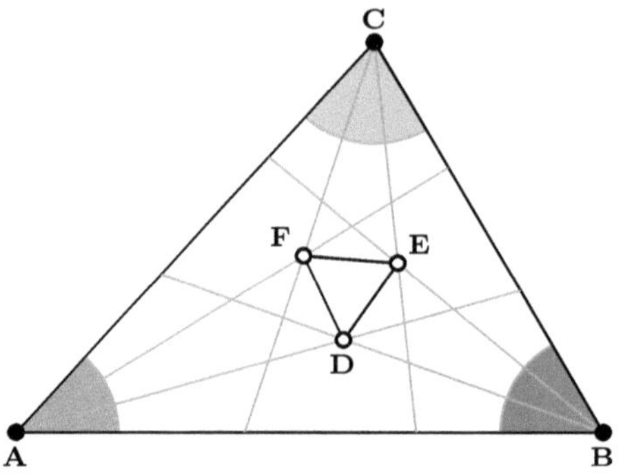

Abbildung 5.57.: Der Satz von MORLEY.

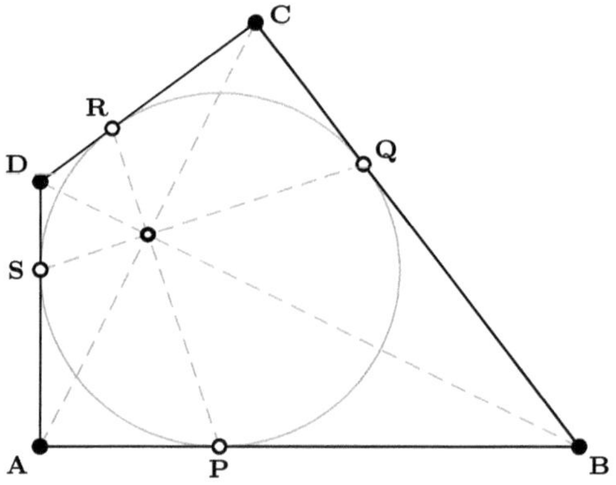

Abbildung 5.58.: Ein Tangentenviereck mit seinem Berührkreis. Tangentenvierecke besitzen besondere Eigenschaften.

a) Die Sehnen $\overline{\mathbf{PR}}, \overline{\mathbf{SQ}}$ schneiden sich in demselben Punkt wie die Diagonalen $\overline{\mathbf{AC}}, \overline{\mathbf{BD}}$.

b) Es gilt $|\overline{\mathbf{AB}}| + |\overline{\mathbf{CD}}| = |\overline{\mathbf{AD}}| + |\overline{\mathbf{BC}}|$.

6. Kegelschnitte

Ziel dieses Kapitels ist es, den Leser mit den wichtigsten Eigenschaften der *Kegelschnitte* vertraut zu machen. Ein Kegelschnitt ist die Schnittmenge einer affinen Ebene $\mathcal{E}$ in $\mathbb{R}^3$ mit einem Doppelkegel $\mathcal{C} \subset \mathbb{R}^3$, der Einfachheit halber wählen wir hierzu den Kreiskegel

$$\mathcal{C} := \{(x, y, z) \in \mathbb{R}^3 : x^2 + y^2 = z^2\}.$$

Die Lage der affinen Ebene $\mathcal{E}$ relativ zum Kegel $\mathcal{C}$ entscheidet darüber, welche

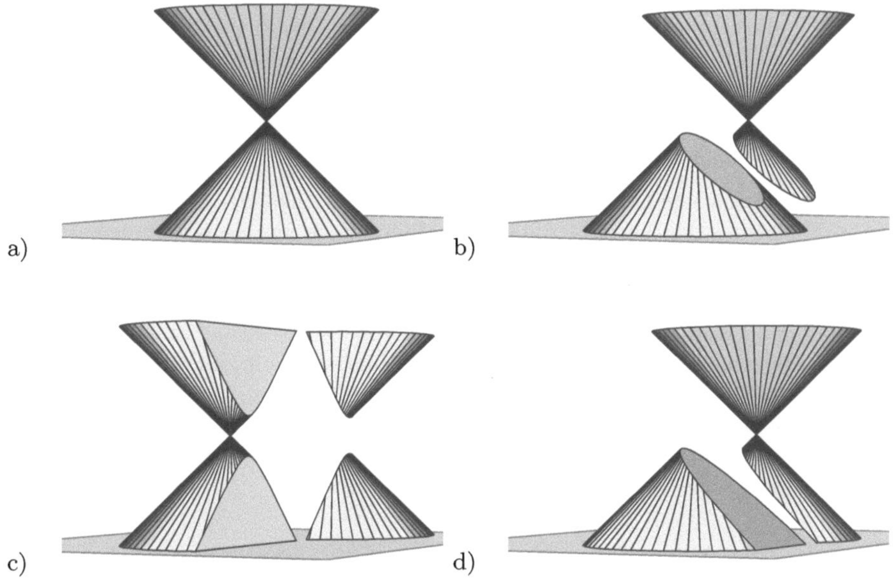

Abbildung 6.1.: a) Ein Doppelkegel. b) Darstellung einer Ellipse als Schnittmenge einer affinen Ebene mit einem Doppelkegel. c) Bei diesem Kegelschnitt handelt es sich um eine Hyperbel. d) Schneidet man den Kegel mit einer Ebene, die parallel zu einer Mantellinie ist und die nicht durch die Kegelspitze verläuft, so entsteht als Kegelschntt eine Parabel.

unterschiedlichen Typen von Schnittmengen man erhält. Man kann dabei zwischen entarteten und regulären Schnitten unterscheiden.

1. **Entartete Schnitte.** Enthält die Schnittebene die Kegelspitze, also den Ursprung des Koordinatensystems, so nennt man die Schnittmenge entartet. Die folgenden Fälle sind möglich.
   a) Der Schnitt besteht aus einem einzelnen Punkt, nämlich der Kegelspitze.
   b) Die Ebene berührt den Mantel des Kegels. Dann ist der Schnitt die entsprechende Mantellinie.
   c) Die Ebene schneidet den Kegel transversal und der Schnitt besteht somit aus einem sich schneidenden Geradenpaar.
2. **Reguläre Schnitte.** Liegt die Kegelspitze nicht im Schnitt, so erhalten wir als Schnittmenge entweder eine Ellipse (oder einen Kreis), eine Parabel oder eine Hyperbel. Dabei entscheidet der Neigungswinkel der Schnittebene bezüglich der (x, y)-Ebene darüber, welcher dieser drei Fälle entritt.
   a) Eine Ellipse entsteht, wenn der Neigungswinkel der Schnittebene bezüglich der (x, y)-Ebene kleiner ist als der Neigungswinkel der Mantellinien des Kegels (vergleiche mit Abbildung 6.1). Ist die Ebene sogar horizontal, wird die Ellipse zu einem Kreis.
   b) Falls dieser Neigungswinkel hingegen mit dem Neigungswinkel der Mantellinien des Kegels übereinstimmt, so ist der Kegelschnitt eine Parabel.
   c) Hyperbeln entstehen, wenn der Neigungswinkel der Schnittebene größer ist als der Neigungswinkel der Mantellinien des Kegels.

Ganz zum Schluss dieses Kapitels werden wir noch nachweisen, dass die gerade angegebenen Kurven tatsächlich genau die Schnittkurven sind, die sich durch Schneiden einer affinen Ebene mit dem Doppelkegel ergeben. Wir verschieben diese Rechnungen ganz bewusst ans Ende des Kapitels, da sie für die Schulgeometrie selbst weniger relevant sind als die Geometrie der regulären Schnittkurven, die wir deshalb in den nun folgenden Abschnitten im Detail studieren werden. Hierzu ist es zweckmäßig, $\mathbb{E}^2$ eher als Vektorraum und nicht als affine Ebene aufzufassen, weshalb wir für dieses Kapitel folgende Identifikation vereinbaren.

Wir identifizieren die affine euklidische Ebene $\mathbb{E}^2$ mit $\mathbb{R}^2$, indem wir als Ursprung den Punkt $\mathbf{0} = (0, 0) \in \mathbb{E}^2$ auswählen und die Punkte $\mathbf{P} \in \mathbb{E}^2$ anschließend mit ihren Richtungsvektoren $\overrightarrow{\mathbf{0P}} \in \mathbb{R}^2$ gleichsetzen.

Schreibweise: Punkte werden dann als Spaltenvektoren geschrieben, das heißt

$$\mathbf{P} = \begin{pmatrix} x \\ y \end{pmatrix}, \text{ mit } \mathbf{P} = x \cdot \vec{e_1} + y \cdot \vec{e_2},$$

wobei $\vec{e_1}, \vec{e_2}$ die Standardbasis des $\mathbb{R}^2$ sei. Für das Transponieren einer Matrix benutzen wir wie üblich ein nach oben gestelltes ^{t}, sodass wir zusätzlich die Schreibweise

$$\begin{pmatrix} x \\ y \end{pmatrix} = (x, y)^{\mathrm{t}}$$

verwenden können.

6.1. Ellipsen

6.1.1 Definition (Ellipse)

Gegeben seien zwei Punkte $\mathbf{F_1}$, $\mathbf{F_2}$ und eine reelle Zahl $\mathrm{a} > \frac{1}{2}||\mathbf{F_1} - \mathbf{F_2}||$. Die *Ellipse* mit *Brennpunkten* $\mathbf{F_1}$, $\mathbf{F_2}$ und *großer Halbachse* a ist die Punktmenge

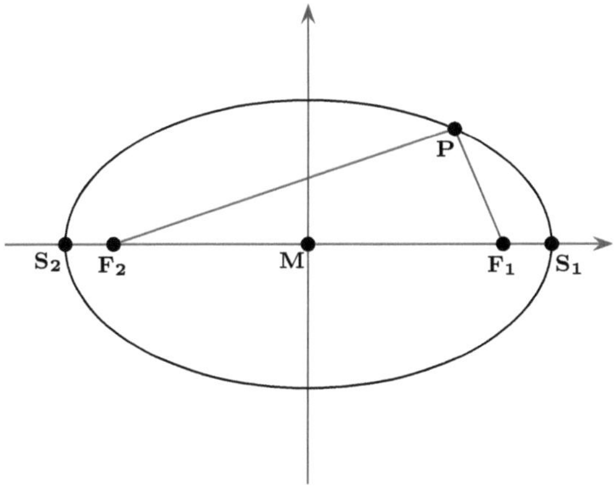

Abbildung 6.2.: Eine Ellipse mit Brennpunkten $\mathbf{F_1}, \mathbf{F_2}$, Mittelpunkt $\mathbf{M}$ und Hauptscheiteln $\mathbf{S_1}, \mathbf{S_2}$.

$$\mathrm{E}(\mathbf{F_1}, \mathbf{F_2}, \mathrm{a}) := \{\mathbf{P} \in \mathbb{E}^2 : ||\mathbf{P} - \mathbf{F_1}|| + ||\mathbf{P} - \mathbf{F_2}|| = 2\,\mathrm{a}\}.$$

Man nennt $\mathrm{e} := \frac{1}{2}||\mathbf{F_1} - \mathbf{F_2}||$ die *Brennweite* oder auch *lineare Exentrizität* und $\varepsilon := \mathrm{e}\,/\,\mathrm{a}$ die *numerische Exentrizität*. Der Punkt $\mathbf{M} := \frac{1}{2}(\mathbf{F_1} + \mathbf{F_2})$ heißt *Mittelpunkt* der Ellipse. Da die Ellipse für $\mathbf{F_1} = \mathbf{F_2}$ zu einem Kreis mit Radius a wird, sei im Folgenden zusätzlich $\mathbf{F_1} \neq \mathbf{F_2}$ vorausgesetzt. Dann heißt die Gerade

$\mathbf{F_1F_2}$ *Hauptachse* und die dazu orthogonale Gerade durch $\mathbf{M}$ *Nebenachse*. Die Ellipsenpunkte $\mathbf{S_1}$, $\mathbf{S_2}$ auf der Hauptachse nennt man *Hauptscheitel* und entsprechend heißen die Ellipsenpunkte auf der Nebenachse *Nebenscheitel*. Zusammen bilden sie die *Scheitelpunkte* der Ellipse. Der Abstand der Hauptscheitel zum Mittelpunkt ist die große Halbachse a. Entsprechend nennt man den Abstand der Nebenscheitel zu $\mathbf{M}$ die *kleine Halbachse* b. Da der Abstand der Nebenscheitel zu den Brennpunkten jeweils a beträgt, folgt aus dem Satz des PYTHAGORAS

$$\mathrm{a}^2 = \mathrm{e}^2 + \mathrm{b}^2 \,.$$

6.1.2 Bemerkung (Ellipsenzirkel)
Nach Definition einer Ellipse $\mathrm{E}(\mathbf{F_1}, \mathbf{F_2}, \mathrm{a})$, kann man diese durch eine Fadenkonstruktion zeichnen, indem man die beiden Enden eines Bands der Länge 2 a an die Brennpunkte $\mathbf{F_1}$, $\mathbf{F_2}$ bindet und den Faden anschließend mit einem Schreibstift straff spannt. Man nennt dies auch die *Gärtner-Ellipse*, weil man diese praktische Konstruktion im Gartenbau für das Anlegen elliptischer Beete verwenden kann.

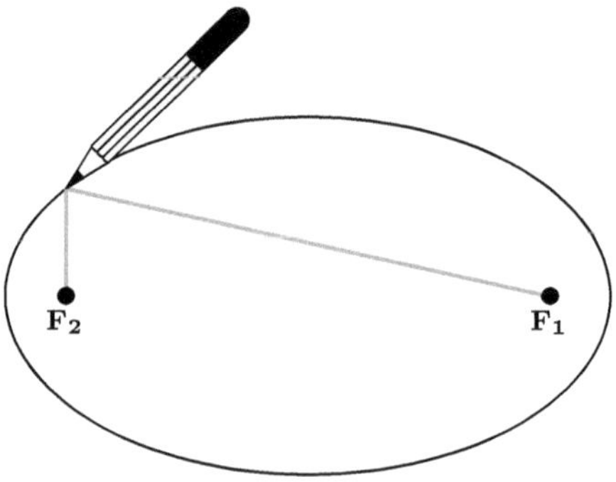

Abbildung 6.3.: Skizze eines Ellipsenzirkels.

6.1.3 Definition
Ist $\mathrm{E}(\mathbf{F_1}, \mathbf{F_2}, \mathrm{a})$ eine Ellipse, so nennt man den Kreis $\mathrm{K}(\mathbf{F_1}, 2\,\mathrm{a})$ den *Leitkreis* der Ellipse.

Ist $\mathbf{P} \in \mathrm{K}(\mathbf{F_1}, 2\,\mathrm{a})$ ein Kreispunkt, welcher nicht auf der Geraden $\mathbf{F_1F_2}$ liegt, schneiden sich die Gerade $\mathbf{F_1P}$ und die Mittelsenkrechte $\mathbf{g}$ der Strecke $\overline{\mathbf{F_2P}}$ in einem Ellipsenpunkt $\mathbf{S}$, denn das Dreieck $\triangle_{\mathbf{F_2PS}}$ ist nach Konstruktion gleichschenklig mit Basis $\overline{\mathbf{F_2P}}$, sodass

$$||\mathbf{S} - \mathbf{F_1}|| + ||\mathbf{S} - \mathbf{F_2}|| = ||\mathbf{S} - \mathbf{F_1}|| + ||\mathbf{S} - \mathbf{P}|| = 2\,\mathrm{a} \,.$$

Der Schnittpunkt $\mathbf{S}$ liegt dabei im Inneren des Leitkreises.

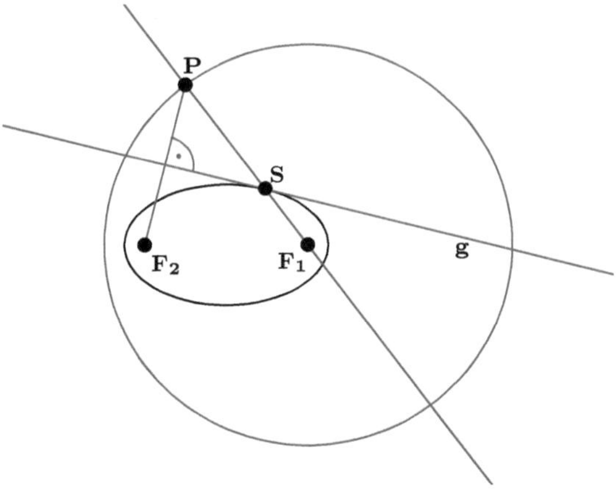

Abbildung 6.4.: Konstruktion von Ellipsenpunkten mittels Leitkreis.

6.1.4 Lemma
Unter der Bedingung $\mathbf{F} := \mathbf{F_1} = -\mathbf{F_2}$ *und* $||\mathbf{F}|| < \mathrm{a}$ *ist*

$$\mathrm{E}(\mathbf{F}, -\mathbf{F}, \mathrm{a}) = \left\{ \mathbf{X} \in \mathbb{E}^2 : \mathrm{a}^2\, ||\mathbf{X}||^2 - \langle \mathbf{F}, \mathbf{X} \rangle^2 - \mathrm{a}^2(\mathrm{a}^2 - ||\mathbf{F}||^2) = 0 \right\}.$$

Außerdem ist $||\mathbf{X}|| \leq \mathrm{a}$.

***Beweis*:** Wir quadrieren die definierende Gleichung

$$||\mathbf{X} - \mathbf{F}|| + ||\mathbf{X} + \mathbf{F}|| = 2\,\mathrm{a}$$

und erhalten, dass dies zu

$$\begin{aligned} 4\,\mathrm{a}^2 &= (||\mathbf{X} - \mathbf{F}|| + ||\mathbf{X} + \mathbf{F}||)^2 \\ &= ||\mathbf{X} - \mathbf{F}||^2 + ||\mathbf{X} + \mathbf{F}||^2 + 2||\mathbf{X} - \mathbf{F}|| \cdot ||\mathbf{X} + \mathbf{F}|| \\ &= 2||\mathbf{X}||^2 + 2||\mathbf{F}||^2 + 2||\mathbf{X} - \mathbf{F}|| \cdot ||\mathbf{X} + \mathbf{F}|| \end{aligned}$$

äquivalent ist, also zu

$$||\mathbf{X} - \mathbf{F}|| \cdot ||\mathbf{X} + \mathbf{F}|| = 2\,\mathrm{a}^2 - ||\mathbf{X}||^2 - ||\mathbf{F}||^2. \tag{6.1.1}$$

Quadrieren der linken Seite ergibt

$$\begin{aligned} & ||\mathbf{X} - \mathbf{F}||^2 \cdot ||\mathbf{X} + \mathbf{F}||^2 \\ = \;& (||\mathbf{X}||^2 + ||\mathbf{F}||^2 - 2\langle \mathbf{X}, \mathbf{F} \rangle) \cdot (||\mathbf{X}||^2 + ||\mathbf{F}||^2 + 2\langle \mathbf{X}, \mathbf{F} \rangle) \\ = \;& (||\mathbf{X}||^2 + ||\mathbf{F}||^2)^2 - 4\langle \mathbf{X}, \mathbf{F} \rangle^2. \end{aligned}$$

Daher ergibt erneutes Quadrieren von (6.1.1) nun

$$\begin{aligned}(||\mathbf{X}||^2+||\mathbf{F}||^2)^2-4\langle\mathbf{X},\mathbf{F}\rangle^2 &= (2\,a^2-||\mathbf{X}||^2-||\mathbf{F}||^2)^2\\ &= 4\,a^4+(||\mathbf{X}||^2+||\mathbf{F}||^2)^2-4\,a^2(||\mathbf{X}||^2+||\mathbf{F}||^2),\end{aligned}$$

also

$$a^2\,||\mathbf{X}||^2-\langle\mathbf{X},\mathbf{F}\rangle^2-a^2(a^2-||\mathbf{F}||^2)=0. \tag{6.1.2}$$

Daher ist $||\mathbf{X}-\mathbf{F}||+||\mathbf{X}+\mathbf{F}||=2\,a$ zu (6.1.2) unter der Nebenbedingung

$$||\mathbf{X}||^2+||\mathbf{F}||^2\leq 2\,a^2 \tag{6.1.3}$$

äquivalent. Wir behaupten, dass die letzte Ungleichung sich aber bereits aus (6.1.2) ergibt, wenn man $||\mathbf{F}||<a$ voraussetzt. Aus der CAUCHY–SCHWARZSCHEN Ungleichung ergibt sich nämlich mit (6.1.2)

$$a^2(a^2-||\mathbf{F}||^2)=a^2\,||\mathbf{X}||^2-\langle\mathbf{X},\mathbf{F}\rangle^2\geq||\mathbf{X}||^2(a^2-||\mathbf{F}||^2),$$

also wegen $a^2-||\mathbf{F}||^2>0$ auch $a\geq||\mathbf{X}||$ und zusammen mit $a>||\mathbf{F}||$ dann ebenfalls (6.1.3). □

6.1.5 Satz

Es sei $\mathbf{F}=(e,0)^t$ *mit* $e=||\mathbf{F}||>0$. *Dann ist für* $a>e$

$$E(\mathbf{F},-\mathbf{F},a)=\left\{\begin{pmatrix}x\\y\end{pmatrix}\in\mathbb{E}^2:\frac{x^2}{a^2}+\frac{y^2}{b^2}=1\right\}, \tag{6.1.4}$$

wobei $b=\sqrt{a^2-e^2}$ *die kleine Halbachse bezeichnet. Man nennt (6.1.4) die Normalform der Ellipse* $E(\mathbf{F},-\mathbf{F},a)$.

Beweis: Nach Lemma 6.1.4 ist

$$E(\mathbf{F},-\mathbf{F},a)=\left\{\mathbf{P}\in\mathbb{E}^2:a^2\,||\mathbf{P}||^2-\langle\mathbf{F},\mathbf{P}\rangle^2-a^2(a^2-||\mathbf{F}||^2)=0\right\}.$$

Da $\mathbf{F}=(e,0)^t$, $\mathbf{P}=(x,y)^t$, folgt

$$\begin{aligned}0 &= a^2\,||\mathbf{P}||^2-\langle\mathbf{F},\mathbf{P}\rangle^2-a^2(a^2-||\mathbf{F}||^2)\\ &= a^2(x^2+y^2)-e^2\,x^2-a^2(a^2-e^2)\\ &= b^2\,x^2+a^2\,y^2-a^2\,b^2,\end{aligned}$$

also

$$\frac{x^2}{a^2}+\frac{y^2}{b^2}=1.$$

□

Der Satz impliziert, dass sich die Ellipse $E(\mathbf{F},-\mathbf{F},a)$ mit $\mathbf{F}=(e,0)^t$, $b=\sqrt{a^2-e^2}$ durch

$$c:[0,2\pi)\to\mathbb{R}^2,\quad c(\alpha)=\begin{pmatrix}a\cdot\cos\alpha\\ b\cdot\sin\alpha\end{pmatrix}$$

parametrisieren lässt.

6.2. Hyperbeln

6.2.1 Definition (Hyperbel)
Gegeben seien zwei verschiedene Punkte $\mathbf{F_1}$, $\mathbf{F_2}$ und eine reelle Zahl $0 < \mathrm{a} < \frac{1}{2}||\mathbf{F_1} - \mathbf{F_2}||$. Die *Hyperbel* mit *Brennpunkten* $\mathbf{F_1}$, $\mathbf{F_2}$ ist die Punktmenge

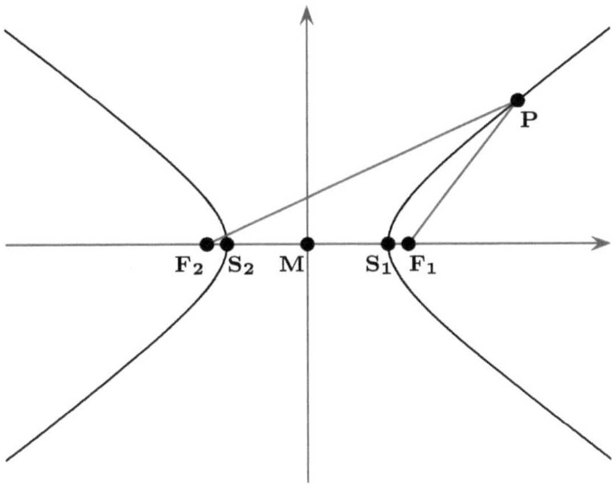

Abbildung 6.5.: Eine Hyperbel mit Brennpunkten $\mathbf{F_1}, \mathbf{F_2}$, Mittelpunkt $\mathbf{M}$ und Scheiteln $\mathbf{S_1}, \mathbf{S_2}$.

$$\mathrm{H}(\mathbf{F_1}, \mathbf{F_2}, \mathrm{a}) := \left\{\mathbf{P} \in \mathbb{E}^2 : \Big|||\mathbf{P} - \mathbf{F_1}|| - ||\mathbf{P} - \mathbf{F_2}||\Big| = 2\,\mathrm{a}\right\}.$$

Man nennt $\mathrm{e} := \frac{1}{2}||\mathbf{F_1} - \mathbf{F_2}||$ die *Brennweite* oder auch *lineare Exentrizität* und $\varepsilon := \mathrm{e}\,/\,\mathrm{a}$ die *numerische Exentrizität*. Der Punkt $\mathbf{M} := \frac{1}{2}(\mathbf{F_1} + \mathbf{F_2})$ heißt *Mittelpunkt* der Hyperbel. Die Gerade $\mathbf{F_1F_2}$ heißt *Hauptachse* und die dazu orthogonale Gerade durch $\mathbf{M}$ *Nebenachse*. Die Hyperbelpunkte $\mathbf{S_1}$, $\mathbf{S_2}$ auf der Hauptachse nennt man *Scheitelpunkte*. Der Abstand der Scheitel zum Mittelpunkt ist die Konstante a. Man definiert $\mathrm{b} > 0$ durch $\mathrm{b}^2 = \mathrm{e}^2 - \mathrm{a}^2$.

6.2.2 Bemerkung (Fadenkonstruktion einer Hyperbel)
Eine Hyperbel $\mathrm{H}(\mathbf{F_1}, \mathbf{F_2}, \mathrm{a})$ lässt sich (zumindest ein Teil davon) durch Faden und Lineal konstruieren. Hierzu befestigt man das eine Ende eines Lineals der Länge $L > 2\,\mathrm{a}$ drehbar im Brennpunkt $\mathbf{F_2}$. Am anderen Ende $\mathbf{E}$ des Lineals befestigt man das eine Ende eines Bands der Länge $L - 2\,\mathrm{a}$, das andere Ende wird im zweiten Brennpunkt $\mathbf{F_1}$ befestigt (siehe Abbildung 6.6). Strafft man nun das Band längs des drehbaren Lineals, so erhält man für die unterschiedlichen Drehwinkel jeweils einen Punkt $\mathbf{P}$, welcher auf der Hyperbel liegt. Es gilt nämlich

$$||\mathbf{P} - \mathbf{E}|| + ||\mathbf{P} - \mathbf{F_1}|| = L - 2\,\mathrm{a}$$

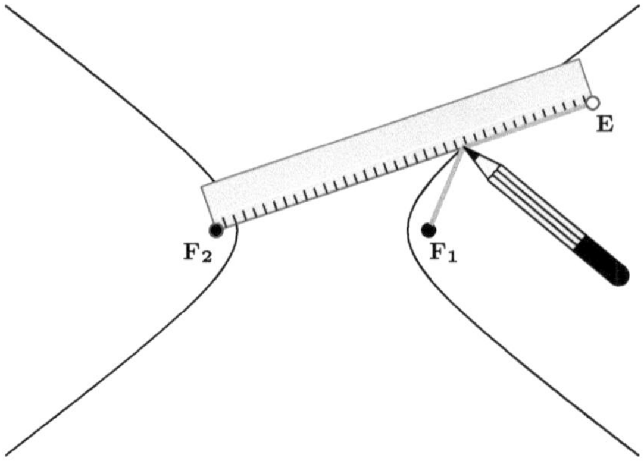

Abbildung 6.6.: Skizze zur Konstruktion einer Hyperbel mit Faden und Lineal.

und daher

$$||\mathbf{P}-\mathbf{F_2}|| - ||\mathbf{P}-\mathbf{F_1}|| = ||\mathbf{P}-\mathbf{F_2}|| - (L - 2\,\mathrm{a} - ||\mathbf{P}-\mathbf{E}||) = 2\,\mathrm{a},$$

denn $\mathbf{F_2}$, $\mathbf{P}$, $\mathbf{E}$ liegen auf dem Lineal und es ist $||\mathbf{P}-\mathbf{F_2}|| + ||\mathbf{P}-\mathbf{E}|| = L$.

6.2.3 Definition
Ist $\mathrm{H}(\mathbf{F_1},\mathbf{F_2},\mathrm{a})$ eine Hyperbel, so nennt man den Kreis $\mathrm{K}(\mathbf{F_2},2\,\mathrm{a})$ den *Leitkreis* der Hyperbel.

Ist $\mathbf{P} \in \mathrm{K}(\mathbf{F_2},2\,\mathrm{a})$ ein Kreispunkt, welcher nicht auf der Geraden $\mathbf{F_1F_2}$ liegt, so schneiden sich die Gerade $\mathbf{F_2P}$ und die Mittelsenkrechte $\mathbf{g}$ der Strecke $\overline{\mathbf{F_1P}}$ in einem Hyperbelpunkt $\mathbf{S}$, denn das Dreieck $\triangle_{\mathbf{F_1PS}}$ ist nach Konstruktion gleichschenklig mit Basis $\overline{\mathbf{F_1P}}$, sodass

$$||\mathbf{S}-\mathbf{F_2}|| - ||\mathbf{S}-\mathbf{F_1}|| = ||\mathbf{S}-\mathbf{F_2}|| - ||\mathbf{P}-\mathbf{S}|| = ||\mathbf{P}-\mathbf{F_2}|| = 2\,\mathrm{a}\,.$$

Der Schnittpunkt $\mathbf{S}$ liegt im Äußeren des Leitkreises.

6.2.4 Lemma
Unter der Bedingung $\mathbf{F} := \mathbf{F_1} = -\mathbf{F_2}$ *und* $||\mathbf{F}|| > \mathrm{a} > 0$ *ist*

$$\mathrm{H}(\mathbf{F},-\mathbf{F},\mathrm{a}) = \left\{\mathbf{X} \in \mathbb{E}^2 : \mathrm{a}^2\,||\mathbf{X}||^2 - \langle\mathbf{F},\mathbf{X}\rangle^2 - \mathrm{a}^2(\mathrm{a}^2 - ||\mathbf{F}||^2) = 0\right\}.$$

Außerdem ist $||\mathbf{X}|| \geq \mathrm{a}$.

***Beweis*:** Wir quadrieren die definierende Gleichung

$$||\mathbf{X}-\mathbf{F}|| - ||\mathbf{X}+\mathbf{F}|| = \pm 2\,\mathrm{a}$$

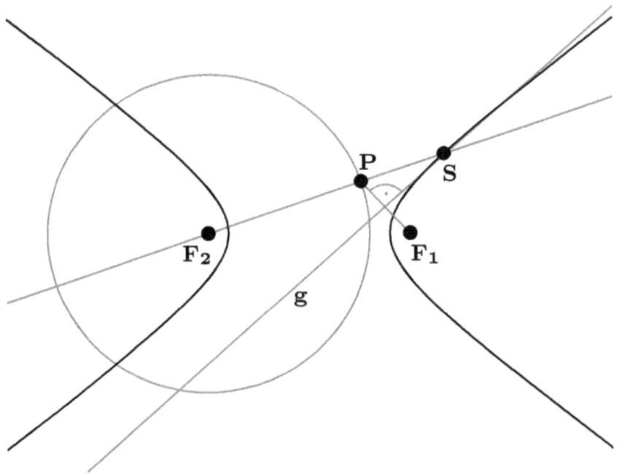

Abbildung 6.7.: Konstruktion von Hyperbelpunkten mittels Leitkreis.

und erhalten, dass dies zu

$$\begin{aligned} 4\,a^2 &= (||\mathbf{X}-\mathbf{F}|| - ||\mathbf{X}+\mathbf{F}||)^2 \\ &= ||\mathbf{X}-\mathbf{F}||^2 + ||\mathbf{X}+\mathbf{F}||^2 - 2||\mathbf{X}-\mathbf{F}||\cdot||\mathbf{X}+\mathbf{F}|| \\ &= 2||\mathbf{X}||^2 + 2||\mathbf{F}||^2 - 2||\mathbf{X}-\mathbf{F}||\cdot||\mathbf{X}+\mathbf{F}|| \end{aligned}$$

äquivalent ist, also zu

$$||\mathbf{X}-\mathbf{F}||\cdot||\mathbf{X}+\mathbf{F}|| = -2\,a^2 + ||\mathbf{X}||^2 + ||\mathbf{F}||^2.$$

Ähnlich wie schon bei der Ellipsengleichung ergibt erneutes Quadrieren

$$\begin{aligned} & ||\mathbf{X}-\mathbf{F}||^2\cdot||\mathbf{X}+\mathbf{F}||^2 \\ =\; & (||\mathbf{X}||^2 + ||\mathbf{F}||^2 - 2\langle\mathbf{X},\mathbf{F}\rangle)\cdot(||\mathbf{X}||^2 + ||\mathbf{F}||^2 + 2\langle\mathbf{X},\mathbf{F}\rangle) \\ =\; & (||\mathbf{X}||^2 + ||\mathbf{F}||^2)^2 - 4\langle\mathbf{X},\mathbf{F}\rangle^2 \\ =\; & (||\mathbf{X}||^2 + ||\mathbf{F}||^2 - 2\,a^2)^2 \\ =\; & 4\,a^4 + (||\mathbf{X}||^2 + ||\mathbf{F}||^2)^2 - 4\,a^2(||\mathbf{X}||^2 + ||\mathbf{F}||^2), \end{aligned}$$

also

$$a^2\,||\mathbf{X}||^2 - \langle\mathbf{X},\mathbf{F}\rangle^2 - a^2(a^2 - ||\mathbf{F}||^2) = 0. \tag{6.2.1}$$

Daher ist $||\mathbf{X}-\mathbf{F}|| + ||\mathbf{X}+\mathbf{F}|| = 2\,a$ zu (6.2.1) und der Nebenbedingung

$$||\mathbf{X}||^2 + ||\mathbf{F}||^2 \geq 2\,a^2 \tag{6.2.2}$$

äquivalent. Wir behaupten, dass die letzte Ungleichung sich aber bereits aus (6.2.1) ergibt, wenn man $||\mathbf{F}|| > a > 0$ voraussetzt. Aus der CAUCHY–SCHWARZSCHEN Ungleichung ergibt sich nämlich mit (6.2.1)

$$a^2(a^2 - ||\mathbf{F}||^2) = a^2\,||\mathbf{X}||^2 - \langle \mathbf{X}, \mathbf{F}\rangle^2 \geq ||\mathbf{X}||^2(a^2 - ||\mathbf{F}||^2),$$

also wegen $a^2 - ||\mathbf{F}||^2 < 0$ auch $0 < a \leq ||\mathbf{X}||$ und zusammen mit $0 < a < ||\mathbf{F}||$ dann auch (6.2.2). □

6.2.5 Satz
Es sei $\mathbf{F} = (e, 0)^t$ *mit* $e = ||\mathbf{F}|| > 0$. *Dann ist für* $a < e$

$$H(\mathbf{F}, -\mathbf{F}, a) = \left\{ \begin{pmatrix} x \\ y \end{pmatrix} \in \mathbb{E}^2 : \frac{x^2}{a^2} - \frac{y^2}{b^2} = 1 \right\}, \tag{6.2.3}$$

wobei $b = \sqrt{e^2 - a^2}$ *bezeichnet. Man nennt (6.2.3) die Normalform in erster Hauptlage der Hyperbel* $H(\mathbf{F}, -\mathbf{F}, a)$.

***Beweis*:** Nach Lemma 6.2.4 ist

$$H(\mathbf{F}, -\mathbf{F}, a) = \left\{\mathbf{P} \in \mathbb{E}^2 : a^2\,||\mathbf{P}||^2 - \langle \mathbf{F}, \mathbf{P}\rangle^2 - a^2(a^2 - ||\mathbf{F}||^2) = 0\right\}.$$

Da $\mathbf{F} = (e, 0)^t$, $\mathbf{P} = (x, y)^t$, folgt

$$\begin{aligned} 0 &= a^2\,||\mathbf{P}||^2 - \langle \mathbf{F}, \mathbf{P}\rangle^2 - a^2(a^2 - ||\mathbf{F}||^2) \\ &= a^2(x^2 + y^2) - e^2 x^2 - a^2(a^2 - e^2) \\ &= -b^2 x^2 + a^2 y^2 + a^2 b^2, \end{aligned}$$

also

$$\frac{x^2}{a^2} - \frac{y^2}{b^2} = 1.$$

□

Für $0 < a < e$ zerfällt die Hyperbel $H(\mathbf{F_1}, \mathbf{F_2}, a)$ in die beiden Komponenten

$$H_{\mathbf{F_1}} = \{\mathbf{P} : ||\mathbf{P} - \mathbf{F_2}|| - ||\mathbf{P} - \mathbf{F_1}|| = 2\,a\},$$

$$H_{\mathbf{F_2}} = \{\mathbf{P} : ||\mathbf{P} - \mathbf{F_1}|| - ||\mathbf{P} - \mathbf{F_2}|| = 2\,a\}.$$

$H_{\mathbf{F_1}}$ heißt *der zum Brennpunkt* $\mathbf{F_1}$ *gehörende Ast der Hyperbel*. Aus Satz 6.2.5 ergibt sich eine Kurvenparametrisierung eines Hyperbelastes durch die hyperbolischen Sinus- und Kosinusfunktionen. Der zum Brennpunkt $\mathbf{F} = (e, 0)^t$ gehörende Ast der Hyperbel $H(\mathbf{F}, -\mathbf{F}, a)$ lässt sich nämlich durch

$$c : \mathbb{R} \to \mathbb{R}^2, \quad c(\alpha) = \begin{pmatrix} a \cdot \cosh\alpha \\ b \cdot \sinh\alpha \end{pmatrix}$$

beschreiben.

6.3. Weitere Eigenschaften von Ellipsen und Hyperbeln

Vergleichen wir die Aussagen von Lemma 6.1.4 und Lemma 6.2.4, so sehen wir, dass sich sowohl Ellipsen als auch Hyperbeln, bis auf eine Translation, die den Mittelpunkt auf den Ursprung abbildet, durch die gemeinsame Gleichung

$$\mathrm{a}^2\,||\mathbf{X}||^2 - \langle \mathbf{F}, \mathbf{X}\rangle^2 - \mathrm{a}^2(\mathrm{a}^2 - ||\mathbf{F}||^2) = 0 \tag{6.3.1}$$

beschreiben lassen. Hierbei sind die Brennpunkte durch $\pm\mathbf{F}$ gegeben und es ist $||\mathbf{F}|| \neq \mathrm{a}$, $\mathrm{a} > 0$. Wegen (6.3.1) sind Ellipsen und Hyperbeln punktsymmetrisch, denn mit $\mathbf{X}$ ist auch jeweils $-\mathbf{X}$ Lösung der Gleichung. Jede Gerade druch den Mittelpunkt einer Ellipse bzw. einer Hyperbel wird *Durchmesser* genannt.

Setzt man $\mathrm{e} = ||\mathbf{F}||$, so lässt sich jede Ellipse oder Hyperbel K mithilfe der symmetrischen Matrix

$$\mathrm{S} := \frac{1}{\mathrm{a}^2(\mathrm{a}^2 - \mathrm{e}^2)}(\mathrm{a}^2\,\mathrm{Id} - \mathbf{F}\mathbf{F}^{\mathrm{t}}) \tag{6.3.2}$$

auch in der Form

$$\mathrm{K} = \{\mathbf{X} \in \mathbb{E}^2 : \langle \mathrm{S}\,\mathbf{X}, \mathbf{X}\rangle = 1\} \tag{6.3.3}$$

schreiben. Dabei ist K eine Ellipse, wenn $\mathrm{a}^2 > \mathrm{e}^2$ und eine Hyperbel, falls $\mathrm{a}^2 < \mathrm{e}^2$. Schreiben wir $\mathbf{F} = (x, y)^{\mathrm{t}}$ mit $x^2 + y^2 = \mathrm{e}^2$, so wird

$$\det \mathrm{S} = \frac{1}{\mathrm{a}^4(\mathrm{a}^2 - \mathrm{e}^2)^2} \det \begin{pmatrix} \mathrm{a}^2 - x^2 & -xy \\ -xy & \mathrm{a}^2 - y^2 \end{pmatrix} = \frac{1}{\mathrm{a}^2(\mathrm{a}^2 - \mathrm{e}^2)}, \tag{6.3.4}$$

daher gilt auch:

$$\text{K ist eine Ellipse, wenn } \det S > 0$$

und

$$\text{K ist eine Hyperbel, wenn } \det S < 0.$$

6.3.1 Lemma
Für $\mathbf{X} \in \mathrm{K} = \{\mathbf{X} \in \mathbb{E}^2 : \langle \mathrm{S}\,\mathbf{X}, \mathbf{X}\rangle = 1\}$ *gilt:*

(i) $\mathrm{a}^2\,||\mathbf{X}||^2 = \langle \mathbf{F}, \mathbf{X}\rangle^2 + \mathrm{a}^2(\mathrm{a}^2 - \mathrm{e}^2)$,

(ii) $\mathrm{a}^2\langle \mathbf{F}, \mathrm{S}\,\mathbf{X}\rangle = \langle \mathbf{F}, \mathbf{X}\rangle$,

(iii) $(\mathrm{a}^2 - \mathrm{e}^2)||\,\mathrm{S}\,\mathbf{X}||^2 = 1 - \langle \mathbf{F}, \mathrm{S}\,\mathbf{X}\rangle^2$.

Beweis:

(i) Dies ist äquivalent zu (6.3.1).

(ii) Aus (6.3.2) folgt zunächst $\mathrm{S}\,\mathbf{F} = \frac{1}{\mathrm{a}^2(\mathrm{a}^2 - \mathrm{e}^2)}(\mathrm{a}^2\,\mathbf{F} - \mathrm{e}^2\,\mathbf{F}) = \frac{\mathbf{F}}{\mathrm{a}^2}$ und damit dann wegen der Symmetrie von S auch

$$\mathrm{a}^2\langle \mathbf{F}, \mathrm{S}\,\mathbf{X}\rangle = \mathrm{a}^2\langle \mathbf{X}, \mathrm{S}\,\mathbf{F}\rangle = \langle \mathbf{X}, \mathbf{F}\rangle.$$

(iii) Wegen (6.3.2) folgt

$$\mathrm{S}\,\mathbf{X} = \frac{1}{\mathrm{a}^2(\mathrm{a}^2 - \mathrm{e}^2)}(\mathrm{a}^2\,\mathbf{X} - \langle \mathbf{F}, \mathbf{X}\rangle \mathbf{F}),$$

also

$$\begin{aligned} (\mathrm{a}^2 - \mathrm{e}^2)\|\mathrm{S}\,\mathbf{X}\|^2 &= (\mathrm{a}^2 - \mathrm{e}^2)\langle \mathrm{S}\,\mathbf{X}, \mathrm{S}\,\mathbf{X}\rangle \\ &= (\mathrm{a}^2 - \mathrm{e}^2)\left\langle \mathrm{S}\,\mathbf{X}, \frac{1}{\mathrm{a}^2(\mathrm{a}^2 - \mathrm{e}^2)}(\mathrm{a}^2\,\mathbf{X} - \langle \mathbf{F}, \mathbf{X}\rangle \mathbf{F})\right\rangle \\ &= \langle \mathrm{S}\,\mathbf{X}, \mathbf{X}\rangle - \frac{1}{\mathrm{a}^2}\langle \mathrm{S}\,\mathbf{X}, \mathbf{F}\rangle\langle \mathbf{F}, \mathbf{X}\rangle \\ &= 1 - \langle \mathbf{F}, \mathrm{S}\,\mathbf{X}\rangle^2, \end{aligned}$$

wobei wir im letzten Schritt Gleichungen (ii) und (6.3.3) benutzt haben.

□

6.3.2 Definition
Gegeben sei eine Ellipse oder Hyperbel K mit Mittelpunkt $\mathbf{0}$,

$$\mathrm{K} = \{\mathbf{X} \in \mathbb{E}^2 : \langle \mathrm{S}\,\mathbf{X}, \mathbf{X}\rangle = 1\}.$$

Ist $\mathbf{P} \in \mathrm{K}$, so nennt man die Gerade

$$\mathbf{t}_{\mathbf{P}} = \{\mathbf{X} \in \mathbb{E}^2 : \langle \mathrm{S}\,\mathbf{P}, \mathbf{X}\rangle = 1\}$$

die *Tangente* durch $\mathbf{P}$ an K.

6.3.3 Bemerkung
Weil $\mathbf{P} \in \mathrm{K}$, ist $\langle \mathrm{S}\,\mathbf{P}, \mathbf{P}\rangle = 1$ und daher ist insbesondere $\mathrm{S}\,\mathbf{P} \neq \mathbf{0}$, sodass $\mathbf{t}_{\mathbf{P}}$ wirklich eine Gerade ist. Offensichtlich liegt $\mathbf{P} \in \mathbf{t}_{\mathbf{P}}$. Dies ist auch der einzige gemeinsame Punkt mit K. Man sieht das zum Beispiel wie folgt. Sind $\mathbf{P}, \mathbf{X} \in \mathrm{K} \cap \mathbf{t}_{\mathbf{P}}$, so gilt

$$\langle \mathrm{S}\,\mathbf{P}, \mathbf{X}\rangle = \langle \mathrm{S}\,\mathbf{P}, \mathbf{P}\rangle = \langle \mathrm{S}\,\mathbf{X}, \mathbf{X}\rangle = 1.$$

Ist nun etwa $\mathbf{X} = \lambda \cdot \mathbf{P}$ mit einem $\lambda \in \mathbb{R}$, so ergibt sich

$$1 = \langle \mathrm{S}\,\mathbf{P}, \mathbf{X}\rangle = \lambda\langle \mathrm{S}\,\mathbf{P}, \mathbf{P}\rangle = \lambda,$$

also $\mathbf{P} = \mathbf{X}$. Folglich sind die Punkte $\mathbf{P}$, $\mathbf{X}$ identisch oder linear unabhängig. Es ist aber

$$\langle \mathrm{S}(\mathbf{P} - \mathbf{X}), \xi \cdot \mathbf{P} + \eta \cdot \mathbf{X}\rangle = 0$$

für jede Wahl von ξ, $\eta \in \mathbb{R}$. Somit gilt $\mathbf{P} - \mathbf{X} \in \mathrm{Kern(S)}$ und weil $\det \mathrm{S} = \frac{1}{\mathrm{a}^2(\mathrm{a}^2 - \mathrm{e}^2)} \neq 0$, ist der Kern von S trivial, das heißt $\mathbf{P} - \mathbf{X} = 0$.

Wir werden weiter unten sehen, dass $\mathbf{t}_{\mathbf{P}}$ die Menge K in $\mathbf{P}$ tatsächlich nur berührt, sodass die Bezeichnung *Tangente* für $\mathbf{t}_{\mathbf{P}}$ gerechtfertigt ist.

Für $\mathbf{P} \in \mathrm{K}$ definieren wir die Abbildung

$$\pi_{\mathbf{P}} : \{\mathbf{X} \in \mathbb{E}^2 : \langle \mathrm{S}\,\mathbf{X}, \mathbf{X}\rangle \neq 0\} \to \mathbb{R}^2, \quad \pi_{\mathbf{P}}(\mathbf{X}) := \mathbf{P} - 2\frac{\langle \mathrm{S}\,\mathbf{X}, \mathbf{P}\rangle}{\langle \mathrm{S}\,\mathbf{X}, \mathbf{X}\rangle} \cdot \mathbf{X}.$$

Ferner sei für $\mathbf{C} \neq \mathbf{0}$ der Vektor $\mathbf{C}^{\perp}$ der eindeutig bestimmte Vektor mit

$$\langle \mathbf{C}, \mathbf{C}^{\perp}\rangle = 0, \quad ||\mathbf{C}|| = ||\mathbf{C}^{\perp}||, \quad \{\mathbf{C}, \mathbf{C}^{\perp}\} \text{ ist positiv orientiert.}$$

Wir nennen $\mathbf{C}^{\perp}$ den *Orthovektor* zu $\mathbf{C}$.

6.3.4 Satz
Für $\mathbf{P} \in \mathrm{K}$ *gilt*

$$\mathrm{K} = \{\pi_{\mathbf{P}}(\mathbf{X}) : \langle \mathrm{S}\,\mathbf{X}, \mathbf{X}\rangle \neq 0\}.$$

***Beweis*:** Wir zeigen beide Inklusionen separat.

(i) Es sei $\mathbf{Y} = \pi_{\mathbf{P}}(\mathbf{X})$ mit einem $\mathbf{X} \in \{\langle \mathrm{S}\,\mathbf{X}, \mathbf{X}\rangle \neq 0\}$. Dann ist

$$\begin{aligned}\langle \mathrm{S}\,\mathbf{Y}, \mathbf{Y}\rangle &= \left\langle \mathrm{S}\left(\mathbf{P} - 2\frac{\langle \mathrm{S}\,\mathbf{X}, \mathbf{P}\rangle}{\langle \mathrm{S}\,\mathbf{X}, \mathbf{X}\rangle} \cdot \mathbf{X}\right), \mathbf{P} - 2\frac{\langle \mathrm{S}\,\mathbf{X}, \mathbf{P}\rangle}{\langle \mathrm{S}\,\mathbf{X}, \mathbf{X}\rangle} \cdot \mathbf{X}\right\rangle \\ &= \langle \mathrm{S}\,\mathbf{P}, \mathbf{P}\rangle = 1,\end{aligned}$$

also $\mathbf{Y} \in \mathrm{K}$. Dies zeigt $\{\pi_{\mathbf{P}}(\mathbf{X}) : \langle \mathrm{S}\,\mathbf{X}, \mathbf{X}\rangle \neq 0\} \subset \mathrm{K}$.

(ii) Es ist klar, dass $\mathbf{P} \in \{\pi_{\mathbf{P}}(\mathbf{X}) : \langle \mathrm{S}\,\mathbf{X}, \mathbf{X}\rangle \neq 0\}$, denn setzt man $\mathbf{X} := \mathrm{S}^{-1}\,\mathbf{P}^{\perp}$, so folgt $\langle \mathrm{S}\,\mathbf{X}, \mathbf{X}\rangle = \langle \mathbf{P}^{\perp}, \mathrm{S}^{-1}\,\mathbf{P}^{\perp}\rangle = \frac{1}{\det \mathrm{S}} \neq 0$ und

$$\pi_{\mathbf{P}}(\mathbf{X}) = \mathbf{P} - 2\frac{\langle \mathbf{P}^{\perp}, \mathbf{P}\rangle}{\langle \mathrm{S}\,\mathbf{X}, \mathbf{X}\rangle} \cdot \mathbf{X} = \mathbf{P}.$$

Sei nun $\mathbf{Y} \in \mathrm{K}$, $\mathbf{Y} \neq \mathbf{P}$. Wir setzen $\mathbf{X} := \mathbf{Y} - \mathbf{P}$ und berechnen

$$\langle \mathrm{S}\,\mathbf{X}, \mathbf{X}\rangle = 2(1 - \langle \mathrm{S}\,\mathbf{P}, \mathbf{Y}\rangle) = -2\langle \mathrm{S}\,\mathbf{P}, \mathbf{X}\rangle. \tag{6.3.5}$$

Wäre $\langle \mathrm{S}\,\mathbf{X}, \mathbf{X}\rangle = 0$, so würde sich aus der ersten Gleichung in (6.3.5) ergeben, dass $\mathbf{Y} \in \mathbf{t}_{\mathbf{P}}$, also $\mathbf{Y} \in \mathrm{K} \cap \mathbf{t}_{\mathbf{P}}$. Somit wäre $\mathbf{Y} = \mathbf{P}$. Dies war aber gerade nicht der Fall, also ist tatsächlich $\langle \mathrm{S}\,\mathbf{X}, \mathbf{X}\rangle \neq 0$. Dann folgt aber mit der zweiten Gleichung in (6.3.5), dass $\mathbf{Y} = \mathbf{P} + \mathbf{X} = \pi_{\mathbf{P}}(\mathbf{X})$, also $\mathbf{Y} \in \{\pi_{\mathbf{P}}(\mathbf{X}) : \langle \mathrm{S}\,\mathbf{X}, \mathbf{X}\rangle \neq 0\}$. Daher ist ebenfalls $\mathrm{K} \subset \{\pi_{\mathbf{P}}(\mathbf{X}) : \langle \mathrm{S}\,\mathbf{X}, \mathbf{X}\rangle \neq 0\}$.

□

Nach Bemerkung 6.3.3 gilt für die Tangente $\mathbf{t}_{\mathbf{P}} = \{\mathbf{X} : \langle \mathrm{S}\,\mathbf{X}, \mathbf{X}\rangle = 1\}$ die Aussage

$$\mathbf{t}_{\mathbf{P}} \cap \mathrm{K} = \{\mathbf{P}\}.$$

Das alleine rechtfertigt aber noch nicht die Bezeichnung *Tangente*, da wir noch nachweisen müssen, dass $\mathbf{t}_{\mathbf{P}}$ die Menge $\mathbf{K}$ nur berührt und nicht etwa transversal schneidet.

Die Menge $\{\langle \mathrm{S}\,\mathbf{X},\mathbf{X}\rangle \neq 0\}$ zerfällt in die Komponenten $\{\langle \mathrm{S}\,\mathbf{X},\mathbf{X}\rangle > 0\}$ und $\{\langle \mathrm{S}\,\mathbf{X},\mathbf{X}\rangle < 0\}$. Hiervon ist letztere leer, wenn K eine Ellipse ist, denn dann ist S positiv definit. Für eine Ellipse ist also

$$K = \{\pi_{\mathbf{P}}(\mathbf{X}) : \langle \mathrm{S}\,\mathbf{X},\mathbf{X}\rangle > 0\}$$

und für die Hyperbel sind die beiden Äste der Hyperbel durch die Mengen

$$\{\pi_{\mathbf{P}}(\mathbf{X}) : \langle \mathrm{S}\,\mathbf{X},\mathbf{X}\rangle > 0\} \quad \text{und} \quad \{\pi_{\mathbf{P}}(\mathbf{X}) : \langle \mathrm{S}\,\mathbf{X},\mathbf{X}\rangle < 0\}$$

gegeben. Da $\mathrm{K} = \{\mathbf{X} : \langle \mathrm{S}\,\mathbf{X},\mathbf{X}\rangle = 1\}$, liegt K selbst in $\{\langle \mathrm{S}\,\mathbf{X},\mathbf{X}\rangle > 0\}$. Weil andererseits für $\mathbf{X} \in \mathrm{K}$, $\mathbf{X} \neq \mathbf{P}$ die Gleichung $\pi_{\mathbf{P}}(\mathbf{X}-\mathbf{P}) = \mathbf{X}$ gilt (vergleiche mit dem Beweis von Satz 6.3.4), liegt der Punkt $\mathbf{P}$ auf dem Ast $\{\pi_{\mathbf{P}}(\mathbf{X}) : \langle \mathrm{S}\,\mathbf{X},\mathbf{X}\rangle < 0\}$. Ist $\mathbf{Y} \in \mathrm{K}$ ein von $\mathbf{P}$ verschiedener Punkt, so gilt mit $\mathbf{X} := \mathbf{Y} - \mathbf{P}$ die Gleichung

$$\langle \mathrm{S}\,\mathbf{P},\mathbf{Y}\rangle - 1 = \langle \mathrm{S}\,\mathbf{P},\pi_{\mathbf{P}}(\mathbf{X})\rangle = -2\frac{\langle \mathrm{S}\,\mathbf{P},\mathbf{X}\rangle^2}{\langle \mathrm{S}\,\mathbf{X},\mathbf{X}\rangle},$$

sodass sich das Vorzeichen des Ausdrucks $\langle \mathrm{S}\,\mathbf{P},\mathbf{Y}\rangle - 1$ nicht ändert, wenn wir einen anderen Punkt $\mathbf{Z} \neq \mathbf{P}$ auf derselben Komponente von K wählen. Dies bedeutet aber gerade, dass die Gerade $\mathbf{t_P} = \{\langle \mathrm{S}\,\mathbf{P},\mathbf{X}\rangle - 1 = 0\}$ diese Komponente im Punkt $\mathbf{P}$ nur berührt und nicht transversal schneidet. Daher liegt $\mathbf{t_P}$ tatsächlich tangential an K. Insbesondere liegen die beiden Äste der Hyperbel auf verschiedenen Seiten einer Tangenten. Außerdem kann wegen $\mathbf{t_P} = \{\langle \mathrm{S}\,\mathbf{P},\mathbf{X}\rangle = 1\}$ keine Tangente den Ursprung enthalten.

Im Fall einer Hyperbel ist die Menge $\{\langle \mathrm{S}\,\mathbf{X},\mathbf{X}\rangle = 0\}$ die Vereinigung von zwei sich im Ursprung schneidenden Geraden. Diese nennt man die *Hyperbelasymptoten.*

Es sei nun $\mathbf{C} \neq \mathbf{0}$ und $\gamma \in \mathbb{R}$. Wir setzen

$$H_{\mathbf{C},\gamma} := \{\mathbf{X} : \langle \mathbf{C},\mathbf{X}\rangle = \gamma\}. \qquad (6.3.6)$$

(1) Es gilt

$$\mathbf{X} \in H_{\mathbf{C},\gamma} \quad \Leftrightarrow \quad \text{Es existiert } t \in \mathbb{R} \text{ mit } \mathbf{X} = \gamma\frac{\mathbf{C}}{||\mathbf{C}||^2} + t\mathbf{C}^{\perp}.$$

Beweis: Für $\mathbf{X},\mathbf{Y} \in H_{\mathbf{C},\gamma}$ gilt $\langle \mathbf{C},\mathbf{X}-\mathbf{Y}\rangle = 0$, also ist $H_{\mathbf{C},\gamma}$ eine affine Gerade mit $[\mathbf{C}^{\perp}]$ als linearem Raum. Dasselbe gilt für die Gerade $t \mapsto \gamma\frac{\mathbf{C}}{||\mathbf{C}||^2} + t\mathbf{C}^{\perp}$ und da beide Geraden den Punkt $\gamma\frac{\mathbf{C}}{||\mathbf{C}||^2}$ enthalten, sind sie gleich.

□

(2) Ist $\mathbf{P}$ ein beliebiger Punkt, so gilt mit $\mathbf{X}_t := \gamma\frac{\mathbf{C}}{||\mathbf{C}||^2} + t\mathbf{C}^\perp \in H_{\mathbf{C},\gamma}$ die Gleichung

$$\begin{aligned} f(t) &:= ||\mathbf{P}-\mathbf{X}_t||^2 = \left|\left|\mathbf{P}-\gamma\frac{\mathbf{C}}{||\mathbf{C}||^2} - t\mathbf{C}^\perp\right|\right|^2 \\ &= t^2||\mathbf{C}||^2 - 2t\langle\mathbf{P},\mathbf{C}^\perp\rangle + \left|\left|\mathbf{P}-\gamma\frac{\mathbf{C}}{||\mathbf{C}||^2}\right|\right|^2. \end{aligned}$$

Daher wird der Abstand von $\mathbf{P}$ zu $\mathbf{X}_t$ für $t_0 := \frac{\langle\mathbf{P},\mathbf{C}^\perp\rangle}{||\mathbf{C}||^2}$ minimal und dies entspricht gerade dem senkrechten Lot X_{t_0} von $\mathbf{P}$ auf die Gerade $H_{\mathbf{C},\gamma}$. Das senkrechte Lot von $\mathbf{P}$ auf $H_{\mathbf{C},\gamma}$ ist somit der Punkt

$$\mathbf{L} = \gamma\frac{\mathbf{C}}{||\mathbf{C}||^2} + \frac{\langle\mathbf{P},\mathbf{C}^\perp\rangle}{||\mathbf{C}||^2}\mathbf{C}^\perp. \tag{6.3.7}$$

Für den Abstand $||\mathbf{P}-\mathbf{L}||$ von $\mathbf{P}$ zu $H_{\mathbf{C},\gamma}$ gilt daher

$$\begin{aligned} ||\mathbf{P}-\mathbf{L}||^2 &= -\frac{\langle\mathbf{P},\mathbf{C}^\perp\rangle^2}{||\mathbf{C}||^2} + ||\mathbf{P}||^2 - 2\gamma\frac{\langle\mathbf{P},\mathbf{C}\rangle}{||\mathbf{C}||^2} + \frac{\gamma^2}{||\mathbf{C}||^2} \\ &= \left(\frac{\langle\mathbf{P},\mathbf{C}\rangle-\gamma}{||\mathbf{C}||}\right)^2 + ||\mathbf{P}||^2 - \frac{\langle\mathbf{P},\mathbf{C}^\perp\rangle^2}{||\mathbf{C}||^2} - \frac{\langle\mathbf{P},\mathbf{C}\rangle^2}{||\mathbf{C}||^2}. \end{aligned}$$

Da aber die Vektoren $\frac{\mathbf{C}}{||\mathbf{C}||}, \frac{\mathbf{C}^\perp}{||\mathbf{C}||}$ eine Orthonormalbasis bilden, ist

$$\mathbf{P} = \left\langle\mathbf{P},\frac{\mathbf{C}}{||\mathbf{C}||}\right\rangle\frac{\mathbf{C}}{||\mathbf{C}||} + \left\langle\mathbf{P},\frac{\mathbf{C}^\perp}{||\mathbf{C}||}\right\rangle\frac{\mathbf{C}^\perp}{||\mathbf{C}||}$$

und daher auch

$$||\mathbf{P}||^2 = \frac{\langle\mathbf{P},\mathbf{C}^\perp\rangle^2}{||\mathbf{C}||^2} + \frac{\langle\mathbf{P},\mathbf{C}\rangle^2}{||\mathbf{C}||^2}.$$

Insgesamt ergibt dies

$$||\mathbf{P}-\mathbf{L}|| = \frac{|\langle\mathbf{P},\mathbf{C}\rangle-\gamma|}{||\mathbf{C}||}. \tag{6.3.8}$$

(3) Wie man leicht überprüft, gilt für $\mathbf{C},\mathbf{D} \neq \mathbf{0}$ und $\gamma,\delta \in \mathbb{R}$ die Aussage

$$H_{\mathbf{C},\gamma} = H_{\mathbf{D},\delta} \quad\Leftrightarrow\quad \text{Es existiert } 0 \neq s \in \mathbb{R} \text{ mit } \mathbf{D} = s\mathbf{C},\ \delta = s\gamma. \tag{6.3.9}$$

6.3.5 Lemma (Tangenten-Kriterium)
Für $\mathbf{C} \neq \mathbf{0}$ und $\gamma \in \mathbb{R}$ gilt

$$H_{\mathbf{C},\gamma} \textit{ ist eine Tangente an } \mathrm{K} \quad\Leftrightarrow\quad \textit{Es gilt } \gamma \neq 0 \textit{ und } \langle\mathbf{C},\mathrm{S}^{-1}\mathbf{C}\rangle = \gamma^2.$$

Beweis: Da die Tangenten an K durch die Geraden $\mathbf{t_P} = \{\mathbf{X} : \langle\mathrm{S}\,\mathbf{P},\mathbf{X}\rangle - 1 = 0\} = H_{\mathrm{S}\mathbf{P},1}$ gegeben sind, ist die erste Aussage äquivalent zur Aussage, dass es $\mathbf{P} \in \mathrm{K}$ mit $H_{\mathbf{C},\gamma} = H_{\mathrm{S}\mathbf{P},1}$ gibt. Nach (6.3.9) ist dies nun wiederum äquivalent dazu, dass

$\gamma \neq 0$ und $\mathbf{C} = \gamma\,\mathrm{S}\,\mathbf{P}$. Wegen $\langle \mathrm{S}\,\mathbf{P}, \mathbf{P}\rangle = 1$ ist dies nun wiederum äquivalent zur zweiten Aussage im Lemma. □

Es seien $\pm\mathbf{F}$ die beiden Brennpunkte von K. Wir setzen

$$d_+(\mathbf{P}) := \frac{1 - \langle \mathrm{S}\,\mathbf{P}, \mathbf{F}\rangle}{||\,\mathrm{S}\,\mathbf{P}||}, \quad d_-(\mathbf{P}) := \frac{1 + \langle \mathrm{S}\,\mathbf{P}, \mathbf{F}\rangle}{||\,\mathrm{S}\,\mathbf{P}||}.$$

Wegen (6.3.8) ist damit $|d_\pm(\mathbf{P})|$ der Abstand der Brennpunkte $\pm\mathbf{F}$ von der Tangente $\mathbf{t}_\mathbf{P}$ an K durch den Punkt $\mathbf{P} \in \mathrm{K}$.

6.3.6 Satz

Es sei $\mathrm{K} = \{\mathbf{X} \in \mathbb{E}^2 : \langle \mathrm{S}\,\mathbf{X}, \mathbf{X}\rangle = 1\}$ *eine Ellipse oder Hyperbel mit Mittelpunkt* $\mathbf{0}$*, Brennpunkten* $\pm\mathbf{F}$*, großer Halbachse* a *und linearer Exentrizität* e*. Für* $\mathbf{P} \in \mathrm{K}$ *gelten dann die folgenden Gleichungen.*

1. $d_+(\mathbf{P}) \cdot d_-(\mathbf{P}) = \mathrm{a}^2 - \mathrm{e}^2$.
2. *Ist* K *eine Ellipse, so gilt* $||\mathbf{P} + \mathbf{F}|| \cdot d_+(\mathbf{P}) = ||\mathbf{P} - \mathbf{F}|| \cdot d_-(\mathbf{P})$. *Ist* K *hingegen eine Hyperbel, so gilt* $||\mathbf{P} + \mathbf{F}|| \cdot d_+(\mathbf{P}) = -||\mathbf{P} - \mathbf{F}|| \cdot d_-(\mathbf{P})$.
3. *Es ist*
$$(d_+(\mathbf{P}))^2 = \frac{||\mathbf{P} - \mathbf{F}||}{||\mathbf{P} + \mathbf{F}||} \cdot |\,\mathrm{a}^2 - \mathrm{e}^2\,|$$
und
$$(d_-(\mathbf{P}))^2 = \frac{||\mathbf{P} + \mathbf{F}||}{||\mathbf{P} - \mathbf{F}||} \cdot |\,\mathrm{a}^2 - \mathrm{e}^2\,|.$$

***Beweis*:**

1. Nach Definition von $d_\pm(\mathbf{P})$ und mit Lemma 6.3.1(iii) ist
$$||\,\mathrm{S}\,\mathbf{P}||^2 \cdot d_+(\mathbf{P}) \cdot d_-(\mathbf{P}) = 1 - \langle \mathrm{S}\,\mathbf{P}, \mathbf{F}\rangle^2 = (\mathrm{a}^2 - \mathrm{e}^2)||\,\mathrm{S}\,\mathbf{P}||^2.$$

2. Zunächst ist wieder nach Definition von $d_\pm(\mathbf{P})$
$$\begin{aligned} & ||\,\mathrm{S}\,\mathbf{P}||^2 \cdot \left(||\mathbf{P} + \mathbf{F}||^2 \cdot (d_+(\mathbf{P}))^2 - ||\mathbf{P} - \mathbf{F}||^2 \cdot (d_-(\mathbf{P}))^2\right) \\ = \; & (||\mathbf{P}||^2 + 2\langle \mathbf{P}, \mathbf{F}\rangle + \mathrm{e}^2)(1 - 2\langle \mathrm{S}\,\mathbf{P}, \mathbf{F}\rangle + \langle \mathrm{S}\,\mathbf{P}, \mathbf{F}\rangle^2) \\ & -(||\mathbf{P}||^2 - 2\langle \mathbf{P}, \mathbf{F}\rangle + \mathrm{e}^2)(1 + 2\langle \mathrm{S}\,\mathbf{P}, \mathbf{F}\rangle + \langle \mathrm{S}\,\mathbf{P}, \mathbf{F}\rangle^2) \\ = \; & 4\langle \mathbf{P}, \mathbf{F}\rangle(1 + \langle \mathrm{S}\,\mathbf{P}, \mathbf{F}\rangle^2) - 4(||\mathbf{P}||^2 + \mathrm{e}^2)\langle \mathrm{S}\,\mathbf{P}, \mathbf{F}\rangle. \end{aligned}$$

Mit Lemma 6.3.1 kann man das weiter umformen zu

$$\begin{aligned} = \; & 4\langle \mathbf{P}, \mathbf{F}\rangle \left(1 + \frac{\langle \mathbf{P}, \mathbf{F}\rangle^2}{\mathrm{a}^4} - \frac{||\mathbf{P}||^2}{\mathrm{a}^2} - \frac{\mathrm{e}^2}{\mathrm{a}^2}\right) \\ = \; & 4\frac{\langle \mathbf{P}, \mathbf{F}\rangle}{\mathrm{a}^4}\left(\langle \mathbf{P}, \mathbf{F}\rangle^2 - \mathrm{a}^2\,||\mathbf{P}||^2 - (\mathrm{e}^2 - \mathrm{a}^2)\,\mathrm{a}^2\right) = 0. \end{aligned}$$

Da nach dem ersten Teil des Beweises $d_+(\mathbf{P}) \cdot d_-(\mathbf{P}) = \mathrm{a}^2 - \mathrm{e}^2$, haben $d_+(\mathbf{P})$ und $d_-(\mathbf{P})$ bei einer Ellipse dasselbe Vorzeichen und bei einer Hyperbel verschiedenes Vorzeichen. Daher ergibt sich die Behauptung durch Ziehen der Wurzel.

3. Das ist lediglich eine Kombination der ersten beiden Aussagen.

□

Der letzte Satz sagt insbesondere aus, dass das Produkt der Abstände der Brennpunkte zu einer beliebigen Tangente an K konstant ist, nämlich stets den Wert $|\,\mathrm{a}^2 - \mathrm{e}^2\,|$ ergibt.

6.3.7 Korollar
Es sei $\mathbf{t_P}$ *die Tangente durch den Punkt* $\mathbf{P} \in \mathrm{K}$. *Ist* K *eine Ellipse, so ist* $\mathbf{t_P}$ *die äußere Winkelhalbierende des Winkels* $\angle_{-\mathbf{FPF}}$. *Ist* K *eine Hyperbel, so ist* $\mathbf{t_P}$ *die innere Winkelhalbierende des Winkels* $\angle_{-\mathbf{FPF}}$.

***Beweis*:** Es seien $\alpha_\pm$ die Winkel zwischen der Senkrechten zu $\mathbf{t_P}$ und den Richtungsvektoren $\mathbf{P} \mp \mathbf{F}$. Dann ist

$$\cos\alpha_\pm = \frac{\langle \mathrm{S}\,\mathbf{P}, \mathbf{P} \mp \mathbf{F}\rangle}{||\mathrm{S}\,\mathbf{P}|| \cdot ||\mathbf{P} \mp \mathbf{F}||} = \frac{1 \mp \langle \mathrm{S}\,\mathbf{P}, \mathbf{F}\rangle}{||\mathrm{S}\,\mathbf{P}|| \cdot ||\mathbf{P} \mp \mathbf{F}||} = \frac{d_\pm(\mathbf{P})}{||\mathbf{P} \mp \mathbf{F}||}.$$

Aus Satz 6.3.6, Teil 2., folgt $\alpha_+ = \alpha_-$, falls K eine Ellipse ist und $\alpha_+ = \pi - \alpha_-$, falls K eine Hyperbel ist. Das war aber gerade die Behauptung. □

Mit der letzten Aussage lässt sich jetzt auch verstehen, warum man die Punkte $\pm\mathbf{F}$ die Brennpunkte der Ellipse nennt. Ein Lichtstrahl, der nämlich von einem Brennpunkt der Ellipse ausgeht und an dieser in einem Punkt $\mathbf{P} \in K$ reflektiert wird, besitzt aufgrund des Reflektionsgesetzes die Tangente im Reflektionspunkt $\mathbf{P}$ als äußere Winkelhalbierende. Daher wird der Strahl im Punkt $\mathbf{P}$ so reflektiert, dass er anschließend auch durch den anderen Brennpunkt der Ellipse verläuft.

6.4. Parabeln

6.4.1 Definition (Parabel)
Gegeben sei eine Gerade $\mathbf{g}$ und ein Punkt $\mathbf{F} \notin \mathbf{g}$. Die Punktmenge

$$\mathrm{P}(\mathbf{F}, \mathbf{g}) := \{\mathbf{X} \in \mathbb{E}^2 : \mathrm{d}(\mathbf{X}, \mathbf{g}) = ||\mathbf{X} - \mathbf{F}||\}$$

heißt *Parabel* mit *Leitlinie* $\mathbf{g}$ und *Brennpunkt* $\mathbf{F}$. Hierbei bezeichnet $\mathrm{d}(\mathbf{X}, \mathbf{g})$ den Abstand von $\mathbf{X}$ zu $\mathbf{g}$. Ist $\mathbf{L}$ das senkrechte Lot von $\mathbf{F}$ auf $\mathbf{g}$, so liegt der Punkt $\mathbf{S} := \frac{1}{2}(\mathbf{F} + \mathbf{L})$ auf $\mathrm{P}(\mathbf{F}, \mathbf{g})$ und wird *Scheitelpunkt* der Parabel genannt. Wir setzen im Folgenden $2\,\mathrm{a} := \mathrm{d}(\mathbf{F}, \mathbf{g})$.

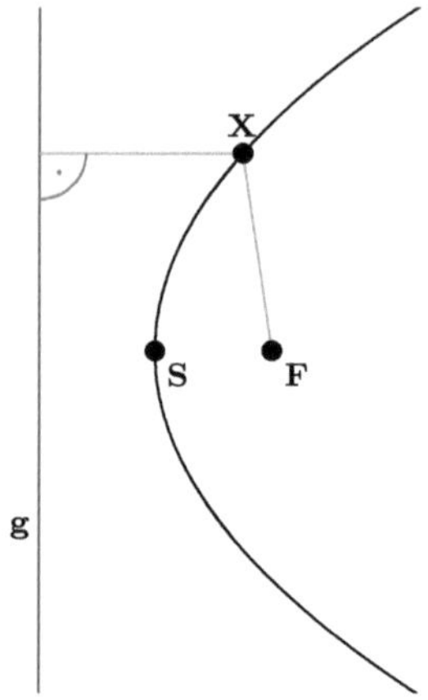

Abbildung 6.8.: Eine Parabel mit Brennpunkt **F**, Scheitelpunkt **S** und Leitlinie **g**.

(1) Falls die Gerade **g** in der Form $\mathbf{g} = H_{\mathbf{E},\gamma}$ mit $||\mathbf{E}|| = 1$ gegeben ist, so ist aufgrund von Gleichung (6.3.8)

$$\mathrm{d}(\mathbf{X}, \mathbf{g}) = |\langle \mathbf{X}, \mathbf{E} \rangle - \gamma|.$$

Daher wird die Parabel $\mathrm{P}(\mathbf{F}, \mathbf{g})$ durch die Gleichungen

$$|\langle \mathbf{X}, \mathbf{E} \rangle - \gamma| = ||\mathbf{X} - \mathbf{F}||, \quad |\langle \mathbf{F}, \mathbf{E} \rangle - \gamma| = 2\,\mathrm{a}, \quad ||\mathbf{E}|| = 1 \tag{6.4.1}$$

beschrieben.

(2) Da das Lot **L** von **F** auf $\mathbf{g} = H_{\mathbf{E},\gamma}$ nach Gleichung (6.3.7) durch

$$\mathbf{L} = \gamma \mathbf{E} + \langle \mathbf{F}, \mathbf{E}^{\perp} \rangle \mathbf{E}^{\perp} = \gamma \mathbf{E} + \mathbf{F} - \langle \mathbf{F}, \mathbf{E} \rangle \mathbf{E} = \mathbf{F} + (\gamma - \langle \mathbf{F}, \mathbf{E} \rangle)\mathbf{E}$$

gegeben ist, folgt für den Scheitelpunkt

$$\mathbf{S} = \frac{1}{2}(\mathbf{L} + \mathbf{F}) = \mathbf{F} + \frac{1}{2}(\gamma - \langle \mathbf{F}, \mathbf{E} \rangle)\mathbf{E}. \tag{6.4.2}$$

Man kann nun ohne Einschränkung zusätzlich annehmen, dass **E** so gewählt ist, dass $\langle \mathbf{E}, \mathbf{F} \rangle > 0$ und dass (nach einer eventuellen Translation) der Scheitelpunkt **S** im Ursprung liegt. Dann ist $\mathbf{0} = \mathbf{F} + \frac{1}{2}(\gamma - \langle \mathbf{F}, \mathbf{E} \rangle)\mathbf{E}$, woraus wir durch Skalarmultiplikation mit **E** die Gleichungen

$$\mathbf{F} = \mathrm{a}\,\mathbf{E}, \quad \gamma = -\,\mathrm{a}$$

herleiten. Quadrieren wir dann die Gleichung $|\langle \mathbf{X}, \mathbf{E} \rangle - \gamma| = ||\mathbf{X} - \mathbf{F}||$, erhalten wir, dass ein Punkt **X** genau dann auf $\mathrm{P}(\mathbf{F}, \mathbf{g})$ liegt, wenn

$$\langle \mathbf{X}, \mathbf{E} \rangle^2 + 2\,\mathrm{a}\langle \mathbf{X}, \mathbf{E} \rangle + \mathrm{a}^2 = ||\mathbf{X}||^2 - 2\,\mathrm{a}\langle \mathbf{X}, \mathbf{E} \rangle + \mathrm{a}^2\,||\mathbf{E}||^2,$$

also genau dann, wenn

$$||\mathbf{X}||^2 - \langle \mathbf{X}, \mathbf{E} \rangle^2 = 4\,\mathrm{a}\langle \mathbf{X}, \mathbf{E} \rangle. \tag{6.4.3}$$

6.4.2 Bemerkung (Fadenkonstruktion einer Parabel)
Entlang der Leitlinie $\mathbf{g}$ einer Parabel $P(\mathbf{F}, \mathbf{g})$ verschiebe man ein rechtwinkliges Dreieck $\triangle_{\mathbf{ABC}}$, dabei liege der Punkt $\mathbf{C}$ auf derselben Seite der Leitlinie wie der Brennpunkt $\mathbf{F}$ und $\mathbf{BC}$ stehe senkrecht auf $\mathbf{g}$ (siehe Abbildung 6.9). Einen Faden der Länge $||\mathbf{B} - \mathbf{C}||$ befestige man mit seinen Enden in den Punkten $\mathbf{C}$ und $\mathbf{F}$. Dabei gelte $||\mathbf{B} - \mathbf{C}|| > 2\,\mathrm{a}$ und man straffe ihn anschließend entlang der Dreiecksseite $\overline{\mathbf{BC}}$. Es entsteht ein *Knick* in einem Punkt $\mathbf{X}$ auf der Strecke $\overline{\mathbf{BC}}$. Da $||\mathbf{X} - \mathbf{F}|| = ||\mathbf{X} - \mathbf{B}|| = \mathrm{d}(\mathbf{X}, \mathbf{g})$, liegt $\mathbf{X}$ auf der Parabel.

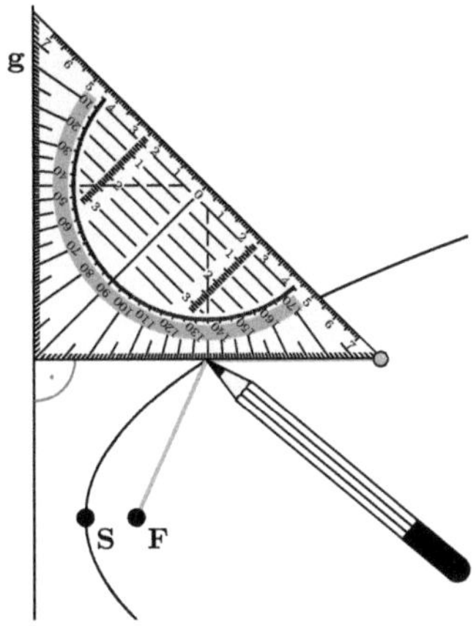

Abbildung 6.9.: Konstruktion einer Parabel mit rechtwinkligem Dreieck und Faden.

Da der Scheitelpunkt $\mathbf{S}$ einer Parabel $P(\mathbf{F}, \mathbf{g})$ vom Brennpunkt $\mathbf{F}$ denselben Abstand besitzt wie $\mathbf{S}$ von der Leitlinie $\mathbf{g}$, verläuft die Leitlinie durch den Punkt $-\mathbf{F}$, falls der Scheitelpunkt im Ursprung $\mathbf{0}$ liegt. Außerdem liegt die Leitlinie senkrecht zur Geraden $\mathbf{FS}$. Ohne Einschränkung liege $\mathbf{F}$ auf der positiven x-Achse, also $\mathbf{F} = (\mathrm{a}, 0)^{\mathrm{t}}$. Schreiben wir $\mathbf{X} = (\mathrm{x}, \mathrm{y})^{\mathrm{t}}$ und wählen $\mathbf{E} = (1, 0)^{\mathrm{t}}$, so wird (6.4.3) zur Gleichung

$$P(\mathbf{F}, \mathbf{g}) = \left\{ \begin{pmatrix} \mathrm{x} \\ \mathrm{y} \end{pmatrix} \in \mathbb{E}^2 : \mathrm{y}^2 = 4\,\mathrm{a}\,\mathrm{x} \right\}, \quad \mathrm{a} = ||\mathbf{F}|| > 0. \tag{6.4.4}$$

Dies ist die *Normalform der Parabel.* Unter diesen Voraussetzungen und unter Verwendung der Matrix

$$\mathrm{S} = \mathrm{Id} - \mathbf{E}\mathbf{E}^{\mathrm{t}}$$

wird dann (6.4.3) zu

$$P(\mathbf{F}, \mathbf{g}) = \{ \mathbf{X} \in \mathbb{E}^2 : \langle \mathrm{S}\,\mathbf{X}, \mathbf{X} \rangle = 4\,\mathrm{a} \langle \mathbf{X}, \mathbf{E} \rangle \}. \tag{6.4.5}$$

Ist $\mathbf{P} \in P(\mathbf{F}, \mathbf{g})$, so definieren wir die *Tangente* $\mathbf{t}_{\mathbf{P}}$ an $P(\mathbf{F}, \mathbf{g})$ in $\mathbf{P}$ durch

$$\mathbf{t}_{\mathbf{P}} := \{ \mathbf{X} \in \mathbb{E}^2 : \langle \mathrm{S}\,\mathbf{P}, \mathbf{X} \rangle = 2\,\mathrm{a} \langle \mathbf{P} + \mathbf{X}, \mathbf{E} \rangle \}.$$

Setzt man

$$\bar{\mathbf{P}} := \mathrm{S}\,\mathbf{P} - 2\,\mathrm{a}\,\mathbf{E} = \mathbf{P} - (2\,\mathrm{a} + \langle \mathbf{P}, \mathbf{E} \rangle)\mathbf{E}, \quad \gamma := 2\,\mathrm{a}\langle \mathbf{P}, \mathbf{E} \rangle,$$

so wird $\mathbf{t_P} = H_{\bar{\mathbf{P}},\gamma}$ (vergleiche mit der Definition in Gleichung (6.3.6)).

6.5. Einteilung der Kegelschnitte

Wie wir zu Beginn dieses Kapitel bereits festgehalten hatten, werden die Kegelschnitte in zwei Kategorien eingeteilt. Das sind zum einen die entarteten Schnitte, welche die Spitze des Kegels enthalten. Diese Kategorie ist geometrisch nicht sonderlich interessant, da sie nur Punkte und Geraden enthält. Die andere und weitaus wichtigere Kategorie wird durch die regulären Schnitte gebildet und sie zerfällt in drei Untertypen: *Ellipsen, Hyperbeln, Parabeln.* Wir möchten diese Tatsache hier noch mathematisch präzise begründen.

Um festzustellen, dass die oben beschriebenen Kegelschnitte beim Schnitt eines Kegels mit einer Ebene auftreten, genügt es, den Kegel

$$\mathcal{C} := \{(x, y, z) : x^2 + y^2 = z^2\}$$

mit einer Ebene zu schnciden, die parallel zur y-Achse ist (das heißt die Ebene enthält eine Gerade, die parallel zur y-Achse ist). Dies ist nämlich deshalb keine Einschränkung, weil der Kegel bezüglich der z-Achse rotationssymmetrisch ist. Gegeben sei die Ebene

$$\mathcal{E} := \{(x, y, z) : ax + bz = c\}.$$

Wir unterscheiden zwei Fälle.

I. Es sei $b = 0$. In diesem Fall ist $a \neq 0$ (denn sonst wäre $\mathcal{E}$ keine Ebene). Die Ebene $\mathcal{E}$ ist somit parallel zur (y, z)-Ebene mit Abstand c/a. Wir substituieren $x = c/a$ in der Kegelgleichung und erhalten

$$z^2 - y^2 = \frac{c^2}{a^2}.$$

   a) Für $c = 0$ besteht der Schnitt aus dem Geradenpaar $\{t(0, 1, \pm 1) : t \in \mathbb{R}\}$.

   b) Ist $c \neq 0$, so definiert $c^2/a^2 = z^2 - y^2 = (z - y)(z + y)$ eine Hyperbel in der (y, z)-Ebene und damit ist auch der Schnitt in der hierzu parallelen Ebene $\mathcal{E}$ eine Hyperbel.

II. Es sei $b \neq 0$. Man kann jetzt z aus der Kegelgleichung mithilfe der Ebenengleichung eliminieren und erhält

$$x^2 + y^2 = \frac{(c - ax)^2}{b^2},$$

also wird der Schnitt durch das Gleichungssystem

$$(b^2 - a^2)x^2 + 2acx + b^2y^2 = c^2, \qquad ax + bz = c \tag{6.5.1}$$

beschrieben.

a) Für $c = 0$ geht die Ebene durch die Kegelspitze und der Schnitt ist somit entartet. Das Gleichungssystem wird zu

$$(b^2 - a^2)x^2 + b^2y^2 = 0, \qquad ax = -bz.$$

   i. Für $b^2 > a^2$ ist der Schnitt (man beachte $b \neq 0$) der Punkt $(0, 0, 0)$, also die Kegelspitze.

   ii. Ist $b^2 = a^2$, so ist $y = 0$ und $x = z$ oder $x = -z$, je nachdem, ob $a = b$ oder $a = -b$. In beiden Fällen ist der Schnitt die Gerade $\{t(b, 0, -a) : t \in \mathbb{R}\}$. Diese Gerade ist eine Mantellinie des Kegels.

   iii. Für $b^2 < a^2$ ist der Schnitt das Geradenpaar

$$\{t(\pm b/\sqrt{a^2 - b^2}, 1, \mp a/\sqrt{a^2 - b^2}) : t \in \mathbb{R}\}.$$

b) Ist $c \neq 0$, so lassen sich die folgenden Fälle unterscheiden.

   i. Für $b^2 = a^2$ wird (6.5.1) zu

$$x = -\frac{a}{2c}y^2 + \frac{c}{2a}, \qquad z = -\frac{a}{b}x + \frac{c}{b} = \frac{b}{2c}y^2 + \frac{c}{2b}.$$

   Der Kegelschnitt ist die Menge

$$\left\{\left(-\frac{a}{2c}y^2 + \frac{c}{2a}, y, \frac{b}{2c}y^2 + \frac{c}{2b}\right) : y \in \mathbb{R}\right\}$$

   und dies ist eine Parabel.

   ii. Für $b^2 \neq a^2$ können wir durch eine quadratische Ergänzung das Gleichungssystem (6.5.1) umformen in

$$\frac{(b^2 - a^2)^2}{b^2c^2}\left(x + \frac{ac}{b^2 - a^2}\right)^2 + \frac{b^2 - a^2}{c^2}y^2 = 1, \qquad z = -\frac{a}{b}x + \frac{c}{b}.$$

   Damit entscheidet das Vorzeichen des Terms $b^2 - a^2$ über den Typ. Für $b^2 > a^2$ ergibt sich eine Ellipse und für $b^2 < a^2$ eine Hyperbel.

Fasst man die Ergebnisse zusammen, so haben wir gezeigt, dass bis auf die entarteten Kegelschnitte, welche die Kegelspitze enthalten, sämtliche Kegelschnitte vom Typ *Ellipse, Hyperbel* oder *Parabel* sind.

Aufgaben

Aufgabe 6.1

Der Kreis um den Mittelpunkt einer Ellipse durch die Eckpunkte des Achsenrechtecks schneidet die Achsen der Ellipse in vier Punkten (vergleiche mit Abbildung 6.10). Diese vier Punkte bilden ein Quadrat. Man zeige, dass die Seitenlinien des Quadrats Tangenten der Ellipse sind.

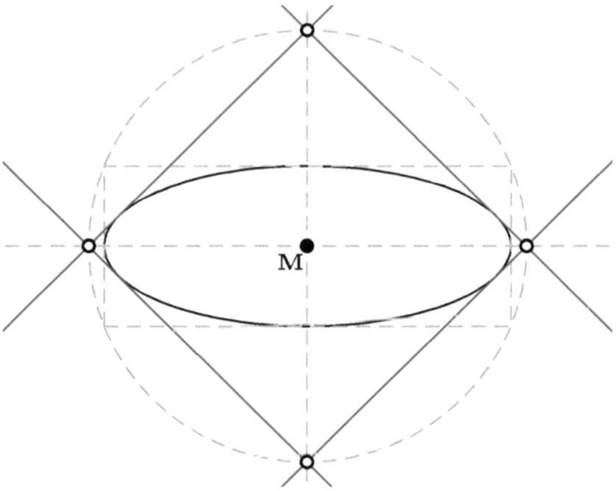

Abbildung 6.10.: Darstellung zu Aufgabe 6.1.

Aufgabe 6.2

Man verbinde den unteren Nebenscheitel $\mathbf{N}$ mit der rechten oberen Ecke $\mathbf{E}$ des Achsenrechtecks einer Ellipse (vergleiche mit Abbildung 6.11). Die Strecke $\overline{\mathbf{NE}}$ schneidet die Ellipse in einem weiteren Punkt $\mathbf{P}$. Man weise nach, dass $|\overline{\mathbf{NP}}| = 4 \cdot |\overline{\mathbf{PE}}|$. Für welches Verhältnis von Haupt- zur Nebenachse schneidet $\mathbf{NE}$ die Ellipse senkrecht in $\mathbf{P}$?

Aufgabe 6.3

Gegeben sei eine Ellipse mit Brennpunkten $\mathbf{F}, -\mathbf{F}$, Mittelpunkt $\mathbf{M}$ und Halbachsen a, b. Zusätzlich sei $\mathrm{a}^2 > 2\,\mathrm{b}^2$. Der Kreis um $\mathbf{M}$ durch $\mathbf{F}$ schneidet die kleine Halbachse in zwei Punkten $\mathbf{E_1}, \mathbf{E_2}$ (vergleiche mit Abbildung 6.12). Man zeige, dass dieser Kreis die Ellipse in vier Punkten $\mathbf{N_1}$, $\mathbf{N_2}$, $\mathbf{N_3}$, $\mathbf{N_4}$ schneidet und dass für $1 \leq k \leq 4$ die Verbindungsgeraden $\mathbf{N_k E_1}$, $\mathbf{N_k E_2}$ Tangenten bzw. Normalen an die Ellipse durch $\mathbf{N_k}$ sind.

Aufgabe 6.4

Gegeben sei eine Ellipse mit Brennpunkten $\mathbf{F_1}, \mathbf{F_2}$. Es seien $\mathbf{A_1}, \mathbf{A_2}$ die Lotfußpunkte der Brennpunkte auf eine beliebige Tangente an die Ellipse (vergleiche mit Abbildung 6.13). Man zeige, dass dann $|\overline{\mathbf{F_1 A_1}}| \cdot |\overline{\mathbf{F_2 A_2}}| = \mathrm{b}^2$, wobei b die Länge der kleinen Halbachse bezeichnet.

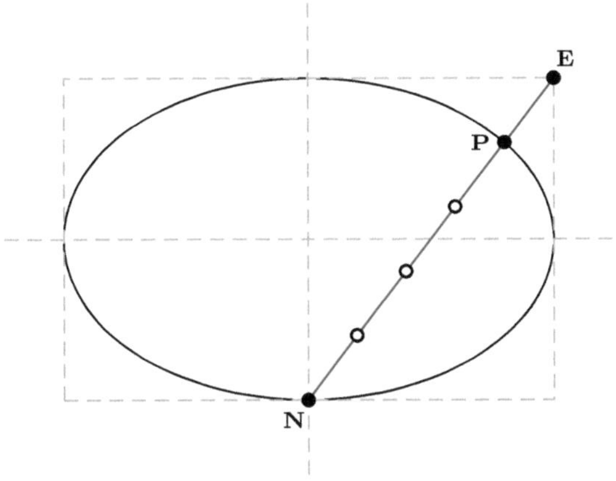

Abbildung 6.11.: Darstellung zu Aufgabe 6.2.

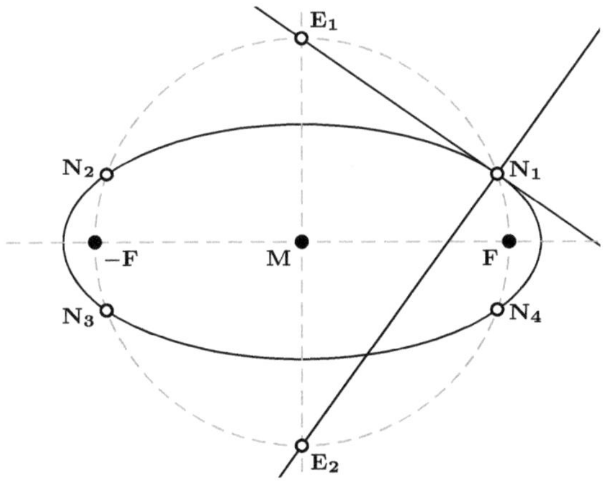

Abbildung 6.12.: Darstellung zu Aufgabe 6.3.

Aufgabe 6.5
Man zeige: Für jede Hyperbel gilt, dass jede Hyperbeltangente mit den Hyperbelasymptoten ein Dreieck konstanten Flächeninhalts begrenzt (vergleiche mit Abbildung 6.14).

Aufgabe 6.6
Gegeben sei eine *gleichseitige Hyperbel*, das heißt eine Hyperbel, bei der die Asymptoten senkrecht aufeinander stehen. Ist $\mathbf{P}$ ein Hyperbelpunkt, so schneidet die Tangente an die Hyperbel durch $\mathbf{P}$ die Asymptoten in zwei Punkten $\mathbf{A}, \mathbf{B}$. Man zeige, dass $\mathbf{P}$ der Streckenmittelpunkt von $\overline{\mathbf{AB}}$ ist (vergleiche mit Abbildung 6.15).

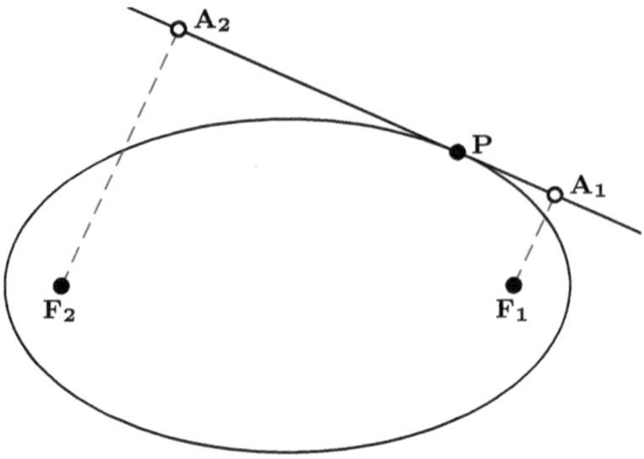

Abbildung 6.13.: Darstellung zu Aufgabe 6.4.

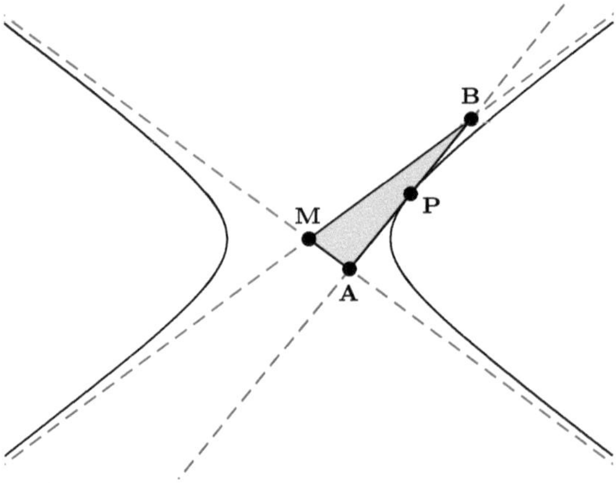

Abbildung 6.14.: Darstellung zu Aufgabe 6.5.

Aufgabe 6.7
Es seien c_1, c_2, d reelle Zahlen mit $d \neq 0$. Man zeige, dass durch die Menge

$$\mathrm{H} = \{(x, y) \in \mathbb{R}^2 : (x + c_1)(y + c_2) = d\}$$

eine Hyperbel gegeben ist und bestimme ihre Brennpunkte und Halbachsen.

Aufgabe 6.8
Gegeben sei ein Punkt **P** auf einer Hyperbel und **A**, **B** seien die Schnittpunkte der Tangente durch **P** mit den Asymptoten. Man projiziere den Punkt **A** auf eine

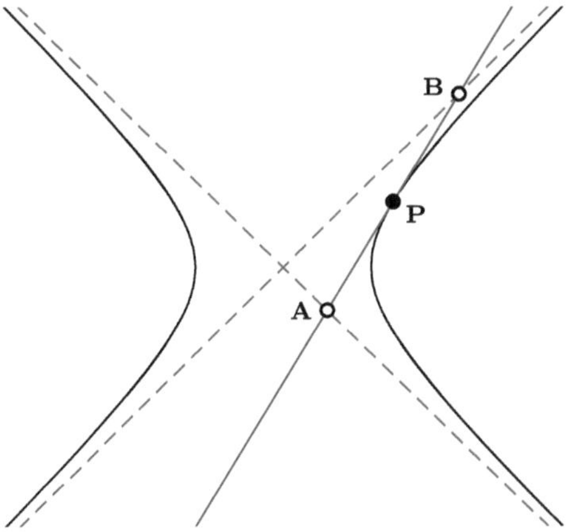

Abbildung 6.15.: Darstellung zu Aufgabe 6.6.

der Halbachsen und **B** auf die andere. Die so erzeugten Punkte nenne man $\mathbf{A}', \mathbf{B}'$ (vergleiche mit Abbildung 6.16). Man weise nach, dass das Rechteck, welches durch die Ecken $\mathbf{M}, \mathbf{A}', \mathbf{B}'$ erzeugt wird, für jede Wahl von **P** denselben Flächeninhalt besitzt.

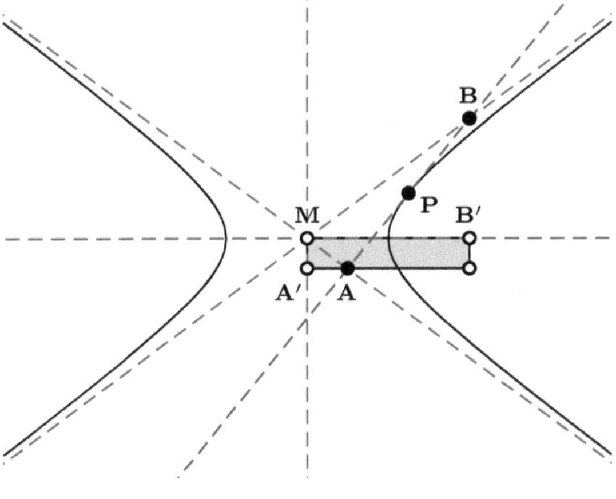

Abbildung 6.16.: Darstellung zu Aufgabe 6.8.

Aufgabe 6.9

Gegeben seien zwei Punkte **P**, **Q** auf einer Parabel und $\mathbf{t_1}$, $\mathbf{t_2}$ seien die Tangenten durch **P** bzw. **Q** (vergleiche mit Abbildung 6.17). Die Tangenten schneiden sich in einem Punkt **S**. Sind $\mathbf{M_1}$ der Streckenmittelpunkt von $\overline{\mathbf{SP}}$ und $\mathbf{M_2}$ der Streckenmittelpunkt von $\overline{\mathbf{SQ}}$, so zeige man, dass die Gerade $\mathbf{t} := \mathbf{M_1M_2}$ ebenfalls eine Tangente an die Parabel ist und dass der Berührpunkt **R** dieser Tangente gleichzeitig der Streckenmittelpunkt von $\overline{\mathbf{M_1M_2}}$ ist.

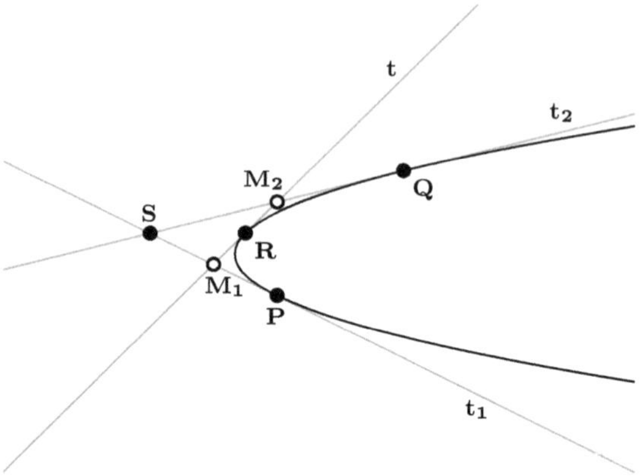

Abbildung 6.17.: Darstellung zu Aufgabe 6.9.

Aufgabe 6.10 (Archimedes)
Auf einer Parabel seien zwei Punkte $\mathbf{A}, \mathbf{B}$ gegeben, sodass die Gerade **AB** parallel zur Leitlinie **g** der Parabel ist (siehe Abbildung 6.18). Bezeichnet **S** den Scheitelpunkt der Parabel, so zeige man, dass der Flächeninhalt des Dreiecks $\triangle_{\mathbf{ASB}}$ um ein Viertel kleiner ist als der Flächeninhalt des Parabelsegments, welches durch die Sehne $\overline{\mathbf{AB}}$ begrenzt wird.

Aufgabe 6.11
Auf einer Parabel P mit Brennpunkt **F** sei ein Punkt **A** gegeben, sodass die Gerade **AF** nicht parallel zur Leitlinie der Parabel sei. Der zweite Schnittpunkt von **AF** mit P heiße $\mathbf{C}'$. Sei nun **C** der Spiegelpunkt von $\mathbf{C}'$ an der Parabelachse (vergleiche mit Abbildung 6.19). Die Tangenten an P durch **A** und **C** schneiden sich in einem Punkt **B**. Die Normalen an P durch **A** und **C** schneiden sich in einem weiteren Punkt **D**. Man zeige, dass das Viereck $\square_{\mathbf{ABCD}}$ ein Sehnenviereck ist und dass der Mittelpunkt **M** des Umkreises auf der Parabelachse liegt.

Aufgabe 6.12
Auf einer Parabel seien zwei Punkte $\mathbf{A}, \mathbf{B}$ gegeben, sodass die Sehne $\overline{\mathbf{AB}}$ die Parabelachse in einem Punkt **R** schneide. Die Tangenten an die Parabel in den Punkten $\mathbf{A}, \mathbf{B}$ schneiden sich in einem Punkt $\mathbf{Q}'$ (vergleiche mit Abbildung 6.20). Es sei **Q** der Lotfußpunkt von $\mathbf{Q}'$ auf die Parabelachse. Man zeige, dass der Scheitelpunkt **S** der Parabel der Streckenmittelpunkt von $\overline{\mathbf{QR}}$ ist.

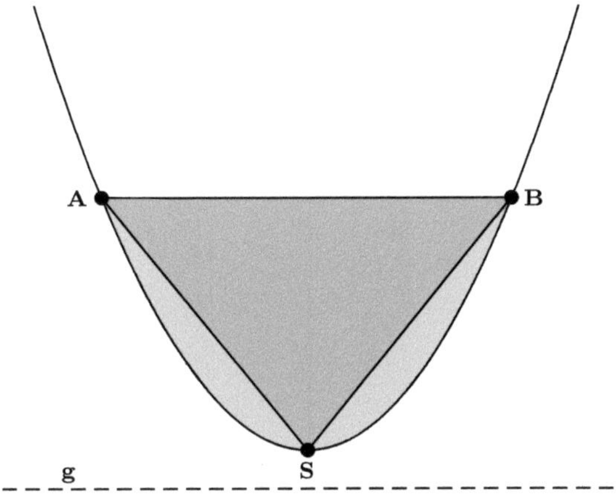

Abbildung 6.18.: Darstellung zu Aufgabe 6.10.

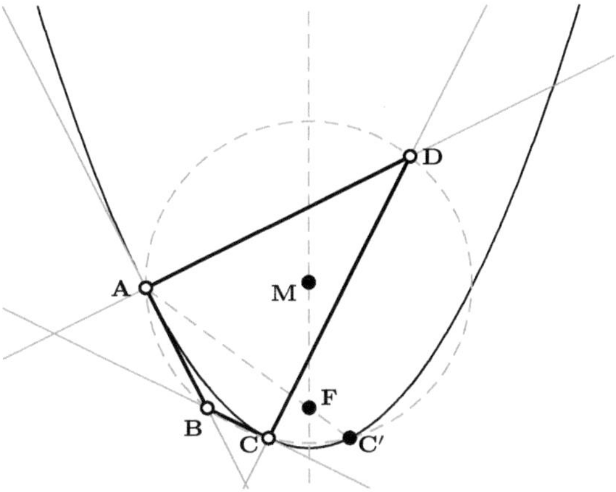

Abbildung 6.19.: Darstellung zu Aufgabe 6.11.

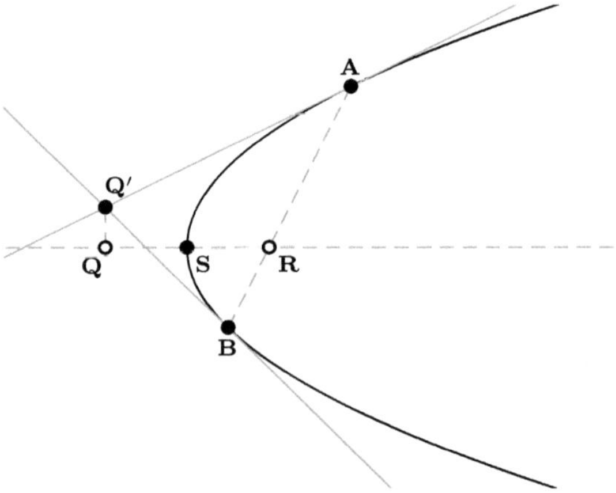

Abbildung 6.20.: Darstellung zu Aufgabe 6.12.

7. Konstruktionen mit Zirkel und Lineal

7.1. Euklidische Werkzeuge

Unter einer geometrischen *Figur* verstehen wir im Folgenden eine Teilmenge von $\mathbb{E}^2$. Die *Konstruktion mit Zirkel und Lineal* in der euklidischen Ebene handelt davon, ausgehend von einer gegebenen Punktmenge $\mathcal{M} \subset \mathbb{E}^2$, die exakte zeichnerische Herleitung einer gewünschten Figur F unter Verwendung *euklidischer Werkzeuge* zu beschreiben. Wir unterscheiden dabei die folgenden euklidischen Werkzeuge anhand ihrer jeweiligen Verwendung.

1. **Lineal.** Die Verwendung des *Lineals* erlaubt es, zu jedem Paar verschiedener Punkte $\mathbf{A}$, $\mathbf{B}$ der Menge $\mathcal{M}$ die Gerade $\mathbf{AB}$ zu konstruieren. Es handelt sich also um ein unendlich langes Lineal ohne Maßstab.
2. **Kollabierender Zirkel.** Mit einem *kollabierenden Zirkel* ist es erlaubt, zu jedem Paar verschiedener Punkte $\mathbf{A}, \mathbf{B}$ der Menge $\mathcal{M}$ den Kreis $\mathrm{K}(\mathbf{A}, \overline{\mathbf{AB}})$ zu konstruieren.
3. **Nicht-kollabierender Zirkel.** Mit einem *nicht-kollabierenden Zirkel* ist es erlaubt, zu je drei Punkten $\mathbf{A}, \mathbf{B}, \mathbf{C}$ der Menge $\mathcal{M}$ mit $\mathbf{A} \neq \mathbf{B}$ den Kreis $\mathrm{K}(\mathbf{C}, \overline{\mathbf{AB}})$ zu konstruieren. Man darf also zunächst den Radius $\overline{\mathbf{AB}}$ *abgreifen* und den Kreis anschließend um einen beliebigen Mittelpunkt $\mathbf{C} \in \mathcal{M}$ schlagen, ohne dass die Schenkel beim Anheben des Zirkels *kollabieren*.

Gegeben sei eine Menge $\mathcal{M} \subset \mathbb{E}^2$, welche wenigstens zwei verschiedene Punkte enthalte. Es bezeichne

$$\mathcal{G}(\mathcal{M}) := \{\mathbf{AB} : \mathbf{A}, \mathbf{B} \in \mathcal{M}, \mathbf{A} \neq \mathbf{B}\}$$

die Menge aller Geraden in $\mathbb{E}^2$, die durch zwei Punkte aus $\mathcal{M}$ verlaufen und

$$\mathcal{K}_{\mathrm{kol}}(\mathcal{M}) := \{\mathrm{K}(\mathbf{A}, \overline{\mathbf{AB}}) : \mathbf{A}, \mathbf{B} \in \mathcal{M}, \mathbf{A} \neq \mathbf{B}\}$$

sei die Menge aller Kreise, deren Mittelpunkte $\mathbf{A}$ jeweils Punkte von $\mathcal{M}$ und deren Radien $\overline{\mathbf{AB}}$ durch Verbindungsstrecken mit $\mathbf{A} \neq \mathbf{B} \in \mathcal{M}$ gegeben sind. Ferner setzen wir

$$\mathcal{K}(\mathcal{M}) := \{\mathrm{K}(\mathbf{C}, \overline{\mathbf{AB}}) : \mathbf{A}, \mathbf{B}, \mathbf{C} \in \mathcal{M}, \mathbf{A} \neq \mathbf{B}\},$$

das heißt $\mathcal{K}(\mathcal{M})$ sei die Menge aller Kreise, deren Mittelpunkte $\mathbf{C}$ jeweils Punkte von $\mathcal{M}$ und deren Radien gleich den Verbindungsstrecken $\overline{\mathbf{AB}}$ je zweier verschiedener Punkte $\mathbf{A}$, $\mathbf{B}$ aus $\mathcal{M}$ sind.

$\mathcal{G}(\mathcal{M})$ sind also die Geraden, welche sich aus $\mathcal{M}$ mithilfe des Lineals konstruieren lassen. Entsprechend sind $\mathcal{K}_{\mathrm{kol}}(\mathcal{M})$ bzw. $\mathcal{K}(\mathcal{M})$ die Kreise, welche wir durch Punkte aus $\mathcal{M}$ mithilfe des kollabierenden bzw. nicht-kollabierenden Zirkels zeichnen können.

Über die mittels der oben beschriebenen euklidischen Werkzeuge konstruierten Geraden $\mathcal{G}(\mathcal{M})$ und Kreise in $\mathcal{K}_{\mathrm{kol}}(\mathcal{M})$ bzw. $\mathcal{K}(\mathcal{M})$ können wir nun weitere Punkte durch Schnitte von Geraden oder Kreisen erzeugen, die ursprünglich noch nicht in unserer Menge $\mathcal{M}$ lagen. Dabei unterscheiden wir die folgenden drei grundsätzlichen Konstruktionsmöglichkeiten.

1. Schnitt zweier verschiedener Geraden aus $\mathcal{G}(\mathcal{M})$.
2. Schnitt einer Geraden aus $\mathcal{G}(\mathcal{M})$ mit einem Kreis aus $\mathcal{K}_{\mathrm{kol}}(\mathcal{M})$ (bzw. Schnitt einer Geraden aus $\mathcal{G}(\mathcal{M})$ mit einem Kreis aus $\mathcal{K}(\mathcal{M})$, bei Verwendung des nicht-kollabierenden Zirkels).
3. Schnitt zweier verschiedener Kreise aus $\mathcal{K}_{\mathrm{kol}}(\mathcal{M})$ (bzw. Schnitt zweier verschiedener Kreise aus $\mathcal{K}(\mathcal{M})$).

Unter Hinzunahme von Schnittpunkten zur Menge $\mathcal{M}$, welche sich aus den Operationen in 1.–3. ergeben, erhalten wir jeweils neue Mengen von Punkten. Wir setzen

$$\mathrm{Z}_{\mathrm{kol}}(\mathcal{M}) := \mathcal{M} \cup \{K_i \cap K_j : K_i, K_j \in \mathcal{K}_{\mathrm{kol}}(\mathcal{M}), K_i \neq K_j\},$$

$$\mathrm{Z}(\mathcal{M}) := \mathcal{M} \cup \{K_i \cap K_j : K_i, K_j \in \mathcal{K}(\mathcal{M}), K_i \neq K_j\},$$

$$\mathrm{L}(\mathcal{M}) := \mathcal{M} \cup \{\mathbf{g} \cap \mathbf{h} : \mathbf{g}, \mathbf{h} \in \mathcal{G}(\mathcal{M}), \mathbf{g} \neq \mathbf{h}\},$$

$$\mathrm{ZL}_{\mathrm{kol}}(\mathcal{M}) := \mathrm{Z}_{\mathrm{kol}}(\mathcal{M}) \cup \mathrm{L}(\mathcal{M}) \cup \{K \cap \mathbf{g} : K \in \mathcal{K}_{\mathrm{kol}}(\mathcal{M}), \mathbf{g} \in \mathcal{G}(\mathcal{M})\},$$

$$\mathrm{ZL}(\mathcal{M}) := \mathrm{Z}(\mathcal{M}) \cup \mathrm{L}(\mathcal{M}) \cup \{K \cap \mathbf{g} : K \in \mathcal{K}(\mathcal{M}), \mathbf{g} \in \mathcal{G}(\mathcal{M})\}.$$

Iterativ lassen sich nun weitere Mengen erzeugen. Für natürliche Zahlen $n \geq 1$ setzen wir zum Beispiel

$$\mathrm{Z}^{\mathrm{n}}_{\mathrm{kol}}(\mathcal{M}) := \mathrm{Z}_{\mathrm{kol}}\big(\mathrm{Z}^{\mathrm{n-1}}_{\mathrm{kol}}(\mathcal{M})\big), \quad \text{mit } \mathrm{Z}^{1}_{\mathrm{kol}}(\mathcal{M}) := \mathrm{Z}_{\mathrm{kol}}(\mathcal{M}).$$

Analog legen wir dann noch $\mathrm{Z}^{\mathrm{n}}(\mathcal{M})$, $\mathrm{ZL}^{\mathrm{n}}_{\mathrm{kol}}(\mathcal{M})$ und $\mathrm{ZL}^{\mathrm{n}}(\mathcal{M})$ fest. Ferner seien

$$\mathrm{Z}^{\infty}_{\mathrm{kol}}(\mathcal{M}) := \bigcup_{\mathrm{n}\geq 1} \mathrm{Z}^{\mathrm{n}}_{\mathrm{kol}}(\mathcal{M}), \quad \mathrm{Z}^{\infty}(\mathcal{M}) := \bigcup_{\mathrm{n}\geq 1} \mathrm{Z}^{\mathrm{n}}(\mathcal{M}),$$

$$\mathrm{ZL}^{\infty}_{\mathrm{kol}}(\mathcal{M}) := \bigcup_{\mathrm{n}\geq 1} \mathrm{ZL}^{\mathrm{n}}_{\mathrm{kol}}(\mathcal{M}), \quad \mathrm{ZL}^{\infty}(\mathcal{M}) := \bigcup_{\mathrm{n}\geq 1} \mathrm{ZL}^{\mathrm{n}}(\mathcal{M}).$$

7.2. Konstruktionen nur mit Zirkel

In unserer Konstruktion mit Zirkel und Lineal wird ein nicht-kollabierender Zirkel verwendet. In den ursprünglichen Konstruktionen des EUKLID wurde jedoch von einem kollabierenden Zirkel ausgegangen, und es stellt sich die Frage, ob diese beiden Konstruktionsmechanismen eigentlich äquivalent sind, das heißt ob $Z^{\infty}_{\text{kol}}(\mathcal{M}) = Z^{\infty}(\mathcal{M})$. Dies ist in der Tat der Fall und wurde bereits zu EUKLIDS Zeiten bewiesen. Hierfür und für den Beweis des Satzes von MOHR–MASCHERONI (siehe weiter unten) benötigen wir nun einige starke Hilfssätze.

7.2.1 Lemma (Streckenverdopplung mit kollabierendem Zirkel)
Gegeben seien zwei verschiedene Punkte $\mathbf{A}, \mathbf{B} \in \mathbb{E}^2$. *Der eindeutig bestimmte Punkt* $\mathbf{C}$ *auf* $\mathbf{AB}$ *mit* $\mathbf{A}|\mathbf{B}|\mathbf{C}$ *und* $\overline{\mathbf{BC}} \equiv \overline{\mathbf{AB}}$ *lässt sich allein mit kollabierendem Zirkel konstruieren. Es ist* $\mathbf{C} = 2\mathbf{B} - \mathbf{A}$.

***Beweis*:** Zunächst ist klar, dass $\mathbf{C} = 2\mathbf{B} - \mathbf{A}$. Wir konstruieren $\mathbf{C}$ wie folgt.

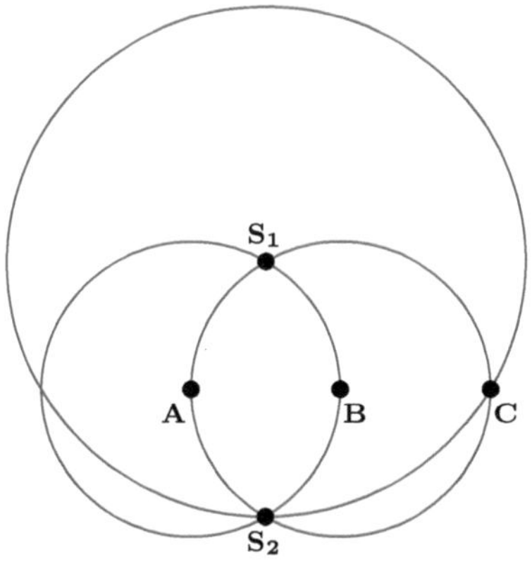

Abbildung 7.1.: Kongruentes Abtragen einer Strecke $\overline{\mathbf{AB}}$ mit dem kollabierenden Zirkel.

1. Mit dem kollabierenden Zirkel konstruieren wir die Kreise $K(\mathbf{A}, \overline{\mathbf{AB}})$ und $K(\mathbf{B}, \overline{\mathbf{BA}})$. Diese schneiden sich in zwei Punkten $\mathbf{S_1}, \mathbf{S_2}$ (siehe Abbildung 7.1).
2. Der nun konstruierbare Kreis $K(\mathbf{S_1}, \overline{\mathbf{S_1S_2}})$ schneidet $K(\mathbf{B}, \overline{\mathbf{BA}})$ in $\mathbf{S_2}$ und in $\mathbf{C}$.

□

7.2.2 Lemma (Konstruktion des Streckenmittelpunkts)
Gegeben seien zwei verschiedene Punkte $\mathbf{A}, \mathbf{B} \in \mathbb{E}^2$. *Dann lässt sich der Mittelpunkt* $\mathbf{S} = \frac{1}{2}(\mathbf{A} + \mathbf{B})$ *der Strecke* $\overline{\mathbf{AB}}$ *allein mit kollabierendem Zirkel konstruieren.*

***Beweis*:** Wir knüpfen an den Beweis von Lemma 7.2.1 an (vergleiche mit Abbildung 7.2).

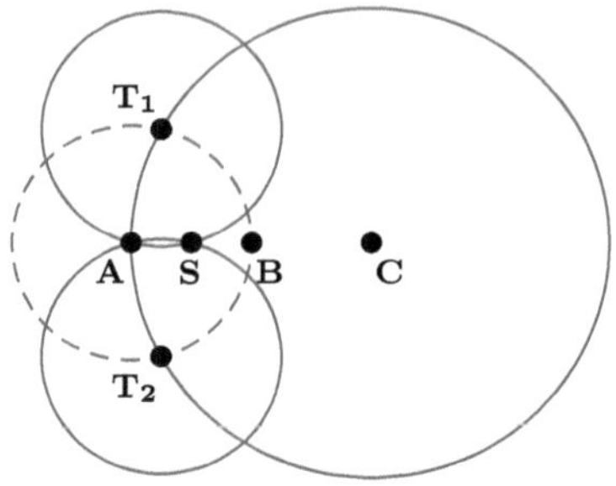

Abbildung 7.2.: Kostruktion des Streckenmittelpunkts $\mathbf{S} = \frac{1}{2}(\mathbf{A} + \mathbf{B})$ der Strecke $\overline{\mathbf{AB}}$ mit kollabierendem Zirkel.

1. Es sei $\mathbf{C} = 2\mathbf{B} - \mathbf{A}$ wie in Lemma 7.2.1 konstruiert.
2. Die Kreise $\mathrm{K}(\mathbf{C}, \overline{\mathbf{CA}})$ und $\mathrm{K}(\mathbf{A}, \overline{\mathbf{AB}})$ schneiden sich in zwei Punkten $\mathbf{T_1}, \mathbf{T_2}$.
3. Die Kreise $\mathrm{K}(\mathbf{T_1}, \overline{\mathbf{T_1 A}})$ und $\mathrm{K}(\mathbf{T_2}, \overline{\mathbf{T_2 A}})$ schneiden sich in $\mathbf{A}$ und $\mathbf{S}$. Um dies zu sehen, sei $\mathbf{L}$ der Lotfußpunkt von $\mathbf{T_1}$ auf $\mathbf{AB}$ und $x := |\overline{\mathbf{AL}}|$, $y := |\overline{\mathbf{T_1 L}}|$, $r := |\overline{\mathbf{AB}}|$. Es gilt dann

   $$y^2 = r^2 - x^2 \quad \text{und auch} \quad y^2 = (2r)^2 - (2r - x)^2 = 4rx - x^2,$$

   sodass $r = 4x$ und somit $|\overline{\mathbf{AS}}| = 2x = \frac{1}{2}r = \frac{1}{2}|\overline{\mathbf{AB}}|$.

□

Sind drei verschiedene Punkte $\mathbf{A}, \mathbf{B}, \mathbf{C}$ gegeben, so ist es mit dem kollabierenden Zirkel nicht möglich, den Kreis $\mathrm{K}(\mathbf{C}, \overline{\mathbf{AB}})$ direkt zu zeichnen. Wir werden jetzt sehen, dass dies aber sehr wohl durch einen kleinen Umweg möglich ist.

7.2.3 Satz
Gegeben seien drei verschiedene Punkte $\mathbf{A}, \mathbf{B}, \mathbf{C} \in \mathbb{E}^2$. *Dann lässt sich der Kreis* $\mathrm{K}(\mathbf{C}, \overline{\mathbf{AB}})$ *auch unter Verwendung nur des kollabierenden Zirkels konstruieren.*

Beweis: Falls $\mathbf{B} = \frac{1}{2}(\mathbf{A} + \mathbf{C})$, so ist die Aussage trivial, denn dann ist

$$\mathrm{K}(\mathbf{C}, \overline{\mathbf{AB}}) = \mathrm{K}(\mathbf{C}, \overline{\mathbf{CB}}).$$

Es sei also ohne Einschränkung $\mathbf{B} \neq \mathbf{S} := \frac{1}{2}(\mathbf{A} + \mathbf{C})$. Nach Lemma 7.2.2 kann der

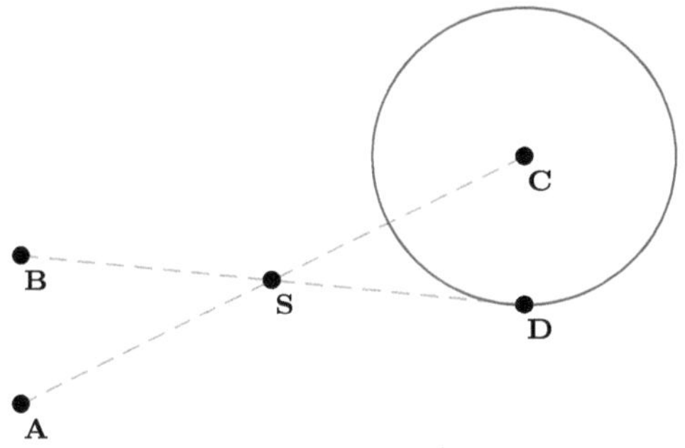

Abbildung 7.3.: Konstruktion des Kreises $\mathrm{K}(\mathbf{C}, \overline{\mathbf{AB}})$ mit kollabierendem Zirkel.

Punkt **S** mit kollabierendem Zirkel konstruiert werden. Da $\mathbf{B} \neq \mathbf{S}$, lässt sich nun nach Lemma 7.2.1 ebenfalls der Punkt

$$\mathbf{D} := 2\mathbf{S} - \mathbf{B} = \mathbf{A} - \mathbf{B} + \mathbf{C}$$

nur mit dem kollabierenden Zirkel konstruieren. Für diesen Punkt gilt aber

$$\overrightarrow{\mathbf{CD}} = \mathbf{D} - \mathbf{C} = \mathbf{A} - \mathbf{B} = \overrightarrow{\mathbf{BA}}.$$

Insbesondere ist $|\overline{\mathbf{AB}}| = |\overline{\mathbf{CD}}|$ und damit $\mathrm{K}(\mathbf{C}, \overline{\mathbf{AB}}) = \mathrm{K}(\mathbf{C}, \overline{\mathbf{CD}})$. □

7.2.a. Der Satz des Euklid

Aus Satz 7.2.3 ergeben sich nun einige Konsequenzen.

7.2.4 Satz (Satz des Euklid)
Bei der Konstruktion mit Zirkel und Lineal ist es unerheblich, ob man einen kollabierenden oder nicht-kollabierenden Zirkel verwendet. Die Mengen $\mathrm{ZL}^{\infty}_{\mathrm{kol}}(\mathcal{M})$ *und* $\mathrm{ZL}^{\infty}(\mathcal{M})$ *stimmen überein.*

Ebenso erhalten wir:

7.2.5 Satz
Es gilt $\mathrm{Z}^{\infty}_{\mathrm{kol}}(\mathcal{M}) = \mathrm{Z}^{\infty}(\mathcal{M})$.

Da man aus einer gegebenen Menge $\mathcal{M}$ mit kollabierendem Zirkel durch wiederholtes Anwenden dieselben Punkte konstruieren kann, die sich durch den nicht-kollabierenden Zirkel konstruieren lassen, werden wir in Zukunft nur noch von der Konstruktion mit Zirkel bzw. von der Konstruktion mit Zirkel und Lineal sprechen. Der nicht-kollabierende Zirkel ist im Vergleich zum kollabierenden Zirkel nur insofern „besser", weil sich mit ihm die Punkte schneller konstruieren lassen.

Direkt aus dem Beweis von Satz 7.2.3 ergibt sich noch das nachfolgende Korollar.

7.2.6 Korollar (Konstruktion einer Parallelen nur mit Zirkel)
Gegeben seien drei Punkte $\mathbf{A}, \mathbf{B}, \mathbf{C}$ *in allgemeiner Lage. Dann lässt sich der Punkt* $\mathbf{D} = \mathbf{A} - \mathbf{B} + \mathbf{C}$ *allein mit Zirkel konstruieren. Die Gerade* $\mathbf{CD}$ *ist parallel zu* $\mathbf{AB}$ *und die Strecken* $\overline{\mathbf{AB}}, \overline{\mathbf{CD}}$ *sind gleich lang.*

Abbildung 7.4.: Die Konstruktion der Parallelen zu **AB** durch **C** ist mit Zirkel möglich.

Wir erinnern an dieser Stelle an die Definition eines Spiegelpunktes.

Befinden sich die Punkte **A**, **B**, **C** in allgemeiner Lage, so ist der *Spiegelpunkt* $\mathbf{C}'$ von **C** an der Geraden **AB** der eindeutig bestimmte Punkt mit $\mathbf{AB} \perp \mathbf{CC}'$ und $|\overline{\mathbf{AC}}| = |\overline{\mathbf{AC}'}|$.

7.2.7 Lemma (Konstruktion des Spiegelpunkts)
$\mathbf{A}$, $\mathbf{B}$, $\mathbf{C}$ *seien in allgemeiner Lage. Der Spiegelpunkt* $\mathbf{C}'$ *von* $\mathbf{C}$ *an* $\mathbf{AB}$ *lässt sich allein mit Zirkel konstruieren.*

Beweis: Die Kreise K($\mathbf{A}, \overline{\mathbf{AC}}$), K($\mathbf{B}, \overline{\mathbf{BC}}$) scheiden sich in **C** und **C′**. □

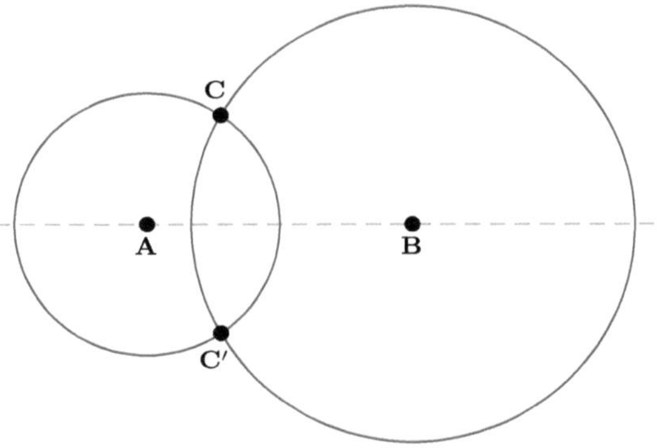

Abbildung 7.5.: Konstruktion des Spiegelpunktes mit Zirkel.

7.2.8 Lemma (Konstruktion des Lotfußpunkts)
A, **B**, **C** *seien in allgemeiner Lage. Der Lotfußpunkt* **L** *von* **C** *auf* **AB** *lässt sich allein mit Zirkel konstruieren.*

Beweis: Der Lotfußpunkt **L** ist gleichzeitig der Streckenmittelpunkt von $\overline{\mathbf{CC'}}$, wobei **C′** der Spiegelpunkt von **C** an **AB** ist. Die Behauptung ergibt sich daher durch Kombination von Lemma 7.2.7 und Lemma 7.2.2. □

7.2.9 Lemma (Konstruktion der Senkrechten nur mit Zirkel)
Gegeben seien drei Punkte **A**, **B**, **C** *mit* $\mathbf{A} \neq \mathbf{B}$. *Dann lässt sich die Senkrechte zu* **AB** *durch* **C** *mit dem Zirkel konstruieren*[1)].

Beweis: Falls $\mathbf{C} \notin \mathbf{AB}$, so kann man zunächst mit Lemma 7.2.7 den Spiegelpunkt **C′** von **C** an **AB** konstruieren. Die gesuchte Gerade ist dann **CC′**. Falls hingegen $\mathbf{C} \in \mathbf{AB}$, so sei ohne Einschränkung $\mathbf{C} \neq \mathbf{A}$. Man verdopple dann mit Lemma 7.2.1 zunächst die Strecke $\overline{\mathbf{AC}}$ in Richtung von $\overrightarrow{\mathrm{S}}(\mathbf{A}, \mathbf{C})$ und konstruiere hierdurch einen Punkt $\mathbf{B'} \in \mathbf{AB}$ mit $|\overline{\mathbf{AC}}| = |\overline{\mathbf{CB'}}|$. Die Kreise K($\mathbf{A}, \overline{\mathbf{AB'}}$), K($\mathbf{B'}, \overline{\mathbf{B'A}}$) schneiden sich in zwei Punkten **D**, **D′**. Die gesuchte Gerade ist jetzt **DD′**. □

[1)]Hier ist gemeint, dass sich zu **C** ein weiterer Punkt **C′** nur mit dem Zirkel konstruieren lässt, sodass $\mathbf{CC'} \perp \mathbf{AB}$. Die Gerade selbst, also sämtliche Punkte auf **CC′**, ist nicht nur mit dem Zirkel konstruierbar.

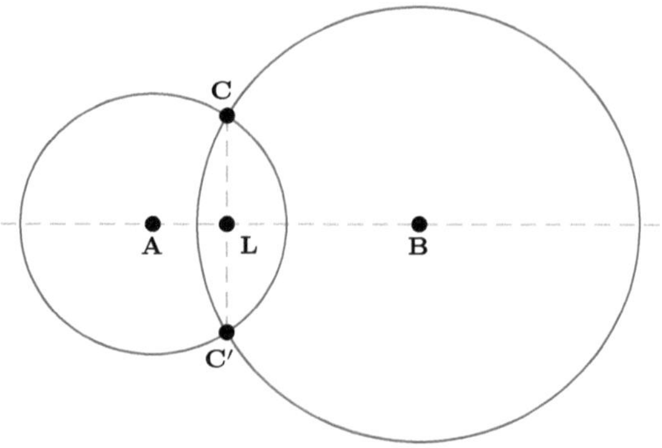

Abbildung 7.6.: Konstruktion des Lotfußpunktes **L** von **C** auf die Gerade **AB** mithilfe des Zirkels. **L** ergibt sich mit Lemma 7.2.2 durch Streckenhalbierung von $\overline{\mathbf{CC}'}$.

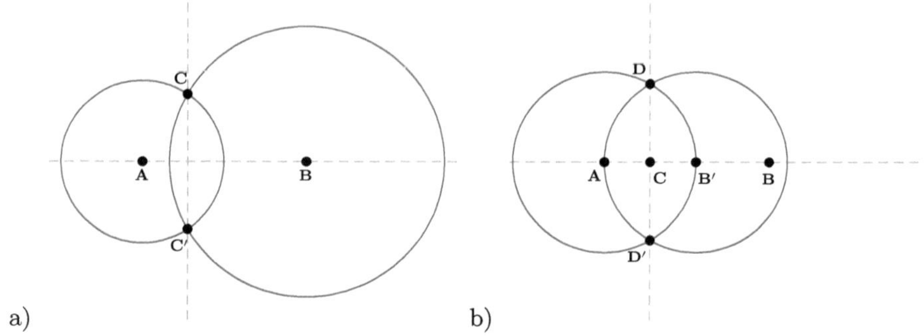

Abbildung 7.7.: Konstruktion der Senkrechten mit Zirkel. a) Für den Fall $\mathbf{C} \notin \mathbf{AB}$. b) Der Fall $\mathbf{C} \in \mathbf{AB}$.

7.3. Verwendung von Zirkel und Lineal

Bei unseren bisherigen Konstruktionen wurde stets nur der Zirkel eingesetzt. In diesem Abschnitt werden wir das Lineal als zusätzliches Konstruktionswerkzeug zulassen. Zwar werden wir weiter unten in Abschnitt 7.4 durch den Satz von Mohr und Mascheroni erkennen, dass man bei sämtlichen Konstruktionen mit Zirkel und Lineal stets auf das Lineal verzichten kann, jedoch sind die Konstruktionen dann um ein Vielfaches komplexer und nicht mehr so anschaulich wie unter der zusätzlichen Verwendung des Lineals.

7.3.a. Elementare Konstruktionen mit Zirkel und Lineal

In Lemma 7.2.2 haben wir bereits gesehen wie man eine gegebene Strecke mit dem Zirkel halbiert. Eine naheliegende Frage ist nun, ob man zu einer gegebenen natürlichen Zahl n jede Strecke mit Zirkel und Lineal auch in n gleich lange Streckenteile zerlegen kann. Dass dies in der Tat möglich ist, besagt der folgende Satz. Für den Beweis wird dabei der Strahlensatz ausgenutzt.

7.3.1 Satz (n-Teilung einer Strecke mit Zirkel und Lineal)
Gegeben sei eine Strecke $\overline{\mathbf{AB}}$ *und eine natürliche Zahl* $n \geq 2$. *Dann lassen sich mit Zirkel und Lineal Punkte* $\mathbf{A} =: \mathbf{A_0}, \mathbf{A_1}, \ldots, \mathbf{A_{n-1}}, \mathbf{A_n} := \mathbf{B} \in \overline{\mathbf{AB}}$ *konstruieren, sodass jeweils*

$$\mathbf{A_i}|\mathbf{A_{i+1}}|\mathbf{A_{i+2}}, \quad i = 0, \ldots, n-2,$$

und

$$|\overline{\mathbf{A_i A_{i+1}}}| = \frac{1}{n}|\overline{\mathbf{AB}}|, \quad i = 0, \ldots, n-1.$$

Beweis: Es seien zunächst $\mathbf{A_0} := \mathbf{A}$ und $\mathbf{A_n} := \mathbf{B}$. Ferner sei $\mathbf{C_0}$ einer der beiden Schnittpunkte von $\mathrm{K}(\mathbf{A_0}, \overline{\mathbf{A_0 A_n}})$ und $\mathrm{K}(\mathbf{A_n}, \overline{\mathbf{A_n A_0}})$ (vergleiche mit Abbildung 7.8). Nach Korollar 7.2.6 lässt sich der Punkt $\mathbf{C_1} := \mathbf{A_n} - \mathbf{A_0} + \mathbf{C_0}$ mit Zirkel kon-

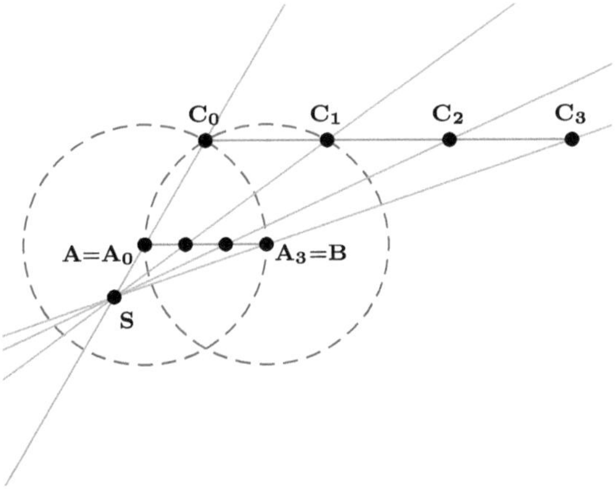

Abbildung 7.8.: Die 3-Teilung einer Strecke $\overline{\mathbf{AB}}$ mit Zirkel und Lineal.

struieren. Durch wiederholtes Anwenden von Lemma 7.2.1 lassen sich nun Punkte $\mathbf{C_2}, \ldots, \mathbf{C_n}$ auf der zu $\mathbf{A_0 A_n}$ parallelen Geraden $\mathbf{C_0 C_1}$ erzeugen, für die jeweils

$$\mathbf{C_i}|\mathbf{C_{i+1}}|\mathbf{C_{i+2}}, \quad i = 0, \ldots, n-2,$$

und

$$|\overline{\mathbf{C_i C_{i+1}}}| = |\overline{\mathbf{A_0 A_n}}| = |\overline{\mathbf{AB}}|, \quad i = 0, \ldots, n-1$$

gilt. Mit dem Lineal konstruiere man den Schnittpunkt **S** von $\mathbf{A_0C_0}$ und $\mathbf{A_nC_n}$. Nach dem Strahlensatz schneiden die Geraden $\mathbf{SC_i}$ die Strecke $\overline{\mathbf{AB}}$ nun in den gesuchten Punkten $\mathbf{A_i}$, für $i = 0, \ldots, n$, und diese Schnittpunkte lassen sich mit dem Lineal konstruieren. □

7.3.2 Satz (Konstruktion des Umkreises mit Zirkel und Lineal)
Gegeben seien drei Punkte $\mathbf{A}, \mathbf{B}, \mathbf{C}$ *in allgemeiner Lage. Dann lässt sich der Umkreis des Dreiecks* $\triangle_{\mathbf{ABC}}$ *mit Zirkel und Lineal konstruieren.*

***Beweis*:** Die Kreise $\mathrm{K}(\mathbf{A}, \overline{\mathbf{AB}})$ und $\mathrm{K}(\mathbf{B}, \overline{\mathbf{BA}})$ schneiden sich in zwei Punkten $\mathbf{E}, \mathbf{E}'$ und $\mathbf{EE}'$ ist die Mittelsenkrechte von $\overline{\mathbf{AB}}$. Analog schneiden sich die Kreise $\mathrm{K}(\mathbf{A}, \overline{\mathbf{AC}})$ und $\mathrm{K}(\mathbf{C}, \overline{\mathbf{CA}})$ in Punkten $\mathbf{F}, \mathbf{F}'$ und $\mathbf{FF}'$ ist die Mittelsenkrechte von $\overline{\mathbf{AC}}$. Da sich die Mittelsenkrechten eines Dreiecks nach Satz 5.4.25 im Mittelpunkt

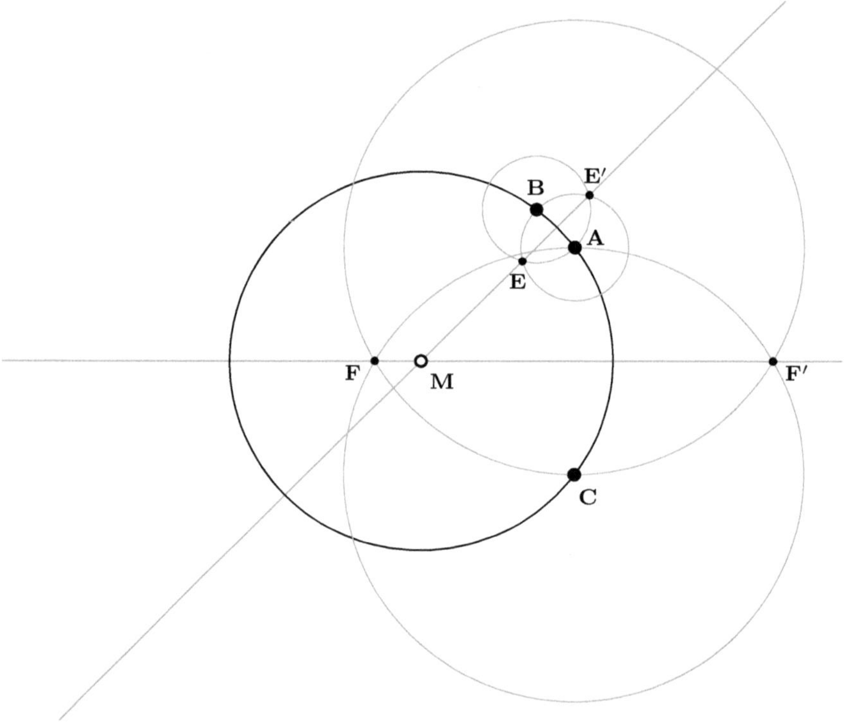

Abbildung 7.9.: Die Konstruktion des Umkreises dreier Punkte $\mathbf{A}, \mathbf{B}, \mathbf{C}$ in allgemeiner Lage.

M des Umkreises schneiden, ist der gesuchte Kreis $\mathrm{K}(\mathbf{M}, \overline{\mathbf{MA}})$. □

7.3.3 Lemma (Konstruktion der Winkelhalbierenden)
Gegeben sei ein Winkel $\angle_{\mathbf{BAC}}$*. Dann lässt sich mit Zirkel und Lineal ein Punkt* $\mathbf{S}$ *konstruieren, sodass* $\angle_{\mathbf{BAS}} \equiv \angle_{\mathbf{SAC}}$ *und die Gerade* $\mathbf{AS}$ *ist folglich die Winkelhalbierende von* $\angle_{\mathbf{BAC}}$*.*

***Beweis*:** Der Kreis $\mathrm{K}(\mathbf{A}, \overline{\mathbf{AB}})$ schneidet den Strahl $\vec{\mathrm{S}}(\mathbf{A}, \mathbf{C})$ in einem Punkt $\mathbf{B}'$ (vergleiche mit Abbildung 7.10). Man konstruiere den Streckenmittelpunkt $\mathbf{S}$ von

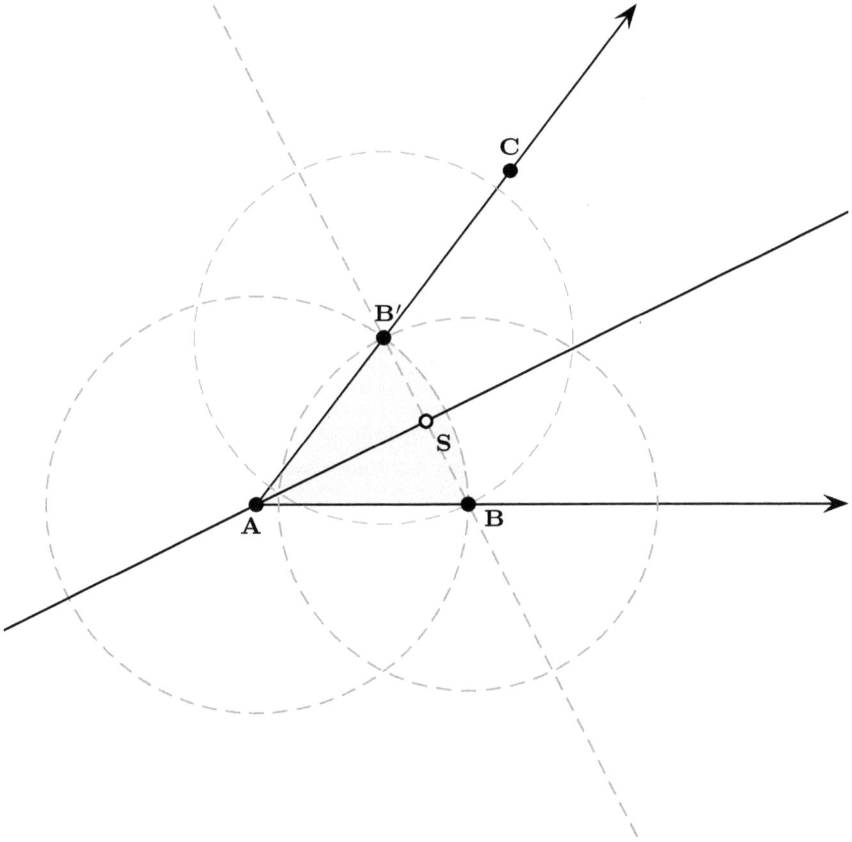

Abbildung 7.10.: Zur Konstruktion der Winkelhalbierenden eines Winkels $\angle_{\mathbf{BAC}}$ mit Zirkel und Lineal.

$\overline{\mathbf{BB}'}$. $\mathbf{S}$ erfüllt das Gewünschte. □

7.3.4 Satz (Konstruktion des Inkreises mit Zirkel und Lineal)
Der Inkreis eines Dreiecks $\triangle_{\mathbf{ABC}}$ *lässt sich mit Zirkel und Lineal konstruieren.*

***Beweis*:** Mit Lemma 7.3.3 konstruiere man zunächst zwei der Winkelhalbierenden des Dreiecks, zum Beispiel die Winkelhalbierenden der Winkel $\angle_{\mathbf{BAC}}$ und $\angle_{\mathbf{CBA}}$ (vergleiche mit Abbildung 7.11). Da sich die Winkelhalbierenden eines Dreiecks

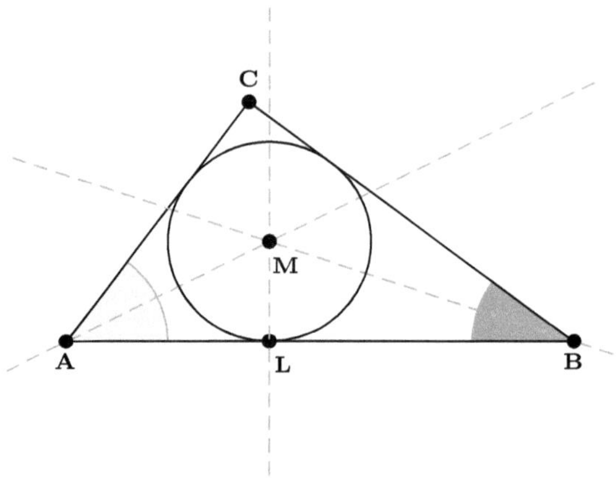

Abbildung 7.11.: Die Konstruktion des Inkreises eines Dreiecks $\triangle_{\mathbf{ABC}}$ mit Zirkel und Lineal.

nach Satz 5.4.20 im Mittelpunkt $\mathbf{M}$ des Inkreises schneiden, ist der Inkreis durch $\mathrm{K}(\mathbf{M}, \overline{\mathbf{ML}})$ gegeben, wobei $\mathbf{L}$ der nach Lemma 7.2.8 konstruierbare Lotfußpunkt von $\mathbf{M}$ auf $\mathbf{AB}$ ist. □

7.3.b. Die mit Zirkel und Lineal konstruierbare Punktmenge

Wir möchten nun im Anschluss die Menge $\mathrm{ZL}^\infty(\mathcal{M})$ der mit Zirkel und Lineal aus einer gegebenen Menge $\mathcal{M}$ konstruierbaren Punkte genauer beschreiben. Hierfür ist es zweckmäßig, die euklidische Ebene $\mathbb{E}^2$ zunächst mit den komplexen Zahlen $\mathbb{C}$ zu identifizieren. Dies geschieht am einfachsten dadurch, dass wir den Punkt $\mathbf{Z} = (x, y)$ mit der komplexen Zahl $z = x + iy$ identifizieren.

Einer komplexen Zahl $z = x+iy$ mit $x, y \in \mathbb{R}$ entspricht also jeweils der Punkt

$$\mathbf{P}[z] := (x, y) = (\operatorname{Re} z, \operatorname{Im} z),$$

sodass zum Beispiel

$$\mathbf{O} := (0,0) = \mathbf{P}[0], \quad \mathbf{E} := (1,0) = \mathbf{P}[1], \quad \mathbf{I} := (0,1) = \mathbf{P}[i].$$

Der große Vorteil dabei besteht nun darin, dass wir die algebraischen Strukturen der komplexen Zahlen benutzen können, um die Konstruktionen mit Zirkel und Lineal ebenfalls algebraisch zu beschreiben. Die algebraischen Operationen der Addition, Subtraktion, Multiplikation, Division usw. übertragen sich nun allesamt auf die euklidische Ebene. Insbesondere gilt für jede Wahl von reellen Zahlen $\lambda_1, \dots, \lambda_n$ mit $\sum_{k=1}^{n} \lambda_k = 1$ und von beliebigen komplexen Zahlen $z_1, \dots, z_n$ die Gleichung

$$\mathbf{P}[\lambda_1 z_1 + \cdots + \lambda_n z_n] = \lambda_1 \mathbf{P}[z_1] + \cdots + \lambda_n \mathbf{P}[z_n]. \tag{7.3.1}$$

Im Folgenden werden wir die Menge $\mathrm{ZL}^\infty(\{\mathbf{O}, \mathbf{E}\})$ genauer studieren.

7.3.5 Satz

Die Teilmenge

$$\mathbb{U} := \{z \in \mathbb{C} : \mathbf{P}[z] \in \mathrm{ZL}^\infty(\{\mathbf{O}, \mathbf{E}\})\} \subset \mathbb{C},$$

also die Menge der mit Zirkel und Lineal aus den Zahlen 0 *und* 1 *konstruierbaren komplexen Zahlen, bildet einen Unterkörper von* $\mathbb{C}$.

***Beweis*:**

(i) Nach Voraussetzung sind die neutralen Elemente der Addition und Multiplikation, also 0 und 1, in $\mathbb{U}$ enthalten.

(ii) Aus $z \in \mathbb{U}$ folgt $-z \in \mathbb{U}$.

***Beweis*:** Für $z = 0$ ist die Aussage trivial, daher sei ohne Einschränkung $z \neq 0$. Wir wenden Lemma 7.2.1 auf die Punkte $\mathbf{A} := \mathbf{P}[z]$ und $\mathbf{B} := \mathbf{O}$ an und können daher mit Zirkel den Punkt

$$\mathbf{C} = 2\mathbf{B} - \mathbf{A} = 2\mathbf{O} - \mathbf{A} = 2\mathbf{P}[0] - \mathbf{P}[z] \overset{(7.3.1)}{=} \mathbf{P}[2 \cdot 0 - z] = \mathbf{P}[-z]$$

konstruieren. ⊛

(iii) Mit $w, z \in \mathbb{U}$ gilt auch $w + z \in \mathbb{U}$.

***Beweis*:** Für $w = 0$ ist die Aussage trivial, daher sei ohne Einschränkung $w \neq 0$. Wir wenden Korollar 7.2.6 auf die Punkte $\mathbf{A} := \mathbf{P}[w]$, $\mathbf{B} := \mathbf{O}$ und $\mathbf{C} := \mathbf{P}[z]$ an. Daher lässt sich der Punkt

$$\mathbf{D} = \mathbf{A} - \mathbf{B} + \mathbf{C} = \mathbf{P}[w] - \mathbf{O} + \mathbf{P}[z] \overset{(7.3.1)}{=} \mathbf{P}[w - 0 + z] = \mathbf{P}[w + z]$$

ebenfalls mit Zirkel konstruieren. ⊛

(iv) Mit $z \in \mathbb{U}$ gilt ebenfalls $iz \in \mathbb{U}$.

***Beweis*:** Für $z = 0$ ist die Aussage trivial, daher sei ohne Einschränkung $z \neq 0$. Die Multiplikation mit i entspricht einer Drehung um den Ursprung um den Winkel $\pi/2$ gegen den Uhrzeigersinn (vergleiche mit Abbildung 7.12). Es sei $\mathbf{A} := \mathbf{P}[z]$. Nach Teil (ii) ist der Punkt $\mathbf{B} := \mathbf{P}[-z]$ in $\mathrm{ZL}^\infty(\{\mathbf{O}, \mathbf{E}\})$ enthalten. Die Kreise $\mathrm{K}(\mathbf{A}, \overline{\mathbf{AB}})$, $\mathrm{K}(\mathbf{B}, \overline{\mathbf{BA}})$ schneiden sich in zwei Punkten $\mathbf{C}, \mathbf{D}$. Die Gerade $\mathbf{CD}$ ist die Mittelsenkrechte der Strecke $\overline{\mathbf{AB}}$ und schneidet

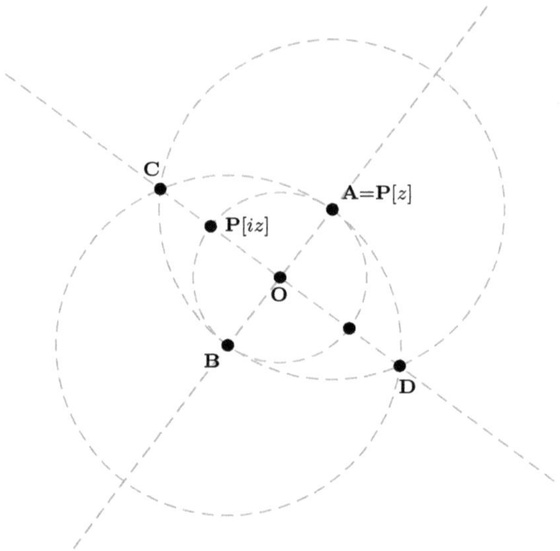

Abbildung 7.12.: Ausgehend vom Punkt $\mathbf{A} = \mathbf{P}[z]$ lässt sich der Punkt $\mathbf{P}[iz]$ mit Zirkel und Lineal konstruieren.

den Kreis $\mathrm{K}(\mathbf{O}, \overline{\mathbf{OA}})$ in $\mathbf{P}[iz]$ und in $\mathbf{P}[-iz]$. Daher sind $iz, -iz$ beide in $\mathbb{U}$ enthalten. ⊛

(v) Mit $z \in \mathbb{U}$ sind auch $\overline{z}, \mathrm{Re}\,(z), \mathrm{Im}\,(z) \in \mathbb{U}$.

Beweis: Ist z reell, so ist die Aussage wieder trivial. Für $\overline{z} \neq z$ ist $\mathbf{P}[\overline{z}]$ der Spiegelpunkt von $\mathbf{P}[z]$ an der x-Achse, also an der Geraden $\mathbf{OE}$. Wir wenden Lemma 7.2.7 auf die Punkte $\mathbf{A} := \mathbf{O}$, $\mathbf{B} := \mathbf{E}$ und $\mathbf{C} := \mathbf{P}[z]$ an und erhalten somit den Spiegelpunkt $\mathbf{C}' = \mathbf{P}[\overline{z}]$, also $\overline{z} \in \mathbb{U}$.

Da sich der Streckenmittelpunkt

$$\mathbf{S} := \frac{1}{2}(\mathbf{P}[z] + \mathbf{P}[\overline{z}]) = \mathbf{P}\left[\frac{1}{2}(z + \overline{z})\right] = \mathbf{P}[\mathrm{Re}\,(z)]$$

nach Lemma 7.2.2 mit Zirkel konstruieren lässt, ist $\mathrm{Re}\,(z) \in \mathbb{U}$. Weil andererseits nach Teil (iv) mit z auch $i^3 z \in \mathbb{U}$, folgt nun aus $\mathrm{Im}\,(z) = \mathrm{Re}\,(i^3 z)$ ebenfalls $\mathrm{Im}\,(z) \in \mathbb{U}$. ⊛

(vi) Aus $w, z \in \mathbb{U}$ folgt $w \cdot z \in \mathbb{U}$.

Beweis: Wegen der bereits in den ersten Teilen bewiesenen Aussagen und weil

$$w \cdot z = \mathrm{Re}\,(w)\mathrm{Re}\,(z) - \mathrm{Im}\,(w)\mathrm{Im}\,(z) + i(\mathrm{Re}\,(w)\mathrm{Im}\,(z) + \mathrm{Re}\,(z)\mathrm{Im}\,(w)),$$

genügt es, wenn wir die Behauptung für positive reelle Zahlen nachweisen. Ohne Einschränkung seien daher $a, b \in \mathbb{R} \cap \mathbb{U}$, $a, b > 0$. Wir setzen

$$\mathbf{A} := \mathbf{P}[-ia], \quad \mathbf{B} := \mathbf{P}[ib], \quad \mathbf{C} := \mathbf{P}[-1].$$

Da a, b positive reelle Zahlen sind, befinden sich die Punkte $\mathbf{A}, \mathbf{B}, \mathbf{C}$ in allgemeiner Lage und außerdem sind sie in $\mathrm{ZL}^\infty(\{\mathbf{O}, \mathbf{E}\})$ enthalten. Der Umkreis

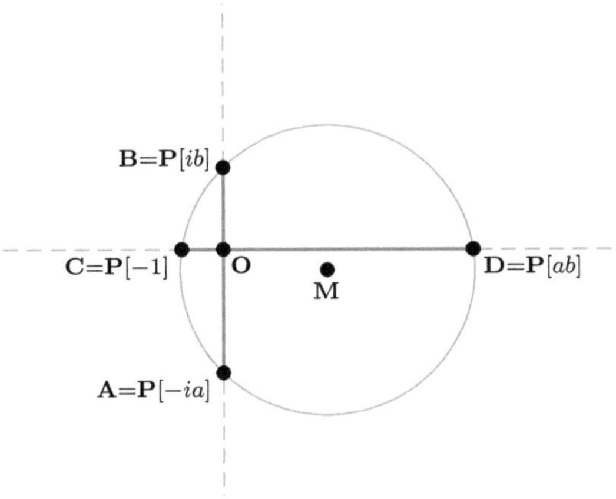

Abbildung 7.13.: Zeichnerische Konstruktion des Produkts zweier reeller Zahlen mithilfe des Sehnensatzes.

des Dreiecks $\triangle_{\mathbf{ABC}}$ lässt sich nach Satz 7.3.2 mit Zirkel und Lineal konstruieren. Der Mittelpunkt des Umkreises sei $\mathbf{M}$ (vergleiche mit Abbildung 7.13). Der Umkreis $\mathrm{K}(\mathbf{M}, \overline{\mathbf{MA}})$ schneidet die Gerade $\mathbf{CO}$ in $\mathbf{C}$ und in einem weiteren Punkt $\mathbf{D}$. Für diesen folgt aus dem Sehnensatz 5.5.8 für den Kreis $\mathrm{K}(\mathbf{M}, \overline{\mathbf{MA}})$ und die Sehnen $\overline{\mathbf{AB}}, \overline{\mathbf{CD}}$ die Gleichung

$$\mathbf{D} = \mathbf{P}[ab].$$

Damit ist also $ab \in \mathbb{U}$. ⊛

(vii) Mit $z \in \mathbb{U}$, $z \neq 0$, ist ebenfalls $z^{-1} \in \mathbb{U}$.

Beweis: Für $z \neq 0$ ist $z^{-1} = \overline{z}/|z|^2$. Weil wegen (v) und (vi) auch

$$|z|^2 = z \cdot \overline{z} \in \mathbb{U},$$

genügt es daher zu zeigen, dass für positive reelle Zahlen $a \in \mathbb{U}$ auch $1/a$ in $\mathbb{U}$ enthalten ist. Es sei also $a > 0$ mit $a \in \mathbb{U}$ gegeben. Wir gehen ganz ähnlich wie im letzten Teil vor und setzen

$$\mathbf{A} := \mathbf{P}[-a], \quad \mathbf{B} := \mathbf{P}[-i], \quad \mathbf{C} := \mathbf{P}[i].$$

Der Umkreis $\mathrm{K}(\mathbf{M}, \overline{\mathbf{MA}})$ des Dreiecks $\triangle_{\mathbf{ABC}}$ lässt sich mit Zirkel und Lineal konstruieren und die Gerade **AO** schneidet ihn in **A** und in einem weiteren Punkt **D** (vergleiche mit Abbildung 7.14). Für diesen folgt erneut aus dem

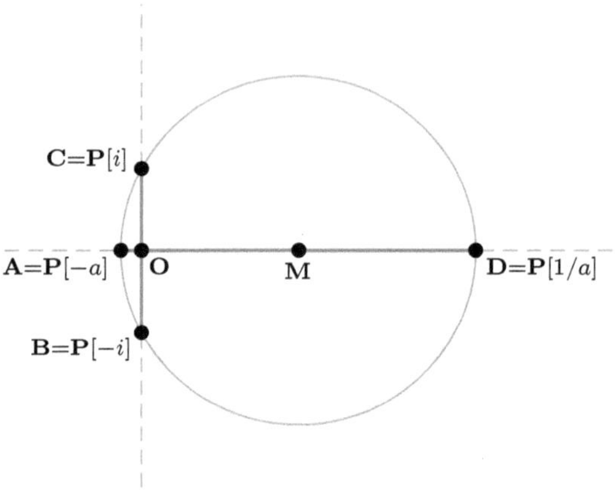

Abbildung 7.14.: Zeichnerische Konstruktion der Inversen einer reellen Zahl mithilfe des Sehnensatzes.

Sehnensatz für die Sehnen $\overline{\mathbf{AD}}, \overline{\mathbf{BC}}$ die Gleichung $\mathbf{D} = \mathbf{P}[1/a]$. Folglich gilt $1/a \in \mathbb{U}$. ⊛

Aus den Teilaussagen (i),(ii),(iii),(vi) und (vii) folgt insgesamt, dass $\mathbb{U}$ ein Unterkörper von $\mathbb{C}$ ist.

□

Mit $\mathbb{U} \subset \mathbb{C}$ aus Satz 7.3.5 bildet die Menge $\mathbb{V} := \mathbb{U} \cap \mathbb{R}$ einen Teilkörper der reellen Zahlen und es gilt

$$\mathbb{U} = \{a + ib : a, b \in \mathbb{V}\}.$$

$\mathbb{V}$ beschreibt also gerade die Menge der Punkte auf der Zahlengeraden, die sich aus der Ausgangsmenge $\{\mathbf{O}, \mathbf{E}\}$ mit Zirkel und Lineal konstruieren lassen.

Wir können für jede natürliche Zahl $q \geq 1$ die Strecke $\overline{\mathbf{OE}}$ mit Zirkel und Lineal in q gleich lange Teile zerlegen (Satz 7.3.1). Insbesondere gilt $1/q \in \mathbb{V}$ für alle $q \in \mathbb{N}, q \geq 1$. Nach Lemma 7.2.1 ist es aber außerdem möglich, für jede natürliche Zahl $p \geq 1$ die Strecke $\overline{\mathbf{O}, \mathbf{P}[1/q]}$ noch p-mal kongruent in Richtung des Strahls $\vec{\mathrm{S}}(\mathbf{O}, \mathbf{E})$ abzutragen, also ist ebenfalls $p/q \in \mathbb{V}$. Dies impliziert $\mathbb{Q} \subset \mathbb{V}$.

7.3.6 Definition

Ein geordneter Körper $\mathbb{K}$ heißt *euklidisch*, wenn jedes nicht-negative Element eine Quadratwurzel in $\mathbb{K}$ hat.

7.3.7 Satz
Der Körper $\mathbb{V}$ der mit Zirkel und Lineal auf der reellen Zahlengeraden aus $\{0,1\}$ konstruierbaren Punkte ist ein euklidischer Körper.

Beweis: Es ist klar, dass $\mathbb{V}$ angeordnet ist. Es sei $a \in \mathbb{V}$, $a > 0$. Wir setzen

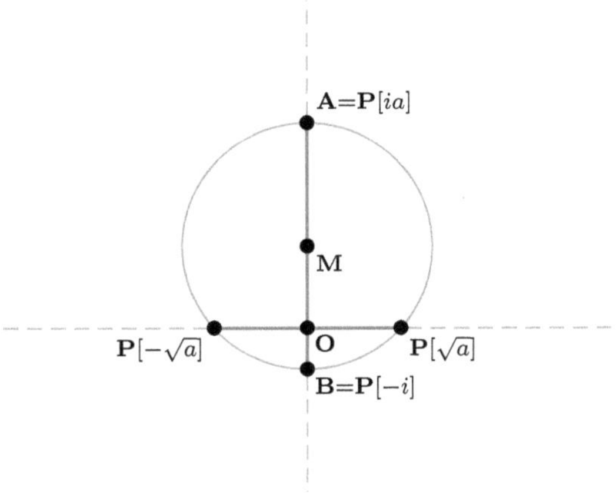

Abbildung 7.15.: Zeichnerische Konstruktion der Wurzel aus einer positiven reellen Zahl.

$$\mathbf{A} := \mathbf{P}[ia], \quad \mathbf{B} := \mathbf{P}[-i], \quad \mathbf{M} := \mathbf{P}[i(a-1)/2].$$

Der Kreis $\mathrm{K}(\mathbf{M}, \overline{\mathbf{MA}})$ verläuft durch die Punkte $\mathbf{A}, \mathbf{B}$ und wegen des Sehnensatzes schneidet der Kreis die Gerade $\mathbf{OE}$ in den Punkten $\mathbf{P}[\sqrt{a}]$ und $\mathbf{P}[-\sqrt{a}]$ (siehe Abbildung 7.15). Daher liegt $\sqrt{a}$ in $\mathbb{V}$. □

Weil nun die Wurzeln aus positiven rationalen Zahlen zur Menge $\mathbb{V}$ gehören, enthält $\mathbb{V}$ insbesondere irrationale Zahlen, zum Beispiel $\sqrt{2}$, $\sqrt{3}$. Daher bilden die rationalen Zahlen $\mathbb{Q}$ einen echten Teilkörper von $\mathbb{V}$. Pierre Wantzel (Wan37) hat gezeigt, dass durch Zirkel und Lineal konstruierbare Zahlen eine irreduzible polynomiale Gleichung vom Grad 2^k, $k \geq 1$, erfüllen müssen. Daraus ergibt sich insbesondere, dass $\mathbb{V}$ ein echter Teilkörper der reellen Zahlen $\mathbb{R}$ ist. Wir werden darauf im nächsten Abschnitt noch einmal eingehen.

7.3.c. Klassische Probleme der Antike

An dieser Stelle bietet es sich an, noch kurz auf die *klassischen Probleme der Antike* einzugehen.

Ausgehend von Satz 7.3.1 und Lemma 7.3.3 könnte man zunächst vermuten, dass es auch möglich ist, einen Winkel mit Zirkel und Lineal in n gleich große Teilwinkel zu zerlegen. Dies ist aber im Allgemeinen nicht möglich. In der Tat ist die Winkeldreiteilung als Spezialfall hiervon eines der drei klassischen Probleme der Antike. Dies sind:

- *Verdopplung des Würfels*
- *Dreiteilung des Winkels*
- *Quadratur des Kreises*

Im Allgemeinen ist keines dieser angeführten Probleme in endlichen Schritten nur mit Zirkel und Lineal lösbar. Dies konnte allerdings erst im 19. Jahrhundert mit algebraischen Methoden bewiesen werden, welche eng verknüpft sind mit der Theorie algebraischer Zahlkörper. Die Unmöglichkeit der Winkeldreiteilung und der Würfelverdopplung wurde 1837 von Pierre-Laurent Wantzel (Wan37) gezeigt. Die Unmöglichkeit der Quadratur des Kreises ergibt sich aus der Transzendenz der Kreiszahl π, welche 1882 von Ferdinand von Lindemann (Lin82) bewiesen wurde.

Verdopplung eines Würfels.

Dies behandelt die Frage, ob man mit Zirkel und Lineal einen gegebenen Würfel der Kantenlänge a in einen Würfel mit doppeltem Volumen überführen kann. Zwar ist dies eigentlich ein Problem der räumlichen euklidischen Geometrie, es ist aber äquivalent dazu, in der euklidischen Ebene zu einer Strecke der Länge a eine Strecke der Länge $x = \sqrt[3]{2} \cdot a$ zu konstruieren. Bei der Würfelverdopplung sucht man also für beliebiges $a > 0$ eine Nullstelle des Polynoms $f(x) = x^3 - 2a^3$.

Winkeldreiteilung.

Bei der Winkeldreiteilung versucht man zu einem beliebigen gegebenen Winkel $\angle_{\mathbf{AOB}}$ mit Zirkel und Lineal einen Punkt $\mathbf{S}$ auf der Strecke $\overline{\mathbf{AB}}$ so zu bestimmen, dass $\sphericalangle_{\mathbf{AOS}} = \frac{1}{3}\sphericalangle_{\mathbf{AOB}}$. Weil man mit dem Zirkel zunächst den Punkt $\mathbf{B}$ durch einen Punkt ersetzen kann, für den $|\overline{\mathbf{OA}}| = |\overline{\mathbf{OB}}|$, kann man ohne Einschränkung annehmen, dass $\overline{\mathbf{AB}}$ eine Sehne eines Kreises um $\mathbf{O}$ ist (vergleiche mit Abbildung 7.16). Dieser Punkt $\mathbf{S}$ lässt sich ebenfalls durch die Nullstelle eines kubischen Polynoms beschreiben und wir wollen diesen Sachverhalt hier kurz erläutern.

Wie in Abbildung 7.16 seien $\alpha \in (0, \pi)$ und $\mathbf{A} = \mathbf{P}[1]$, $\mathbf{B} = \mathbf{P}[e^{i\alpha}]$. Aus den Additionstheoremen für den Sinus und Kosinus ergibt sich bekanntlich

$$\cos\alpha = 4\cos^3\frac{\alpha}{3} - 3\cos\frac{\alpha}{3}.$$

Da wir den Punkt $\mathbf{S} = (\cos\frac{\alpha}{3}, \sin\frac{\alpha}{3})$ in Abbildung 7.16 genau dann konstruieren können, wenn wir seinen Lotfußpunkt $\mathbf{L} := (\cos\frac{\alpha}{3}, 0)$ auf die Gerade $\mathbf{OA}$ bestimmen

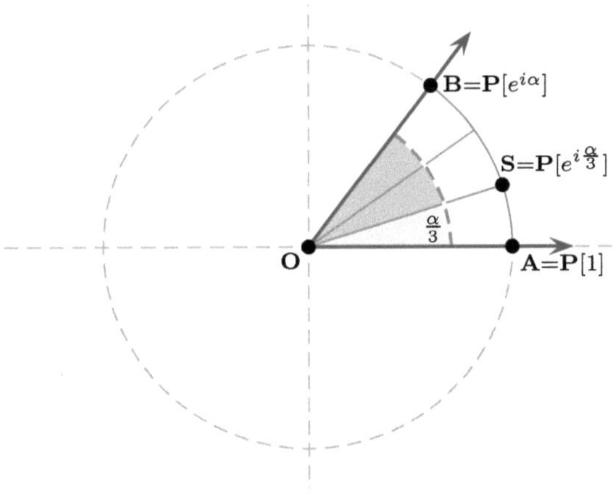

Abbildung 7.16.: Der Punkt **S** auf der Strecke $\overline{\mathbf{AB}}$ erfüllt $\sphericalangle_{\mathbf{AOS}} = \frac{1}{3}\sphericalangle_{\mathbf{AOB}}$.

können, reduziert sich das Problem nun darauf, die Wurzel $x := \cos\frac{\alpha}{3}$ des Polynoms

$$f(x) = x^3 - \frac{3}{4}x + \frac{a}{4}$$

für die gegebene Größe $a := -\cos\alpha$ nur mithilfe von Zirkel und Lineal zu konstruieren.

Pierre Wantzel (Wan37) hat gezeigt, dass durch Zirkel und Lineal konstruierbare Zahlen eine irreduzible polynomiale Gleichung vom Grad 2^k, $k \geq 1$, erfüllen müssen. Er wies ebenfalls nach, dass die für die Winkelverdopplung bzw. für die Winkeldreiteilung relevanten Polynome $f(x) = x^3 - 2a^3$, $f(x) = x^3 - \frac{3}{4}x + \frac{a}{4}$ jeweils irreduzible kubische Polynome sind, woraus die Unmöglichkeit der Winkelverdopplung und der Winkeldreiteilung mit Zirkel und Lineal folgt. Man beachte jedoch, dass die Unmöglichkeit der allgemeinen Winkeldreiteilung nicht bedeutet, dass man überhaupt keinen Winkel dreiteilen kann. Einen rechten Winkel kann man zum Beispiel problemlos dreiteilen, da dies auf die Konstruktion eines Winkels von 30° hinausläuft und dies ist möglich; man vergleiche zum Beispiel mit der Konstruktion eines regelmäßigen 12-Ecks weiter unten.

Quadratur des Kreises.

Hierbei geht man der folgende Frage nach. Ist es möglich, mit Zirkel und Lineal ein Quadrat zu konstruieren, welches denselben Flächeninhalt besitzt wie ein gegebener Kreis?

Weil es möglich ist, zu einer Strecke $\overline{\mathbf{AB}}$ mit Zirkel und Lineal ein Quadrat der Kantenlänge $|\overline{\mathbf{AB}}|$ zu konstruieren, ist daher die Quadratur des Kreises äquivalent zur Konstruktion der Zahl $\sqrt{\pi}$ und dann wegen der Äquivalenz

$$x \in \mathbb{V} \Leftrightarrow x^2 \in \mathbb{V}$$

auch gleichbedeutend zur Konstruktion der Kreiszahl π selbst. Nach FERDINAND VON LINDEMANN (Lin82) ist dies aber nicht möglich, weil π eine transzendente Zahl (also keine algebraische Zahl) ist. Insbesondere ist damit $\mathbb{V}$ ein echter Teilkörper von $\mathbb{R}$.

7.4. Der Satz von Mohr–Mascheroni

Wir haben bereits gesehen, dass bei denjenigen Konstruktionen, welche ausschließlich einen Zirkel verwenden, auf den nicht-kollabierenden Zirkel verzichtet werden kann. Solche Konstruktionen lassen sich allein mit einem kollabierenden Zirkel durchführen.

Natürlich lässt sich mit einem Zirkel keine Gerade zeichnen. Wir sind bei der Konstruktion mit Zirkel und Lineal aber eigentlich nicht an den Kreisen und den Geraden selbst interessiert, sondern nur an den Schnittmengen von Geraden und Kreisen untereinander, denn diese Schnittpunkte und die Mittelpunkte der Kreise definieren letztendlich die konstruierbare Punktmenge.

Wenn man nun darauf verzichtet, die Geraden selbst zu zeichnen und stattdessen nur nach den Schnittpunkten mit anderen Geraden oder mit Kreisen fragt, dann reicht dafür schon der (kollabierende) Zirkel aus. Bei der Konstruktion mit Zirkel und Lineal kann tatsächlich komplett auf das Lineal verzichtet werden. Schnittpunkte von Geraden mit Kreisen und von Geraden untereinander lassen sich allein mit dem Zirkel konstruieren. Dieses schöne und bemerkenswerte Resultat wurde zuerst 1672 von GEORG MOHR (Moh28) bewiesen, sein Beweis geriet aber zunächst in Vergessenheit. Unabhängig von MOHR bewies ihn 1797 LORENZO MASCHERONI (Mas80), sodass der Satz heute nach diesen beiden Mathematikern benannt ist.

7.4.1 Satz (Mohr–Mascheroni)
Jede geometrische Konstruktion mit Zirkel und Lineal kann allein mit dem Zirkel ausgeführt werden.

***Beweis*:** Der hier vorgestellte Beweis folgt im Wesentlichen den Ausführungen in einer Arbeit von NORBERT HUNGERBÜHLER (Hun94). Wir müssen zeigen, dass sich die drei folgenden fundamentalen Konstruktionen jeweils nur allein mit einem Zirkel bewerkstelligen lassen.

I. Konstruktion der Schnittpunkte zweier Kreise (gegeben durch ihre Mittelpunkte und Radien).

II. Konstruktion der Schnittpunkte einer Geraden (gegeben durch zwei verschiedene Punkte) mit einem Kreis (gegeben durch Mittelpunkt und Radius).

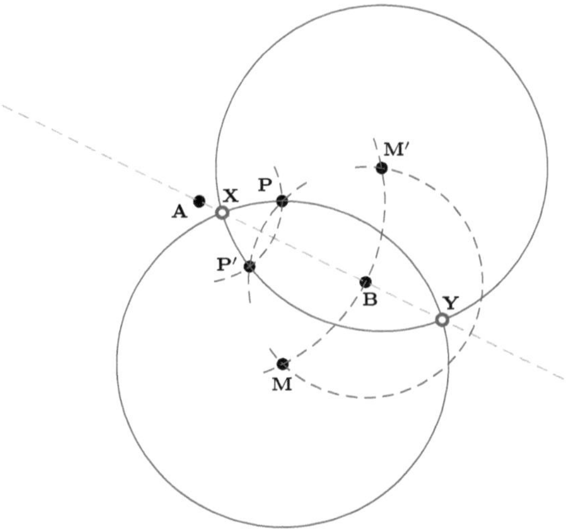

Abbildung 7.17.: Die Schnittpunkte eines Kreises $K(\mathbf{M}, \overline{\mathbf{MP}})$ mit einer Geraden **AB** lassen sich mit dem Zirkel einfach konstruieren, falls sich die Punkte $\mathbf{A}, \mathbf{B}, \mathbf{M}$ in allgemeiner Lage befinden.

III. Konstruktion des Schnittpunkts von zwei verschiedenen sich schneidenden Geraden (jede Gerade ist durch zwei verschiedene Punkte gegeben).

I. *Die Schnittmenge zweier Kreise.*
Hier ist nichts zu zeigen.

II. *Die Schnittmenge einer Geraden mit einem Kreis.*
Gegeben sei eine Gerade **AB** und ein Kreis $K(\mathbf{M}, \overline{\mathbf{MP}})$ um einen Punkt **M** durch einen Punkt **P**. Wir unterscheiden zwei Fälle.

1. *Die Punkte* **A**, **B**, **M** *seien in allgemeiner Lage.*
In diesem Fall konstruieren wir unter Verwendung von Lemma 7.2.7 die Spiegelpunkte $\mathbf{M}'$ von **M** und $\mathbf{P}'$ von **P** an der Geraden **AB** nur mit dem Zirkel (vergleiche mit Abbildung 7.17). Die Schnittmenge von $K(\mathbf{M}, \overline{\mathbf{MP}})$ und $K(\mathbf{M}', \overline{\mathbf{M}'\mathbf{P}'})$ stimmt mit der Schnittmenge von **AB** und $K(\mathbf{M}, \overline{\mathbf{MP}})$ überein. Man beachte, dass die Schnittmenge leer ist, falls es sich bei **AB** um eine Passante handelt. Die Schnittmenge enthält nur einen Punkt, falls **AB** tangential an $K(\mathbf{M}, \overline{\mathbf{MP}})$ liegt, und sie besteht aus zwei Schnittpunkten $\mathbf{X}, \mathbf{Y}$, falls **AB** eine Sekante des Kreises $K(\mathbf{M}, \overline{\mathbf{MP}})$ ist.

2. Die Punkte **A**, **B**, **M** *seien kollinear.*
Wir müssen die Schnittpunkte $\mathbf{X}, \mathbf{Y}$ von **AB** mit dem Kreis $K(\mathbf{M}, \overline{\mathbf{MP}})$ nur mit Zirkel konstruieren, wenn $\mathbf{M} \in \mathbf{AB}$.

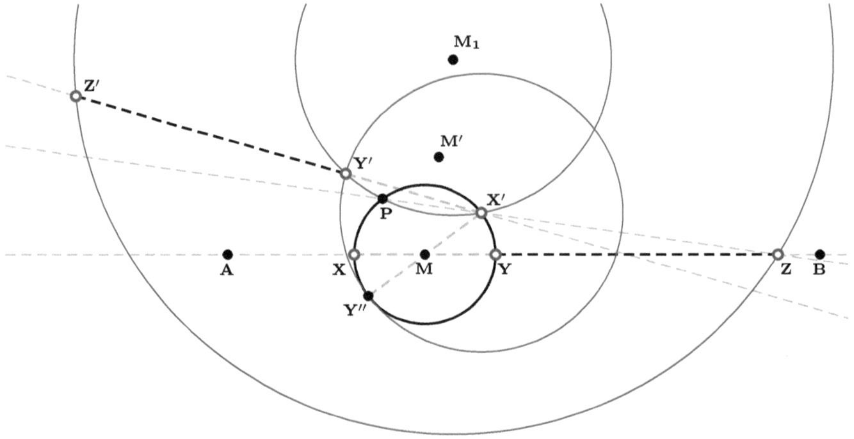

Abbildung 7.18.: Die Konstruktion nur mit Zirkel der Schnittpunkte $\mathbf{X}, \mathbf{Y}$ des Kreises $K(\mathbf{M}, \overline{\mathbf{MP}})$ mit einer Geraden $\mathbf{AB}$, falls $\mathbf{A}, \mathbf{B}, \mathbf{M}$ kollinear sind.

- Ohne Einschränkung können wir annehmen, dass $\mathbf{P} \notin \mathbf{AB}$. Ansonsten wäre nämlich $\mathbf{P}$ bereits einer der gesuchten Schnittpunkte und der zweite ließe sich nach Lemma 7.2.1 nur mit Zirkel durch Streckenverdopplung von $\overline{\mathbf{PM}}$ in Richtung von $\vec{S}(\mathbf{P}, \mathbf{M})$ erzeugen.
- Ebenfalls ohne Einschränkung lässt sich nach eventueller wiederholter Streckenverdopplung annehmen, dass ein Punkt $\mathbf{Z}$ auf $\mathbf{AB}$ so konstruiert sei, dass $\mathbf{M}|\mathbf{Y}|\mathbf{Z}$ und die Gerade $\mathbf{PZ}$ eine Sekante an den Kreis $K(\mathbf{M}, \overline{\mathbf{MP}})$ ist (vergleiche mit Abbildung 7.18).
- Nach Teil 1. können wir den zweiten Schnittpunkt $\mathbf{X}'$ der Geraden $\mathbf{ZP}$ mit $K(\mathbf{M}, \overline{\mathbf{MP}})$ allein mit dem Zirkel konstruieren.
- Konstruiere mit Lemma 7.2.7 den Spiegelpunkt $\mathbf{M}'$ von $\mathbf{M}$ an $\mathbf{ZP}$. Da $\mathbf{M}, \mathbf{P}, \mathbf{Z}$ nicht kollinear sind, sind $\mathbf{M}, \mathbf{M}'$ verschieden. Anschließend trage man die Strecke $\overline{\mathbf{MM}'}$ (siehe Lemma 7.2.1) wiederholt kongruent am Strahl $\vec{S}(\mathbf{M}, \mathbf{M}')$ ab und konstruiere so einen Punkt $\mathbf{M_1}$ mit $\mathbf{M}|\mathbf{M}'|\mathbf{M_1}$ und $|\overline{\mathbf{M_1P}}| > 2|\overline{\mathbf{MP}}|$. Es ist insbesondere auch $\mathbf{M_1} \neq \mathbf{Z}$, denn $\mathbf{MM}'$ und $\mathbf{ZP}$ sind senkrecht zueinander.
- Da sich die Geraden $\mathbf{MM}'$ und $\mathbf{ZP}$ im Streckenmittelpunkt der Strecke $\overline{\mathbf{PX}'}$ schneiden, liegt der Punkt $\mathbf{P}$ auch auf dem Kreis $K(\mathbf{M_1}, \overline{\mathbf{M_1X}'})$ und dieser Kreis hat einen größeren Radius als $K(\mathbf{M}, \overline{\mathbf{MP}})$.

- Man konstruiere durch Streckenverdopplung (Lemma 7.2.1) den Antipodenpunkt $\mathbf{Y}''$ von $\mathbf{X}'$ am Kreis $\mathrm{K}(\mathbf{M}, \overline{\mathbf{MP}})$ und bezeichne einen der beiden Schnittpunkte von $\mathrm{K}(\mathbf{X}', \overline{\mathbf{X}'\mathbf{Y}''})$ und $\mathrm{K}(\mathbf{M_1}, \overline{\mathbf{M_1X}'})$ mit $\mathbf{Y}'$. Es gilt also $|\overline{\mathbf{X}'\mathbf{Y}'}| = |\overline{\mathbf{XY}}|$.
- Weil $|\overline{\mathbf{M_1X}'}| = |\overline{\mathbf{M_1P}}| > 2|\overline{\mathbf{MP}}|$, kann $\mathbf{M_1}$ nicht auf der Geraden $\mathbf{X}'\mathbf{Y}'$ liegen.
- Nach Teil 1. können wir die Schnittpunkte der Geraden $\mathbf{X}'\mathbf{Y}'$ mit dem Kreis $\mathrm{K}(\mathbf{M_1}, \overline{\mathbf{M_1Z}})$ bestimmen. Wir nennen denjenigen von ihnen $\mathbf{Z}'$, für den $\mathbf{X}'|\mathbf{Y}'|\mathbf{Z}'$.
- Wir behaupten, dass $|\overline{\mathbf{X}'\mathbf{Z}'}| = |\overline{\mathbf{XZ}}|$ und $|\overline{\mathbf{Y}'\mathbf{Z}'}| = |\overline{\mathbf{YZ}}|$.

  ***Beweis*:** Aus dem Sekantensatz 5.5.9 für den Kreis $\mathrm{K}(\mathbf{M}, \overline{\mathbf{MP}})$ und die Sekanten $\mathbf{XZ}$ und $\mathbf{X}'\mathbf{Z}$ folgt

  $$|\overline{\mathbf{XZ}}| \cdot |\overline{\mathbf{YZ}}| = |\overline{\mathbf{PZ}}| \cdot |\overline{\mathbf{X}'\mathbf{Z}}|. \tag{$*$}$$

  Da $|\overline{\mathbf{M_1Z}}| = |\overline{\mathbf{M_1Z}'}|$, sind die Potenzen von $\mathbf{Z}$, $\mathbf{Z}'$ bzgl. $\mathrm{K}(\mathbf{M_1}, \overline{\mathbf{M_1X}'})$ gleich, und daher folgt durch erneutes Anwenden des Sekantensatzes auf den Kreis $\mathrm{K}(\mathbf{M_1}, \overline{\mathbf{M_1X}'})$ und die Sekanten $\mathbf{X}'\mathbf{Z}$, $\mathbf{X}'\mathbf{Z}'$, dass

  $$|\overline{\mathbf{PZ}}| \cdot |\overline{\mathbf{X}'\mathbf{Z}}| = |\overline{\mathbf{X}'\mathbf{Z}'}| \cdot |\overline{\mathbf{Y}'\mathbf{Z}'}|,$$

  also mit $(*)$ auch

  $$|\overline{\mathbf{XZ}}| \cdot |\overline{\mathbf{YZ}}| = |\overline{\mathbf{X}'\mathbf{Z}'}| \cdot |\overline{\mathbf{Y}'\mathbf{Z}'}|.$$

  Weil aber ebenfalls nach Konstruktion $|\overline{\mathbf{XY}}| = |\overline{\mathbf{X}'\mathbf{Y}'}|$, folgt hieraus und aus $|\overline{\mathbf{XZ}}| = |\overline{\mathbf{XY}}| + |\overline{\mathbf{YZ}}|$ sowie $|\overline{\mathbf{X}'\mathbf{Z}'}| = |\overline{\mathbf{X}'\mathbf{Y}'}| + |\overline{\mathbf{Y}'\mathbf{Z}'}|$, dass $|\overline{\mathbf{X}'\mathbf{Z}'}| = |\overline{\mathbf{XZ}}|$ und $|\overline{\mathbf{Y}'\mathbf{Z}'}| = |\overline{\mathbf{YZ}}|$. □

- Man erhält $\mathbf{X}$ nun durch Schneiden der Kreise $\mathrm{K}(\mathbf{M}, \overline{\mathbf{MP}})$, $\mathrm{K}(\mathbf{Z}, \overline{\mathbf{X}'\mathbf{Z}'})$ und analog ergibt sich $\mathbf{Y}$ als Schnittpunkt der Kreise $\mathrm{K}(\mathbf{M}, \overline{\mathbf{MP}})$ und $\mathrm{K}(\mathbf{Z}, \overline{\mathbf{Y}'\mathbf{Z}'})$.

III. *Der Schnittpunkt zweier Geraden.*
Gegeben seien Punkte $\mathbf{P}_1$, $\mathbf{P}_2$, $\mathbf{Q}_1$, $\mathbf{Q}_2$ mit $\mathbf{P}_1 \neq \mathbf{P}_2$, $\mathbf{Q}_1 \neq \mathbf{Q}_2$. Die Geraden $\mathbf{P_1P_2}$ und $\mathbf{Q_1Q_2}$ seien nicht parallel (die Geraden sind aber nicht gegeben, sondern bloß die Punkte). Wir zeigen, wie man den Schnittpunkt $\mathbf{S}$ der beiden Geraden nur mit dem Zirkel konstruiert (vergleiche mit Abbildung 7.19).

- Mit Lemma 7.2.8 konstruiere man den Lotfußpunkt $\mathbf{L}$ von $\mathbf{Q}_1$ auf $\mathbf{P_1P_2}$ und anschließend den Lotfußpunkt $\mathbf{N}$ von $\mathbf{L}$ auf $\mathbf{Q_1Q_2}$.
- Ist $\mathbf{N} = \mathbf{L}$, so ist $\mathbf{S} = \mathbf{N}$ und wir sind fertig. Ansonsten ist auch $\mathbf{N} \neq \mathbf{S}$ und aus dem Kathetensatz für das rechtwinklige Dreieck $\triangle_{\mathbf{Q_1LS}}$ folgt die Gleichung

  $$|\overline{\mathbf{Q_1L}}|^2 = |\overline{\mathbf{Q_1N}}| \cdot |\overline{\mathbf{Q_1S}}|. \tag{$**$}$$

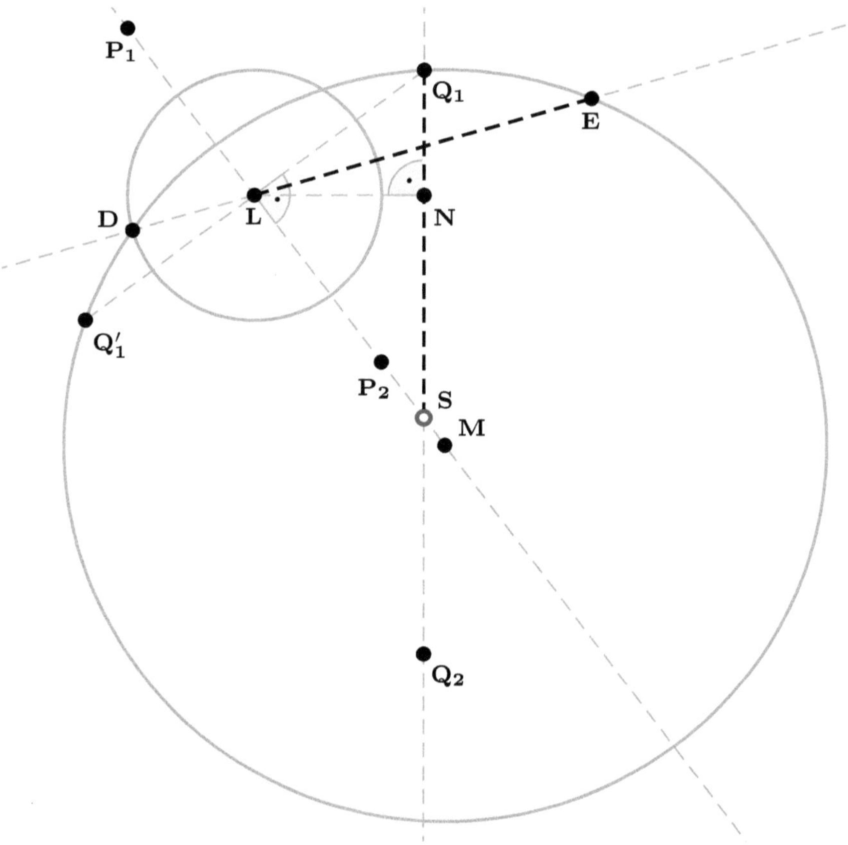

Abbildung 7.19.: Die Konstruktion mit Zirkel des Schnittpunkts **S** zweier Geraden $\mathbf{P_1P_2}$, $\mathbf{Q_1Q_2}$.

- Die Idee ist nun, die Länge $s := |\overline{\mathbf{Q_1S}}|$ zu konstruieren. Dazu verdopple man mit Lemma 7.2.1 zunächst die Strecke $\overline{\mathbf{Q_1L}}$. Hierdurch erhält man einen Punkt $\mathbf{Q_1'}$ auf $\mathbf{Q_1L}$ mit $\mathbf{Q_1}|\mathbf{L}|\mathbf{Q_1'}$ und $|\overline{\mathbf{Q_1L}}| = |\overline{\mathbf{LQ_1'}}|$.
- Um **L** schlage man den Kreis $\mathrm{K}(\mathbf{L}, \overline{\mathbf{Q_1N}})$.
- Durch wiederholte Streckenverdopplung mit Lemma 7.2.1 lässt sich ein Punkt **M** auf $\mathbf{P_1P_2}$ konstruieren, sodass sich die Kreise $\mathrm{K}(\mathbf{M}, \overline{\mathbf{MQ_1}})$ und $\mathrm{K}(\mathbf{L}, \overline{\mathbf{Q_1N}})$ schneiden. Es sei **D** ein Schnittpunkt dieser Kreise.
- Der zweite Schnittpunkt **E** von **DL** mit $\mathrm{K}(\mathbf{M}, \overline{\mathbf{MQ_1}})$ lässt sich mit Zirkel konstruieren (siehe Teil II.). Aus dem Sehnensatz angewandt auf

$K(\mathbf{M}, \overline{\mathbf{MQ_1}})$ und die Sehnen $\overline{\mathbf{Q_1Q_1'}}$, $\overline{\mathbf{DE}}$ folgt

$$|\overline{\mathbf{Q_1L}}|^2 = |\overline{\mathbf{Q_1L}}| \cdot |\overline{\mathbf{LQ_1'}}| = |\overline{\mathbf{DL}}| \cdot |\overline{\mathbf{LE}}|.$$

Nun ist aber $|\overline{\mathbf{DL}}| = |\overline{\mathbf{Q_1N}}|$ und somit ergibt sich

$$|\overline{\mathbf{Q_1L}}|^2 = |\overline{\mathbf{Q_1N}}| \cdot |\overline{\mathbf{LE}}|.$$

Mit (∗∗) folgt somit $|\overline{\mathbf{LE}}| = |\overline{\mathbf{Q_1S}}| = s$.

- Der Kreis $K(\mathbf{Q_1}, \overline{\mathbf{LE}})$ schneidet sowohl $\mathbf{P_1P_2}$ als auch $\mathbf{Q_1Q_2}$ in $\mathbf{S}$. Andererseits lassen sich die Schnittpunkte von $K(\mathbf{Q_1}, \overline{\mathbf{LE}})$ mit $\mathbf{P_1P_2}$ bzw. mit $\mathbf{Q_1Q_2}$ nach Teil II. jeweils nur mit Zirkel konstruieren. Somit kann $\mathbf{S}$ auch nur mit Zirkel bestimmt werden.

Damit ist der Satz von Mohr–Mascheroni bewiesen. □

7.5. Regelmäßige n-Ecke

7.5.1 Definition

Ein *regelmäßiges* n-Eck $\square(\mathbf{P}_1, \ldots, \mathbf{P}_n)$ ist ein n-Eck mit gleich langen Seiten und gleich großen Innenwinkeln. Es gilt also

$$|\overline{\mathbf{P_iP_{i+1}}}| = |\overline{\mathbf{P_nP_1}}|, \qquad \text{für } i = 1, \ldots, n-1$$

und

$$\sphericalangle_{\mathbf{P_nP_1P_2}} = \sphericalangle_{\mathbf{P_{i-1}P_iP_{i+1}}} = \sphericalangle_{\mathbf{P_{n-1}P_nP_1}}, \qquad \text{für } i = 2, \ldots, n-1.$$

Regelmäßige n-Ecke besitzen also die größte Symmetrie unter allen n-Ecken. Das gleichseitige Dreieck ist das einfachste Beispiel. Aus der Symmetrie ergibt sich, dass alle Ecken eines regelmäßigen n-Ecks auf einem gemeinsamen Kreis liegen, der Mittelpunkt $\mathbf{M}$ des Kreises ist der Schwerpunkt des n-Ecks, also

$$\mathbf{M} = \frac{1}{n}(\mathbf{P_1} + \cdots + \mathbf{P_n}).$$

Ein regelmäßiges n-Eck kann sowohl einfach als auch überschlagen sein. In Abbildung 7.20 sind verschiedene regelmäßige 7-Ecke dargestellt.

Für ein *einfaches regelmäßiges n-Eck* sind die Innenwinkel α gegeben durch

$$\alpha = \frac{(n-2)\pi}{n} = \pi - \frac{2\pi}{n}.$$

Aus dem Kosinussatz folgt, dass die Seitenlänge k des einfachen regelmäßigen n-Ecks und der zugehörige Radius r seines Umkreises die Gleichung

$$k = 2r \cdot \sin\frac{\pi}{n}$$

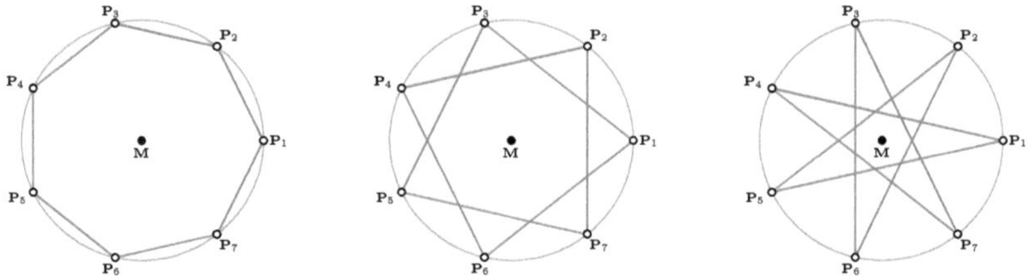

Abbildung 7.20.: Ein einfaches und zwei überschlagene regelmäßige 7-Ecke.

erfüllen. Umfang U und Flächeninhalt A dieses n-Ecks sind dann gegeben durch

$$U = 2nr \cdot \sin\frac{\pi}{n}, \qquad A = \frac{1}{2}nr^2 \cdot \sin\frac{2\pi}{n}.$$

Die Frage, welche regelmäßigen n-Ecke sich mit Zirkel und Lineal konstruieren lassen, wurde bereits in der Antike untersucht. Erst im 19. Jahrhundert konnte diese Frage durch Arbeiten von GAUSS und WANTZEL abschließend beantwortet werden und es ist bewiesen, dass die Konstruktion genau dann möglich ist, wenn sich n in der Form

$$n = 2^k \cdot p_1 \cdot \ldots \cdot p_m$$

mit voneinander verschiedenen FERMATSCHEN Primzahlen $p_1, \ldots, p_m$ darstellen lässt. Eine FERMATSCHE *Primzahl* ist dabei eine Primzahl der Form

$$p = 2^{2^r} + 1, \quad r \geq 0$$

und bislang sind nur die FERMATSCHEN Primzahlen $3, 5, 17, 257, 65537$ gefunden worden, wobei es wegen der Primzahlverteilung als sehr wahrscheinlich gilt, dass dies sogar die einzigen FERMATSCHEN Primzahlen sind.

Bei der Konstruktion eines regelmäßigen n-Ecks kann man noch unterscheiden zwischen der Konstruktion aus einer gegebenen Kante des n-Ecks und der Konstruktion der n Ecken ausgehend von einem Kreis und einem auf ihm vorgegebenen Punkt $\mathbf{P}$, welcher anschließend die erste Ecke $\mathbf{P_1}$ bilden soll.

Wir möchten hier die Konstruktion für den zweiten Fall vorstellen und zwar für die realisierbaren n mit $3 \leq n \leq 17$.

7.5.2 Beispiel
Gegeben sei jeweils ein Kreis $\mathrm{K}(\mathbf{O}, \overline{\mathbf{OP_1}})$.

- **n=3**

  Man konstruiere den Durchmesser $\overline{\mathbf{BP_1}}$ des Kreises durch Schneiden der Geraden $\mathbf{OP_1}$ mit $\mathrm{K}(\mathbf{O}, \overline{\mathbf{OP_1}})$. Anschließend konstruiere man die Mittelsenkrechte der Strecke $\overline{\mathbf{BO}}$ (siehe Abbildung 7.21 a)). Diese schneidet den Kreis in den gesuchten Punkten $\mathbf{P_2}$, $\mathbf{P_3}$ des gleichseitigen Dreiecks.

a) 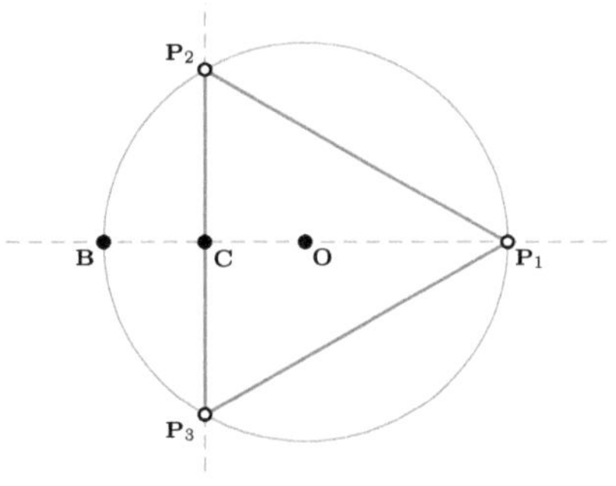

b) 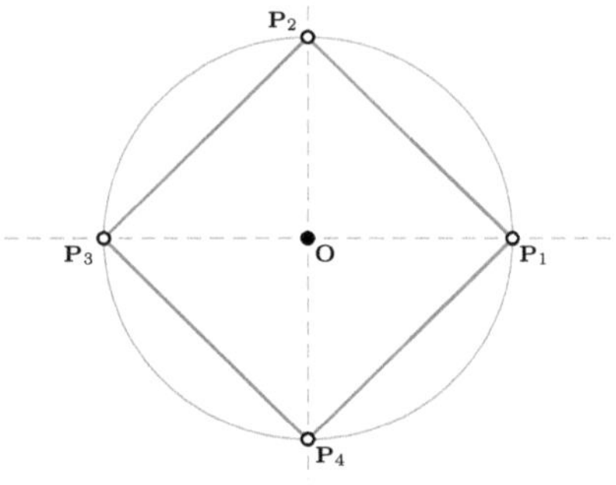

Abbildung 7.21.: a) Konstruktion eines gleichseitigen Dreiecks. b) Konstruktion eines Quadrats.

- **n=4**

  Die Ecken ergeben sich als Schnittpunkte von $K(\mathbf{O}, \overline{\mathbf{OP_1}})$ mit der Geraden $\mathbf{OP_1}$ und mit der Senkrechten von $\mathbf{OP_1}$ durch $\mathbf{O}$, welche sich jeweils mit Zirkel und Lineal konstruieren lassen (siehe Abbildung 7.21 b)).

- **n=5**

  Die Konstruktion des regelmäßigen 5-Ecks ist ebenfalls nicht besonders aufwändig. Man konstruiere zunächst die Senkrechte $\mathbf{g}$ auf $\mathbf{OP_1}$ durch $\mathbf{O}$, wähle einen der beiden Schnittpunkte von $\mathbf{g}$ mit $K(\mathbf{O}, \overline{\mathbf{OP_1}})$ aus und nenne ihn $\mathbf{R}$ (vergleiche mit Abbildung 7.22). Man halbiere die Strecke $\overline{\mathbf{OR}}$ und nenne den Punkt $\mathbf{A}$. Um $\mathbf{A}$ zeichne man den Kreis $K(\mathbf{A}, \overline{\mathbf{AP_1}})$. Dieser schneidet die Gerade $\mathbf{OA}$ in einem Punkt $\mathbf{B}$ mit $\mathbf{A}|\mathbf{O}|\mathbf{B}$. Der Kreis $K(\mathbf{P_1}, \overline{\mathbf{P_1B}})$ schneidet $K(\mathbf{O}, \overline{\mathbf{OP_1}})$ in $\mathbf{P_2}$ und $\mathbf{P_5}$. Die Kreise um $\mathbf{P_2}$ und $\mathbf{P_5}$ mit Radius $\overline{\mathbf{P_1P_2}}$ schneiden dann $K(\mathbf{O}, \overline{\mathbf{OP_1}})$ in den noch fehlenden Punkten $\mathbf{P_3}, \mathbf{P_4}$.

- **n=6**

  Ist ein regelmäßiges n-Eck gegeben, so lässt sich durch den einfachen Mechanismus der *Eckpunktverdopplung* daraus ein regelmäßiges $2n$-Eck konstruieren. Liegen etwa die n Ecken $\mathbf{P_1}, \ldots, \mathbf{P_n}$ auf dem Umkreis $K(\mathbf{M}, \overline{\mathbf{MP_1}})$, so schneiden die Mittelsenkrechten der n Kanten $\overline{\mathbf{P_1P_2}}, \ldots, \overline{\mathbf{P_{n-1}P_n}}, \overline{\mathbf{P_nP_1}}$ den Kreis in n zusätzlichen Punkten, die zusammen mit den bereits gegebenen n Punkten $\mathbf{P_1}, \ldots, \mathbf{P_n}$ die Ecken des regelmäßigen $2n$-Ecks ergeben. Auf diese Weise lässt sich insbesondere das regelmäßige 6-Eck aus einem gleichseitigen Dreieck erzeugen (siehe Abbildung 7.23).

- **n=7**

  Die Konstruktion mit Zirkel und Lineal ist nicht möglich.

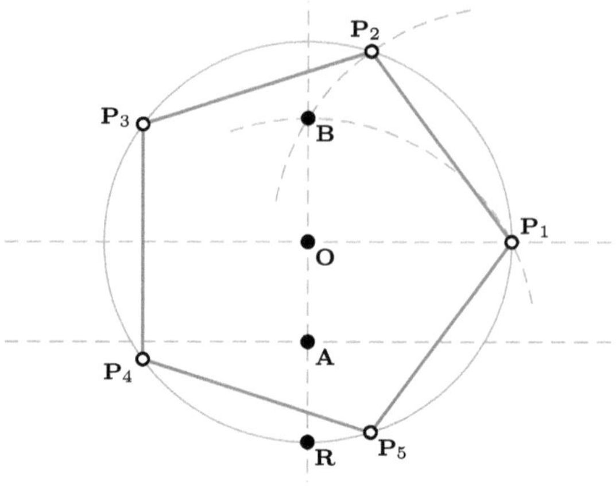

Abbildung 7.22.: Konstruktion eines regelmäßigen 5-Ecks.

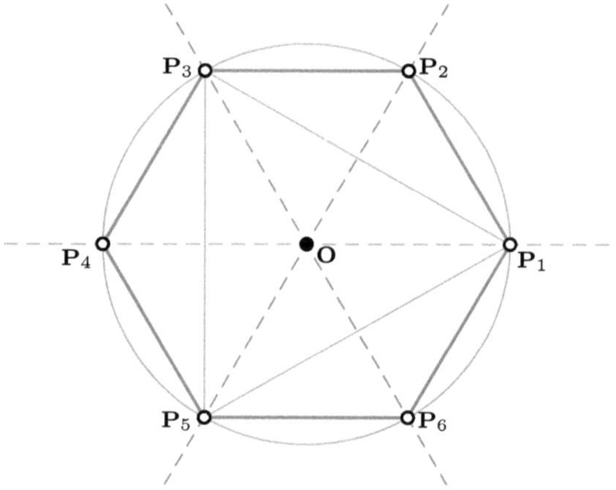

Abbildung 7.23.: Konstruktion eines regelmäßigen 6-Ecks aus einem gleichseitigen Dreieck mit gemeinsamer Ecke bei $\mathbf{P_1}$.

- **n=8**

  Die Konstruktion erfolgt durch die oben beschriebene Eckpunktverdopplung, hier bei einem Quadrat (siehe Abbildung 7.24).

- **n=9**

  Ein regelmäßiges 9-Eck lässt sich nicht mit Zirkel und Lineal konstruieren. Die Konstruktion würde implizieren, dass man einen Winkel von 120° dreiteilen kann. Nur mit Zirkel und Lineal ist das aber nicht möglich.

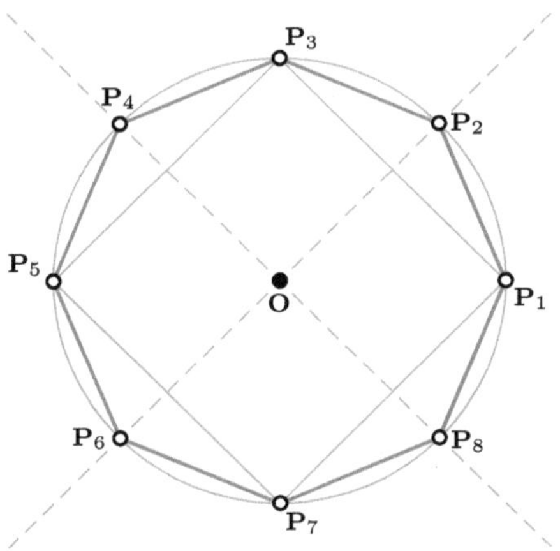

Abbildung 7.24.: Konstruktion eines regelmäßigen 8-Ecks aus einem Quadrat mit gemeinsamer Ecke bei $\mathbf{P_1}$.

- **n=10,...,14**

  Durch Eckpunktverdopplung sind die regelmäßigen 10-Ecke und 12-Ecke jeweils aus regelmäßigen 5-Ecken bzw. 6-Ecken konstruierbar (siehe Abbildung 7.25). Eine Konstruktion regelmäßiger n-Ecke mit Zirkel und Lineal ist hingegen für die Fälle $n = 11, 13, 14$ unmöglich.

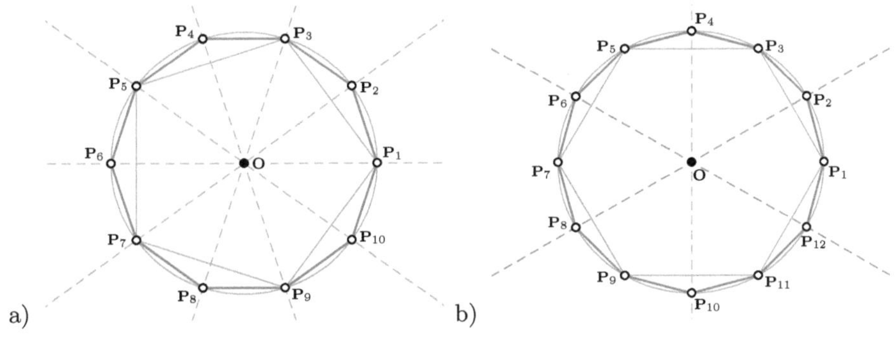

Abbildung 7.25.: Eckpunktverdopplung bei einem regelmäßigen 5-Eck in a) und bei einem regelmäßigen 6-Eck in b).

- **n=15**

  Man konstruiere zunächst je ein regelmäßiges 3-Eck und ein regelmäßiges 5-Eck mit gemeinsamer Ecke bei $\mathbf{P_1}$ (siehe Abbildung 7.26). Die Ecken des

Dreiecks sowie die Ecken des 5-Ecks werden danach jeweils gegen den Uhrzeigersinn mit $\mathbf{P_1}, \mathbf{P_6}, \mathbf{P_{11}}$ bzw. mit $\mathbf{P_1}, \mathbf{P_4}, \mathbf{P_7}, \mathbf{P_{10}}, \mathbf{P_{13}}$ bezeichnet.

Die Kantenlänge des regelmäßigen 15-Ecks lässt sich in Form der Strecke $\overline{\mathbf{P_6P_7}}$ abgreifen. Durch wiederholtes Abtragen dieser Strecke mit dem Zirkel lassen sich die noch fehlenden Ecken $\mathbf{P_2}, \mathbf{P_3}, \mathbf{P_5}, \mathbf{P_8}, \mathbf{P_9}, \mathbf{P_{12}}, \mathbf{P_{14}}, \mathbf{P_{15}}$ des 15-Ecks konstruieren.

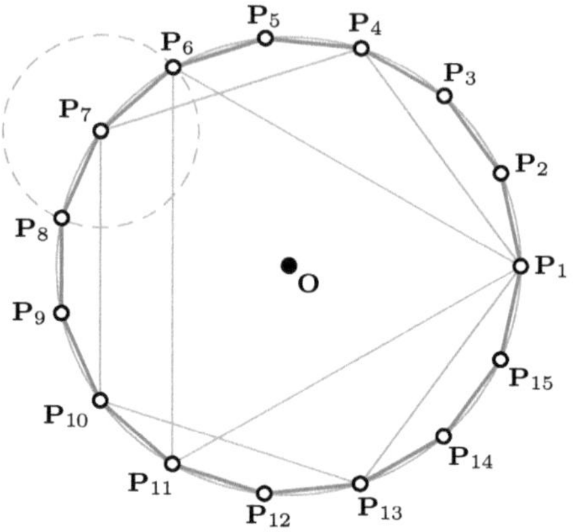

Abbildung 7.26.: Konstruktion eines regelmäßigen 15-Ecks aus regelmäßigen 3- und 5-Ecken mit einer gemeinsamen Ecke.

- **n=16**

  Wieder durch Eckpunktverdopplung, diesmal beim regelmäßigen 8-Eck.

- **n=17**

  Die Konstruktion des regelmäßigen 17-Ecks gelang zuerst Carl Friedrich Gauss, sie war in der Antike noch unbekannt. Später wurde diese Konstruktion mehrfach vereinfacht; die hier vorgestellte Methode stammt von Herbert William Richmond (Ric93) aus dem Jahr 1893.

  1.) Zunächst zeichne man die Senkrechte $\mathbf{g}$ zu $\mathbf{OP_1}$ durch $\mathbf{O}$ und konstruiere anschließend durch wiederholte Streckenteilung eines Radius auf $\mathbf{g}$ einen Punkt $\mathbf{A}$ mit $|\overline{\mathbf{OA}}| = \frac{1}{4}|\overline{\mathbf{OP_1}}|$ (vergleiche mit Abbildung 7.28). Der Winkel $\angle_{\mathbf{OAP_1}}$ wird nun geviertelt, sodass man einen Punkt $\mathbf{M_2}$ auf $\mathbf{OP_1}$ mit

  $$\sphericalangle_{\mathbf{OAM_2}} = \frac{1}{4}\sphericalangle_{\mathbf{OAP_1}}$$

  erhält.

  2.) Man konstruiere einen Punkt $\mathbf{B}$ auf der Geraden $\mathbf{OP_1}$ mit $\mathbf{B}|\mathbf{O}|\mathbf{M_2}$, sodass $\sphericalangle_{\mathbf{BAM_2}} = \pi/4$, zum Beispiel indem man die Senkrechte zu $\mathbf{AM_2}$

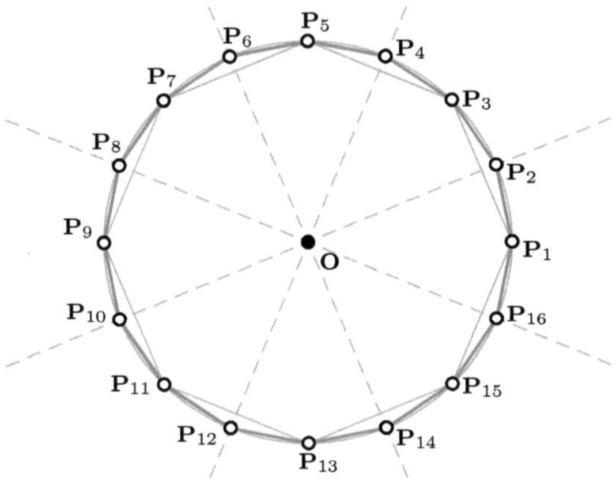

Abbildung 7.27.: Konstruktion eines regelmäßigen 16-Ecks durch Eckpunktverdopplung beim regelmäßigen 8-Eck.

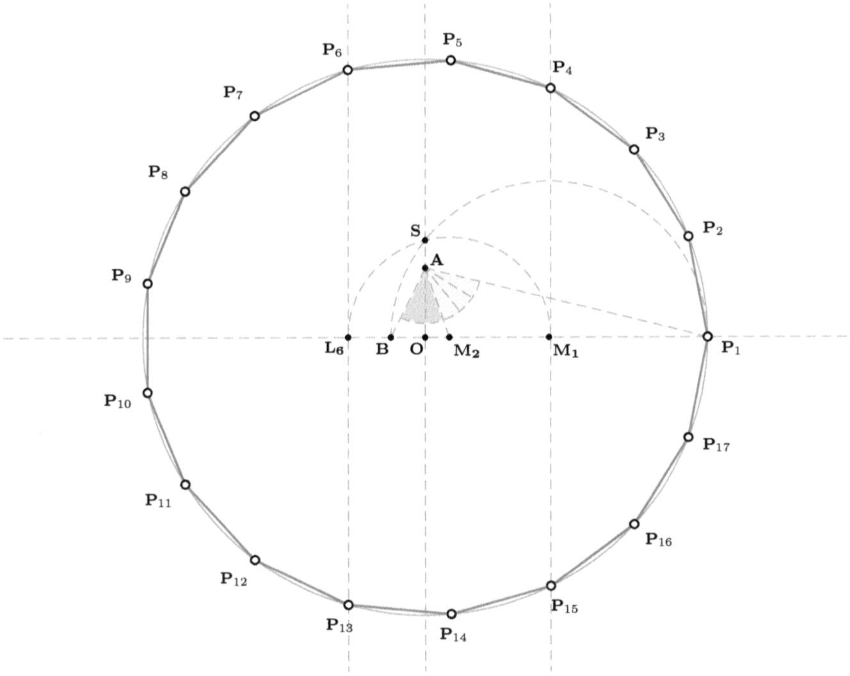

Abbildung 7.28.: Konstruktion eines regelmäßigen 17-Ecks.

durch $\mathbf{A}$ konstruiert und anschließend den geeigneten der rechten Winkel bei $\mathbf{A}$ halbiert.

3.) $\mathbf{M_1}$ sei der Mittelpunkt des THALES-Kreises der Strecke $\overline{\mathbf{BP_1}}$ und $\mathbf{S}$ bezeichne einen der beiden Schnittpunkte von $\mathrm{K}(\mathbf{M_1}, \overline{\mathbf{M_1B}})$ mit $\mathbf{OA}$.

4.) Der Kreis $\mathrm{K}(\mathbf{M_2}, \overline{\mathbf{M_2S}})$ schneidet $\mathbf{OP_1}$ in zwei Punkten $\mathbf{L_6}$ und $\mathbf{L_4}$. Dies sind jeweils die Lotfußpunkte der gesuchten Ecken $\mathbf{P_6}$ und $\mathbf{P_4}$. Dabei liegt $\mathbf{L_4}$ sehr nahe bei $\mathbf{M_1}$. Durch Konstruktion etwa der Senkrechten zu $\mathbf{OP_1}$ durch $\mathbf{L_6}$ erhält man als Schnittpunkt mit $\mathrm{K}(\mathbf{O}, \overline{\mathbf{OP_1}})$ die Ecken $\mathbf{P_6}$ und $\mathbf{P_{13}}$.

5.) Durch wiederholtes Schlagen eines Kreises mit Radius $\overline{\mathbf{P_1P_6}}$ um bereits konstruierte Ecken, erhält man nun ausgehend von $\mathbf{P_6}$ nacheinander die Punkte

$$\mathbf{P_{11}}, \mathbf{P_{16}}, \mathbf{P_4}, \mathbf{P_9}, \mathbf{P_{14}}, \mathbf{P_2}, \mathbf{P_7}, \mathbf{P_{12}}, \mathbf{P_{17}}, \mathbf{P_5}, \mathbf{P_{10}}, \mathbf{P_{15}}, \mathbf{P_3}, \mathbf{P_8}, \mathbf{P_{13}}$$

als Schittpunkte dieser Kreise mit $\mathrm{K}(\mathbf{O}, \overline{\mathbf{OP_1}})$.

Aufgaben

Aufgabe 7.1

Gegeben sei ein Kreis $\mathrm{K}(\mathbf{O}, \overline{\mathbf{OP_1}})$. Man beschreibe die Konstruktion mit Zirkel

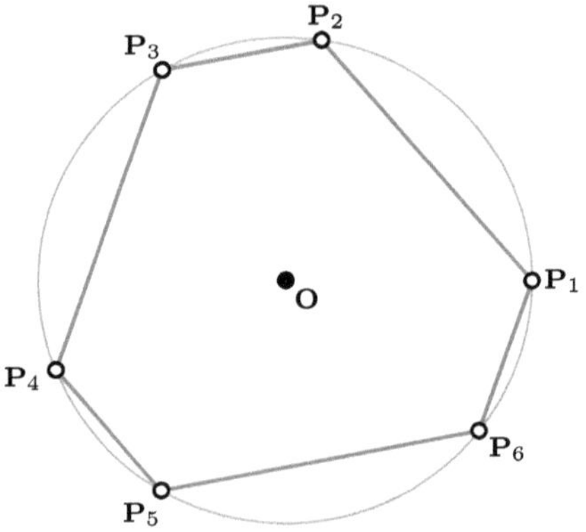

Abbildung 7.29.: Skizze zu Aufgabe 7.1.

und Lineal von Punkten $\mathbf{P_2}, \ldots, \mathbf{P_6} \in \mathrm{K}(\mathbf{O}, \overline{\mathbf{OP_1}})$ (vergleiche mit Abbildung 7.29), sodass $\square(\mathbf{P}_1, \ldots, \mathbf{P}_6)$ ein einfach geschlossenes 6-Eck bildet, mit

$$|\overline{\mathbf{P_1P_2}}| = |\overline{\mathbf{P_3P_4}}| = |\overline{\mathbf{P_5P_6}}|, \quad |\overline{\mathbf{P_2P_3}}| = |\overline{\mathbf{P_4P_5}}| = |\overline{\mathbf{P_6P_1}}|$$

und

$$|\overline{\mathbf{P_1P_2}}| = 2|\overline{\mathbf{P_2P_3}}|.$$

Hinweis. Wenn $\mathbf{L}$ den Lotfußpunkt von $\mathbf{P_4}$ auf $\mathbf{P_3P_5}$ bezeichnet, so zeige man zunächst $|\overline{\mathbf{LP_5}}|/|\overline{\mathbf{LP_3}}| = 2/5$.

Aufgabe 7.2
Gegeben seien ein Dreieck $\triangle_{\mathbf{ABC}}$ und ein Kreis $K(\mathbf{M}, \overline{\mathbf{MR}})$. Mit Zirkel und Lineal konstruiere man ein zu $\triangle_{\mathbf{ABC}}$ ähnliches Dreieck $\triangle_{\mathbf{A'B'C'}}$ mit $\mathbf{A'}, \mathbf{B'}, \mathbf{C'} \in K(\mathbf{M}, \overline{\mathbf{MR}})$.

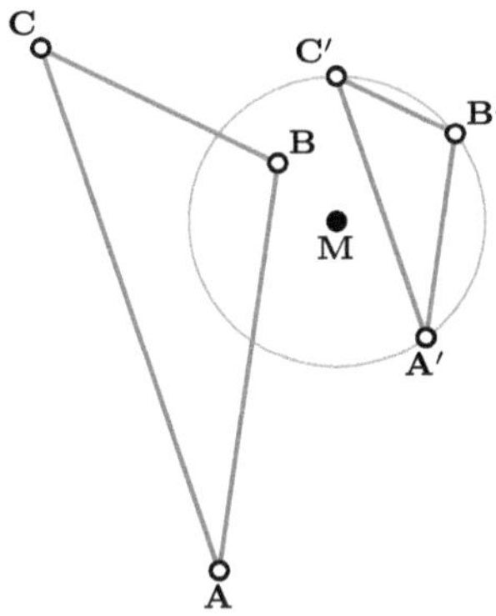

Abbildung 7.30.: Skizze zu Aufgabe 7.2.

Aufgabe 7.3
Gegeben seien drei Punkte $\mathbf{A}, \mathbf{B}, \mathbf{P}$ in allgemeiner Lage. Man untersuche die Konstruktion eines Punktes $\mathbf{C}$ mit Zirkel und Lineal, sodass wahlweise gilt:

a) $\mathbf{P}$ ist der Schwerpunkt des Dreiecks $\triangle_{\mathbf{ABC}}$.

b) $\mathbf{P}$ ist der Mittelpunkt des Inkreises von $\triangle_{\mathbf{ABC}}$.

c) $\mathbf{P}$ ist der Mittelpunkt des Umkreises von $\triangle_{\mathbf{ABC}}$.

d) $\mathbf{P}$ ist der Schnittpunkt der Höhenlinien von $\triangle_{\mathbf{ABC}}$.

e) $\mathbf{P}$ ist der Feuerbachpunkt von $\triangle_{\mathbf{ABC}}$.

Aufgabe 7.4
Gegeben seien sich von außen berührende Kreise $K(\mathbf{M_1}, \overline{\mathbf{M_1R_1}})$, $K(\mathbf{M_2}, \overline{\mathbf{M_2R_2}})$ (siehe Abbildung 7.31). Zu einer Strecke der Länge $r > 0$ konstruiere man mit Zirkel und Lineal jeweils die Kreise vom Radius r, welche die beiden vorgegebenen Kreise von außen berühren. Man beschreibe den geometrischen Ort aller Mittelpunkte dieser Kreise.

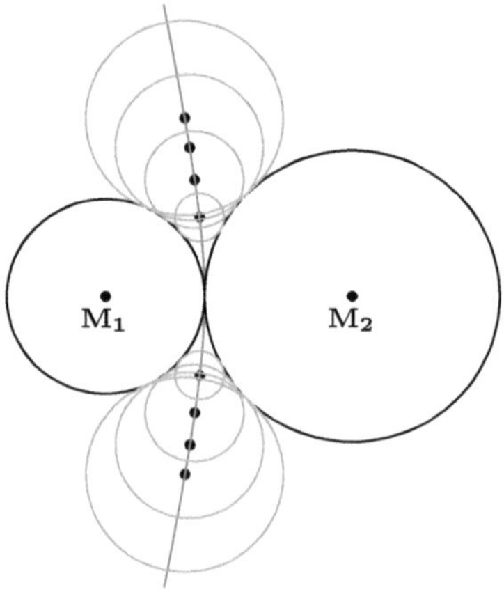

Abbildung 7.31.: Skizze zu Aufgabe 7.4.

Aufgabe 7.5

Gegeben seien zwei Kreise $K(\mathbf{M_1}, \overline{\mathbf{M_1R_1}})$, $K(\mathbf{M_2}, \overline{\mathbf{M_2R_2}})$ von denen keiner im Inneren des jeweils anderen enthalten sei. Mit Zirkel und Lineal konstruiere man die beiden Tangenten, die jeweils gleichzeitig tangential an den Kreisen anliegen (siehe Abbildung 7.32).

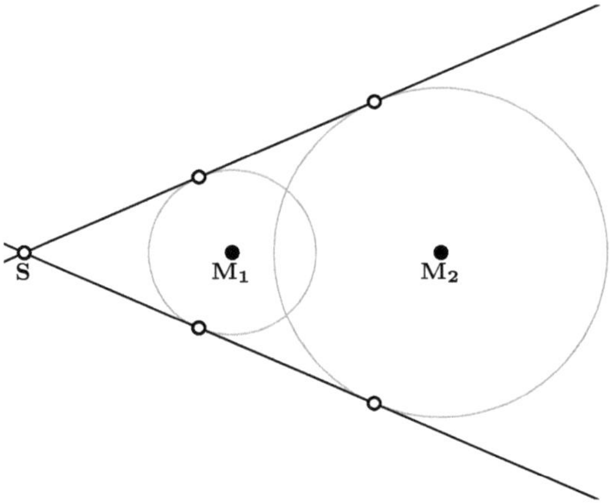

Abbildung 7.32.: Skizze zu Aufgabe 7.5.

Aufgabe 7.6

Man beschreibe die Konstruktion mit Zirkel und Lineal einer Tangente durch einen Punkt **X** auf einer

a) Ellipse $E(\mathbf{F_1}, \mathbf{F_2}, a)$,

b) Hyperbel $H(\mathbf{F_1}, \mathbf{F_2}, a)$,

c) Parabel $P(\mathbf{F}, \mathbf{g})$.

Aufgabe 7.7
Man zeige, dass das einfach geschlossene regelmäßige n-Eck den Flächeninhalt unter allen einfach geschlossenen n-Ecken $\square(\mathbf{P}_1, \ldots, \mathbf{P}_n)$ mit Eckpunkten auf einem Kreis $K(\mathbf{O}, \overline{\mathbf{OP_1}})$ maximiert.

Aufgabe 7.8
Ausgehend von einer Strecke $\overline{\mathbf{P_1P_2}}$ beschreibe man die Konstruktion mit Zirkel und Lineal eines einfach geschlossenen regelmäßigen n-Ecks $\square(\mathbf{P}_1, \ldots, \mathbf{P}_n)$, für $n = 3, 4, 5, 17$.

Aufgabe 7.9
Gegeben sei ein Kreis $K(\mathbf{M}, \overline{\mathbf{MR}})$. Mit Zirkel und Lineal konstruiere man, wie in Abbildung 7.33 dargestellt, fünf gleich große und sich abwechselnd berührende Kreise $K(\mathbf{P_i}, \overline{\mathbf{P_iS}})$, $i = 1, \ldots, 5$, welche $K(\mathbf{M}, \overline{\mathbf{MR}})$ jeweils von außen berühren.

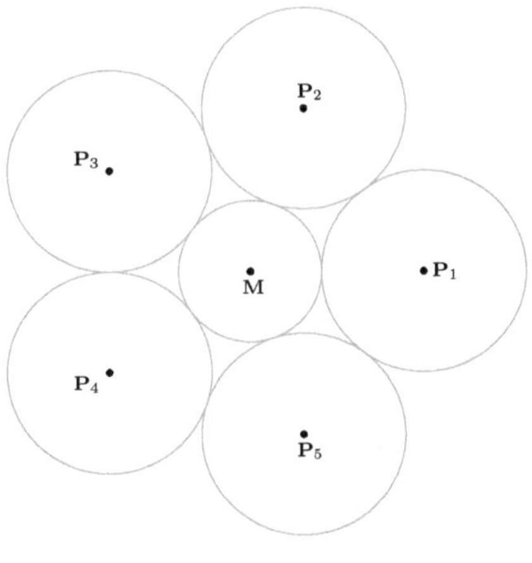

Abbildung 7.33.: Skizze zu Aufgabe 7.9.

Aufgabe 7.10 (Winkeldreiteilung mit Tomahawk)
Ein *Tomahawk* ist ein *nicht-euklidisches Werkzeug*, mit dem sich Winkel dreiteilen lassen. Gegeben sei ein Kreis $K(\mathbf{M}, \overline{\mathbf{MS}})$ und ein Strahl $\overrightarrow{S}(\mathbf{S}, \mathbf{C})$ durch $\mathbf{S}$, welcher senkrecht auf $\mathbf{MS}$ steht. $\mathbf{A}$ sei der zweite Schnittpunkt von $K(\mathbf{M}, \overline{\mathbf{MS}})$ mit $\mathbf{MS}$ und $\mathbf{B}$ sei der zweite Schnittpunkt von $K(\mathbf{S}, \overline{\mathbf{SM}})$ mit $\mathbf{MS}$. Der Tomahawk besteht nun aus der Vereinigung des Strahls $\overrightarrow{S}(\mathbf{S}, \mathbf{C})$, der Strecke $\overline{\mathbf{AB}}$ und des Halbkreises

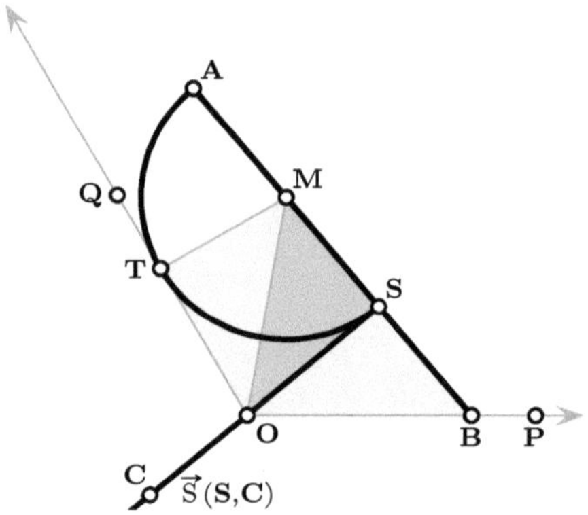

Abbildung 7.34.: Die Winkeldreiteilung mit einem Tomahawk.

von $\mathrm{K}(\mathbf{M}, \overline{\mathbf{MS}})$, welcher auf derselben Seite von **MS** liegt wie der Strahl (siehe Abbildung 7.34). Den Strahl $\overrightarrow{\mathrm{S}}(\mathbf{S}, \mathbf{C})$ nennt man *Stiel des Tomahawks*. Die Figur erinnert entfernt an die Form einer indianischen Streitaxt, daher der Name.

Gegeben sei nun ein Winkel $\angle_{\mathbf{POQ}}$. Den Tomahawk lege man so, dass der Stiel durch den Scheitel **O** des Winkels verläuft, der Punkt **B** auf dem Schenkel $\overrightarrow{\mathrm{S}}(\mathbf{O}, \mathbf{P})$ zu liegen kommt und so, dass der Halbkreis den anderen Schenkel $\overrightarrow{\mathrm{S}}(\mathbf{O}, \mathbf{Q})$ berührt. Der Berührpunkt heiße **T**.

Man zeige, dass die Dreiecke $\triangle_{\mathbf{OBS}}$, $\triangle_{\mathbf{OSM}}$ und $\triangle_{\mathbf{OMT}}$ kongruent sind und begründe damit

$$\sphericalangle_{\mathbf{POS}} = \frac{1}{3} \sphericalangle_{\mathbf{POQ}}.$$

Man konstruiere anschließend mit Zirkel, Lineal und Tomahawk ein regelmäßiges 9-Eck.

A. Relationen

A.1. Zweistellige Relationen

A.1.1 Definition
Es seien A, B Mengen. Eine Teilmenge $R \subset A \times B$ heißt *zweistellige Relation* zwischen den Mengen A und B. Gilt $A = B$, so sagen wir *R ist eine Relation auf A*.

Schreibweise: Statt $(a, b) \in R$ benutzt man meistens die *Infixschreibweise*, das heißt man schreibt $a\,R\,b$, wobei R in der Regel ein spezielles Symbol ist, zum Beispiel $=, <, \leq, \sim, \simeq, \subset$.

A.1.2 Beispiel
Die folgenden Mengen stellen jeweils die Kleiner- und die Gleichheitsrelationen auf den natürlichen Zahlen dar.

1. $R_1 := \{(1,2), (1,3), (2,3), (1,4), (2,4), (3,4), (1,5), \dots\} \subset \mathbb{N} \times \mathbb{N}$. In der Infixnotation schreibt man $1 < 5$ anstelle von $(1,5) \in R_1$.
2. $R_2 := \{(1,1), (2,2), (3,3), (4,4), \dots\} \subset \mathbb{N} \times \mathbb{N}$. Für $(1,1) \in R_2$ schreibt man in der Infixnotation $1 = 1$.

A.1.3 Definition
Sei R eine Relation auf einer Menge A. Die Relation R heißt:

- *reflexiv*:

  Für jedes $a \in A$ ist $(a, a) \in R$.
- *symmetrisch*:

  Aus $(a, b) \in R$ folgt $(b, a) \in R$.
- *transitiv*:

  Aus $(a, b), (b, c) \in R$ folgt $(a, c) \in R$.
- *drittengleich*:

  Aus $(a, c), (b, c) \in R$ folgt $(a, b) \in R$.
- *total*:

  Für alle $a, b \in A$ gilt mindestens eine der Beziehungen $(a, b) \in R, (b, a) \in R$.

- *linkstotal*:

  Zu jedem $a \in A$ existiert wenigstens ein $b \in A$ mit $(a, b) \in R$.
- *trichotom*:

  Für $a \neq b$ gilt jeweils genau einer der Beziehungen $(a, b) \in R, (b, a) \in R$.
- *irreflexiv*:

  Für kein $a \in A$ gilt $(a, a) \in R$.
- *antisymmetrisch*:

  Aus $(a, b) \in R$ und $(b, a) \in R$ folgt $a = b$.

Man beachte, dass totale Relationen immer reflexiv sein müssen.

A.1.4 Beispiel
Sei M die Menge aller Menschen.

1. $R := \{(a, b) \subset M \times M \ : \ a$ und b haben einen Elternteil gemeinsam$\}$. Die Relation ist reflexiv und symmetrisch, aber weder transitiv, total, irreflexiv noch antisymmetrisch.
2. $R := \{(a, b) \subset M \times M \ : \ a, b$ haben dieselbe Mutter$\}$. Die Relation ist reflexiv, symmetrisch und transitiv, aber nicht total.

Eine nicht leere Relation kann nicht gleichzeitig reflexiv und irreflexiv sein. Jedoch gibt es Relationen, die weder reflexiv noch irreflexiv sind, zum Beispiel die Relation

$$R = \{(1, 2), (2, 2)\} \subset \{1, 2\} \times \{1, 2\}.$$

Somit kann man nicht folgern: *Die Relation ist nicht reflexiv, also ist sie irreflexiv.* Auch gibt es Relationen, die weder symmetrisch noch antisymmetrisch sind.

A.1.5 Definition

1. Eine Relation R auf M heißt *Äquivalenzrelation*, wenn sie reflexiv, symmetrisch und transitiv ist. Für $a \in M$ nennt man die Menge

   $$[a] := \{b \in M : (a, b) \in R\}$$

   die *Äquivalenzklasse* von a bezüglich R.
2. Eine Relation heißt *Halbordnung*, wenn sie reflexiv, antisymmetrisch und transitiv ist.
3. Eine irreflexive, transitive Relation heißt *strenge Halbordnung* und eine Halbordnung, die zusätzlich eine totale Relation ist, heißt *Totalordnung* oder auch *lineare Ordnung*. Eine trichotome und transitive Relation heißt *strenge Totalordnung*.

Man beachte, dass bei einer Äquivalenzrelation für $(a, b) \in R$ wegen der Symmetrie $[a] = [b]$ gilt und dass aufgrund der Reflexivität stets $a \in [a]$ ist.

A.1.6 Beispiel
Wir geben einige einfache Beispiele.

1. Es sei $p \in \mathbb{N}$, $p \geq 2$. Auf $\mathbb{Z}$ betrachten wir die Relation
$$R := \{(m, n) \in \mathbb{Z}^2 : m - n \text{ ist durch } p \text{ teilbar}\}.$$
Für $(m, n) \in R$ schreiben wir $m \equiv_p n$ und nennen m *kongruent* n *modulo* p. Die Relation $\equiv_p$ definiert eine Äquivalenzrelation auf $\mathbb{Z}$. Die Äquivalenzklassen nennt man die *Restklassen modulo* p. Für $p = 2$ zerfällt $\mathbb{Z}$ zum Beispiel in die Restklassen der geraden (durch 2 teilbaren) und der ungeraden Zahlen.
2. Die Relation $\leq$ ist eine Totalordnung auf $\mathbb{Z}$ und die Relation $<$ eine strenge Halbordnung.

A.1.7 Lemma
Eine Relation R auf einer nicht leeren Menge M ist genau dann eine Äquivalenzrelation, wenn sie drittengleich und linkstotal ist.

***Beweis*:** Der Beweis ist nicht weiter schwierig.

1. Es sei R linkstotal und drittengleich. Wir müssen die Reflexivität, Symmetrie und Transitivität überprüfen.
   a) **Reflexivität.** Zu a in M existiert c mit $(a, c) \in R$. Wir setzen $b := a$. Damit haben wir $(a, c) \in R$ und $(b, c) \in R$ und wegen der Drittengleichheit nun ebenfalls $(a, b) \in R$, also wegen $a = b$ folglich $(a, a) \in R$, das heißt R ist reflexiv.
   b) **Symmetrie.** Es sei $(b, c) \in R$. Weil R reflexiv ist, gilt $(c, c) \in R$. Wir setzen $a := c$ und erhalten $(a, c), (b, c) \in R$. Die Drittengleichheit impliziert $(a, b) \in R$, das heißt wegen $a = c$ erhalten wir diesmal $(c, b) \in R$. Das bedeutet R ist symmetrisch.
   c) **Transitivität.** Es gelte $(a, b), (b, c) \in R$. Weil R symmetrisch ist, folgt $(c, b) \in R$ und dann wieder mit der Drittengleichheit $(a, c) \in R$. Also ist R transitiv.
2. R sei nun eine Äquivalenzrelation. Weil R reflexiv ist, ist R ebenfalls linkstotal. Aus der Symmetrie und der Transitivität ergibt sich die Drittengleichheit.

□

A.1.8 Definition
Die *inverse Relation* einer Relation $R \subset A \times B$ ist die Relation
$$R^{-1} := \{(b, a) \in B \times A : (a, b) \in R\} \subset B \times A.$$

A.1.9 Beispiel
Die Größer-Relation $>$ auf $\mathbb{Z}$ ist die inverse Relation zur Kleiner-Relation $<$.

A.2. Mehrstellige Relationen

Analog zu zweistelligen Relationen lassen sich nun auch mehrstellige Relationen betrachten. Sind $A_1, \dots, A_n$ nicht leere Mengen, so ist eine *n-stellige Relation* eine Teilmenge $R \subset A_1 \times \cdots \times A_n$.

A.2.1 Beispiel
Wir geben zwei einfache Beispiele an.

1. Es seien $A_1 = A_2 = A_3 = \mathbb{N}$. Wir definieren eine dreistellige Relation $R \subset \mathbb{N}^3$ durch

$$(t, a, b) \in R \quad :\Leftrightarrow \quad t \text{ ist gemeinsamer Teiler von } a \text{ und } b.$$

Für diese Relation sind offenbar die folgenden Aussagen erfüllt.

a) $(a, a, a) \in R$, für alle $a \in \mathbb{N}$.

b) $(t, a, b) \in R \Leftrightarrow (t, b, a) \in R$.

c) $(t, a, b) \in R$ und $(t, b, c) \in R$ implizieren $(t, a, c) \in R$.

d) $(1, a, b) \in R$, für alle $a, b \in \mathbb{N}$.

e) $(t, a, b) \in R \Rightarrow t \leq \min\{a, b\}$.

Aufgrund der letzten beiden Aussagen existiert dann stets für beliebige natürliche Zahlen a, b die Zahl

$$\operatorname{ggT}(a, b) := \max\{t \in \mathbb{N} : (t, a, b) \in R\}.$$

Man nennt $\operatorname{ggT}(a, b)$ den *größten gemeinsamen Teiler* der Zahlen a, b.

f) $(s, t, c) \in R$ und $(t, a, b) \in R$ implizieren auch $(s, a, b) \in R$.

2. Auf der Menge der reellen Zahlen definieren wir die dreistellige Relation $Z \subset \mathbb{R}^3$ mit

$$(a, b, c) \in Z \quad :\Leftrightarrow \quad (a - b)(c - b) < 0.$$

Wir sagen: *b liegt zwischen a und c*, wenn $(a, b, c) \in Z$. Für diese Relation gilt:

a) $(a, b, c) \in Z \Leftrightarrow (c, b, a) \in Z$. Aus $(a, b, c) \in Z$ folgt, dass a, b, c paarweise verschiedene reelle Zahlen sind.

b) Zu zwei verschiedenen reellen Zahlen a, c existieren stets reelle Zahlen b, d mit $(a, b, c) \in Z$ und $(a, c, d) \in Z$.

c) Für drei paarweise verschiedene reelle Zahlen a, b, c gilt genau eine der drei Aussagen

$$(a, b, c) \in Z, \quad (b, c, a) \in Z, \quad (c, a, b) \in Z.$$

B. Das kartesische Produkt der reellen Zahlen

Es bezeichne $\mathbb{R}$ die Menge der reellen Zahlen.

B.1. Der $\mathbb{R}^n$ als Punktraum und als metrischer Raum

Unter $\mathbb{R}^n$ verstehen wir die Menge

$$\mathbb{R}^n := \{(x_1, \dots, x_n) : x_1, \dots, x_n \in \mathbb{R}\}.$$

Elemente aus $\mathbb{R}^n$ fassen wir zunächst als Punkte in einem *Ortsraum* oder *Konfigurationsraum* auf. Entsprechend nennen wir die Elemente *Punkte* und bezeichnen sie mit großen lateinischen Buchstaben, etwa

$$\mathbf{A} = (a_1, \dots, a_n), \quad \mathbf{B} = (b_1, \dots, b_n).$$

Die Zahlen $a_1, \dots, a_n$, welche den Punkt $\mathbf{A} = (a_1, \dots, a_n)$ eindeutig festlegen, nennt man die *kartesischen Koordinaten* des Punkts $\mathbf{A}$.

Weiter unten werden wir sehen, dass der $\mathbb{R}^n$ eine ganze Reihe von zusätzlichen algebraischen Strukturen trägt und dass wir ihn insbesondere auch als Vektorraum auffassen können. Es ist wichtig, dass wir diese Räume formal unterscheiden. Das werden wir insbesondere durch eine andere Wahl der Bezeichnungen umsetzen, wenn wir Elemente des $\mathbb{R}^n$ als *Vektoren* und nicht als Punkte in einem Ortsraum auffassen.

Die Abstandsmetrik

B.1.1 Definition (Abstandsmetrik)
Wir definieren die Abbildung $\mathrm{d} : \mathbb{R}^n \times \mathbb{R}^n \to \mathbb{R}_{\geq 0}$ mit

$$\mathrm{d}\big((a_1, \dots, a_n), (b_1, \dots, b_n)\big) := \sqrt{(a_1 - b_1)^2 + \dots + (a_n - b_n)^2}$$

und fassen $\mathrm{d}(\mathbf{A}, \mathbf{B})$ als *Abstand* der Punkte $\mathbf{A}, \mathbf{B}$ auf. Die Abbildung d heißt *Abstandsmetrik*.

Die Abstandsmetrik besitzt die folgenden Eigenschaften.

1. *Positive Definitheit*: Es ist $\mathrm{d}(\mathbf{A}, \mathbf{B}) \geq 0$ und Gleichheit gilt genau dann, wenn $\mathbf{A} = \mathbf{B}$.
2. *Symmetrie*: $\mathrm{d}(\mathbf{A}, \mathbf{B}) = \mathrm{d}(\mathbf{B}, \mathbf{A})$.

3. *Dreiecksungleichung*: $\mathrm{d}(\mathbf{A}, \mathbf{B}) \leq \mathrm{d}(\mathbf{A}, \mathbf{C}) + \mathrm{d}(\mathbf{C}, \mathbf{B})$.

Mit dieser Abstandsmetrik wird der $\mathbb{R}^n$ zu einem *metrischen Raum*. Eine Folge $(\mathbf{A_k})_{k\in\mathbb{N}}$ heißt CAUCHY-*Folge*, wenn es zu jedem $\epsilon > 0$ ein $N \in \mathbb{N}$ gibt, sodass für alle $k, l \geq N$ die Abschätzung

$$\mathrm{d}(\mathbf{A_k}, \mathbf{A_l}) \leq \epsilon$$

erfüllt ist. Aus der Vollständigkeit der reellen Zahlen ergibt sich dann unmittelbar, dass auch der metrische Raum $(\mathbb{R}^n, \mathrm{d})$ vollständig ist, das heißt dass jede CAUCHY-Folge $(\mathbf{A_k})_{k\in\mathbb{N}} \subset \mathbb{R}^n$ gegen einen Grenzwert (Limespunkt) $\mathbf{A} \in \mathbb{R}^n$ konvergiert.

B.2. Die Struktur des $\mathbb{R}^n$ als Vektorraum und als normierter Raum

Wir wollen zunächst kurz die Definition des reellen Vektorraums wiederholen.

B.2.1 Definition (Reeller Vektorraum)
Gegeben seien eine nicht leere Menge V und zwei Verknüpfungen

$$+ : V \times V \to V, \qquad \cdot : \mathbb{R} \times V \to V.$$

Für Elemente $\vec{v}, \vec{w} \in V$ und reelle Zahlen $\lambda \in \mathbb{R}$ benutzen wir bei diesen Verknüpfungen die Infixschreibweise, das heißt wir setzen

$$\vec{v} + \vec{w} := +(\vec{v}, \vec{w}) \quad \text{und} \quad \lambda \cdot \vec{v} := \cdot(\lambda, \vec{v}).$$

Das Tripel $(V, +, \cdot)$ heißt *reeller Vektorraum*, falls gilt:

1. $(V, +)$ ist eine abelsche Gruppe.
2. $\lambda \cdot (\vec{v_1} + \vec{v_2}) = \lambda \cdot \vec{v_1} + \lambda \cdot \vec{v_2}$, für jedes $\lambda \in \mathbb{R}$ und alle $\vec{v_1}, \vec{v_2} \in V$.
3. $(\lambda + \mu) \cdot \vec{v} = \lambda \cdot \vec{v} + \mu \cdot \vec{v}$, für alle $\lambda, \mu \in \mathbb{R}$ und jedes $\vec{v} \in V$.
4. $(\lambda \cdot \mu) \cdot \vec{v} = \lambda \cdot (\mu \cdot \vec{v})$, für alle $\lambda, \mu \in \mathbb{R}$ und jedes $\vec{v} \in V$.
5. $1 \cdot \vec{v} = \vec{v}$, für jedes $\vec{v} \in V$.

Elemente $\vec{v} \in V$ nennt man *Vektoren* und Elemente $\lambda \in \mathbb{R}$ heißen *Skalare*.

B.2.2 Beispiel

1. Wir erklären auf $\mathbb{R}^n$ eine Addition

   $$+ : \mathbb{R}^n \times \mathbb{R}^n \to \mathbb{R}^n, \quad (x_1, \ldots, x_n) + (y_1, \ldots, y_n) := (x_1 + y_1, \ldots, x_n + y_n)$$

   sowie eine Multiplikation mit Skalaren

   $$\cdot : \mathbb{R} \times \mathbb{R}^n \to \mathbb{R}^n, \quad \lambda \cdot (x_1, \ldots, x_n) := (\lambda x_1, \ldots, \lambda x_n).$$

   Das Tripel $(\mathbb{R}^n, +, \cdot)$ wird so zu einem reellen Vektorraum mit neutralem Element $\vec{0} := (0, \ldots, 0)$.

2. Die Menge $C^k(\mathbb{R})$, das heißt die Menge der k-mal stetig differenzierbaren reellen Funktionen, bildet einen reellen Vektorraum mit der üblichen punktweisen Addition von Funktionen und punktweisen Multiplikation von Funktionen mit einem Skalar.

Im Folgenden werden wir den Punkt im Ausdruck $\lambda \cdot \vec{v}$ einfach weglassen und hierfür lediglich $\lambda \vec{v}$ schreiben.

Die meisten nun folgenden Konstruktionen lassen sich problemlos auf allen reellen Vektorräumen durchführen. Für ein besseres und intuitiveres Verständnis werden wir uns aber lediglich auf den $\mathbb{R}^n$ beschränken.

B.2.3 Definition (Lineare Hülle)
Sind $\vec{v_1}, \ldots, \vec{v_k} \in \mathbb{R}^n$, so bezeichnet man jeden Ausdruck der Form

$$\lambda_1 \vec{v_1} + \cdots + \lambda_k \vec{v_k}$$

mit $\lambda_1, \ldots, \lambda_k \in \mathbb{R}$ als *Linearkombination* der Vektoren $\vec{v_1}$ bis $\vec{v_k}$. Ist $S \subset \mathbb{R}^n$ eine Teilmenge, so wird die Menge aller Linearkombinationen von Vektoren aus S die *lineare Hülle* von S genannt und mit $[S]$ bezeichnet. S heißt *Erzeugendensystem*, falls $[S] = \mathbb{R}^n$.

B.2.4 Beispiel
Die lineare Hülle der Vektoren $\vec{v} = (1, 1, 0)$, $\vec{w} = (1, 0, -1)$ ist die Menge

$$[\vec{v}, \vec{w}] = \{(s + t, s, -t) : s, t \in \mathbb{R}\}.$$

B.2.5 Definition (Lineare Unabhängigkeit)
Eine Teilmenge $S \subset \mathbb{R}^n$ heißt *linear unabhängig*, falls für jede Wahl von Vektoren $\vec{v_1}, \ldots, \vec{v_k} \in S$ die einzige Lösung der Gleichung

$$\lambda_1 \vec{v_1} + \cdots + \lambda_k \vec{v_k} = \vec{0}$$

diejenige mit $\lambda_1 = \cdots = \lambda_k = 0$ ist. Anderenfalls nennt man die Teilmenge S *linear abhängig*.

B.2.6 Beispiel

1. Ist $\vec{0} \in S$, so ist S linear abhängig.
2. Eine Teilmenge T einer linear unabhängigen Teilmenge S ist wieder linear unabhängig.
3. Die drei Vektoren

$$\vec{u} = (1, 0), \quad \vec{v} = (0, 1), \quad \vec{w} = (1, 1)$$

   sind jeweils paarweise linear unabhängig, alle drei zusammen sind aber linear abhängig, da $1 \cdot \vec{u} + 1 \cdot \vec{v} - 1 \cdot \vec{w} = \vec{0}$.

B.2.7 Definition (Basis)
Eine Teilmenge $B \subset \mathbb{R}^n$ heißt *Basis*, falls B sowohl linear unabhängig als auch ein Erzeugendensystem ist.

B.2.8 Beispiel
Die Vektoren

$$\overrightarrow{e_1} := (1, 0, \ldots, 0), \overrightarrow{e_2} := (0, 1, 0, \ldots, 0), \ldots, \overrightarrow{e_n} := (0, \ldots, 0, 1) \in \mathbb{R}^n$$

bilden eine Basis, welche wir die *Standardbasis* des $\mathbb{R}^n$ nennen.

B.2.9 Bemerkung
Wie man leicht zeigen kann, gelten folgende Aussagen.

1. Jedes Erzeugendensystem S des $\mathbb{R}^n$ besitzt wenigstens n Elemente.
2. Jede linear unabhängige Teilmenge S des $\mathbb{R}^n$ besitzt höchstens n Elemente.
3. Jede Basis des $\mathbb{R}^n$ besitzt genau n Elemente. Man nennt n daher auch die *Dimension* des $\mathbb{R}^n$, geschrieben $n = \dim \mathbb{R}^n$.

B.2.10 Definition (Untervektorraum)
Eine nicht leere Teilmenge $U \subset \mathbb{R}^n$ heißt *Untervektorraum*, wenn $U = [U]$.

Ein Untervektorraum bildet selbst einen reellen Vektorraum, indem man die Addition und die Multiplikation mit Skalaren jeweils auf U einschränkt. Es ist

$$0 \leq \dim U \leq n.$$

B.2.11 Beispiel
Die lineare Hülle

$$U := \left[\begin{pmatrix} 1 \\ 0 \\ 1 \end{pmatrix}, \begin{pmatrix} 1 \\ 1 \\ 0 \end{pmatrix} \right]$$

ist ein zweidimensionaler linearer Untervektorraum des $\mathbb{R}^3$.

Norm und Skalarprodukt

B.2.12 Definition
Für $\overrightarrow{w} = (x_1, \ldots, x_n)$ setzen wir

$$||\overrightarrow{w}|| := \sqrt{x_1^2 + \cdots + x_n^2}$$

und nennen $||\overrightarrow{w}||$ die *Norm* oder auch die *Länge* des Vektors $\overrightarrow{w}$.

Die Norm besitzt die folgenden elementaren Eigenschaften.

1. $||\overrightarrow{w}|| \geq 0$ und Gleichheit gilt genau dann, wenn $\overrightarrow{w} = \overrightarrow{0}$.
2. $||\lambda\overrightarrow{w}|| = |\lambda| \cdot ||\overrightarrow{w}||$ für alle $\lambda \in \mathbb{R}$ und jedes $\overrightarrow{w} \in \mathbb{R}^n$.

3. $||\vec{v} + \vec{w}|| \leq ||\vec{v}|| + ||\vec{w}||$ für alle $\vec{v}, \vec{w} \in \mathbb{R}^n$. Diese Ungleichung heißt *Dreiecksungleichung*.

Für je zwei Vektoren $\vec{v} = (x_1, \ldots, x_n)$, $\vec{w} = (y_1, \ldots, y_n)$ definieren wir das *Skalarprodukt*

$$\langle \vec{v}, \vec{w} \rangle := \sum_{k=1}^{n} x_k y_k.$$

Es folgt

$$||\vec{v} + \vec{w}||^2 = ||\vec{v}||^2 + 2\langle \vec{v}, \vec{w} \rangle + ||\vec{w}||^2.$$

Koordinaten und Koordinatenvektoren

B.2.13 Definition (Koordinaten bezüglich einer Basis)

Ist $\vec{v_1}, \ldots, \vec{v_n}$ eine Basis, so kann man jeden Vektor $\vec{w}$ als Linearkombination aus diesen Vektoren eindeutig darstellen, das heißt es gibt eindeutig bestimmte reelle Zahlen $\lambda_1, \ldots, \lambda_n$ mit

$$\vec{w} = \lambda_1 \vec{v_1} + \cdots + \lambda_n \vec{v_n}.$$

Die Zahlen $\lambda_1, \ldots, \lambda_n$ heißen die *Koordinaten* des Vektors $\vec{w}$ bezüglich der Basis $\vec{v_1}, \ldots, \vec{v_n}$. Der *Spaltenvektor*

$$\begin{pmatrix} \lambda_1 \\ \vdots \\ \lambda_n \end{pmatrix}$$

heißt *Koordinatenvektor* von $\vec{w}$ bezüglich der Basis $\vec{v_1}, \ldots, \vec{v_n}$.

Bei **fest** gewählter Basis $\vec{v_1}, \ldots, \vec{v_n}$ kann man den Vektor $\vec{w}$ auch mit seinem Koordinatenvektor identifizieren, die Identifikation hängt aber von der jeweils zuvor gewählten Basis ab. Eine Besonderheit beobachten wir, wenn wir den Koordinatenvektor bezüglich der Standardbasis betrachten. Für $\vec{w} = (x_1, \ldots, x_n)$ ist der Koordinatenvektor bezüglich der Standardbasis nämlich gerade der Spaltenvektor

$$\begin{pmatrix} x_1 \\ \vdots \\ x_n \end{pmatrix}.$$

Im Folgenden werden wir **stets** annehmen, dass wir für den Vektorraum $(\mathbb{R}^n, +, \cdot)$ die Standardbasis $\vec{e_1}, \ldots, \vec{e_n}$ ausgewählt haben und wir werden Vektoren $\vec{w} \in \mathbb{R}^n$ immer als Spaltenvektoren

$$\vec{w} = \begin{pmatrix} x_1 \\ \vdots \\ x_n \end{pmatrix}$$

schreiben, das heißt wir werden den Zeilenvektor $\vec{w} = (x_1, \ldots, x_n)$ mit seinem Koordinatenvektor bezüglich der Standardbasis identifizieren.

B.2.14 Beispiel
Der Vektor $\overrightarrow{w} = (1,7)$ besitzt bezüglich der Basis $\overrightarrow{v_1} = (1,1)$, $\overrightarrow{v_2} = (1,-1)$ die Darstellung

$$\overrightarrow{w} = 4\overrightarrow{v_1} - 3\overrightarrow{v_2},$$

also ist der Koordinatenvektor von $\overrightarrow{w}$ bezüglich dieser Basis durch den Spaltenvektor

$$\begin{pmatrix} 4 \\ -3 \end{pmatrix}$$

gegeben. Derselbe Vektor $\overrightarrow{w}$ besitzt bezüglich der Standardbasis $\overrightarrow{e_1}, \overrightarrow{e_2}$ die Darstellung

$$\overrightarrow{w} = 1\overrightarrow{e_1} + 7\overrightarrow{e_2}.$$

Daher ist der Koordinatenvektor von $\overrightarrow{w} = (1,7)$ in der Standardbasis der Spaltenvektor

$$\begin{pmatrix} 1 \\ 7 \end{pmatrix}.$$

B.3. Der $\mathbb{R}^n$ als affiner Raum

B.3.1 Definition (Affiner Raum)
Gegeben seien eine Punktmenge $P \neq \varnothing$, ein reeller Vektorraum V und eine Abbildung

$$\rightarrow : P \times P \to V, \quad (\mathbf{A}, \mathbf{B}) \mapsto \overrightarrow{\mathbf{AB}}.$$

Das Tripel $(P, V, \rightarrow)$ heißt *affiner Raum*, wenn gilt:

1. *Dreiecksregel*: Für je drei Punkte $\mathbf{A}, \mathbf{B}, \mathbf{C}$ gilt $\overrightarrow{\mathbf{AB}} + \overrightarrow{\mathbf{BC}} = \overrightarrow{\mathbf{AC}}$.

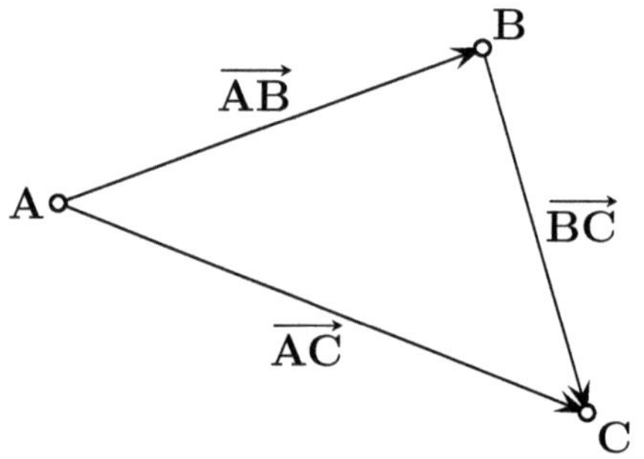

Abbildung B.1.: Veranschaulichung der Dreiecksregel.

2. *Abtragbarkeitsregel*: Zu jedem Punkt $\mathbf{A} \in P$ und jedem Vektor $\vec{v} \in V$ existiert ein eindeutig bestimmter Punkt $\mathbf{B} \in P$ mit $\vec{v} = \overrightarrow{\mathbf{AB}}$.

Der Vektor $\overrightarrow{\mathbf{AB}}$ heißt der *Verbindungsvektor* von $\mathbf{A}$ nach $\mathbf{B}$.

In einem affinen Raum $(P, V, \to)$ lässt sich eine Addition

$$P \times V \to P, \quad (\mathbf{A}, \vec{v}) \mapsto \mathbf{A} + \vec{v}$$

dadurch erklären, dass der Punkt $\mathbf{A} + \vec{v}$ gerade der durch die Abtragbarkeitsregel eindeutig bestimmte Punkt $\mathbf{B} \in P$ mit $\vec{v} = \overrightarrow{\mathbf{AB}}$ ist. Wir schreiben dann auch $\mathbf{B} - \mathbf{A} = \overrightarrow{\mathbf{AB}}$.

Wir wählen einen beliebigen Punkt $\mathbf{O} \in P$ und nennen ihn den *Ursprung*. Dann existiert eine natürliche Bijektion

$$P \to V, \quad \mathbf{A} \mapsto \overrightarrow{\mathbf{OA}}.$$

Dadurch wird es möglich, die Punktmenge P nun selbst mit einer Vektorraumstruktur zu versehen. Sind $\mathbf{A}, \mathbf{B}$ beliebig, so sei $\mathbf{A} + \mathbf{B}$ der eindeutig bestimmte Punkt $\mathbf{C} \in P$ mit

$$\overrightarrow{\mathbf{OC}} = \overrightarrow{\mathbf{OA}} + \overrightarrow{\mathbf{OB}}$$

und für $\lambda \in \mathbb{R}$ sei der Punkt $\lambda \cdot \mathbf{A}$ der eindeutig bestimmte Punkt $\mathbf{D} \in P$ mit

$$\overrightarrow{\mathbf{OD}} = \lambda \overrightarrow{\mathbf{OA}}.$$

Wie man leicht nachrechnet, wird $(P, +, \cdot)$ hierdurch zu einem reellen Vektorraum und die Bijektion $\mathbf{A} \mapsto \overrightarrow{\mathbf{OA}}$ zu einem Vektorraumisomorphismus. Insbesondere ist der Nullvektor in P jetzt durch den Ursprung $\mathbf{O}$ gegeben. Die gesamte Konstruktion hängt aber offensichtlich von der Wahl des Ursprungs ab und ist insofern nicht kanonisch.

B.3.2 Beispiel
Es sei $P = \mathbb{R}^n$, aufgefasst als Punktmenge. Als Vektorraum wählen wir $V = (\mathbb{R}^n, +, \cdot)$. Für $\mathbf{A} = (a_1, \ldots, a_n)$, $\mathbf{B} = (b_1, \ldots, b_n)$ setze man

$$\overrightarrow{\mathbf{AB}} := \begin{pmatrix} b_1 - a_1 \\ \vdots \\ b_n - a_n \end{pmatrix}.$$

Damit wird das Tripel $(P, V, \to)$ zu einem affinen Raum und

$$(a_1, \ldots, a_n) + \begin{pmatrix} v_1 \\ \vdots \\ v_n \end{pmatrix} = (a_1 + v_1, \ldots, a_n + v_n).$$

B.3.3 Definition (Affiner Unterraum)
Es seien $(P, V, \rightarrow)$ ein affiner Raum, $\mathbf{A} \in P$ ein beliebiger Punkt und $U \subset V$ ein Untervektorraum von V der Dimension k. Dann heißt die Menge

$$\mathbf{A} + U := \{\mathbf{B} \in P : \mathbf{B} = \mathbf{A} + \vec{u} \text{ mit einem } \vec{u} \in U\}$$

ein k-dimensionaler *affiner Unterraum* von P. Die affinen Unterräume der Dimension $k = 1$ nennen wir *affine Geraden* und die affinen Unterräume der Dimension $k = 2$ nennen wir *affine Ebenen*.

C. Spezielle Zahlkörper

C.1. Komplexe Zahlen

Wir stellen in diesem Abschnitt kurz die wesentlichen Eigenschaften der komplexen Zahlen zusammen.

Unter den *komplexen Zahlen* $\mathbb{C}$ verstehen wir den Raum $\mathbb{R}^2$ versehen mit den folgenden Strukturen der Addition und Multiplikation.

$$(x, y) + (x', y') := (x + x', y + y'),$$

$$(x, y) \cdot (x', y') := (xx' - yy', xy' + yx').$$

C.1.a. Algebraische Eigenschaften komplexer Zahlen

(1) $\mathbb{C}$ ist ein Körper mit Null $(0, 0)$ und Eins $(1, 0)$.

(2) Die Menge

$$\mathbb{R} \times 0 := \{(x, 0) : x \in \mathbb{R}\} \subset \mathbb{C}$$

ist ein Teilkörper und die Abbildung

$$(x, 0) \mapsto x$$

ist ein Körperisomorphismus. Für $x \in \mathbb{R}$ schreiben wir daher auch $(x, 0) = x$. Somit können wir $\mathbb{R}$ als Teilkörper von $\mathbb{C}$ auffassen.

(3) Das Element $i := (0, 1) \in \mathbb{C}$ wird nach Euler *imaginäre Einheit* genannt. Es gilt

$$i^2 = (0, 1) \cdot (0, 1) = (-1, 0) = -1.$$

(4) Für $z = (x, y) \in \mathbb{C}$ schreiben wir wegen

$$(x, y) = (x, 0) + (0, 1) \cdot (y, 0) = (x, 0) + i \cdot (y, 0)$$

auch

$$z = x + iy.$$

Jedes $z \in \mathbb{C}$ besitzt genau eine solche Darstellung. Wir nennen x und y die *Real- und Imaginärteile* von z und schreiben

$$x = \mathrm{Re}\,(z), \quad y = \mathrm{Im}\,(z).$$

(5) Ist $z = x + iy$, so nennen wir $\overline{z} := x - iy$ die zu z *konjugiert komplexe Zahl*. Die komplexe Konjugation ist verträglich mit den Körperstrukturen, das heißt es gilt

$$\overline{z + w} = \overline{z} + \overline{w}\,, \qquad \overline{z \cdot w} = \overline{z} \cdot \overline{w}\,.$$

Zudem ist die Konjugation involutiv

$$\overline{\overline{z}} = z$$

und reell, das heißt

$$z = \overline{z} \quad \Leftrightarrow \quad z \in \mathbb{R}\,.$$

(6) Der *komplexe Betrag* einer Zahl $z = x + iy$ ist definiert als

$$|z| := \sqrt{x^2 + y^2}.$$

Damit wird

$$|z| = |-z| = |\overline{z}|\,, \quad |zz'| = |z|\,|z'|\,, \quad |z|^2 = z\overline{z}.$$

Es gilt die *Dreiecksungleichung*

$$|z + z'| \leq |z| + |z'|\,, \quad \big||z| - |z'|\big| \leq |z - z'|\,.$$

Außerdem gilt

$$|\mathrm{Re}\,(z)| \leq |z|\,, \quad |\mathrm{Im}\,(z)| \leq |z|\,.$$

Für $z \neq 0$ ist

$$z^{-1} = \frac{\overline{z}}{|z|^2}\,.$$

C.1.b. Geometrische Deutung der komplexen Zahlen

Die Addition und Multiplikation in $\mathbb{C}$ lassen sich sehr einfach geometrisch deuten. Die Addition ist lediglich die gewöhnliche Vektoraddition in $\mathbb{R}^2$. Um eine geometrische Interpretation der Multiplikation zu erhalten, betrachten wir zunächst Polarkoordinaten auf

$$\mathbb{C}^* := \mathbb{C} \setminus \{0\}.$$

(1) Jedes $z \in \mathbb{C}^*$ hat eine Darstellung

$$z = r(\cos\alpha + i\sin\alpha)\,, \quad r > 0,\, \alpha \in \mathbb{R}\,.$$

Dabei ist $r = |z|$ eindeutig bestimmt. Gilt gleichzeitig

$$z = r(\cos\alpha' + i\sin\alpha')\,,$$

so ist

$$\alpha - \alpha' = 2k\pi \quad \text{für ein} \quad k \in \mathbb{Z}\,.$$

Jedes α mit $z = r(\cos\alpha + i\sin\alpha)$ heißt ein *Argument* (*Arcus*) von z. Jedes $z \in \mathbb{C}^*$ besitzt eine eindeutige Darstellung der Form

$$z = r(\cos\alpha + i\sin\alpha) \quad \text{mit} \quad r > 0\,, \alpha \in (-\pi, \pi]\,.$$

Die hierdurch bestimmte Funktion

$$\arg : \mathbb{C}^* \to (-\pi, \pi]\,, \qquad z \mapsto \alpha$$

ist genau bei $(-\infty, 0) \subset \mathbb{R} \subset \mathbb{C}$ unstetig. Man nennt das die $(-\pi, \pi]$-*Konvention des Arguments*.

(2) Sind $z_j := r_j(\cos\alpha_j + i\sin\alpha_j) \in \mathbb{C}^*$, $j = 1, 2$, so ist deren Produkt wegen der Additionstheoreme für die trigonometrischen Funktionen durch

$$z_1 z_2 = r_1 r_2\big(\cos(\alpha_1 + \alpha_2) + i\sin(\alpha_1 + \alpha_2)\big)$$

gegeben. Bei der Multiplikation zweier komplexer Zahlen multiplizieren sich also deren Beträge und ihre Argumente addieren sich. Entsprechend ist

$$\frac{z_1}{z_2} = \frac{r_1}{r_2}\Big(\cos(\alpha_1 - \alpha_2) + i\sin(\alpha_1 - \alpha_2)\Big)\,,$$

das heißt die Beträge werden dividiert und die Argumente subtrahiert.

(3) Es gilt zudem die *Formel von* de Moivre

$$(\cos\alpha + i\sin\alpha)^n = \cos(n\alpha) + i\sin(n\alpha)\,, \quad \text{für} \quad n \in \mathbb{Z}\,.$$

(4) Es existieren genau n n-te Einheitswurzeln, das heißt genau n Lösungen der Gleichung

$$z^n = 1\,, \quad z \in \mathbb{C}\,.$$

Diese sind durch die komplexen Zahlen

$$z_k := \cos\left(\frac{2k\pi}{n}\right) + i\sin\left(\frac{2k\pi}{n}\right)\,, \quad k = 0, \ldots, n-1$$

bestimmt.

***Beweis*:** Zunächst folgt aus

$$1 = z^n = |z^n| = |z|^n\,,$$

dass $|z| = 1$, also $z \in S^1$. In Polarkoordinaten sei

$$z = \cos\alpha + i\sin\alpha\,, \quad \alpha \in [0, 2\pi)\,.$$

Die Formel von de Moivre impliziert

$$1 = \cos(n\alpha) + i\sin(n\alpha)\,,$$

also

$$n\alpha = 2k\pi \quad \text{mit} \quad k \in \mathbb{Z}\,.$$

Da jedoch $\alpha \in [0, 2\pi)$, ist dies nur für die Winkel

$$\alpha_k = \frac{2k\pi}{n}\,, \qquad k = 0, \ldots, n-1$$

möglich. □

Für $z \in \mathbb{C}^*$ mit $z = r(\cos\alpha + i\sin\alpha)$, $r > 0$, $\alpha \in (-\pi, \pi]$, sei

$$\sqrt[n]{z} := \sqrt[n]{r}\left(\cos\left(\frac{\alpha}{n}\right) + i\sin\left(\frac{\alpha}{n}\right)\right).$$

Außerdem sei $\sqrt[n]{0} := 0$. Die hierdurch gewonnene Funktion

$$\sqrt[n]{\ } : \mathbb{C} \to \mathbb{C}$$

heißt die *n-te Wurzel*. Sie ist genau auf $(-\infty, 0)$ unstetig.

C.1.c. Die komplexen Zahlen als metrischer Raum

$\mathbb{C}$ wird mit der Metrik $d(z, z') := |z - z'|$ zu einem metrischen Raum. Ist $A \subset \mathbb{C}$ eine beliebige Menge, so bezeichnen

$$\mathring{A}, \quad \partial A \quad \text{bzw.} \quad \overline{A} := A \cup \partial A$$

das *Innere*, den *Rand* bzw. den *Abschluss* von A. Für $z_0 \in \mathbb{C}$ und $r > 0$ setzen wir noch

$$K(z_0, r) := \{z \in \mathbb{C} : |z - z_0| < r\}\,.$$

Eine Menge U heißt eine *offene Umgebung* eines Punktes z_0, wenn es ein $r > 0$ mit $K(z_0, r) \subset U$ gibt.

C.1.1 Definition
Eine offene Teilmenge $G \subset \mathbb{C}$ heißt *Gebiet*, wenn eine der folgenden (in $\mathbb{C}$) äquivalenten Bedingungen erfüllt ist.

1. G ist *zusammenhängend*, das heißt sind $U, V \subset G$ zwei offene, disjunkte Teilmengen mit $U \cup V = G$, so gilt entweder $U = \varnothing$ oder $V = \varnothing$.
2. G ist *wegzusammenhängend*, das heißt zu $z, z' \in G$ existiert eine stetige Abbildung $\gamma : [0, 1] \to G$ mit $\gamma(0) = z, \gamma(1) = z'$.
3. G ist *polygonial wegzusammenhängend*, das heißt je zwei Punkte von G lassen sich durch einen Polygonzug miteinander verbinden.

Im gesamten Abschnitt wird eine Menge G ein Gebiet bezeichnen.

C.1.d. Komplexe Funktionen

Wir betrachten Funktionen $f : G \to \mathbb{C}$ mit einem Gebiet $G \subset \mathbb{C}$. Da für $z \in G$ auch $f(z) \in \mathbb{C}$, können wir sowohl $z = x + iy$ als auch $f(z)$ in Real- und Imaginärteile aufspalten. Wir erhalten somit zwei Funktionen $u, v : G \to \mathbb{R}$ mit

$$f = u + iv\,, \quad f(x + iy) = u(x, y) + iv(x, y)\,.$$

C.1.2 Beispiel
Wir betrachten die Funktion $f(z) = z^3$. Mit $z = x + iy$ wird

$$f(z) = (x + iy)^3 = x^3 + 3ix^2y + 3i^2xy^2 + i^3y^3 = x^3 - 3xy^2 + i(3x^2y - y^3)\,,$$

also

$$u(x, y) = x^3 - 3xy^2\,, \quad v(x, y) = 3x^2y - y^3\,.$$

Zu einer Funktion $f : G \to \mathbb{C}$ gibt es also eine reelle Auffassung

$$f(x, y) = \big(u(x, y), v(x, y)\big)$$

und eine komplexe Auffassung

$$f(x + iy) = u(x, y) + iv(x, y)\,.$$

C.1.3 Beispiel
Für $\alpha = a + ib \in \mathbb{C}$ betrachten wir die $\mathbb{C}$-lineare Abbildung

$$f : \mathbb{C} \to \mathbb{C}\,, \quad f(z) = \alpha z\,.$$

Fasst man f als $\mathbb{R}$-lineare Abbildung $f : \mathbb{R}^2 \to \mathbb{R}^2$ auf und schreibt man Vektoren des $\mathbb{R}^2$ als Spaltenvektoren, so kann f durch Multiplikation mit einer reellen 2×2-Matrix dargestellt werden, das heißt wegen $(a + ib)(x + iy) = ax - by + i(bx + ay)$ erhalten wir

$$f\begin{pmatrix} x \\ y \end{pmatrix} = \begin{pmatrix} ax - by \\ bx + ay \end{pmatrix} = \begin{pmatrix} a & -b \\ b & a \end{pmatrix}\begin{pmatrix} x \\ y \end{pmatrix}.$$

Daraus folgt, dass eine $\mathbb{R}$-lineare Abbildung $f : \mathbb{R}^2 \to \mathbb{R}^2$ genau dann $\mathbb{C}$-linear ist, wenn ihre Matrix die Gestalt

$$\begin{pmatrix} a & -b \\ b & a \end{pmatrix}$$

besitzt. Dies kann man auch noch anders schreiben. Sei hierzu

$$A = \begin{pmatrix} a_{11} & a_{12} \\ a_{21} & a_{22} \end{pmatrix}$$

eine beliebige reelle 2×2-Matrix und

$$J := \begin{pmatrix} 0 & -1 \\ 1 & 0 \end{pmatrix}$$

die lineare Abbildung, die durch Multiplikation mit i erzeugt wird. Dann ist

$$JA = \begin{pmatrix} 0 & -1 \\ 1 & 0 \end{pmatrix} \begin{pmatrix} a_{11} & a_{12} \\ a_{21} & a_{22} \end{pmatrix} = \begin{pmatrix} -a_{21} & -a_{22} \\ a_{11} & a_{12} \end{pmatrix}$$

und

$$AJ = \begin{pmatrix} a_{11} & a_{12} \\ a_{21} & a_{22} \end{pmatrix} \begin{pmatrix} 0 & -1 \\ 1 & 0 \end{pmatrix} = \begin{pmatrix} a_{12} & -a_{11} \\ a_{22} & -a_{21} \end{pmatrix}.$$

Demnach hat A genau dann die Gestalt

$$A = \begin{pmatrix} a & -b \\ b & a \end{pmatrix},$$

wenn

$$JA = AJ,$$

das heißt genau dann, wenn A mit J kommutiert. Die lineare Abbildung J nennt man die *komplexe Struktur* auf $\mathbb{C}$.

C.1.e. Grenzwerte, Stetigkeit, Differenzierbarkeit

Da die Metrik auf den komplexen Zahlen $\mathbb{C}$ mit der üblichen Metrik auf $\mathbb{R}^2$ übereinstimmt, erhalten wir auch dieselben Konvergenz- und Stetigkeitsbegriffe. Eine komplexe Funktion $f = u + iv : X \to \mathbb{C}$ ist genau dann stetig in $z = x + iy$, wenn u und v jeweils in (x, y) stetig sind. Auch die gleichmäßige Stetigkeit einer komplexen Funktion unterscheidet sich nicht vom reellen Fall.

Wir erinnern an den Begriff der Differenzierbarkeit aus der reellen Analysis. Eine Abbildung $f : G \to \mathbb{C} = \mathbb{R}^2$ heißt in $z_0 = x_0 + iy_0 \in G$ reell differenzierbar, wenn es eine $\mathbb{R}$-lineare Abbildung $L : \mathbb{R}^2 \to \mathbb{R}^2$ und eine Abbildung $\phi : G \to \mathbb{R}^2$ gibt, mit

$$f(z) = f(z_0) + L(z - z_0) + \phi(z), \quad \lim_{z \to z_0} \frac{|\phi(z)|}{|z - z_0|} = 0.$$

Das Differential von f in z_0, das heißt die lineare Abbildung $Df|_{z_0} := L : \mathbb{R}^2 \to \mathbb{R}^2$ ist dann eindeutig bestimmt und lässt sich in kartesischen Koordinaten (x, y) durch die 2×2-Matrix

$$Df|_{z_0} = \begin{pmatrix} u_x(z_0) & u_y(z_0) \\ v_x(z_0) & v_y(z_0) \end{pmatrix}$$

beschreiben. Insbesondere existieren die ersten partiellen Ableitungen u_x, v_x, u_y, v_y der Komponentenfunktionen u und v im Punkt $z_0 = (x_0, y_0)$. Sind umgekehrt u und v partiell differenzierbar und sind die Ableitungen stetig, so ist auch f reell-differenzierbar und es gilt dann

$$Df = \begin{pmatrix} u_x & u_y \\ v_x & v_y \end{pmatrix}.$$

Die folgende Definition bildet die Grundlage für die gesamte Funktionentheorie.

C.1.4 Definition
Eine Funktion $f : G \to \mathbb{C}$ heißt in $z_0 \in G$ *komplex differenzierbar*, wenn

$$f'(z_0) := \lim_{z \to z_0} \frac{f(z) - f(z_0)}{z - z_0}$$

existiert. f heißt in G *holomorph*, wenn $f'(z)$ für alle $z \in G$ existiert.

Der nächste Satz stellt einen Zusammenhang zwischen der komplexen und reellen Differenzierbarkeit her.

C.1.5 Satz
Für eine Funktion $f : G \to \mathbb{C}$ und $z_0 = x_0 + iy_0 \in G$ sind äquivalent:

1. *f ist in z_0 komplex differenzierbar.*
2. *f ist in z_0 reell differenzierbar und das Differential $Df|_{z_0}$ ist $\mathbb{C}$-linear, das heißt es erfüllt*
$$Df|_{z_0} \cdot J = J \cdot Df|_{z_0} .$$
3. *f ist in $z_0 = (x_0, y_0)$ reell differenzierbar und erfüllt dort die sogenannten* CAUCHY–RIEMANNSCHEN *Differentialgleichungen:*
$$u_x(x_0, y_0) = v_y(x_0, y_0) , \quad u_y(x_0, y_0) = -v_x(x_0, y_0) .$$

***Beweis*:**

<u>1. ⇒ 2.</u> Die Abbildung $L : \mathbb{C} \to \mathbb{C}$ sei durch $L(z) := f'(z_0)z$ und $\phi : G \to \mathbb{C}$ durch $\phi(z) := f(z) - f(z_0) - f'(z_0)(z - z_0)$ gegeben. Dann ist

$$\lim_{z \to z_0} \frac{|\phi(z)|}{|z - z_0|} = \lim_{z \to z_0} \left| \frac{f(z) - f(z_0)}{z - z_0} - f'(z_0) \right| = 0 .$$

<u>2. ⇒ 1.</u> Die Abbildung $L := Df|_{z_0}$ ist $\mathbb{C}$-linear. Deswegen existiert ein $a \in \mathbb{C}$ mit $L(z) = az$ für alle $z \in \mathbb{C}$. Ferner ist nach Voraussetzung

$$f(z) = f(z_0) + a(z - z_0) + \phi(z)$$

mit

$$\lim_{z \to z_0} \frac{|\phi(z)|}{|z - z_0|} = 0 = \left| \frac{f(z) - f(z_0)}{z - z_0} - a \right| .$$

Daher existiert

$$f'(z_0) = a = \lim_{z \to z_0} \frac{f(z) - f(z_0)}{z - z_0} .$$

<u>2. ⇔ 3.</u> Dies folgt direkt aus den Überlegungen in Beispiel C.1.3.

□

C.1.6 Beispiel

1. Für die Funktion $f(z) = z^3$ gilt
$$u(x,y) = x^3 - 3xy^2\,, \quad v(x,y) = 3x^2y - y^3\,.$$
Daraus ergibt sich
$$u_x(x,y) = 3x^2 - 3y^2 = v_y(x,y)\,, \quad u_y(x,y) = -6xy = -v_x(x,y)\,.$$
Da die partiellen Ableitungen stetig sind, ist f reell differenzierbar. Außerdem sind die CAUCHY–RIEMANNSCHEN Differentialgleichungen erfüllt, f also auf ganz $\mathbb{C}$ holomorph. Natürlich gilt auch
$$f'(z) = 3z^2\,.$$
2. Die Funktion $f(z) = \overline{z}$ ist nirgends holomorph, denn es ist
$$u(x,y) = x\,, \quad v(x,y) = -y$$
und somit
$$u_x(x,y) = -v_y(x,y)\,, \quad u_y(x,y) = v_x(x,y)\,.$$
Funktionen, die diese Gleichungen erfüllen nennt man *antiholomorph*.
3. Die Funktion $f(z) = |z|^2 = x^2 + y^2$ ist reell differenzierbar und erfüllt die Cauchy-Riemannschen Differentialgleichungen genau dann, wenn $z_0 = 0$. Sie ist also nur in 0 komplex differenzierbar.

C.1.7 Bemerkung

1. Ist f in z_0 komplex differenzierbar, so ist $Df_{|z_0}$ die Multiplikation mit $f'(z_0)$.
2. Ist $f : G \to \mathbb{C}$ holomorph mit $f' = 0$, so gilt $f =$ konst. Dies folgt wie üblich, denn $f' = 0 \Leftrightarrow u_x = u_y = v_x = v_y = 0 \Leftrightarrow u, v =$ konst. $\Leftrightarrow f =$ konst.
3. Ist f komplex differenzierbar in $z_0 \in G$, so ist f dort auch stetig.
4. Die komplexe Ableitung erfüllt die gleichen Summen-, Produkt-, Quotienten- und Kettenregeln wie die reelle Ableitung.

   Beispiel: Die Funktion
$$f(z) = \frac{a_0 + a_1 z + \cdots + a_n z^n}{b_0 + b_1 z + \cdots + b_m z^m}\,, \quad m, n \geq 0, a_n, b_m \neq 0$$
   ist auf $\mathbb{C} \setminus \{\text{Nullstellen des Nenners}\}$ holomorph.

C.1.f. Potenzreihen, spezielle Funktionen

Eine *Potenzreihe* ist ein Reihe der Form
$$f(z) = \sum_{n=0}^{\infty} a_n (z-a)^n\,, \quad a, a_n \in \mathbb{C}\,.$$
Dabei nennt man a den *Entwicklungspunkt* und a_n die *Koeffizienten* der Reihe.

C.1.8 Lemma
Eine Potenzreihe $f(z) = \sum_{n=0}^{\infty} a_n(z-a)^n$ *konvergiere für ein* $z_0 \neq a$. *Dann konvergiert* f *auf* $K(a,s)$ *gleichmäßig und absolut für jedes* $s < |z_0 - a|$.

Beweis: $f(z_0) = \sum_{n=0}^{\infty} a_n(z_0-a)^n$ konvergiert. Daher ist $a_n(z_0-a)^n$ eine Nullfolge und insbesondere beschränkt, das heißt es existiert eine Konstante $M > 0$ mit $|a_n(z_0-a)^n| < M$, für alle $n \in \mathbb{N}$. Dann ist aber

$$|a_n(z-a)^n| = |a_n(z_0-a)^n| \frac{|z-a|^n}{|z_0-a|^n} \leq M \left(\frac{s}{|z_0-a|}\right)^n$$

und da $q := \frac{s}{|z_0-a|} < 1$ besitzt die Potenzreihe auf $K(a,s)$ eine konvergente Majorante. Die Behauptung folgt somit aus dem WEIERSTRASSSCHEN Majorantenkriterium.

□

C.1.9 Satz
Für eine Potenzreihe $f(z) = \sum_{n=0}^{\infty} a_n(z-a)^n$ *tritt genau einer der folgenden drei Fälle ein:*

1. f *konvergiert nur im Punkt* $z_0 = a$.
2. f *konvergiert auf ganz* $\mathbb{C}$.
3. *Es existiert ein eindeutig bestimmtes* $r > 0$ *mit der Eigenschaft, dass* f *auf* $K(a,r)$ *konvergiert und auf* $\mathbb{C} \setminus \overline{K(a,r)}$ *divergiert.*

Die Zahl $r \in [0,\infty)$ *heißt der Konvergenzradius von* f *zum Entwicklungspunkt* a.

Beweis: Es gelte weder 1. noch 2.. Wir setzen

$$M := \left\{ |z_0 - a| : \sum_{n=0}^{\infty} a_n(z_0-a)^n \text{ konvergiert} \right\}.$$

Da weder 1. noch 2. erfüllt sind, ist M beschränkt und enthält positive Werte. Wir setzen

$$r := \sup M\,.$$

Der Rest folgt aus Lemma C.1.8. □

C.1.10 Bemerkung
Die Formeln für den Konvergenzradius sind wie im Reellen:

$$r = \sup \left\{ |z_0 - a| : \sum_{n=0}^{\infty} a_n(z_0-a)^n \text{ konvergiert} \right\}.$$

Es gilt die *Formel von* CAUCHY–HADAMARD:

$$r = \frac{1}{\limsup\limits_{n\to\infty} \sqrt[n]{|a_n|}}\,.$$

Insbesondere ist

$$r = \frac{1}{\lim_{n\to\infty} \sqrt[n]{|a_n|}},$$

falls dieser Limes existiert (einschließlich ∞). Außerdem gilt die Quotientenformel

$$r = \lim_{n\to\infty} \frac{|a_n|}{|a_{n+1}|},$$

falls dieser Limes existiert (einschließlich ∞).

C.1.11 Satz

Es sei $f(z) = \sum_{n=0}^{\infty} a_n (z-a)^n$ eine Potenzreihe mit Konvergenzradius $r \in (0, \infty)$. Dann ist f in $K(a,r)$ holomorph und die Ableitung $f'(z)$ ist die Potenzreihe $f'(z) = \sum_{n=1}^{\infty} n a_n (z-a)^{n-1}$, welche ebenfalls den Konvergenzradius r besitzt.

***Beweis*:** Dies beweist man wie im reellen Fall. □

Wir definieren die folgenden Funktionen:

$$\exp z := e^z := \sum_{n=0}^{\infty} \frac{z^n}{n!}$$

$$\sin z := \sum_{n=0}^{\infty} (-1)^n \frac{z^{2n+1}}{(2n+1)!}, \quad \cos z := \sum_{n=0}^{\infty} (-1)^n \frac{z^{2n}}{(2n)!}$$

1. exp, sin, cos besitzen den Konvergenzradius $r = \infty$.
2. Für $z \in \mathbb{R}$ sind das die aus der reellen Analysis bekannten Funktionen.
3. $e^0 = 1$.
4. exp, sin, cos sind auf ganz $\mathbb{C}$ holomorph und es gilt (Satz C.1.11)

   $$(\exp z)' = \exp z, \quad (\sin z)' = \cos z, \quad (\cos z)' = -\sin z.$$

5. $e^z \neq 0$, für alle $z \in \mathbb{C}$ und $e^{-z} = \frac{1}{e^z}$.

   ***Beweis*:** Man setze $h(z) := e^z e^{-z}$. h ist auf ganz $\mathbb{C}$ holomorph und es ist $h'(z) = e^z e^{-z} - e^z e^{-z} = 0$, also $h(z) = h(0) = 1$ für alle $z \in \mathbb{C}$. □

6. $f : \mathbb{C} \to \mathbb{C}$ sei holomorph mit $f'(z) = af(z)$, $a \in \mathbb{C}$. Dann gilt $f(z) = f(0)e^{az}$.

   ***Beweis*:** Man setze $h(z) := f(z)e^{-az}$. Dann ist h holomorph auf $\mathbb{C}$ und es gilt $h'(z) = f'(z)e^{-az} - af(z)e^{-az} = 0$. Also $h(z) = h(0) = f(0)$ für alle $z \in \mathbb{C}$. □

7. Es gilt die Funktionalgleichung $e^{z+w} = e^z e^w$.

   Beweis: Es sei $w \in \mathbb{C}$ fest. Wir setzen $f(z) := e^{-w} e^{w+z}$. f ist auf ganz $\mathbb{C}$ holomorph und es gilt $f'(z) = e^{-w} e^{w+z} = f(z)$, also ist $f(z) = f(0)e^z = e^z$. □

8. Es gilt die EULERSCHE *Formel*

$$e^{iz} = \cos z + i \sin z\,. \tag{C.1.1}$$

   Beweis: Es sei $f(z) := e^{-iz} (\cos z + i \sin z)$. Dann ist

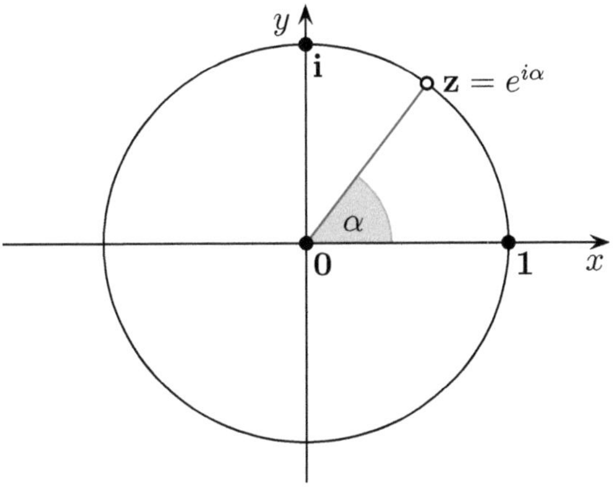

Abbildung C.1.: Graphische Veranschaulichung der EULERSCHEN Formel am Einheitskreis in $\mathbb{C}$.

$$f'(z) = -if(z) + e^{-iz} (-\sin z + i \cos z) = 0\,,$$

   also $f(z) = f(0) = 1$ für alle $z \in \mathbb{C}$. □

9. Aus der EULERSCHEN Formel folgt

$$e^{2\pi i} = 1$$

   und auch

$$e^z = e^{x+iy} = e^x e^{iy} = e^x (\cos y + i \sin y)\;,$$

   das heißt in Polarkoordinaten $x = r \cos \alpha$, $y = r \sin \alpha$ gilt

$$z = r\,(\cos \alpha + i \sin \alpha) = re^{i\alpha}\,.$$

10. Die Exponentialfunktion ist periodisch mit der Periode $2\pi i$ und dies ist die kleinste Periode, das heißt es gilt

$$e^z = e^w \Leftrightarrow z - w = 2k\pi i\,, \quad \text{mit einem } k \in \mathbb{Z}\,.$$

Ferner gilt

$$e^z = 1 \Leftrightarrow z = 2k\pi i \quad \text{mit einem } k \in \mathbb{Z}\,.$$

***Beweis*:** Aus der Eulerschen Formel folgt

$$\begin{aligned} e^z = e^w \quad &\Leftrightarrow \quad e^{x_z}(\cos y_z + i \sin y_z) = e^{x_w}(\cos y_w + i \sin y_w) \\ &\Leftrightarrow \quad x_z = x_w \text{ und } y_z - y_w = 2k\pi\,, \quad \text{mit } k \in \mathbb{Z} \\ &\Leftrightarrow \quad z - w = 2k\pi i\,, \quad \text{mit } k \in \mathbb{Z}\,. \end{aligned}$$

Dann ist auch

$$e^z = 1 \Leftrightarrow e^z = e^0 \Leftrightarrow z - 0 = z = 2k\pi i\,.$$

□

11. Hieraus folgt auch sofort die Periodizität der Sinus- und Kosinusfunktion, denn zum Beispiel ist

$$\cos z = \frac{1}{2}\left(e^{iz} + e^{-iz}\right),$$

also

$$\cos(z + 2k\pi) = \frac{1}{2}\left(e^{i(z+2k\pi)} + e^{-i(z+2k\pi)}\right) = \frac{1}{2}\left(e^{iz} + e^{-iz}\right) = \cos z\,.$$

12. Wegen

$$e^z = e^x(\cos y + i \sin y)$$

ist die Funktion $\exp : \mathbb{C} \to \mathbb{C}^*$ surjektiv, aber nicht injektiv, denn jedes $w \in \mathbb{C}^*$ besitzt unendlich viele Urbilder. Ist etwa $e^z = w$, so gilt auch $e^{z+2k\pi i} = w$ für jedes $k \in \mathbb{Z}$.

C.2. Algebraische Zahlen

C.2.1 Definition

Es bezeichne

$$\mathbb{Q}[z] := \{f(z) = a_n z^n + a_{n-1} z^{n-1} + \cdots + a_1 z + a_0 : a_0, \ldots, a_n \in \mathbb{Q}, n \in \mathbb{N}\}$$

die Menge der Polynome mit rationalen Koeffizienten. Eine *komplex algebraische Zahl* ist eine komplexe Zahl z, welche Nullstelle eines Polynoms $f \in \mathbb{Q}[z]$ vom Grad $n > 0$ ist. Diejenigen komplexen Zahlen, die nicht algebraisch sind, nennt man *transzendent*. Wenn eine algebraische Zahl reell ist, so spricht man von *reell algebraischen Zahlen*.

Die Menge der reell algebraischen Zahlen bezeichnen wir mit $\mathbb{A}$, die Menge der komplex algebraischen Zahlen hingegen mit $\mathbb{A}_\mathbb{C}$.

C.2.2 Bemerkung
Wir listen einige Bermerkungen auf.

- Eine andere gebräuchliche Definition algebraischer Zahlen ist die als Nullstellen von Polynomen mit ganzzahligen Koeffizienten. Dies ist äquivalent zur oben angegebenen Definition, weil jedes Polynom mit rationalen Koeffizienten durch Multiplikation mit dem Hauptnenner der Koeffizienten in ein Polynom mit ganzzahligen Koeffizienten umgewandelt werden kann, welches dann genau dieselben Nullstellen wie das ursprüngliche Polynom hat.
- Jede rationale Zahl ist algebraisch, also $\mathbb{Q} \subset \mathbb{A}$.
- Wegen $i^2 + 1 = 0$, ist i Nullstelle eines Polynoms $f \in \mathbb{Q}[z]$ und algebraisch. Allgemeiner sind sämtliche Wurzeln rationaler Zahlen algebraisch, daher ist insbesondere $\mathbb{A}$ eine echte Obermenge von $\mathbb{Q}$.
- $\mathbb{R}$ ist eine echte Obermenge von $\mathbb{A}$. Zum Beispiel sind die EULERSCHE Zahl e und die Kreiszahl π beide transzendent. Die Transzendenz von π wurde zuerst von LINDEMANN in (Lin82) gezeigt und diese Arbeit geht zurück auf frühere Arbeiten HERMITES zur Transzendenz der EULERSCHEN Zahl. Die Transzendenz von π impliziert insbesondere die Unmöglichkeit der Quadratur des Kreises mit Zirkel und Lineal.
- Mit z ist auch $\bar{z}$ algebraisch, denn weil z Nullstelle eines Polynoms f mit rationalen (und insbesondere reellen) Koeffizienten ist, gilt $f(\bar{z}) = \overline{f(z)} = 0$.
- Ist $z \neq 0$ algebraisch, so auch $1/z$. Dies ist leicht einzusehen. Ist nämlich etwa

  $$a_n z^n + \cdots + a_1 z + a_0 = 0,$$

  so gilt nach Division durch z^n auch

  $$a_0 \frac{1}{z^n} + \cdots + a_{n-1} \frac{1}{z} + a_n = 0.$$

- Sind z_1, z_2 algebraisch, so trifft dies auch zu auf die Summe $z_1 + z_2$ sowie auf das Produkt $z_1 z_2$. Die Mengen $\mathbb{A}$, $\mathbb{A}_\mathbb{C}$ bilden also jeweils Körper. Zudem ist $\mathbb{A}_\mathbb{C}$ die Komplexifizierung von $\mathbb{A}$, das heißt $\mathbb{A}_\mathbb{C} = \mathbb{A} \oplus i\mathbb{A}$. Die Abbildung

  $$\phi : \mathbb{A}^2 \to \mathbb{A}_\mathbb{C}, \quad (x, y) \mapsto x + iy$$

  ist wohldefiniert und liefert einen Isomorphismus. Real- und Imaginärteile einer (komplex) algebraischen Zahl z sind nämlich wegen $\mathrm{Re}(z) = \frac{1}{2}(z + \bar{z})$, $\mathrm{Im}(z) = \frac{i}{2}(\bar{z} - z)$ wieder (reell) algebraisch.

C.3. Euklidische und pythagoräische Körper

Eine Zahl $q \neq 0$[1] in einem Körper $(\mathbb{K}, +, \cdot)$ heißt *Quadratzahl*, wenn es eine Zahl $w \in \mathbb{K}$ mit $w^2 = q$ gibt. In diesem Fall nennt man w eine *Wurzel* (genauer: *Quadratwurzel*) von q in $\mathbb{K}$. Nicht jede Zahl ist eine Quadratzahl. Zum Beispiel ist -1 in $\mathbb{R}$ keine Quadratzahl, wohl aber in den komplexen Zahlen $\mathbb{C}$ und sie besitzt dort die beiden Wurzeln $-i, i$. Ist $\mathbb{K}$ ein geordneter Körper, so ist jede Quadratzahl positiv. Umgekehrt definiert man:

C.3.1 Definition (Euklidischer Körper)
Ein geordneter Körper heißt euklidisch, wenn jede positive Zahl eine Quadratzahl ist.

In einem euklidischen Körper sind die Quadratzahlen als genau die positiven Zahlen. Da die Summe positiver Zahlen wieder positiv ist, sind insbesondere die Summen von Quadratzahlen wieder Quadratzahlen. Die reellen Zahlen $\mathbb{R}$ bilden einen euklidischen Körper, die rationalen Zahlen $\mathbb{Q}$ jedoch nicht, denn zum Beispiel ist $2 \in \mathbb{Q}$, aber $\sqrt{2} \notin \mathbb{Q}$. Einen anderen euklidischen Körper hatten wir in Kapitel 7, Satz 7.3.7 kennengelernt, nämlich die mit Zirkel und Lineal auf der reellen Zahlengeraden aus $\{0, 1\}$ konstruierbaren Punkte.

Man kann die Definition euklidischer Körper noch wie folgt abschwächen.

C.3.2 Definition (Pythagoräische und formal reelle Körper)
Ein Körper $(\mathbb{K}, +, \cdot)$ heißt

(a) *pythagoräisch*, wenn jede endliche Summe von Quadratzahlen wieder eine Quadratzahl ist.

(b) *formal reell*, wenn sich -1 nicht als endliche Summe von Quadratzahlen darstellen lässt.

Ein euklidischer Körper ist offensichtlich pythagoräisch. Weil die Quadratzahlen in einem euklidischen Körper positiv sind und die Summe positiver Zahlen positiv bleibt, kann -1 nicht als (endliche) Summe von Quadratzahlen dargestellt werden, sodass euklidische Körper immer formal reelle pythagoräische Körper sind.

Die reellen Zahlen $\mathbb{R}$ und die reell algebraischen Zahlen $\mathbb{A}$ bilden jeweils formal reelle pythagoräische Körper. Die rationalen Zahlen $\mathbb{Q}$ sind formal reell, aber nicht pythagoräisch, denn zum Beispiel ist $2 = 1 + 1$ als Summe von zwei Quadratzahlen selbst keine Quadratzahl in $\mathbb{Q}$.

---

[1] Wir folgen hier der allgemeinen Konvention, dass 0 nicht als Quadratzahl bezeichnet wird, obwohl $0 = 0^2$.

Literaturverzeichnis

[AF05] Agricola, Ilka ; Friedrich, Thomas: *Elementargeometrie. Fachwissen für Studium und Mathematikunterricht.* Vieweg, Wiesbaden, 2005

[Euk91] Euklid: *Die Elemente.* Wissenschaftliche Buchgesellschaft, Darmstadt, 1991 (Bibliothek Klassischer Texte. [Library of Classical Texts])

[Fil93] Filler, Andreas: *Euklidische und nichteuklidische Geometrie.* Mannheim: BI-Wissenschaftsverlag, 1993

[Hil99] Hilbert, David: *Grundlagen der Geometrie. Mit Supplementen von Paul Bernays. Mit Beiträgen von Michael Toepell, Hubert Kiechle, Alexander Kreuzer and Heinrich Wefelscheid. Herausgegeben und mit Anhängen von Michael Toepell.* 14. Aufl. Stuttgart: B. G. Teubner, 1999

[Hun94] Hungerbühler, Norbert: A short elementary proof of the Mohr-Mascheroni theorem. In: *Amer. Math. Monthly* 101 (1994), Nr. 8, S. 784–787

[KK07] Koecher, Max ; Krieg, Aloys: *Ebene Geometrie.* 3. Aufl. Berlin: Springer, 2007

[Kle09] Klein, Felix: *Elementarmathematik vom höheren Standpunkte aus. Zweiter Band: Geometrie.* Teubner, Leipzig, 1909

[Kno06] Knoerrer, Horst: *Geometrie. Ein Lehrbuch fuer Mathematik- und Physikstudierende.* 2. Aufl. Vieweg, Wiesbaden, 2006

[Lin82] Lindemann, Ferdinand: Ueber die Zahl π. In: *Math. Ann.* 20 (1882), Nr. 2, S. 213–225

[Mas80] Mascheroni, Lorenzo: *Géométrie du compas. Ed. de 1798 corr. par C. Pierru et J. Pierru.* Coubron, France: Monom. XVI, 198 S., 1980

[Moh28] Mohr, Georg: *Euclides Danicus. Amsterdam 1672. Mit einem Vorwort von J. Hjelmslev.* København: A. F. Horst & Son. Udgivet af det Kgl. Danske Videnskabernes Selskab. VIII, IV, 36, 41 S., 1928

[Pas82] Pasch, Moritz: *Vorlesungen über neuere Geometrie.* Leipzig. Teubner, 1882

[Ric93] Richmond, Herbert W.: A construction for a regular polygon of seventeen sides. In: *Quart. J.* 26 (1893), S. 206–207

[Wan37] Wantzel, Pierre-Laurent: Recherches sur les moyens de reconnaître si un problème de Géométrie peut se résoudre avec la règle et le compas. In: *Journal de mathématiques pures et appliquées* 2 (1837), S. 366–372

Symbolverzeichnis

Sachverzeichnis

Knut Smoczyk, *27. Februar 1968 in Recklinghausen, ist Professor für Differentialgeometrie. Nach einem Studium der Mathematik und Physik promovierte er 1994 an der Ruhr-Universität Bochum. Von 1995 bis 1996 war er Feodor Lynen-Stipendiat der Alexander von Humboldt-Stiftung an der Harvard University und von 1996 bis 1998 Assistent an der ETH Zürich. Es folgte ein mehrjähriger Aufenthalt am Max-Planck-Institut für Mathematik in den Naturwissenschaften in Leipzig, wo er im Jahr 2000 an der Universität Leipzig habilitierte und im Anschluss als Privatdozent lehrte. Seit 2004 war er Heisenberg-Stipendiat, bevor er im Jahr 2005 an die Gottfried Wilhelm Leibniz Universität Hannover berufen wurde.